Corrosion Problems and [illegible] in Oil Refining and Petrochemical Industry

炼油与石油化工腐蚀问题和解决方案

[以色列] 亚历克·格罗伊斯曼（Alec Groysman） 著
屈定荣 黄茂生 任 刚 等译
白永忠 杨 锋 审阅

中国石化出版社

内容提要

《炼油与石油化工腐蚀问题和解决方案》从腐蚀问题、原因分析、解决方案三个方面入手，详述了相关概念，介绍了炼油工业中的腐蚀问题及解决方案，总述了炼油和化工装置的种类，原料的性质、特点，影响装置腐蚀的关键因素，以及腐蚀类型；分别列举了不同装置的典型腐蚀案例，分析了其发生腐蚀的原因和采取的补救措施；最后提出了装置的腐蚀控制方法和技术，以及腐蚀管理措施。其所述的炼油工业腐蚀问题与解决方案，是石油化工行业进行腐蚀防护、腐蚀管理的重要指南。

本书可供炼油化工、石油天然气开采等行业，从事生产、设备、设计、制造、科研、安全、环保、检测工作的管理人员和技术人员，以及基层生产操作、维修人员学习和借鉴参考，也可以供非专业内人士用于科学知识普及。

著作权合同登记　图字 01－2021－0287

First published in English under the title *Corrosion Problems and Solutions in Oil Refining and Petrochemical Industry* by Alec Groysman, 1st edition by Springer International Publishing AG

图书在版编目（CIP）数据

炼油与石油化工腐蚀问题和解决方案/（以）亚历克·格罗伊斯曼（Alec Groysman）著；屈定荣，黄茂生，任刚译．—北京：中国石化出版社，2021.5

ISBN 978－7－5114－6226－8

Ⅰ.①炼…　Ⅱ.①亚…②屈…③黄…④任…　Ⅲ.①石油化工设备－防腐　Ⅳ.①TE98

中国版本图书馆 CIP 数据核字（2021）第 094888 号

中国石化出版社出版发行

地址：北京市东城区安定门外大街 58 号

邮编：100011　电话：(010)57512500

发行部电话：(010)57512575

http://www.sinopec-press.com

E-mail:press@sinopec.com

北京富泰印刷有限责任公司印刷

全国各地新华书店经销

*

787×1092 毫米 16 开本 16.5 印张 359 千字

2021 年 7 月第 1 版　2021 年 7 月第 1 次印刷

定价：98.00 元

前　言

我邀请您开始我们的旅程，进入原油加工、燃料生产的炼油厂与化工厂腐蚀问题和解决方案的奇妙世界。环顾四周，日常生活中汽车、电脑等所需的能源，药品、不同的聚合物、化妆品等所用的材料，都是原油及其加工的产品。数百万年间，原油在地球深处形成。自古以来，人们就开始使用沥青、其他含有原油或从原油加工而来的化合物，用于防水、车轴润滑和医疗等。

现代世界极度依赖从原油中炼制出来的燃料。

世界第一座炼油厂始建于1856~1857年，位于罗马尼亚的普洛耶什蒂。在美国，19世纪60年代大约建造了60座炼油厂。20世纪初，炼油厂如同雨后春笋般建立起来。如今，世界各地有超过700多座炼油厂在生产运营，加工150多种不同类型的原油。原油加工的大部分工艺技术都是在20世纪被创造出来的。

“石油”这个词是来自拉丁语中的“岩石”和“油”，指的是岩石中的油，因此天然油、原油都是石油的代名词。

我们还应区分炼油工业与石化工业。炼油工业从原油中生产如下产品：液化石油气（LPG）、石脑油、汽油、煤油（航空燃料）、瓦斯油（柴油）、燃料油、润滑油、石蜡、沥青、焦炭和硫黄。石化工业生产烯烃和芳烃，这些化学品被用来制造溶剂、聚合物、油漆、药品和化肥等。人们的舒适生活、健康均与这些化学品息息相关，可以说这些化学品与人类的生活密不可分。炼油厂与石化厂是紧密关联的，因为前者的产品是后者的原材料。两者都被认为是典型的化工厂。

由于陆、海、空多种交通工具的发展，以及化工、制药和其他产业的需求，炼油和石化工业在20~21世纪蓬勃发展。不可避免地，金属设备要与原油、石油产品、溶剂、水、大气和土壤发生接触。金属设备内部在-196~1400℃、负压至100MPa的条件下发生着不同的腐蚀现象。

炼油厂和石化厂是一个高危行业，其介质易燃、易爆、对人体健康有害，或对环境有害。众多因素的结合，使得炼油设备极易受到各种腐蚀的影响，从而导致严重事故的发生。

一方面，炼油和石化行业积累了应对腐蚀问题的丰富的经验。另一方面，新技术、新材料的引进，对燃油质量要求提高，以及减少污染物排放的严格要求，都对设备制造与安全运行提出了新的要求。

为了深入了解和解决炼油和石化装置的腐蚀问题，腐蚀和材料专家需要学习不同的物理化学过程（这些过程是生产燃料和其他化学品的基础）。在从事炼油和石化工业的职业生涯期间，我对3000多个腐蚀案例进行了分析，并确定其腐蚀原因。据此确定，65%～85%的腐蚀是可以得到有效控制的。使用适当的腐蚀管理，可以有效地减少因腐蚀而产生的事故。

尽管在炼油和石化腐蚀控制与监测方面有许多文献、出版物、研究、报告和成果，但由于四个因素，过去20年中的一些腐蚀问题依然在增加。第一是新工艺的引进，第二是一些大学与学院取消了工程课程中的腐蚀课程，第三是大多数炼油厂和石化厂的腐蚀工程师都被顾问所取代，第四是腐蚀专家退休但是没有新的专家接替。

有许多方法可用以避免或控制腐蚀的危害：选择合适的耐腐蚀材料、正确的设计、使用防腐化学品、工艺参数的控制、使用涂层与阴极保护，最重要的是检查与控制这些防腐蚀方法在各个阶段中的应用。

有趣的事发生在腐蚀科学家C. 埃德勒努（C. Edeleanu）身上，他在1954年建议采用阳极保护来防止腐蚀问题。他毕业后进入工厂并且15年内没有参加与腐蚀有关的研讨会议。在接下来很长的一段时间里，他参加了所有的腐蚀研讨并听取了所有的报告，他大声说："什么都没有改变。"新一代工程师面对的是已经被解决甚至记录在案的腐蚀问题。诚然，市面上有一些关于腐蚀的好书，但大多数新信息分散在文献中或存在于专家的头脑中。

在本书中，考虑到不同装置的腐蚀案例，我尝试根据装置类别和腐蚀类型对腐蚀问题进行分类。您将在本书中找到关于加工条件、结构材料、历史和服役期限、目视检查和结果、故障现象的表征、故障原因及其分析、解决方案和实践建议的内容。本书包含了尽可能多的最新的文献数据和我个人的相关经验，希望本书能够充实读者们的知识并对工作有所帮助。

亚力克·格罗伊斯曼（Alec Groysman）于以色列谢加尼亚

译者的话

炼油与石化加工过程中的腐蚀问题是制约装置长周期安全运行的主要原因之一。长期以来，缺乏有关炼油与石化工业设备腐蚀与防护的专门论著。本书从原油加工装置、原油物理化学性质、腐蚀影响因素、腐蚀现象、原因分析、解决方案、装置的腐蚀控制和腐蚀管理等方面，全面系统介绍了国外炼油和化工装置防腐蚀经验，对于我国炼油与石化设备防腐工作具有很好的借鉴作用。

鉴于此，中国石化炼油事业部与中国石化青岛安全工程研究院组织人员，翻译了以色列石化设备防腐专家亚历克·格罗伊斯曼（Alec Groysman）所著的《炼油与石油化工腐蚀问题和解决方案》一书。全书共九章。许可翻译了前言及第 1 到第 4 章，牛鲁娜翻译了第 5 章，单广斌翻译了第 6 章及附录，张艳玲翻译了第 7、8 章，邱志刚翻译了第 9 章。石宁、黄茂生、任刚、屈定荣、李春树、田曦、贾鹏林、刘小辉、龚宏、莫少明、朱晓明、张汝鸿、胡洋、于凤昌等对各章进行了初审。屈定荣、黄茂生、任刚对全书进行了校核与统稿。白永忠、杨锋对全书进行了最后的审阅。中国石化炼油事业部俞仁明、陈尧焕、张日勇等专家和领导对本书的翻译进行了全程指导。本书在翻译过程中还得到了石化设备领域内许多专家、学者的帮助，在此表示衷心感谢。希望本书能够为炼化企业的腐蚀控制起到参考借鉴作用。

由于翻译成员见识和水平有限，缺点和错误在所难免，敬请广大读者批评指正。

前言

目　　录

1　炼油与石化工厂的加工装置

摘要　本章介绍了炼油与石化工厂主要处理装置及其功能。主要处理装置包括原油常减压蒸馏、催化裂化、加氢裂化、加氢处理（包括加氢脱硫）和催化重整（连续催化再生和异构化）装置。配套装置包括胺处理、硫黄回收、尾气处理、酸性水汽提塔和废水处理设施。石化工厂的三套装置（苯、甲苯、二甲苯装置，甲苯、对二甲苯装置，苯酐装置）也一并被介绍。

炼油厂包括许多生产装置与过程单元。单元操作是石油炼制流程的最基本的步骤。如同地球、生命和科学技术的发展演变一样，炼油工业自 1859 年建立以来，亦发展得日益复杂。装置操作涉及物理化学过程。例如脱盐、蒸馏、过滤和蒸发等物理过程都涉及物质分离；又如异构化、加氢、氧化和聚合等化学转化都与化学反应有关。这些单元操作被应用到石油炼制过程中。炼油装置的主要目的是从原油中提取有用的物质。炼油厂与石化工厂是紧密相连的两种“有机体”。元素周期表创造者门捷列夫梦想所有的化工厂都应该没有废弃物，这个梦想在炼油厂中基本实现：一套装置得到的产物作为另一套装置的原材料，除了一些气体（多为二氧化碳）和排向大气中的水蒸气外，绝大多数副产物都被利用。甚至二氧化碳也被应用于炼油和石化工业。还有一些相关联的设施，如冷却水系统，发电站（用水处理和蒸汽供应），以及与保护环境和人类的有关装置（碳氢废料利用、废水与废气的净化以及除臭）。总之，任何炼油厂都是一个非常复杂的有机体（见附录 A）。每个炼油厂都有自己独特的加工方案，这取决于所使用的工艺、设备、原油特性、操作成本和产品需求[1]。没有绝对相同的炼油厂，但大多数的腐蚀问题及解决方案可能相似。接下来，我们将简要介绍容易发生腐蚀的主要装置和生产过程。

1.1　原油蒸馏装置

原油蒸馏装置是所有炼油厂的心脏，由预热、脱盐、预闪蒸、常压蒸馏、加热炉和减压蒸馏组成。来自储罐或运输管道中的原油并非立刻进行蒸馏。原油先通过静置沉淀脱水，然后在脱盐单元中脱除溶解的盐。脱后原油通过加热，低沸点馏分在预闪蒸塔中汽化分离，液体混合物再通过加热炉加热到一定温度后进入常压蒸馏塔。常压蒸馏塔是原油蒸馏装置的“主设备”，塔内原油被蒸馏分离成各种石油组分。这些组分被送往其他装置进一步处理，以获取有用的燃料和其他作为石化、化工和制药厂的原材料。常压蒸馏塔底部的最重物料流向减压蒸馏塔，在真空条件下分离得到有价值的石油组分或产品。

脱盐。原油含有多种盐和少量的水，且这些盐在水存在的情况下，会对原油蒸馏装置以及下游的加工单元造成腐蚀，甚至污染催化剂和使催化剂中毒。脱盐是用淡水、电场和特殊的化学品（破乳剂和表面活性剂）稀释盐的过程。因此，脱盐单元的作用是脱除原油中的水溶性盐（超过90%）和悬浮固体（腐蚀产物、土壤、淤泥和沙子）到水相中（在脱盐装置的下层）。含有溶解盐、硫化氢和悬浮固体的污水被送到酸性水汽提单元。脱后原油（含少量 H_2S、微量水和盐）被输送至预热系统。

预热系统由多个换热器组成，原油通常走管程，然后进入加热炉。根据原油温度的变化，预热系统一般被分为冷段（脱盐器上游）、中间段（脱盐器与预闪蒸塔之间），以及热段（预闪蒸塔的下游）。

加热炉是一种加热设备，使原油在炉内加热达到预闪蒸塔或蒸馏塔要求的入口温度。通常，原油蒸馏装置在常压蒸馏塔和减压蒸馏塔前设有加热炉。燃料油、瓦斯和天然气作为加热炉的燃料。

预闪蒸塔（初馏塔）。预闪蒸可以在原油进入加热炉前，将原油中的轻烃分离出来，这个过程是由布鲁马（Brugma A. J.）在1941年提出的[2]。预闪蒸减少了在加热系统两相流动的风险。通常，气相不经加热炉直接进入蒸馏塔，而液相在进入加热炉之前，会在预热系统热段末端被进一步加热。进入常压蒸馏塔中的如果为几乎没有轻烃的重质原油，就可以不使用预闪蒸。

常压蒸馏塔。原油在1个大气压的操作压力下在常压蒸馏塔内分馏成石油产品（也称为初级产物、馏出油、馏分）。初级产物的连续蒸馏（也称精馏）是一种物理化学过程。在此过程中，大多数碳氢化合物根据沸点不同而被分离出来，并且得到新的不同的化合物。这些化合物（石油产品）的混合物根据其沸点从蒸馏塔中被分离出来（见附录A、附录B）。气体与石脑油将从蒸馏塔顶抽出，而其他馏分（汽油、煤油、轻/重柴油和燃料油）则从塔的不同位置抽出。这些从气体到黏性液体的石油产品不是最终产品，有着不一样的用途。它们中的一些用于炼油厂的内部需要，一些被输送到下一阶段处理以获得合格产品，其他则作为石化工厂的原材料。

如果问一个外行人，问他知道有多少石油产品，那么他可能仅会说汽油、煤油和燃料油。实际上，石油产品超过2000多个且各自有着不同的规格，通常炼油厂仅生产约40种[1]。常压蒸馏塔底部的常压渣油被送到下一个单元。

减压蒸馏。常压渣油在真空塔中蒸馏以获得有用的石油产品。通过降低压力，碳氢化合物的沸点得以降低，从而减少了高温下碳氢化合物的损耗。由此，常压塔底部物质分离为轻柴油、轻蜡油和重蜡油。最轻馏分与蒸汽一起从蒸馏塔的顶部抽出，而减压渣油由塔底部送至减黏裂化、焦化或脱沥青装置进一步处理。

1.2 裂化

20 世纪初，汽车工业的发展促进了炼油厂的建设。第一辆汽车发动机使用乙醇作为燃料。起初，原油中只有煤油馏分被用于照明和取暖。随着汽油工业发展，仅用直馏汽油无法满足汽车用油的需求，因此有必要解决常压渣油的深加工问题。解决方案是通过重馏分的热裂化和催化裂化，以获得高质量的汽油。裂化是一个将长链的碳氢化合物分解成较短链烃分子的过程。这一过程在热裂化和催化裂化中得以实现，后者包括流化催化裂化（FCC）和加氢裂化。

热裂化。美国两位化学家伯顿（Burton W. M.）和汉弗莱斯（Humphreys R. E.）在 1911～1913 年开发了一种在压力下加热原油的干馏蒸馏过程[3]。更公平地说，第一种热裂解方法是 1891 年由俄罗斯工程学博士、科学家和建筑师舒霍夫（Shukhov V. G.）以及化学家加夫里洛夫（Gavrilov S.）发明的。人们使用这些蒸馏设备使得从原油产出的汽油产量翻一番。

最普遍的非催化热裂化工艺是减黏裂化（缓和）和焦化热裂解（深度）。减黏裂化炉旨在减少蒸馏单元中产生的残余物，并提高更有价值的柴油和燃料油的产率。减黏裂化加热炉热裂解渣油中大型烃类分子，以降低其黏度（因此命名“减黏炉”），并生产少量的液化气和石脑油。

催化裂化是在催化剂条件下，将原油的高分子量烃馏分转化为更有价值的汽油、烯烃和其他产物的过程。催化剂可使反应在较低温度下进行。1937 年，伯顿热裂解过程被催化裂化所取代。裂解过程在催化剂颗粒上产生焦炭并降低其活性，因此为了保持催化剂的活性，有必要将催化剂表面的焦炭置于空气中燃烧以再生催化剂。最终，催化剂不断从反应器到再生器再回到反应器。

流化催化裂化（FCC）装置用于生产高辛烷值汽油。不同于常压蒸馏和减压蒸馏的物理化学分离过程，FCC 是一种使用催化剂将较大烃分子（蜡油、重质燃料油和渣油）分解成新的较小分子的化学过程。FCC 主要产品是汽油、柴油、燃料油、循环油和烯烃。FCC 工艺中采用细颗粒形式的催化剂，当以蒸气形式充气时表现为流体。流化催化剂在反应器和再生器之间连续循环。在高温和中等压力下，FCC 工艺使进料与流化粉末状催化剂接触，高沸点烃液体的长链分子断裂成更短的轻质烃。轻质烃含有水蒸气、硫化氢、氨和氰化氢。FCC 装置于 1942 年投产。

加氢裂化是在高温和高压、临氢环境下的一种催化裂化。加氢裂化于 1915 年诞生于德国，1927 年被商业化用于从褐煤中生产汽油。加氢裂化的主要产品有汽油、煤油和柴油。轻烃也可含有硫化氢、氨和水蒸气。

1.3 加氢工艺

加氢工艺是一种在存在催化剂条件下，通过原料与氢气反应，使石油产品性质稳定或从原料中去除杂质的过程。稳定通常包括将不饱和烃（烯烃和不稳定二烯烃）转化为饱和烃，并获得较高价值的产品（汽油、煤油和柴油）。通过加氢处理除去的不良元素包括硫、氮、氧、卤化物和微量金属。该方法主要用于脱硫时，通常被称为加氢脱硫（HDS）。加氢工艺分加氢处理、加氢转化、加氢精制、加氢裂化和加氢脱硫。加氢工艺的原料可以是轻石脑油、汽油、重质减压渣油。所有加氢工艺通常是由氢与含有 S、N 的有机化合物反应而使 S、N 以 H_2S、NH_3的形式除去。在下游装置处理过程中，硫会污染催化剂，因此不论为了下游工艺还是为了提高产品的质量，脱硫为首要任务。较“重”的烃原料需要较高的温度和压力，并因为含有较高浓度的硫和氮，因此会产生含量高的 H_2S 和 NH_3。进料中的任何氯化物向 HCl 的转变会伴随加氢过程而发生。反应流出物是碳氢化合物、H_2、H_2S、NH_3和可能含水的 HCl 混合物。因为氯化物会污染这些氢流，所以氢气的来源和上游处理可能对加氢工艺单元中的腐蚀和结垢具有显著的影响。如果氢气在注入加氢装置前没有脱氯，那么它可能含有 HCl。氯的另外一个来源可能是进料中的有机氯、有机氯化物和无机氯化物（见第三章 3.1.1.1）。

加氢脱硫（HDS）是用于从石油产品（如石脑油、汽油、煤油、柴油和燃料油）中去除硫的催化化学反应过程。除硫的目的是减少燃料油燃烧造成的二氧化硫排放。另一个原因是，即使是在极低的浓度下，硫也会引起贵金属催化剂中毒。含硫有机化合物与氢气反应形成碳氢化合物和 H_2S，然后通过克劳斯方法在硫回收装置将 H_2S 转化为单质硫。

1.4 催化重整

催化重整是以石脑油为原料生产高辛烷值汽油（富含芳烃）的催化反应过程。该过程由美国化学家亨塞尔（Haensel V.）在 20 世纪 40 年代开发，因使用含铂催化剂，所以得名铂重整。大多数重整催化剂在二氧化硅或二氧化硅氧化铝担体上含有铂或铼。新的催化剂在使用前被氯化处理，这也是重整产物中的氯化物引起腐蚀问题的根源。脱氢反应产生大量副产品氢气，这些气体被送入其他炼油过程，如加氢裂化。重整汽油除了用于汽油调和以外，还是芳香化合物的主要来源，被送往石化工厂进行提炼。

连续催化重整（CCR）。重整装置是非再生或半再生的，即通过定期关闭来再生催化剂。再生包括燃烧催化剂焦炭和重新修复催化剂的活性金属。CCR 于 1971 年被研发出来，该方法采用连续催化剂再生，催化剂从最后一个反应器连续移出，在受控环境中再生，然后转移回第一个反应器。

异构化装置旨在将烃类的直链分子转化为带有支链的分子，以提高其辛烷值后作为汽油调和组分，或是进料至烷基化装置。

1.5 后处理

胺处理装置。含 H_2S 为主的酸性气体被胺溶液吸收并被送往胺液再生装置，通过解析脱除 H_2S，胺溶液得以再生，解析出的 H_2S 被送到硫回收装置（也称硫黄回收装置）。

硫回收装置（SRU）。硫化氢在该装置中与空气中的氧气反应部分转化为单质硫。

该过程由化学家卡尔·弗里德里希·克劳斯（Carl Friedrich Claus）于 1883 年在英国发现，并以他的名字命名。硫黄是炼油厂非常重要的产品，因为它是化学和制药行业的原料。硫黄可单独用作肥料和农药，但主要用于制造硫酸、橡胶、化肥、药品和化妆品。

硫化氢的氧化并不完全，在克劳斯过程中，硫蒸气和二氧化硫气体有残留，且 CS_2 和 COS 也会存在于剩余气体中。硫化合物气体排放受到环境法规的严格控制，因此为了使有害硫混合物的释放最小化，尾气处理装置不可或缺。

尾气处理（TGT）降低克劳斯工艺尾气中的硫蒸气、SO_2 和含硫废物，并将它们转变为 H_2S 返回到克劳斯工艺中，从而实现高效率的硫回收。

酸性水汽提塔（SWS）。酸性水汽提塔的主要目的是从工艺水中除去 H_2S 和 NH_3，使得处理过的水可以在环境允许的条件下排放。H_2S 和 NH_3 通常被送到硫回收装置。FCC 的酸性水与其他装置的酸性水不同，因为 FCC 的酸性水可能包含酚和氰化物。

废水处理设施用于收集和处理炼油厂和石化工厂装置产生的废水。这些废水含有原油、石油产品、燃料油、溶剂和其他有机物质、水溶液和悬浮固体的混合物（乳状液）。废水处理设备由 API 分离器、溶气浮选（DGF）和生物处理装置组成。最后，分离的有机相被送到炼油厂进行再处理生产有用的产品，而分离的水被重新使用或处理。

废水处理设施一般单独用于处理在炼油厂和石化工厂形成的废水。

1.6 石油化工厂

苯-甲苯-二甲苯（BTX）装置通过环丁砜提取将芳族烃与烃混合物分离。环丁砜被认为是稳定的物质，可以重复循环使用。然而，长时间使用，环丁砜会降解生成酸性产品。因此，再生废环丁砜的方法（如真空和蒸汽蒸馏、反萃取、吸附和离子交换）应运而生。

TPX 装置从二甲苯异构体的混合物中分离甲苯和对二甲苯。

苯酐装置在高温下通过大气中的氧气氧化邻二甲苯来生成固体苯酐。

参考文献

[1] Gary JH, Handwerk GE (2001) Petroleum refining, 4th edn. Marcel Dekker, New York

[2] Brugma AJ (1941) The Brugma process. Ref Nat Gasoline Manuf 20: 86 – 88

[3] Speight JG (2006) The chemistry and technology of petroleum, 4th edn. CRC Press, New York

推荐参考文献

[4] Antos GJ, Aitani AM (eds) (2004) Catalytic naphtha reforming, 2nd edn. Marcel Dekker, New York

[5] Jones DSJ, Pujado PP (eds) (2006) Handbook of petroleum processing. Springer, New York

[6] Hudec P (2011) FCC catalyst—key element in refinery technology. In: Presented at the 45th international petroleum conference, June 13, 2011, Bratislava, Slovak Republic

[7] Giddens PH (1955) Standard oil company (Indiana): oil pioneer of the middle west

[8] Coletti F, Hewitt JF (eds) (2015) Crude oil fouling: deposit characterization, measurements, and modeling. Gulf Professional Publishing, Houston

2　原油物理化学性质

The great aim of education is not pure knowledge but its application.

Herbert Spencer（1561～1626）, an English philosopher.

摘要　本章介绍了影响原油腐蚀性的物理化学性质和组分。原油的腐蚀性受水和盐含量、总硫含量、总酸值、微生物和条件（温度和流动状态等）影响，但不是所有的硫化合物和酸都对金属有腐蚀性。硫化氢在含硫物质中是最具腐蚀性的。含水原油的腐蚀性可以通过三种性质的组合来确定：在油与水之间形成的乳状液的类型、钢表面的润湿性以及含油水相的腐蚀性。文中给出了具体的实例分析和解决方案。

为了更好地了解炼油和石化行业的腐蚀问题和解决方案，本章将介绍原油的理化特性及其腐蚀性。其他介质，如水（冷却水、锅炉给水、消防水）、蒸汽、不同气体和化学品也都可以引起炼油和石化装置的设备腐蚀。原油类型及其理化性质见附录B。接下来，本章将首先介绍原油的构成以及与其腐蚀性相关的组分。

2.1　原油的物理化学成分

原油是含有溶解气体、水和盐的多种液态烃的混合物。原油差别很大：从几乎是固体和沉淀在水中的重物到漂浮在水面上的轻质原油。事实上，原油是乳状液——分散在连续烃相的水溶液滴。孔隙水或原生水总是存在于原油中。这些水滴介于淡水到饱和盐水溶液之间，是造成原油具有腐蚀性的主要原因。除烃类之外，原油还包括含硫（S）、氮（N）、氧（O）和金属化合物（见表2.1）。所有这些杂质可能以溶解气体、液体和固体或特殊相的形式存在于原油中。微生物也可以以活跃或休眠状态存在于原油中。每种原油含有类似的化合物，但是含量不同。因此，原油腐蚀性存在差异。

表 2.1
原油成分[2,3]

组成	类型
碳氢化合物	
烷	直链、支链
环烷	烷基环戊烷、烷基环已烷
芳香剂	烷基苯、芳香环烷基芴、多环芳香烃
溶解气体	氮气（N_2）；二氧化碳（CO_2）
硫化合物	元素硫（S_8）、硫化氢（H_2S）[a]、硫醇类有机硫化物，硫化物和多硫化物、噻吩和苯并噻吩，砜
有机氮化合物	杂苯、喹啉
有机氧化合物	羧酸（包括环烷酸）[b]、醇类、酚类[b]、醛类、酮类、酯类、醚类、含氧酸
有机金属化合物	卟啉
胶体粒子	沥青质、树脂、石蜡
表面活性剂	磺酸、磺酸钠、环烷酸钠
金属	钒、镍[c]、铁[c]、铝、钠、钾、钙、铜
水（沙和水或底部沉积物[d]和水）	淡水或盐水
固体	沙、土、淤泥、土尘、泥浆、腐蚀产物（金属氧化物、硫化物、盐类）

注：a. 硫化氢存在于溶解气体中；b. 它们是表面活性剂；c. 它们存在于卟啉中；d. 原油中可能存在微生物。

2.2 原油的腐蚀性

原油的化学性质非常复杂，并且影响原油腐蚀性的因素有很多，以至研究人员很难甚至在大多数情况下也不可能根据物理化学成分预测其腐蚀性。通常，原油的腐蚀性受总酸值（TAN）、总硫含量、水和盐含量以及微生物影响。这些参数和组分的组合在炼油厂的原油运输、储存和加工阶段以不同的方式影响腐蚀。依据总酸值和总硫含量准确地确定原油的腐蚀性是行不通的。例如，H_2S 和链烷硫醇对碳钢具有腐蚀性，而噻吩不具有腐蚀性。因此，建议使用物理化学分析方法对原油中的腐蚀性（H_2S 和链烷硫醇）和非腐蚀性（噻吩）有机硫化合物进行形态分析，目的是确定原油潜在的腐蚀性[1]。事实上，这个问题是非常复杂的，由于 H_2S 和烷硫醇与铁反应形成硫化亚铁垢，在特定条件下硫化亚铁垢会起防腐蚀作用（见图 3.1）。

有时，含有较高水量的原油可以抑制腐蚀，反之亦然。原油在较低的水浓度下可能具有腐蚀性，因此只有实验可以回答关于原油腐蚀性的问题。通常，原油在管道输送条件下不具腐蚀性。然而，水可以在低速度和停滞条件下析出并积累，因此原油中的腐蚀性物质溶解在液体水相中并导致管道内表面的腐蚀。相关模型可以用来确定可能析出水的原油流速函数，并与原油密度和黏度关联[4]。与轻质原油相比，以较低的速度夹带在较重原油中的水更不容易析出。该低速远远低于大多数输送管道的正常运行速度。在高湍流下，沉积物和水的沉积量减小。

在管道中输送的大多数原油（包括油砂），其腐蚀性较低是由于在输送前腐蚀性成分（水、溶解盐）和侵蚀性成分（砂、泥）大部分已被去除[5]。管道输送原油质量规定基本的沉积物和水的体积含量应低于0.5%，因为大部分腐蚀问题是由于上述原油腐蚀性物质析出而引起的[6~10]。腐蚀性硫化合物（不包括 H_2S）和有机酸（包括环烷酸）在输送的操作温度（通常为5~50℃）下不会在管道中引起腐蚀。在环烷酸温度高于190℃和硫化合物温度超过230℃的炼油加工条件下，它们会引起腐蚀。

在原油中的水、盐、H_2S 和含有的微生物可能在罐储或罐车运输过程中引起腐蚀。在没有水的情况下，原油在储罐和油罐车中是非腐蚀性的，甚至一些类型的原油具有缓蚀性。由于许多复杂因素，预测原油腐蚀程度是不容易的，相关原油腐蚀性测定方法将在下一节讨论。

2.3 原油腐蚀性的测定

含水原油的腐蚀性可以通过三种性质的组合来确定：

（a）在油和水之间形成的乳状液的类型（油和水的模拟）。

（b）钢表面的润湿性。

（c）含油水相的腐蚀性。

这三个性质如下：

（a）在油（O）和水（W）之间形成的乳状液的类型。水和油是不混溶的，但它们可以在某些条件下形成乳状液。有两种乳状液：O/W 和 W/O。W/O 乳状液（其中油为连续相）具有低导电性，因此腐蚀性较差；而 O/W（其中水为连续相）具有高导电性，因此可能更具腐蚀性。W/O 转化为 O/W 的水的百分比称为乳剂转化点（EIP）。我们可以通过测量乳状液的电导率来确定乳剂转化点。当水的百分比达到或超过乳剂转化点时，乳状液中存在连续（单独）的水或游离水，因此，乳状液会有腐蚀的可能性。

（b）钢表面的润湿性。水相是否会在油存在下引起腐蚀取决于表面是油润湿（疏水）还是水润湿（亲水）。由于电阻较高，油润湿的金属表面不易受腐蚀，但是水润湿的金属表面却易受到腐蚀。水滴与原油分离的金属表面的几何形状（水平的、倾斜的或垂直的）也是影响腐蚀的重要因素。易于保留水滴的水平金属表面比倾斜或垂直的表面更易腐蚀[11]。

（c）油相中杂质对水相腐蚀性的影响。来自原油的腐蚀性物质（H_2S、氯化物盐、HCl、轻质有机酸）的溶解可能会改变水相的腐蚀性。依据原油存在水相的腐蚀性[12~14]划分，原油可分为腐蚀性原油、中性原油和抑制性原油。

如果脱盐装置不能正常工作，除了在低速流动和停滞条件下，原油相关的腐蚀问题就可能在后续生产装置或加工单元中发生。

必须强调的是，原油供应模式往往随着传统油田产量下降和新的供应来源的出现而发生变化，原油的腐蚀性也可能相应地改变。有时候，大众传媒中也会出现无理的指控，例如新型非常规原油的腐蚀性增加。在这种情况下，通过实验证明，与常规原油相比，这些新型原油的腐蚀风险不代表常规原油的腐蚀风险。例如，在油砂作业中生产的沥青必须经过加工或与较轻的碳氢化合物混合以在管道中运输。一些沥青被升级为合成原油，与轻质加拿大冷凝液混合的沥青被称为稀释沥青（见附录 B）。两者的混合有时被称为合成稀释沥青[15]。在水相和油相中，管道（API 5L X-65）用钢在不同原油（稀释沥青、合成原油和常规原油）中的腐蚀速率为 0.001 ~0.003mm/a[15]。原油（总酸值、硫和水含量）的物理化学性质和腐蚀性之间没有相关性。用重量损失（WL）测定原油腐蚀性的方法具有较长的曝光时间和低再现性。在重量损失法中，试件有时会因黏结积聚而增加重量。放射性示踪技术用于在 1h 内精确地测量高温原油的腐蚀性，以避免有机酸的热降解[16]。放射性方法的缺点是需要复杂的设备和熟练的操作人员。

上述关于炼油厂原油腐蚀问题的例子描述于以下案例中。

2.4 案例研究

条件：脱后原油温度 140 ~190℃、压力 1200kPa，走壳程。

材料：碳钢 A516Gr. 70. ，壁厚 12. 5mm。

失效前的服役周期：2 年。换热器装满原油，并在服务的 2 年中有 8 个月不运行。

目视检查结果：在壳体下部的内表面发现深度为 6 ~7mm 的沉积物和腐蚀坑（见图 2. 1）。

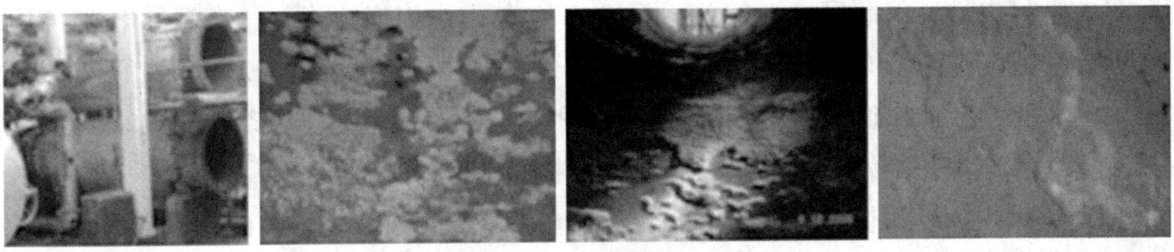

(a)两个换热器失效外貌图 (b)腐蚀换热器壳体的内表面 (c)腐蚀换热器壳体的内表面 (d)腐蚀换热器壳体的内表面

图 2. 1 沉积物和腐蚀坑

腐蚀速率为 3 ~3. 5mm/a。分析脱盐后原油中盐分的含量表明，在 2 年的时间，内原油盐分含量在 2① ~6ptb 范围内变化，而允许的最大浓度为 1ptb。

X 射线荧光（XRF）分析：在换热器壳体内形成的沉积物含有 Fe、S、Ca、Na、Si 和 Cl。

化学分析：沉积物（无机部分）主要由 FeS 和 $Fe_2(SO_4)_3$ 组成。

---

① 1ptb = 2. 85g/m^3。——编者注

失效现象：垢下酸腐蚀[17]。

失效的原因及解释：换热器停用8个月，壳体内原油处于停滞状态，沉淀物沉淀在换热器壳体的下部。原油中所含的硫化氢与铁形成硫化铁。空气（氧气）进入壳体会导致硫化物氧化形成硫酸盐。在原油中存在的水导致硫酸铁 $Fe_2(SO_4)_3$ 盐的水解，造成 pH 值降至 1 ~2 ［见式（2.1）和式（2.2）］：

$$Fe_2(SO_4)_{3(aq)} \xrightarrow{水} 2Fe^{3+}_{(aq)} + 3SO^{2-}_{4(aq)} \tag{2.1}$$

$$Fe^{3+}_{(aq)} + H_2O_{(l)} \longrightarrow H^+_{(aq)} + (FeOH)^{2+}_{(aq)} \tag{2.2}$$

因此，在硫酸铁盐的酸性沉淀物下，腐蚀现象在所难免。

解决方案和建议：

（1）绝不让不流动的原油停在换热器壳层。换热器停用期间，用柴油置换壳程。

（2）通过补焊修复腐蚀坑。

参考文献

[1] Ávila BMF et al (2014) Speciation of organic sulfur compounds using comprehensive two – dimensional gas chromatography coupled to time – of – flight mass spectrometry: a powerful tool for petroleum refining. Fuel 126: 188 – 194

[2] Manning FS, Thompson RE (1995) Oilfield processing of petroleum: vol two: crude oil. Penn Well Publishing Company, Tulsa

[3] Groysman A (2014) Corrosion in systems for transportation and storage of petroleum products and biofuels. Springer, Dordrecht

[4] NACE Standard SP0208 (2008) Internal corrosion direct assessment methodology for liquid petroleum pipelines. NACE International, Houston, TX, USA

[5] Larsen KR (2013) New standard determines corrosivity of crude oils. Mater Perform 52 (2): 18

[6] Been J et al (2011) Development of a test protocol for the evaluation of underdeposit corrosion inhibitors in large diameter crude oil pipelines. Paper 11263 presented at the NACE CORROSION conference, NACE International, Houston, TX, USA

[7] Been J, Place TD, Holm M (2010) Evaluating corrosion and inhibition under sludge deposits in large diameter crude oil pipelines. Paper 10143 presented at the NACE CORROSION conference, NACE International, Houston, TX, USA

[8] Place TD, Holm MR, Cathrea C, Ignacz T (2009) Understanding and Mitigating large Pipe Underdeposit Corrosion. Mater Perform 48 (1): 54 – 60

[9] Salama MM (2000) Influence of sand production on design and operations of piping systems. Paper 00080 presented at the NACE CORROSION conference, NACE International, Houston, TX, USA

[10] Larsen KR (2013) Managing corrosion of pipelines that transport crude oils. Mater Perform 52 (5): 28 – 35

[11] ASTM D3603 – 14 (2014) Standard test method for rust – preventing characteristics of steam turbine oil in the presence of water (horizontal disk method). ASTM International, West Conshohocken, PA, USA

[12] ASTM G205 – 10 (2012) Standard guide for determining corrosivity of crude oils. ASTM International, West Conshohocken, PA, USA

[13] TM0172 – 2001 (2001) Determining corrosive properties of cargoes in petroleum product pipelines. NACE International, Houston, TX, USA

[14] ASTM D665 – 14e1 (2014) Standard test method for rust – preventing characteristics of inhibited mineral oil in the presence of water. ASTM International, West Conshohocken, PA, USA

[15] McIntyre DR et al (2014) Laboratory tests comparing the corrosivity of dilbit and synbit with conventional crudes under pipeline conditions. Paper 3824 presented at the NACE CORROSION conference, NACE International, Houston, TX, USA

[16] Eberle DC, Wall CM, Treuhaft MB (2006) Crude oil corrosivity measurement using radioactive tracer technology. Presentation at the 2006 spring meeting & 2nd global congress on process safety, 9th topical conference on refinery processing, AIChE, USA

[17] Groysman A (2010) Corrosion for everybody. Springer, Dordrecht

推荐参考文献

[18] Hatch LF, Matar S (1977) From hydrocarbons to petrochemicals, part 2. Hydrocarb Process56 (6): 189 – 194

[19] Matar S, Hatch LF (1994) Chemistry of petrochemical processes. Gulf Publishing Company, Houston

[20] Dowd WT, Kuuskraa VA (1988) A technical and economic assessment of domestic heavy oil. Final report. DOE report, DOE/BC/10840 – 1

[21] Rossini F (1960) Hydrocarbons in petroleum. J Chem Educ 37 (11): 554 – 561

[22] Nelson WL (1958) Petroleum refinery engineering, 4th edn. McGraw – Hill Book Co, New York

3 炼油厂装置腐蚀的物理化学因素

Only fools and charlatans know everything and understand everything.

Anton Chekhov (1860 ~ 1904), a Russian writer.

摘要 本章介绍了炼油厂装置金属腐蚀的物理化学机理，分析了低温（$T<100$℃）和高温（$T>200$℃）腐蚀问题，介绍了盐酸腐蚀及其防腐，以及电解质为酸性、中性和碱性水溶液的电化学腐蚀机理。影响腐蚀速率及其强度的主要因素是温度、压力、流动状态和介质。本章还从腐蚀性角度分析了以下化合物和混合物：水、空气、硫化氢、含氮物质、酚类、连多硫酸、有机氯和有机氯化物、氯化铝、硫酸和碱性溶液（氢氧化钠、碳酸钠、氢氧化铵、胺、酸性水和废碱）。

在很多条件下，炼油厂装置的金属设备和结构会在不同介质和相中发生腐蚀。下面，我们将炼油厂和石化装置的腐蚀划分为五类：

(a) 在溶解腐蚀性气体（如 HCl 和 H_2S）或溶解盐（如 NaCl 和 Na_2SO_4）等电解液（通常电解质是水和水溶液）存在下的低温腐蚀（$T<100$℃）。我们可以在这个环境中加入氨（NH_3），但应该记住氨对金属具有"双面性"。对于铁来说，氨是一种腐蚀抑制剂；而对于铜来说，它是一种具有强侵蚀性的物质，可以溶解铜并引起应力腐蚀（SCC）。其实 H_2S、NaCl 和 Na_2SO_4 对碳钢的腐蚀也是具有双面性的。在一定的 H_2S 浓度和条件下，碳钢表面会形成保护性钝化膜（见图 3.1）。在水中的 NaCl 和 Na_2SO_4 盐浓度达到 3% 的情况下，碳钢的腐蚀会加速，但当 NaCl 和 Na_2SO_4 盐浓度更大（>26%）时，会导致溶解氧的盐析，此时碳钢的腐蚀为零[1]。

(b) 由非电解质（通常为气态 H_2S 和 H_2 腐蚀、环烷酸腐蚀、热灰腐蚀、炉中氧气氧化）引起的高温（$T>200$℃）腐蚀。

(c) 在电解质或非电解质下发生的中等温度（100℃ $<T<200$℃）（腐蚀取决于物质和条件）。

(d) 自然环境中的腐蚀：在大气、土壤和天然水域发生的腐蚀，如炼油厂和石化工厂的设备和建筑物在露天环境下产生的腐蚀。

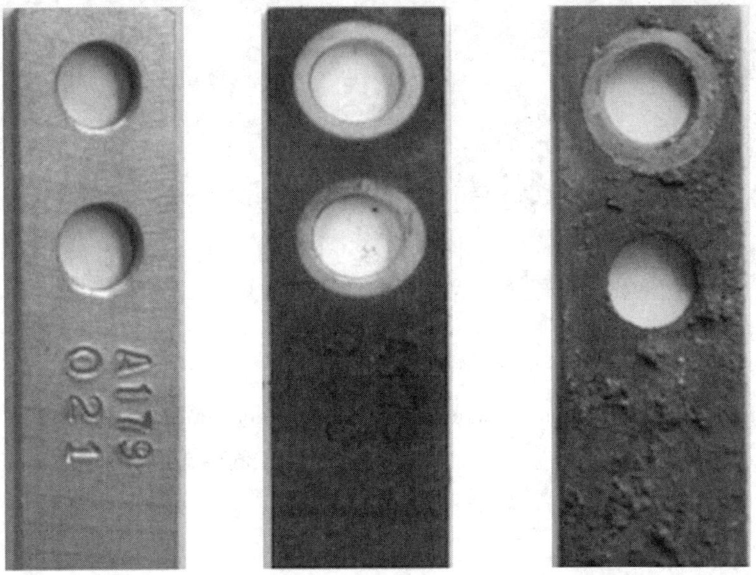

(a)原件　(b)带有保护性光滑薄韧性硫化铁膜（厚度5~20 μm）　(c)带有厚脆的硫化铁非保护层（厚度为50~100 μm）

图 3.1　碳钢试样

（e）特殊的腐蚀现象：酸露点腐蚀、绝热腐蚀、锅炉给水腐蚀和蒸汽冷凝水腐蚀。

第一类（$T<100℃$）根据电化学机理发生：酸、中性和碱性水溶液中的腐蚀。胺溶液（在胺处理装置中）中的腐蚀属于该组。第二类（$T>200℃$）属于非电化学机制，即硫化物腐蚀、环烷酸腐蚀、氢损伤、热煤灰（或燃料灰分）和氧化（由氧气引起）腐蚀。应该注意到，这是有条件的划分，并且只是为了方便描述已知的和已被接受的腐蚀机制。一些腐蚀现象在低温和高温下都会发生，如氢损伤（见第 4.3 节）。在 100 ~ 200℃ 发生的第三类腐蚀现象中，水中电解质的存在和压力的升高使水的沸点增大至 100℃ 以上，从而使得在更高温度下发生电化学腐蚀成为可能。例如，硫酸（H_2SO_4）的水溶液可以在高达 160 ~ 180℃ 下以液态存在，这取决于其浓度。热烃（100 ~ 290℃ 的汽油、煤油或柴油）的腐蚀，其情况更复杂。常压塔原油精馏发生在蒸汽状态下，并且该蒸汽被添加到塔的底部以促进烃的分馏。在 100 ~ 290℃ 下，水（H_2O）可以在烃有机相中以蒸汽或液体冷凝物的形式存在。由于 H_2O 分子的极性，它们被吸附在金属表面上且很难被除去。粗糙的金属表面有助于水分子吸附在金属表面的烃相下，类似于大气腐蚀可能发生在薄电解水层中。如果阳离子（Fe^{2+} 和 Fe^{3+}）存在于水相中，则水合物（$FeCl_n \cdot mH_2O$）紧紧束缚在金属表面上。烃类（如石油产品和燃料）中的腐蚀与大气腐蚀之间的区别在于：大气是金属表面薄水层（电解质）产生电化学腐蚀所需水和溶解氧的来源；烃类有机相（与蒸汽混合）为金属表面发生电化学腐蚀提供水和硫化氢，有时包括溶解氧。事实上，在 300℃ 的温度下，金属表面依然有吸附水的存在。

第四类（自然环境中的腐蚀）和第五类（特殊腐蚀现象，如酸露点腐蚀和绝热腐蚀）在参考文献[1,2]中有详细介绍。本书也将给出腐蚀案例及其分析（见第 5 章、第 6 章）。

3.1 低温腐蚀

炼油厂和石化工厂的大多数低温腐蚀问题不是由加工的烃类引起的，而是由各种无机化合物（如 H_2O、H_2S、HCl、NH_3、NaOH、H_2SO_4、Na_2CO_3）和溶解氧引起的。碳氢化合物中含有的或偶尔形成的有机酸，以及用作中和剂的胺、蒸馏系统顶部用的缓蚀剂，都可能促进低温腐蚀（参见第 8.2.1 节、第 8.2.2 节）。

造成腐蚀的化合物有两种来源。第一种是存在于原油中的杂质和工业助剂。在胺处理装置中，用于吸收 H_2S 和 CO_2 的氨水溶液的长时间使用，可导致腐蚀性热稳定铵盐的形成（参见第 4.4 节）。第二种是在石化工厂，环丁砜的长时间使用也可能导致破坏性腐蚀性产物（酸）的形成（见第 5.4.1.4 节、第 5.4.1.5 节）。

盐酸在炼油和石化装置的腐蚀问题上占有特殊地位。因此，本文将介绍由盐酸引起的腐蚀及其机理，然后介绍其他化合物引起的腐蚀。

盐酸腐蚀及其预防。氯化钙和氯化镁盐（$CaCl_2$、$MgCl_2$）、有机氯（RCl；R-基，如甲基 CH_3-或乙基 C_2H_5-）化合物和氯化铝（$AlCl_3$）催化剂（见附录 C）的存在，导致盐酸出现在原油和石油产品中。此外，原油生产中使用的化学助剂可能会含有一些氯化物。在油田原油的初步处理过程中和后期在储罐储存时的沉淀，大多数腐蚀性杂质被去除。但是，一些杂质（主要是氯盐和额外的水）仍然在海洋油轮和管道运输中被吸收。在任何情况下，即使在脱盐后，原油中仍然会残留少量无机盐（$CaCl_2$、$MgCl_2$ 和 NaCl）。前两种盐在较高的温度下水解率较高，特别是在 120～150℃ 时水解加快；NaCl 性质稳定，760℃[3] 时才发生水解；大部分氯化氢在原油预热炉中会析出。脱后原油中的盐含量建议低于 1ptb。脱盐后残留在原油中的酸进入蒸馏塔，并与轻油、水蒸气和 H_2S 上升到塔顶，因此原油蒸馏塔塔顶腐蚀主要是盐酸腐蚀。同样，盐酸腐蚀也可以在重整和加氢处理装置中发生。有机氯化合物（RCl）用于重整装置以再生重整催化剂，如果重整装置进料中存在水分，氯化氢就从催化剂中脱出，且氯化物是由有机氯催化剂水解而成的（见附录 C）。在这种情况下，重整装置先发生腐蚀，使用重整氢气（含有痕量 HCl）的加氢装置也会发生腐蚀。此外，以连续重整原料油（甚至氯化物含量量级为 mg/L）为原料的石化工厂也可能造成不同设备的腐蚀，如从管道和泵到 BTX 和 TPX 设备的水箱（见第 5.4 节）。因此，连续重整装置必须安装脱氯剂，以便完全除去重整产品中的氯化物。含有微量 HCl 的氢气应通过碳酸钠溶液洗涤器以完全除去 HCl。洗涤器的故障（吸收不足）将导致碳钢管道和阀门严重腐蚀（见第 5.5.1.8 节）。

氯化氢如何引起常压蒸馏塔顶部碳钢设备的腐蚀？干燥的 HCl 气体没有腐蚀性。在 $T>100$℃（通常为 120～130℃）的蒸馏塔塔顶，混合有 HCl 的轻油气体和水蒸气对碳钢没有腐蚀性。然而，当接触液态水冷凝物时，在初始水露点（$T\leqslant100$℃）时，HCl 变得具有腐蚀性。通常这种情况发生在空冷器中，但在错误操作下，也可能在蒸馏塔的上部发生。因此，在常压下，保持蒸馏塔塔顶温度高出水露点20~30℃以上是非常重要的。根据HCl浓度，凝结水的pH值可以维持在2.5~4（见表3.1），但在脱盐装置故障和原油存在有机氯化合物存在条件下，pH值可能会更低。

表3.1
水冷凝液中盐酸浓度对pH值的影响

HCl/(mg/L)	5	10	15	20	30	50	70	100
pH值	3.86	3.56	3.39	3.26	3.08	2.86	2.72	2.56

碳钢的强烈腐蚀始于pH<4[4]。这意味着酸性凝结水应该被中和（见第8.2.1.1节）。将两种化学物质氨或胺注入原油蒸馏塔的塔顶蒸气管线中，能够维持冷凝物的pH=5.5~6.5。为什么不选择中性值pH=7？主要有以下三个原因：

（a）在较高pH值（≥7）条件下，氯化铵（NH_4Cl）和氯化胺盐（RNH_3Cl）的沉积物（结垢）会形成，由此产生较大的局部垢下腐蚀危险。这些脆弱的部位是蒸馏塔中的塔板、空气冷却器的集箱、换热器壳和管板挡板。

（b）在pH≥7的条件下，碳钢在酸性水中的腐蚀加剧（见第3.1.1节和附录D）。

（c）除了中和剂（氨和胺）之外，缓蚀剂（胺和其他有机化合物）也被注入塔顶蒸汽管线中。缓蚀剂在pH=5.5~6.5的范围内作用较好。

通常，氨被当作25%的NH_4OH水溶液来使用。该溶液能够快速中和酸溶性液，而胺中和相对缓和平稳。当氨溶液过量时，pH值会快速升高至7以上，可导致氯化铵沉淀。为了防止这种情况，除了氨溶液外，溶液中还应注入胺。氨的应用带来安全和环境问题（见附录E），所以我们单独注入“低盐”胺，从而避免氯化铵盐沉淀物的形成。

酸性溶液中腐蚀的电化学机理。当蒸馏塔顶部的碳钢设备接触HCl或H_2S的酸水溶液时，铁按照电化学机理腐蚀。该机理包括两个反应，阳极的和阴极的，它们同时发生[1]。铁的阳极溶解——阳极金属离子（Fe^{2+}）离开进入溶液中并在金属表面释放电子：

$$Fe_{(S)} \longrightarrow Fe^{2+}_{(aq)} + 2e^- \quad (3.1)$$

这些电子沿着金属表面移动到相邻的区域（具有较高的电位），其中$H^+_{(aq)}$阳离子（作为酸解离的结果存在）被聚集，并且发生阴极反应：

$$2H^+_{(aq)} + 2e^- \longrightarrow H_{2(g)} \quad (3.2)$$

由于水中的$H^+_{(aq)}$阳离子与$H_2O_{(l)}$分子即时结合形成水合氢离子$H_3O^+_{(aq)}$，因而更准确的阴极反应式（3.2）为：

$$2H_3O^+_{(aq)} + 2e^- \longrightarrow H_{2(g)} + 2H_2O_{(l)} \quad (3.3)$$

式（3.2）和式（3.3）阴极反应的记录是等效的。实际上与任何酸（H_2S、H_2SO_3、H_2SO_4、H_3PO_4、HNO_3和CH_3COOH）接触的铁都是根据这种电化学机理发生腐蚀的。完全反应式可写成离子式（3.4）或分子式（3.5）：

$$Fe_{(s)} + 2H^+_{(aq)} \longrightarrow Fe^{2+}_{(aq)} + H_{2(g)} \quad (3.4)$$

$$Fe_{(s)} + 2HCl_{(aq)} \longrightarrow FeCl_{2(aq)} + H_{2(g)} \quad (3.5)$$

反应的结果是，铁表面出现溶解的铁盐和未溶解的盐层（在 H_2S 和 H_3PO_4 的情况下）。

中性和碱性电解质水溶液中的电化学腐蚀机理。水是弱电解质，这意味着当铁接触水时，没有多少 H^+ 可以参与阴极反应。另一组分——溶解在水中的氧，参与了金属表面上的电子摄取：

$$O_{2(g)} + 2H_2O_{(l)} + 4e^- \longrightarrow 4OH^-_{(aq)} \qquad (3.6)$$

由于 $O_2(g)$ 的浓度比 $H_3O^+_{(aq)}$ 的浓度大1000倍以上，所以在中性和碱性电解质水溶液中，阴极反应（3.6）优先于（3.3）。金属设备在接触到水、土壤或相对高湿度的大气时，会根据式（3.6）的电化学机理发生阴极反应。金属阳极溶解和阴极反应（O_2 或 H_3O^+ 的还原）同时进行。没有阴极反应时，阳极反应则不能进行，反之亦然。要避免阴极反应，可以阻止金属阳极溶解，最终阻止腐蚀。从水或水溶液中除去溶解氧，消除阴极反应（3.6），也能阻止阳极（腐蚀）反应（3.1）。这是锅炉给水时水中除氧的基础。除 HCl 以外，许多化学物质都会影响低温腐蚀，我们将在下一节进行分析。

3.1.1 影响低温腐蚀的因素

影响腐蚀速率及其强度的主要因素是温度、压力、流动状态和介质。条件和工艺参数的变化也会影响这些因素。

温度。温度对腐蚀的影响非常复杂。腐蚀性气体（O_2、H_2S 和 CO_2）在水中和液态烃中的溶解度随着温度的升高而降低，并且在高温下，这些气体在液体中的浓度非常低。然而，腐蚀反应速率却随着温度的升高而增加。这种情况导致在开放的水体系中，腐蚀速率随温度的变化而通过最大值（60～80℃）[1]的位置。因为氧的溶解度为零，阴极反应中没有主要的“参与者”（溶解氧 O_2），最终阳极反应（腐蚀）也被抑制，所以在温度为100℃左右时，开放系统中水溶液中的碳钢腐蚀速率接近于零。温度的升高也会加速水合分子的解离和 pH 值降低，最终导致酸化。例如，对于纯水，在25℃下的 pH = 7.0，在90℃下的 pH = 4。

液体烃中水的溶解度随着温度的升高而增加。随温度降低，烃在水中溶解度降低，会导致两相分离为水和烃。

考虑蒸馏塔塔顶在压力100kPa、温度120～130℃的条件下，只有一股混合气相，含有轻烃、水蒸气（H_2O）、HCl 和 H_2S 气体。因为塔顶轻烃需要被冷却，所以从蒸馏塔上部到空冷器的管道没有隔热材料。在 $T > 100$℃条件下，注入以气体（NH_3）或液体溶液（NH_4OH）形式的氨不会导致水蒸气凝结。然而，当 $T < 100$℃时，将形成含有 HCl 和 H_2S 两种酸的液态水。

氨和胺将该酸性冷凝液中和至 pH = 5.5～6.5（所需范围）。注入氨和胺化合物的副作用是，它们会与氯化物反应形成固体氯化铵（NH_4Cl）和胺氯化物 $[RNH_3]^+Cl^-$ 盐，并沉积在金属表面。这些盐在干燥条件下不具有腐蚀性。但是，实际环境并不干燥，盐在含水环境下水解，形成强酸（HCl 水溶液，见附录 C）。在盐沉积物作用下，出现了局部 HCl 点状腐蚀。因此，清洗和清除这些酸沉积物是很重要的（见第8.2.1.2节）。

压力的影响。压力的增加导致水相和烃相中 H_2S 和 CO_2 的浓度增加。因此，pH 值随压力升高而降低，水相中酸性和腐蚀性变得更强。因为其较高浓度的酸性气体，液态烃相也变得更具腐蚀性。

流动状态。液相和气相的流动状态严重影响腐蚀。可能存在一相、两相或三相（水－烃－气体）流。它们的存在取决于温度、压力、液体与气体的流量和类型，以及管道的结构特点（直径、弯度、方向以及阀和三通）。因此，流体流动状态可以从细分散的薄雾到分层相不等。

考虑到塔顶的流动状态，必须强调雾状（良好的分散和分布）是注入中和剂和缓蚀剂的最佳状态。分层流动阻止液体的亲密混合，从而减缓了物质传输，并影响缓蚀剂到达金属表面的能力。湍流可以从金属表面去除保护性腐蚀产物层或缓蚀剂膜。

3.1.1.1 化合物

原油中的污染物（水、空气、盐、硫化氢和其他无机硫化物，以及含 S 和 N 的有机化合物）会影响低温腐蚀。此外，酸性水、废碱、多硫代酸、有机氯和有机氯化物、氯化铝和不同的碱性溶液（包括胺）也会产生腐蚀问题。前文已经描述了由 HCl 水解形成的 $CaCl_2$ 和 $MgCl_2$ 盐的影响（见第 3.1 节和附录 C）。本节将分析其他杂质的影响。

水。水可以以乳状液或单独的相存在于原油中，并且不可能被完全除去。液态水可以在常压蒸馏塔的汽提过程中形成，也可在加氢处理工艺中产生。水蒸气可以与空气一起进入和溶解在烃类中，然后在金属表面冷凝并造成腐蚀。

空气。空气渗透进设备和加工流程有许多方法：在运输、罐储中，在不同工艺操作（对罐和其他容器的排空）中，以及在开停工过程中，如果密封件或连接件不紧密，空气都会进入真空系统和真空泵中。当空气进入常减压蒸馏系统时，硫化氢会被氧化成硫酸根离子（SO_4^{2-}），这会降低 pH 值并加剧碳钢的腐蚀。有证据表明，有时在常减压冷凝水中可测得含有几百 mg/L 的 SO_4^{2-}（见第 8.2.3 节）。在停工期间，完全将设备与无处不在的空气（氧气、水蒸气、或气化物等腐蚀性离子）隔离开来是不可能的。因此，在停工期间，大多数设备暴露于侵蚀性的空气中，并且通常会发生不受控制的气体腐蚀。腐蚀产物（大部分是生锈）存在于设备的不同位置，在设备启动时会被带出，从而污染烃流，堵塞热交换器、管道和过滤器。因此，空气不仅造成腐蚀，还会造成污染（见第 7 章）。

硫化氢（见附录 D）。硫化氢（H_2S）存在于初始原油中，但也可以在原油储存或输送过程中产生，也可由具有活性的硫酸盐还原菌（SRB）产生，或在高温下（在加热炉和蒸馏塔中）由硫有机化合物分解产生。硫化氢溶解于水（形成弱氢硫酸 H_2S，$pH \approx 4$），但在烃中溶解更好。硫化氢存在于从常压蒸馏塔、催化裂化装置中的分馏塔、加氢处理（加氢裂化器和加氢处理器）流出物流、减黏装置上的稳定塔和分离器、硫回收装置（SRU）和酸性脱水塔（SWS）产出的轻馏分中。硫化氢是酸性水的主要成分。

下面，我们将介绍在 H_2S 存在下的腐蚀。铁、铜、镍、锌和它们的一些合金是不耐 H_2S 的：

$$Fe_{(s)} + H_2S_{(aq)} \longrightarrow FeS_{(s)} + H_{2(g)} \tag{3.7}$$

反应（3.7）在水电解相中进行两个电化学过程（阳极和阴极）[类似于反应（3.1）和反应（3.2）]。这种腐蚀反应发生在常压蒸馏装置顶部管道、空气冷却器和热交换器的内表面，以及加氢裂化装置稳定器后的 $T<100℃$ 处（见第 4.1 节）。这种通过符合电化学机理的腐蚀可以被称为低温硫化物腐蚀（溶解的 H_2S 水溶液是电解质）。这与化学机理发生的高温硫化物腐蚀（H_2S 气体是非电解质）相反（见第 4.1.1 节）。低温硫化物腐蚀的强度取决于硫化物层的形成条件及其组成。硫化物层的结构和形态对碳钢的腐蚀有影响。腐蚀性产物是不同的硫化铁（以稳定性从小到大的顺序排列）：硫化铁（Ⅱ）（非结晶的 FeS）、硫铁[铁（Ⅱ、Ⅲ）硫化物或 Fe_3S_4；类磁铁矿 Fe_3O_4]、磁黄铁矿[$Fe_{1-x}S$，（其中 $x=0\sim0.2$）或 Fe_7S_8]、陨硫铁（FeS，结晶）、马基诺矿[$Fe_{1+x}S$，（其中 $x=0\sim0.1$）或 Fe_9S_8]、白铁矿[斜方晶系的铁（Ⅱ）二硫化物（FeS_2）和黄铁矿[立方体的铁（Ⅱ）二硫化物（FeS_2）]。有时候，马基诺矿可以替换为菱硫铁矿（Fe_9S_{11}）[5~7]。它们在硫化物层中的相对含量取决于合金的化学成分、硫化氢浓度、温度和 pH 值。在 pH≈4 的相应环境温度下，矿物层中主要含马基诺矿，而在 pH≈7 时，矿物层中主要含磁黄铁矿[8]。元素硫可以与各种铁硫化合物共存。

硫化铁不溶于水。像宇宙中的大多数事物一样，硫化物也有“两面”性。硫化物膜可以起到保护作用，也可以引起腐蚀。铁硫化合物膜是导电的，其电位比铁的要高 0.2~0.4V，因此它们相对于铁是阴极。也就是说，铁硫化合物能够加速阴极反应，最终加速腐蚀[9]。当 H_2S 浓度小时，铁的表面会形成一层厚度为 5~20μm 的光滑薄膜保护层（见图 3.1b）。

这种情况发生在蒸馏塔塔顶和胺处理装置中。这些膜能很好地吸附在碳钢表面，用稀盐酸可以将其除去。当 H_2S 浓度相对较大时，碳钢表面会形成厚脆的硫化铁非保护层，如粉末（容易破裂）。这些硫化铁沉积物的厚度为 50~100μm（见图 3.1c）。

含氮化合物。原油中含有氮的有机化合物种类繁多。在常温下，这些化合物通常是惰性的，可以抑制钢的腐蚀（如吡啶、酰胺等）。在高温下，含氮有机化合物可分解为氨（NH_3）和氰化氢（HCN），这将导致某些合金的腐蚀问题。这种化学转化通常发生在催化裂化、加氢处理和加氢裂化中。在这些过程中，与 H_2S 结合的 NH_3 和 HCN 成为对碳钢具有高度腐蚀性的酸性水的主要成分。

酸性水。酸意味着“有一种敏锐、苦涩、不愉快的气味或味道，像柠檬但不甜”。酸性水是“酸性”的同义词，表示介质中含有 H_2S，例如含硫原油。酸性水是在许多精炼过程中产生的废水。它不仅含有 H_2S，而且含有 NH_3、HCN、硫醇、酚（苯酚）、氯化物、氟化物、废碱和悬浮固体。NH_3、H_2S、硫醇和酚类这些酸性水成分具有强烈的难闻气味。酸性水的最大来源是常减压蒸馏塔中原油的汽提。催化裂化、催化重整、加氢处理脱硫、粗脱盐、加氢裂化、异构化、减黏裂化、焦化、硫黄回收系统、清洁系统和胺系统也会产生大量的酸性水（见第 8.2.1.2 节）。氨和硫化氢在酸性水中以相对较大的浓度（3.5%~4.8%）存在，并在 pH≈9 下反应形成能引起腐蚀的硫氢化铵（NH_4HS）（见附录 D）。因此，这种类型的腐蚀称为碱性酸性水或硫化氢铵腐蚀。大多数酸性水腐蚀问题存在于催化裂化装置的蒸气回收段、加氢处理和加氢裂化装置的反应器流出物和轻馏分部分，以及硫黄回收系统的胺再生器（剥离器）塔顶。由于酸性水（特别是 NH_4HS 浓度）的成分和流速不同，它可能对碳钢和铜合金产生极大的腐蚀作用。当 NH_4HS 浓度超过2%，流体速度大于6.8m/s[10~12]时，碳钢会发生严重腐蚀。

H_2S 分压显著影响着合金的腐蚀速率，特别是在较高的 NH_4HS 浓度下，甚至影响不锈钢20Cb-3和英科镍825、英科镍600和英科镍625。当 H_2S 分压为350kPa时，在温度55℃和流速6.1m/s条件下，碳钢的腐蚀速率是0.2mm/a。当 H_2S 分压为700kPa时，在同样条件下，碳钢的腐蚀速率为1mm/a[13]。

不锈钢通常耐硫化氢胺腐蚀，然而，浓度为6~9mg/L的氯化物也可能对其造成点蚀，并且高流速（伴随湍流）可能导致汽提塔的SS316塔板的冲刷腐蚀[14,15]。钛对这些条件有抵抗性（见第8.1.1节）。氰化物在碱性条件下会加速硫化氢胺的腐蚀（见附录D）。在酸性水中，HCl的存在可导致HCl水溶液腐蚀并形成 NH_4Cl 结垢；当 NH_4Cl 垢水解时，由于其酸性特性，酸性水会具有极强的腐蚀性（参见第3.1节和附录D）。当HCl存在于流出物蒸气中时，初始的水凝结点上升形成HCl水溶液并产生严重的腐蚀。即使在高温下（约100℃），HCl气体也能很好地溶解在水中。存在于蒸汽流中的氨（与HCl一起）也将被吸收到水的冷凝物中，但是吸收程度会比HCl少得多。因此，第一次凝结的水可能具有酸性和腐蚀性。只有在下游分离器完全冷凝的水相才具有碱性。

除了腐蚀问题，NH_4HS 和 NH_4Cl 盐可能会造成污垢问题（见第7章）。固体 NH_4Cl 盐可直接由流出气流中的 NH_3 和HCl合成，但这取决于它们的浓度和温度。NH_4HS 盐和 NH_4Cl 盐可在 $T>100℃$ 下沉积。干 NH_4Cl 盐不具腐蚀性，但会造成严重的污垢问题。“干”定义为与相对湿度小于10%的气相平衡的固体盐[16]。然而，NH_4Cl 盐是吸湿性的，并且倾向于从工艺流中吸收水分。湿 NH_4Cl 盐可能具有非常强的腐蚀性，因为它是酸性的（见附录C）。以下解决方案可用来控制 NH_4Cl 沉积物的腐蚀和结垢的发生。

（1）确定氯化物的来源并尝试降低其浓度，或从装置进料流（碳氢化合物和氢气）中去除它们。氢气应通过装满吸附剂的罐以去除HCl。

（2）保持温度高于盐沉积温度点。

（3）间歇或连续的水洗。

酸性水腐蚀有时会伴有氢损伤。建议采取下列防腐措施来控制酸性水腐蚀[13,17]：

（1）保持 NH_4HS 浓度小于2%，流体速度小于6.8m/s。在这些限制条件下，碳钢可以正常使用；铜合金对 NH_3 和 H_2S 都不具抗腐蚀性，镍合金400（Monel）也会发生腐蚀。

（2）回流温度应高于40℃，以避免 NH_4HS 在塔板上升华。

（3）注射经过计算的洗涤水量，可以减少冷凝区域中的 NH_4HS 和 NH_4Cl 浓度。注入水能够除去盐并净化HCl气体。洗涤水的质量对于防止腐蚀和结垢非常重要（见表3.2）。洗涤水可以是经过处理的（或回收）汽提净化水、蒸汽冷凝水或锅炉给水。应避免注入含氰化物的酸化水。当不能注水时，需要使用耐蚀合金。

表 3.2
注入洗涤水的参数

参数	单位	最大值	理想值
氧①	μg/L	50	15
pH 值		9.5	7.0~9.0
总硬度	mg/L $CaCO_3$	2	<1
溶解铁②	mg/L	1	0.1
氯化物	mg/L	100	5
H_2S	mg/L	1000	<1000
N_3H	mg/L	0	0
氰化物	mg/L	0	0
总悬浮固体	mg/L	0.2	0

①氧的存在增强了由于氯化物点蚀引起的潜在腐蚀。氧气将与二硫化物离子反应形成单质硫（见附录 D）。净化酸性水通常是无氧的。

②因为水中的铁会形成不溶性硫化铁，并可能沉积在设备上，因此铁浓度应低。例如，11.3m^3/h 的洗涤水中仅含有 1mg/L 铁，在一年内也将形成超过 14kg 的硫化铁[10]。

（4）以下合金可用于酸性水中：TiGr.2、SS304（不含氯化物环境）、双相不锈钢、英科镍 825 和铝。下面是对酸性水腐蚀有相对抵抗力的合金的排序：哈氏合金 C276 > AL-6XN > 2507 双相不锈钢 > 因科镍尔合金 625 > 合金 20Cb-3 > 因科镍铁合金 825 > 因科镍铁合金 600 > 因科镍铁合金 800 > 2205 双相不锈钢 > 不锈钢 316 > 不锈钢 304 > 不锈钢 410 > 镍合金 400 > 碳钢[17~19]。合金化学成分见附录 F。

（5）将缓蚀剂（水溶性胺、多硫化铵或多硫化钠）注入污水系统中以控制腐蚀和氢蚀。

（6）定期或持续地向酸性水汽提装置排放酸水，以降低塔顶冷凝水中腐蚀性成分（主要是 H_2S、NH_3 和 HCN）的浓度。

（7）反应器流出物的空冷系统的管箱设计应确保流过管束的良好分布，不推荐使用 U 形管。

（8）检查计划应提供所有可能的腐蚀问题：整体和局部腐蚀，氢损伤（起泡、应力腐蚀开裂、氢致开裂和应力导向氢致开裂）。

酚类。存在于 FCC 装置催化裂化区（反应器提升管）的任何外来氧都可以反应形成包括酚类在内的各种氧化合物。酚类由天然存在的含氧化合物产生，其中氧与芳族结构共价结合，以及存在于进料中的溶解氧（如果在大气中储存）或在反应器提升管空气吹扫过程中的氧会氧化某些烃。所产生的大量苯酚可以通过水洗以从烃相中去除，并伴随来自主塔塔顶接收器的酸性水离开 FCC 装置。FCC 酸性水中苯酚的浓度通常为 50~450mg/L。FCC 装置中的苯酚不会对装置本身产生影响，但是有时在酸性水中高浓度的酚会杀死用于生物处理的微生物。我们可以使用两种方式来排出酚类物质：一是将含酚水注入脱盐装置中，其中酚类在原油中溶解，而剩余的水则被倒出；二是将含酚酸性水在原油蒸馏装置中用作洗涤水，从而被烃吸收。如果苯酚进入煤油，就会产生颜色污染。煤油的碱处理技术可用以除去酚类和其他酸性化合物。

废碱。废碱（NaOH）是一种无用的碱性溶液，即已经被用过的且不再有用的碱液。废碱由氢氧化钠、水和杂质组成。杂质已经消耗了大部分的 NaOH，并将被废弃，即 H_2S 气体被 NaOH 水溶液吸收，形成 NaHS 和 Na_2S 两种盐时，消耗了苛性钠。炼油厂的废碱液来自 Merox 工艺：液化石油气、轻石脑油或汽油，以及煤油或喷气燃料脱硫醇工艺。在这些介质中，硫化物和有机酸从产物流分离至苛性碱水相中。氢氧化钠被消耗，产生的废水［甲苯基汽油、环烷煤油、液化石油气（废碱的硫化物）］相互混合，混合废水被称为炼油厂废碱。该溶液被硫化物、碳酸盐和含有重质有机酸所污染。

连多硫酸。连多硫酸是含氧酸 $H_2S_xO_6$（见附录 D）。奥氏体不锈钢炉管的连多硫酸 SCC（应力腐蚀开裂）首先在重整装置停车期间被识别，并能在数小时内生成。通常在重整、脱硫和加氢裂化装置中，由奥氏体不锈钢和镍合金制成的换热管、反应器、容器衬里和热套管易受连多硫酸 SCC 的影响[20~22]。

不是所有含 S 的酸都是与连多硫酸 SCC 相关。硫酸可能会加重 SCC，并可能导致晶间腐蚀，但不会引起 SCC。开裂需要相对较低的拉伸应力来引发和形成。敏化奥氏体不锈钢 304、316 和英科镍 800 和 Inconel 600 对多硫化物 SCC 尤其敏感（特别是在焊接热影响区中）[23~26]。低碳（$<0.03\%$ C：SS 304L、SS 316L 和 SS 317L）、化学稳定的 SS 321 和 SS 347（特别是热处理后）和稳定的英科镍 825 和 Inconel 625 对硫化物 SCC 有抵抗性。然而，这些合金也可能通过长时间在敏化温度范围内暴露而变得敏感（见附录 D，表 D.2）。

相对湿度≤60% 时，不能发生连多硫酸 SCC。在连多硫酸存在下，不锈钢和镍合金对晶间 SCC 的抵抗性可以根据相关标准[27]进行测试。以下为连多硫酸 SCC 的预防措施[26]。

（1）选择适当的合金和制造工艺。可以使用低碳［SS 304L、SS 316L 和 SS 317L（含碳量 $<0.03\%$）］和化学稳定的（SS 321、SS 347、SS 347 LN 和 SS 316Ti）不锈钢。低碳合金含有极少量的碳以至不能形成碳化铬。化学稳定的合金含有少量的钛或铌，它们与碳具有较强的亲和力，在高温下比铬更易形成碳化物。

（2）在停炉期间，用干燥的氮气（无水蒸气和氧气）吹扫，以排除氧气。氮气中允许加入部分氨气（5000μL/L）。

（3）用碱性苏打灰水溶液（2% Na_2CO_3，pH >9）洗涤设备表面，以在停机前中和硫化物，溶液中的氯化物浓度应限制在 250mg/L。可以向碱性洗涤溶液中加入缓蚀剂硝酸钠（0.4% $NaNO_3$）以延缓氯化物 SCC 的进度。在暴露于空气之前，设备必须用碱性溶液清洗。在设备使用前，应用碱性溶液进行水压测试。SS TP 316Cb 耐高达 650℃ 的敏化性，因此它对连多硫酸晶间腐蚀有抵抗性，并且不需要碱性洗涤。

（4）使用干燥（除湿）空气来防止液态水形成。干燥空气的制备条件：进入设备的空气的露点温度保持在内表面金属温度最低 22℃ 以下。

值得注意的是，上述预防措施不能保证 100% 地防止多硫酸 SCC。

有机氯和有机氯化物。有机氯也称为有机氯化物或氯代烃，是含有至少一个共价键的氯原子（R—Cl 或 C—Cl）的有机物质。例如，氯仿（$CHCl_3$）和二氯甲烷（CH_2Cl_2）是典型的有机氯。有机氯是相对非极性的物质，因此与水不相溶，却是除去石蜡、蜡沉积物和其他脱脂操作以及清洁工作的有效溶剂。有机氯是亲油的（对油具有亲和力），不能用水萃取。有机氯化物是盐，即离子化合物，且溶于水，例如氯化铵［$R—NH_3^+$］Cl^-盐。有机氯和有机氯化物都可以存在于原油中，可能会在不同的工艺中污染原油。这些化合物有几种来源。首先，有机氯溶剂用于清洁油罐、设备、泵和管道的。在清洁的过程中，废溶剂被加入原油中。其次，在卤代杀菌剂注入含油层和管道过程中，二氧化氯（ClO_2）用作井下杀菌剂，可形成有机氯化合物并保留溶解在原油的烃类中。

在蒸馏塔的塔顶蒸气管线中注入胺（$R—NH_2$）作为中和剂和缓蚀剂，将会导致氯化胺盐的形成。氯化铵盐进入废水，然后进入原油中。炼油厂的废油来自原油和储酸罐底部、废物，以及来自装置的各种烃类、化学品（破乳剂、催化剂和胺类等）和水的乳状液溢出物。有时，无机氯化物可以包封在高熔点蜡或沥青质中。原油可以含有不同量（范围为 5～7000mg/L）的这种有机氯和有机氯化物[3,28,29]。这种原油可能在常减压蒸馏装置塔顶系统、催化重整器（石脑油加氢处理装置）、处理柴油和脱硫剂的加氢裂化器和加氢处理中引起腐蚀和结垢。

作为离子化合物的有机氯化物可以通过脱盐除去，但是有机氯化合物不能在脱盐剂中去除。因此，有机氯化物不受人们的待见，甚至获得了几个令人讨厌的名字："不可脱盐去除的氯化物""不可（在水中）萃取的氯化物""幻影氯化物"或"流氓卤素"[29,30]。这些氯化物不易被检测到。它们具有腐蚀的危险性，因为在原油蒸馏装置中的加热和处理可导致塔顶系统中的水解反应（$T \geqslant 160℃$）或热分解反应以形成 HCl。这种强无机酸会导致由碳素钢制成的塔顶冷凝器工作 14h 并伴随 1000mm/a 的腐蚀速率[29]。有机氯化合物的水解不完全，剩余的非水解氯化物通常流入石脑油。以下解决方案可用来减少有机氯和有机氯化物的影响：

（1）来源控制：有机氯和有机氯化合物的精细化学分析的应用。有时控制来源是不切实际的，建议允许氯浓度不超过 1mg/L。一些炼油厂干脆拒绝含有这些化合物的任何原油[28]。

（2）与未受污染的原油混合。该方法类似于将酸性和非酸性原油混合以降低其腐蚀性。

（3）防止被污染的原油装料。

有机氯化合物三氯乙烯和全氯乙烷用作催化重整器中的氯源。工艺流中包含烃和氢气的混合物。在反应器前端连续注入热流的过程中，这些有机氯化合物分解成 HCl，从而代替从催化剂中损失的氯化物并保持其活性。如果注射设备（罐、管道、泵、注射套管、阀门和仪表）由 SS 316L 制成，在存在水的情况下（停机时，在环境温度下冷凝）可能会生成氯化物 SCC（Cl SCC）。因此，在这种情况下，建议使用镍合金 Inconel 600（对 Cl SCC 免疫）。

氯化铝（$AlCl_3$）。该化合物用作几种精炼和石化工艺中的催化剂：乙苯和聚丁烯生产以及丁烷异构化[31]。干燥的 $AlCl_3$，不具有腐蚀性。$AlCl_3$对水具有较强的亲和力（见附录C）。如果碳氢化合物中存在微量的水分，$AlCl_3$便会水解形成 HCl，这仅对碳钢具有较强的腐蚀性，对不锈钢也是如此。用不锈钢 SS 304 制成的用于分配催化剂 $AlCl_3$的波纹软管应始终是干燥的，且不能与空气接触。否则，来自空气中的水蒸气伴随剩余 $AlCl_3$可能进入不锈钢软管，并且形成 HCl 侵蚀不锈钢软管直到其穿孔。在停机和停电期间，设备应尽可能在短时间内打开。关闭后，应用热空气（不含水）干燥，然后用干燥氮气覆盖。

硫酸。硫酸（H_2SO_4）在炼油行业中有着不同应用。因此，了解硫酸的性质和与其接触的不同材料的反应是很重要的（见附录 D）。硫酸的侵蚀取决于其浓度、温度和流速。浓硫酸（>90%）不影响铁及其合金的腐蚀，因为它们容易被硫酸钝化。因此，可以用碳钢罐储存并运送浓硫酸。浓硫酸能够大量吸收水分，因此盛装浓硫酸的容器应密闭并与大气和任何水源隔离。因为硫酸可被氢气还原，这就是浓硫酸能够干燥气体而不能干燥氢气的原因。禁止用水冲洗含浓硫酸的碳钢管道和储罐，因为浓硫酸被稀释后具有很强的腐蚀性。

大多数有机涂层对浓硫酸没有抵抗性。然而，一些聚合物（有机的氟，如聚四氟乙烯、乙烯－四氟乙烯共聚物和三氟氯乙烯）具有对浓缩和稀释的硫酸的出色抗性。其他的如聚丙烯、聚乙烯和聚氯乙烯，在限制浓度范围内（至多60%的硫酸）对硫酸有抵抗力。

碱性溶液。在炼油厂和石化厂，人们通常将氢氧化钠（NaOH）、碳酸钠（Na_2CO_3）、氢氧化铵（NH_4OH）和胺用在不同的工艺和操作中中和酸性物质（HCl、H_2SO_4、H_2S、CO_2、有机酸和其他酸）。例如，在脱盐后，将稀的氢氧化钠溶液（3%）注入原油中以中和剩余的盐酸。将氢氧化铵水溶液（25%）注入蒸馏塔的塔顶蒸气管线，以控制酸露点腐蚀。不同浓度的碳酸钠水溶液有以下应用：中和催化重整装置中的酸性气体、中和加热炉中碳钢和不锈钢管外表面的沉淀物以防止沉积酸腐蚀和连多硫酸 SCC 和用于大管道、小管道和其他设备的金属表面脱脂。因此，知道合金与碱溶液接触如何反应至关重要。大多数在炼油厂和石油化工厂的设备和建筑中使用的金属（Fe、Cr、Al、Cu、Zn、Ni 和 Ti）及其合金是两性的。这意味着它们在酸和碱溶液中都会遭到腐蚀。碱的类型和条件（温度和污染物）显著影响金属的耐腐蚀性，即影响边界 pH 值。例如，铁在苏打碱溶液的 $pH > 13.5$ 时开始受到腐蚀，锌的腐蚀点是 $pH > 12$，铝的腐蚀点是 25℃ 的 $pH > 8.3$。在 90℃时，铁在 $pH > 11$[32,33]时开始受到腐蚀。

所有碱性溶液不仅可作为中和剂，而且可作为水中的碳钢的缓蚀剂。为了达到显著的抑制效率，碱性溶液（除胺类）可以以相对较大的浓度加入：NaOH 高于 0.8g/L；Na_2CO_3高于 5g/L；NH_4OH 约 1.5g/L[1]。而胺类的注入条件是，在蒸馏塔的塔顶蒸气管线中以小浓度（4～8mg/L）注入。

氢氧化钠（苛性钠或苛性碱，NaOH）。水性苛性碱溶液会钝化碳钢，并且在 25℃、$pH < 13.5$ 时具有抗腐蚀性。在两种情况下，苛性碱溶液会引起碳钢的严重腐蚀：当溶液含有氯化物（整体腐蚀）或碱液浓度较高时，在 $T > 90℃$ 时，能够引起 SCC。铁在 $T > 90℃$、$pH > 13.5$ 时会受到 NaOH 的腐蚀，并可能伴有腐蚀脆性（SCC 类型）。这种腐蚀现

象在 $T>80℃$ 时可能发生在设备或结构的任何地方，腐蚀点 NaOH 浓缩（“口袋”）且 pH 值超过 13.5。例如，在脱盐之后注入稀烧碱溶液的地方，或者在与墙壁接触的乙烯装置的蒸馏塔的上部塔板上。如果被注射的苛性碱溶液与烃类没有良好的流动性，那么苛性碱可以在蒸馏塔上部的特定位置聚集（约 3% 的 NaOH），以至 pH 值升高到 13.5 以上，并且 SCC 可以在低于 90℃时发生。含有热可燃碳氢化合物的蒸馏塔壁上的裂缝会引起许多严重的环境问题。

为了防止碱性的 SCC，接触碱性溶液的设备和管道必须消除应力（焊后热处理，PWHT）。

另一个常遇到的碱性腐蚀案例发生在锅炉给水（BFW）换热器和蒸汽发生器中。锅炉给水通常用稀碱溶液处理来保持 pH = 9.3 ~ 9.5，从而使碳钢的腐蚀最小化。腐蚀性痕迹可以集中在一些区域，如由于过度燃烧而在潮湿和干燥条件（蒸汽覆盖）之间交替的蒸汽发生器管。如果白底沉积的苛性碱堆积在底部管板上，乙烯装置中裂解气体的换热器也将易受到腐蚀。通常与蒸汽接触的锅炉管具有保护层（Fe_3O_4），可以在高温下溶解浓碱 NaOH 溶液（见附录 E）。由于腐蚀，碳钢表面会形成椭圆半球形浅坑。因此，碱腐蚀也称为碱刨或延性刨削[34]。有时，椭圆半球浅坑会被白色（NaOH）和闪闪发光（Fe_3O_4）沉积物填充。

氢氧化钠在任何情况下都不应与铝合金接触，因为在 $pH>8.3$ 时会产生严重腐蚀。氢氧化钠水溶液不应存放在带玻璃塞的玻璃容器中，因为玻璃接头会“冻结”。可以在聚丙烯或聚乙烯容器中储存氢氧化钠水溶液（最多 50%）。

碳酸钠（苏打灰、苏打水或 Na_2CO_3）。纯 Na_2CO_3 是白色极易吸湿的粉末，由于其溶解在水中时形成 NaOH，所以能形成强碱性水溶液（见附录 E）。因此，Na_2CO_3 水溶液的腐蚀性与 NaOH 相似。纯碱苏打灰溶液（pH = 9 ~ 11.5）对碳钢无腐蚀性。然而，如果溶液含有氯化物（约 1000mg/L），则会发生带有锈蚀的严重碳钢腐蚀，且腐蚀速率达到 1mm/a。这可能发生在洗涤苏打溶液用于吸收 HCl 的连续重整装置中。

氨（NH_3）和氢氧化铵（NH_4OH）。氨用作 25% NH_4OH 水溶液或压缩无水气体 NH_3。为了在注射阶段便于操作和精准控制，人们通常优选氨水溶液。该溶液是碳钢的腐蚀抑制剂，但会引起铜及其合金的腐蚀和 SCC（见附录 E）。

胺。胺是有机物质，氨的衍生物（见附录 E）。胺用作酸（HCl）的中和剂和蒸馏塔的塔顶蒸汽管线中的缓蚀剂，以及在硫回收和胺处理装置处的酸性气体（H_2S 和 CO_2）的吸收 - 中和剂。一些浓缩的胺可能对碳钢有腐蚀性。胺的碱性越强对铁的腐蚀性越大，因为后者是两性金属。伯胺（MEA、DGA）是最具腐蚀性的，仲胺（DEA）的腐蚀性略低，叔胺（MDEA）表现出最低的腐蚀风险。如果胺抑制剂在蒸馏塔的塔顶蒸汽管线中聚集（因为雾化不良），则可能发生严重的碳钢腐蚀。尽管胺溶液的碱性能对碳钢有保护作用，但与胺的应用相关的大多数腐蚀问题多发生在胺处理装置中（见第 4.4 节）。

3.2 高温腐蚀

高温（$T>200℃$）腐蚀是第二大腐蚀现象，当暴露于非电解质时发生：硫化物腐蚀（H_2S、S_8和其他一些硫化合物的氧化），环烷酸腐蚀，氢气腐蚀，热灰（燃料灰或盐沉积物）腐蚀，氧化（由氧气引起），渗碳和“金属尘化”。在这些腐蚀现象中发生了非电化学机制。非电解质通常是高温下的气体（H_2S、H_2、O_2和烃）或液体（环烷酸或S_8）。有时这些腐蚀性成分同时存在。在这些情况下，H_2存在下的硫化物腐蚀和H_2S存在下的环烷酸腐蚀应得到重视。这种情况使腐蚀机制复杂化，在特定条件下可以诱发或减少腐蚀。例如，在氢气存在下，硫化物腐蚀更加剧烈，并且在存在H_2S的情况下硫化物垢会抑制环烷酸腐蚀。应该注意的是，加热炉中附着在炉管表面的熔融盐和氧化物会引起热灰腐蚀。这些熔盐和氧化物在高温下是液态电解质并且导电。当发生热灰腐蚀时，确实可以实现电化学机制。在炉管中也会发生由管外表面的空气（氧气）引起的氧化。氢（$T>200℃$）和低温（$T<100℃$）都会发生氢蚀（见第4.3节）。

处于高温下的大多数装置的设备和管道都是在烃类和腐蚀性化合物的高压下，因此存在高温腐蚀的腐蚀风险并伴有爆炸和火灾，以及有毒物质的排放危险。它们可能导致周围设备和结构的不可预测的破坏，甚至造成人员的伤亡以及对环境的严重破坏。下一章将介绍高温腐蚀现象。

参考文献

[1] Groysman A (2010) Corrosion for everybody. Springer, Dordrecht

[2] Groysman A (2014) Corrosion in systems for storage and transportation of petroleum products and biofuels. Springer, Dordrecht

[3] Gutzeit J, Merrick RD, Scharfstein LR (1987) Corrosion in petroleum refining and petrochemical operations. In: Corrosion, vol 13, ASM Handbook, ASM International, pp 1262 – 1287

[4] Whitman GW, Russel RP, Altieri VJ (1924) Effect of hydrogen – ion concentration on the submerged corrosion of steel. Ind Eng Chem 16 (7): 665 – 670

[5] Wikjord AG, Rummery TE, Doern FE, Owen DG (1980) Corrosion and deposition during the exposure of carbon steel to hydrogen sulfide – water solutions. Corr Sci 20 (5): 651 – 671

[6] McNeil MB, Little BJ (1999) The use of mineralogical data in interpretation of long – term microbiological corrosion processes: sulfiding reactions. J Am Inst Conserv 38 (2): 186 – 199

[7] Furukawa Y, Barnes HL (1996) Reactions forming smythite, Fe_9S_{11}. Geochim Cosmochim Acta 60 (19): 3581 – 3591

[8] Smith SN, Brown B, Sun W (2011) Corrosion at higher H_2S concentrations and moderate temperatures. Paper 11081 presented at the NACE CORROSION 2011 conference, NACE International, Houston, TX, USA

[9] Shreider AV, Shparber IS, Archakov YI (1976) Influence of hydrogen on oil and chemical equipment.

Mashinostroyeniye, Moscow

[10] Piehl RL (1976) Survey of corrosion in hydrocracker effluent air coolers. Mater Perform 15 (1): 15 – 20

[11] Damin DG, McCoy JD (1978) Prevention of corrosion in hydrodesulphurizer air coolers and condensers. Mater Perform 17 (12): 23 – 25

[12] Scherrer C, Durrieu M, Jarno G (1980) Distillate and resid hydroprocessing: coping with corrosion with high concentrations of ammonium bisulphide in the process water. Mater Perform 19 (11): 25 – 31

[13] API RP 932 – B (2014) Design, materials, fabrication, operation, and inspection guidelines for corrosion control in hydroprocessing reactor effluent air cooler (REAC) systems, 2nd edn. API International, Washington

[14] Al – Dhafiri S, Rawtal D, Reddy L (2010) Erosion—Corrosion of SS316L Trays in FCC's Sour Water Stripper—A Case Study. Paper 10273 presented at the NACE CORROSION 2010 conference, NACE International, Houston, TX, USA

[15] API Publ 948 (1996) A study of variables that affect the corrosion of sour water strippers. API International, Washington

[16] NACE 6A192/SSPC – TR3 (2000) Dehumidification and temperature control during surface preparation, application, and curing for coatings/linings of steel tanks, vessels, and other enclosed spaces. Joint Technical Committee Report, NACE International, Houston, TX, USA

[17] Horvath RJ, Cayard MS, Kane RD (2006) Prediction and assessment of ammonium bisulfide corrosion under refinery sour water service conditions. Paper 06576 presented at the NACE CORROSION/2006 conference, NACE International, Houston, TX, USA

[18] Cayard MS et al (2006) Prediction of ammonium bisulfide corrosion and validation with refinery plant experience. Paper 06577 presented at the NACE CORROSION 2010 conference, NACE International, Houston, TX, USA

[19] Horvath RJ et al (2010) Prediction and assessment of ammonium bisulfide corrosion under refinery sour water service conditions—part 2. Paper 10349 presented at the NACE CORROSION 2010 conference, NACE International, Houston, TX, USA

[20] Garveric L (ed) (1994) Corrosion in the petrochemical industry. ASM International

[21] Nagashima E, Matsumoto K, Shibata K (1998) Effects of sensitization and service fluid chemistry on polythionic stress corrosion cracking of 18 – 8 stainless steel. Paper 592 presented at the NACE CORROSION 1998 conference, NACE International, Houston, TX, USA

[22] Nishida H, Nakamura K, Takahashi H (1984) Intergranular stress corrosion cracking of sensitized 321 SS tube exposed to polythionic acid. Mater Perform 23 (4): 38 – 41

[23] Tamaki K, Nakano S, Kimura M (1987) Application of CrNi stainless steel weld metals to polythionic acid environments. Mater Perform 26 (8): 9 – 13

[24] Dove D, Messer B, Phillips T (2001) An austenitic stainless steel, resistant to high temperature creep and naphthenic acid attack. Paper 01523 presented at the NACE CORROSION 2001 conference, NACE International, Houston, TX, USA

[25] Brophy AJ (1974) Stress corrosion cracking of austenitic stainless steels in refinery environments. Mater Perform 13 (5): 9 – 15

[26] NACE Standard SP0170 – 2012 (2012) Protection of austenitic stainless steels and other austenitic alloys from polythionic acid stress corrosion cracking during a shutdown of refinery equipment. NACE International, Houston, TX, USA

[27] ASTM G35 – 98 (2010) Standard practice for determining the susceptibility of stainless steels and related

nickel – chromium – iron alloys to stress – corrosion cracking in polythionic acids. ASTM International, West Conshohocken, PA, USA

[28] Gutzeit J (2000) Effect of organic chloride contamination of crude oil on refinery corrosion. Paper 00694 presented at the NACE CORROSION 2000 conference, NACE International, Houston, TX, USA

[29] NACE Publication 34105 (2015) Effect nonextractable chlorides on refinery corrosion and fouling. NACE International, Houston, TX, USA

[30] Veazey M (2002) Phantom chlorides create real problems for refiners. Mater Perform 41 (5): 16 – 19

[31] Treseder RS, Wachter A (1949) Corrosion in petroleum processes employing aluminum chloride. Corrosion 5 (11): 383 – 391

[32] Townsend HE (1970) Potential – pH diagrams at elevated temperature for the system Fe – H_2O. Corr Sci 10 (5): 343 – 358

[33] Ashworth V, Boden PJ (1970) Potential – pH diagrams at elevated temperatures. Corr Sci 10 (10): 709 – 718

[34] Port RD, Herro HM (1991) The Nalco Guide to Boiler Failure Analysis. McGraw – Hill, New York

推荐参考文献

[35] Forsén O, Aromaa J, Hakonen T, Rintamäki (2007) Corrosion in the overhead system of a sour water stripper. In: Harston JD, Ropital F (eds) Corrosion in refineries, European Federation of Corrosion Publications Number 42, Woodhead Publishing Limited, Cambridge, pp 73 – 78

[36] Price MD, Shargay CA, Jacobs GE (1999) Ammonium salt corrosion in hydrotreating unitstripper column overhead systems. Paper 99392 presented at the NACE CORROSION 1999 conference, NACE International, Houston, TX, USA

[37] Rees AJR (1977) Problems with pressure vessels in sour gas service (case histories). Mater Perform 16 (7): 29 – 33

4　炼油石化装置腐蚀问题及解决方案

> A pessimist sees difficulties in every opportunity; an optimist sees opportunities in every difficulty.
>
> Winston Churchill (1874 ~ 1965), a British politician.

摘要　本章描述了硫化合物、氢气、环烷酸和胺溶液的具体腐蚀问题、物理化学机理、防腐蚀和监测措施。硫化物腐蚀和氢蚀在低温和高温下都会发生。环烷酸腐蚀仅在高（$190℃ < T < 360℃$）的温度下发生。胺溶液在 100 ~ 130℃下具有腐蚀性。本章还对炼油厂装置进行了案例分析，并提供了解决方案。

炼油行业数据分析显示，1993 ~ 2007 年，炼油厂数量均有所下降，炼厂平均产能增长近 30%[1]。这一增长的部分原因是较小的产能合理化，部分原因是增加了新的更大的炼油厂。这种倾向今天仍然存在，但带来了与新炼油厂“儿童疾病”和现存工厂“成人疾病”相关的腐蚀问题。

在任何行业和任何地方都会有腐蚀现象：水、大气、土壤、高温腐蚀、酸露点腐蚀、绝热腐蚀、点蚀、裂隙、电偶腐蚀、晶间腐蚀、选择性浸取、应力腐蚀开裂（SCC）、微生物诱导腐蚀（MIC）、侵蚀、空泡腐蚀和冲蚀。所有这些现象都以不同频率发生在炼油装置中。然而，由于炼油和石油化工行业的特殊的介质和条件，因此除了这些腐蚀现象外，还会有特有的腐蚀问题，如原油、石油产品和燃料中的腐蚀，硫化物腐蚀、氢蚀、环烷酸腐蚀、酸性水腐蚀、胺溶液中的腐蚀和多硫酸腐蚀。第 3 章已介绍了部分低温下的特殊腐蚀问题及其解决方案，本章将介绍在高温下可能发生的硫化物、环烷酸、氢气和胺溶液的特殊腐蚀问题及其解决方案。

4.1　硫化物腐蚀

摘要　本节介绍了“活性或腐蚀性”和“非活性或非腐蚀性”硫化物，分析了有硫化物参与的低温（$T < 100 \sim 200℃$）和高温（$T > 200℃$）腐蚀；介绍了硫化物腐蚀的机理，合金腐蚀速率的估算，温度和流速的影响，对在烃流中仅含有 H_2S 和 H_2S 与 H_2 的混合物的硫化的控制办法、检查方法和安全措施，案例研究。

硫化物在炼油和石化装置的设备腐蚀中扮演着主要角色。硫化物可以参与低温和高温腐蚀，为了方便起见，将在有硫化物参与情况下区分低温（$T<100\sim200$℃）和高温（$T>200$℃）腐蚀。水相中有溶解的 H_2S 存在下的低温腐蚀和由硫化氢胺、硫酸和连多硫酸引起的腐蚀详见 3.1.1 部分和附录 D。溶解的硫化氢显著影响金属氢吸收和氢损伤（见第 4.2 节）。在本节中，我们将会讨论硫化物在高温下的腐蚀，即硫化物腐蚀。

4.1.1 硫化物腐蚀

硫化物腐蚀通常是由特殊硫化物在 230～540℃[2,3] 高温下对金属和合金的腐蚀。这种情况发生在原油蒸馏（常减压）、加氢处理、催化重整和焦化装置中，也会发生在加氢处理和加氢裂化下游的分馏和蒸馏设备中。如果在烃流中没有氢气（H_2），则硫化物腐蚀单独发生。并非所有硫化物都会氧化金属与合金，甚至其中一些（如噻吩和砜）能够抑制金属的腐蚀[4]。

元素硫（S_8）、硫化氢（H_2S）、硫醇（R—SH）、有机硫化物（R—S—R）、二硫化物（R—S—S—R）和多硫化物（R—S_n—R）可以在特定条件下与金属反应，并且通常温度越高，腐蚀性越强。因此，这些化合物有时被称为“活性或腐蚀性硫化物”，而其他的噻吩和砜被称为“非活性或非腐蚀性硫化合物”。我们可以将所有的硫化物分类为高腐蚀性（S_8、H_2S、R—SH）、腐蚀性（R—S—R，R—S—S—R）和非腐蚀性（烷基噻吩、烷基苯并噻吩和二苯并噻吩）硫化物[4]。它们的腐蚀性在特定的浓度和温度下体现，且在各种合金甚至钢上都有不同的表现。

炼油厂采购原油，一般只检查一个硫参数——总硫含量，没有人知道原油中活性（腐蚀性）和非活性（非腐蚀性）硫化物的分布。为了应对这种情况，人们制定了以下几项规定[2,5,6]：

（1）原油在不同硫化物含量上差异显著，且总硫含量可从 0.1% S（乌克兰、哈萨克斯坦）到 9.6% S。

（2）原油之间以及原油馏分之间，腐蚀性和非腐蚀性硫化物的相对量是不同的。通常，总硫化物的 30%～50% 属于腐蚀性物质。

（3）总硫和腐蚀性硫化合物的含量随蒸馏馏分沸点的增加而增加。

（4）通常硫腐蚀表现在加工总硫含量在 0.6% 以上（或高于 0.2% 的腐蚀性硫）的原油装置中。

硫化物腐蚀的机理。这么多不同的硫有机化合物，它们如何与金属反应？所有这些化合物在高温（$T>260$℃）下并不稳定，易分解形成 H_2S。不同形式的硫有机化合物在 H_2S 生成的动力学中起重要作用。在热应力条件下，硫醇和二硫化物被确定为最活泼的硫物质，其次是脂族硫化物、噻吩化合物，而苯并噻吩化合物似乎是原油热分解过程中最稳定的有机结合的硫物质。

加工过重质原油和超重原油会带来硫化物腐蚀的额外风险，因为它们硫化物含量普遍较高，而且这些原油的生产和加工方法会导致大量 H_2S 的产生（见表 4.1）。此外，产生的 H_2S 的量在 $T>235$℃时显著增加[7~9]。

表 4.1
重质原油升温过程中 H_2S 的生成

T/℃	H_2S/(μg/g)	条件
75	100	
100	500	装置现场
125	3000	
235	10000	
250	20000	实验室
300	30000	

在热还原阶段，原油硫酸盐还原时可能形成硫化氢。该反应包括原油中的一些烃类的氧化以及 $T>120$℃时硫酸盐水溶液（SO_4^{2-}）还原形成 H_2S 和 CO_2。水相中有高达 95% 的原有硫酸盐会在 $T\approx300$℃下转化为 H_2S[10]。硫化氢比硫有机化合物更稳定，并且在高达 650℃时也可存在[11]。这可通过 S—H 和 S—C 键的极性降低来解释：H—S—H > R—S—H > R—S—S—R。

230～540℃的腐蚀过程。硫化物腐蚀的机理是由硫化物造成金属的直接化学氧化（见附录 D），并在金属或合金的表面上形成固体金属硫化物。因此，“硫化物腐蚀”也被称为“高温硫化腐蚀”或“硫化”。这些腐蚀反应发生在“干燥”条件下，顾名思义即没有电解质的“纯”化学（非电化学）反应。这种腐蚀机理的特点是，腐蚀时金属表面没有电位和电流。这些腐蚀过程类似于金属在高温下氧化且在金属表面形成氧化皮。硫化物垢膜表现出抛物线形式的生长特性，即垢膜的厚度（腐蚀增厚）随时间推移而增加，但因为腐蚀速率是腐蚀增厚的微分，因此垢膜的生长速率随着时间的推移而减小（见图 4.1）。通过酸去除垢后可确定腐蚀损失。水、空气和土壤中铁的腐蚀也有类似曲线[12]。所有这些介质中的铁腐蚀会因铁表面形成腐蚀产物（铁硫化物或铁锈）而减缓，并且这些腐蚀产物能够但不完全阻止铁的进一步腐蚀。因此，腐蚀速率与垢膜厚度成反比（见图 4.1）。我们应该忽略第一个不稳定期间测量的短期的腐蚀速率，而应取稳定的不变化腐蚀速率值[图 4.1（a）中的平稳期]。有时，在钢上形成的垢膜厚度比被腐蚀的金属的厚度大 3～4 倍[6]。硫化（由硫化物引起的氧化）比氧气引起氧化更具破坏性。硫化物垢是脆性的，并且比氧化物更容易破裂和剥落。

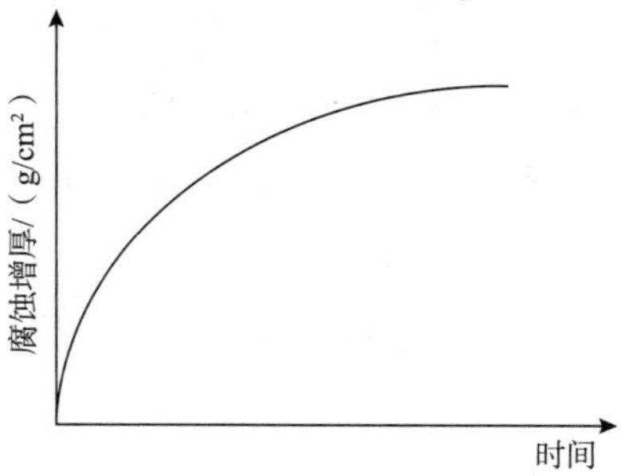

(a)与 H_2S 接触时的铁腐蚀动力学曲线

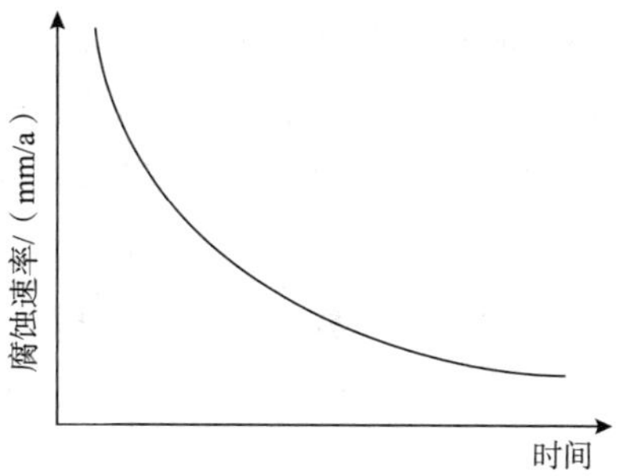

(b)与 H_2S 接触后铁的腐蚀速率的变化与时间的关系

图 4.1

硫化机制与空气氧化非常相似，且同样的合金元素提供抗侵蚀能力。碳钢、低合金Cr－Mo钢、镍、铜、锌及其合金在高温下易被硫化物侵蚀。高镍合金最容易被硫化。镍基合金中的镍的减少通常会降低对硫化的敏感性。增加铁、镍和钴基合金中的铬可以提高耐硫化性。铬和铝合金耐硫化腐蚀。合金中铬含量越多，在高温下对硫化物抵抗越好，甚至一些学者指出铬应该高于25%[13]。当有足够的铬存在时，镍的相对含量就变得次要了。其他有益的合金元素包括Co、Ti、Al和Si。

低合金Cr－Mo钢上易形成铁/铬/钼硫化物层。硫化物的稳定性可按以下顺序排列：$V_2S_3 > MnS > TiS > CrS > TiS_2 > FeS > Co_4S_3 > NiS > FeS_2$[13]。例如，与Cr合金化的钢具有两层膜：$Fe_{1-x}S$与$FeCr_2S_4$的混合内层和$Fe_{1-x}S$的外层[2]。钢中铬含量越多，比$Fe_{1-x}S$更稳定更具保护性的$FeCr_2S_4$含量越多。这些硫化物层或垢膜紧紧附着在金属表面，且能够减缓进一步腐蚀。合金中铬含量的增加，其垢膜稳定性及其防护性能都会有所提高。碳钢形成的保护性的硫化铁垢会比由低合金Cr－Mo钢形成的混合垢要少。这些复杂的垢特别对烃流的湍流有抵抗性。氧化铬（Cr_2O_3）层可以耐硫化和湍流。破坏性硫化侵蚀主要发生在氧化物层破裂的地点。如果足够的硫进入合金，则可用的铬将转化成硫化物，然后形成较不稳定的保护性较弱的硫化铁。这些铁硫化物是加速侵蚀的主要因素，因为它们的生长比铬的硫化物快得多[14]。在某些情况下，Cr－Mo钢的腐蚀速率与碳钢相同。有时甚至当烃类进料（如石脑油或液化石油气）中的总硫含量非常低（10～20mg/L）时也会发生严重硫化[15]。硫化的结果是形成大量脆性的金属硫化物（主要是FeS、CuS和NiS）垢膜（见第4.1.2节）。当铁硫化物垢膜的体积大于被腐蚀的铁基体的体积时，压缩应力会在垢膜内产生。有时，它们会剥落并被物流带走，最终导致结垢，如堵塞换热管束、换热管、折流板和过滤器。硫化铁可以促进焦炭对表面的黏附。此外，硫化铁可以作为脱氢催化剂，以促进沥青质形成焦炭[16,17]。因此，硫化铁可与沥青质相互作用形成污垢（见第7章）。

合金腐蚀速率的预测。许多科学家和工程师在腐蚀科学方面做出了贡献，他们创造了很多表和曲线。为了向这些人表达敬意，人们都以他们的名字来命名这些表与曲线。仅举几例，如Evans图、Pourbaix图和Tafel方程。甚至腐蚀现象也用他们的名字命名，例如，为了纪念意大利医生路易吉·阿洛伊西奥·加尔瓦尼（Luigi Aloisio Galvani）发现的“生物电”，因此电偶腐蚀用他的名字命名。在炼油厂装置中的硫化物腐蚀是由McConomy[18]和Couper－Gorman[19]曲线所区分开来的。McConomy在1963年为没有氢气的烃流创造了曲线。Couper和Gorman在1971年创建了含有混合物H_2S和H_2的烃流曲线。McConomy曲线可以在不存在氢的情况下预测烃流中碳钢、低合金钢（1%～9%Cr）、SS 12Cr和奥氏体SS304的腐蚀速率，且预测出的腐蚀速率可以作为总硫含量（0.4%～2.0%S）和温度（260～400℃）[2～4,6]的函数。这些曲线也可用于预测含有腐蚀性硫化物的烃流中不同钢的最高金属温度，以提供规定的服役寿命（见表4.2）。

表 4.2
含腐蚀性硫化合物的含碳量的最高温度

钢	最高金属温度/℃	
	12.5 年寿命	25 年寿命
碳钢	290	270
2.25Cr－1Mo	310	290
5Cr－0.5Mo	330	310
9Cr－1Mo	400	360

无论是 McConomy 还是 Couper－Gorman 曲线都不考虑流动状态（湍流）和流速的影响。在考虑腐蚀性硫含量时，McConomy 曲线预测的钢的腐蚀速率比模型预测的速率更精确。因此，它们不断地被优化并被推荐使用[23,20]。腐蚀速率随着碳氢化合物中硫含量的增加而增加。烃类中硫的允许浓度的临界值是不存在的，因为即使在 1mg/L H_2S 下也可能发生硫化物腐蚀[3]。硫含量对腐蚀的影响程度不如温度的影响。

温度的影响。从 230℃ 开始，随着温度的升高，硫化物的腐蚀逐渐增强，在 425～450℃ 达到最大值[3,6]，然后在 540℃ 前，硫化物腐蚀速率随着温度的升高而降低。随着温度升高，在 230℃ 和 425℃ 之间的硫化物腐蚀速率的增加速度更快[3]。在 $T>425$℃ 时，绝大部分的活性硫已经与金属表面反应（或腐蚀性硫化物分解），并形成可以防止进一步腐蚀的致密的焦炭沉积物。

流速的影响。当液体流速小于 6m/s 时，硫化物腐蚀强度不取决于液体流速。高于该值的流体流速增加会加剧硫化物腐蚀，且在约 30m/s 时会导致严重的腐蚀。蒸汽流速在 30m/s 以上时，若同时存在两相（液－气和汽化）湍流，则会发生对碳钢弯头、弯管、三通、集管和环焊缝的冲击侵蚀的冲刷腐蚀[6]。

防硫腐蚀措施。控制硫化物腐蚀的唯一现实和实用的方法是使用含铬的耐腐蚀合金。碳钢只能在 260℃ 以下的环境中使用。镇静钢（含有 0.10% 以上的 Si）比普通碳钢具有更好的耐腐蚀性（见附录 F）。高于 260℃ 低于 343℃ 时，低合金 5Cr－0.5Mo 钢被广泛使用（特别是对于存在高流速的管道）[2]。它们的耐腐蚀性与铬含量成正比。另一种低合金 9Cr－1Mo钢用于高达 400℃ 的转流线和加热炉管中。通常，含 12% Cr（12Cr SS）的不锈钢完全耐硫化腐蚀。当温度显著高于 260℃ 时，含有小于 12% 铬的合金的耐腐蚀性降低，且它们易受硫化物侵蚀。不幸的是，甚至 12Cr SS 也具有本质的缺点——475℃ 脆化。它在 475℃ 变脆，尽管在 575℃ 以上时可以通过退火缓解，但一些炼油厂都避免将 12Cr SS 用于换热管、弯头和封头[6]。

铝合金和异型碳钢（带铝涂层钢）可用于减压塔内部和填料。奥氏体不锈钢（SS 304、316、317 和 321）耐硫化腐蚀。

含有 H_2S 和 H_2 混合物的油气中的腐蚀。含有 H_2S 和 H_2 混合物的油气在加氢处理（催化重整）和加氢裂化装置中被加工。H_2 与 H_2S 在油气中的存在增加了硫化物腐蚀的严重性，但机制尚未建立。在含有硫有机化合物的油气原料中（石脑油或瓦斯油），氢转化成

H_2S，并且腐蚀的强度取决于H_2S的浓度和温度，而不是H_2分压。一些人认为，H_2抑制结焦，从而可以保护钢表面免受硫化物侵蚀[2]。在H_2S环境中以及在不含有H_2的两种情况下，硫化铁垢的组成和形态是相似的。然而，5% Cr 钢在不存在H_2时表现出良好的耐硫化腐蚀性能，并且在H_2S+H_2烃环境中表现较差。硫化铁中含有的裂纹，裂缝和裂纹也为腐蚀性硫物质直接到达钢铁表面提供了便利的途径。

H_2存在下控制硫化措施。Cr 在钢中的有益作用在H_2存在下可能会失效。一些合金在315～480℃、7500kPa 下对H_2S+H_2混合物的耐受性可按下列顺序给出：Fe－20Cr－40Ni＞奥氏体不锈钢（18Cr－8Ni）＞Fe－20Cr－65Ni≈Fe－20Cr＞Fe－（12－16）Cr＞20Cr－80Ni＞Fe－(0－9Cr)[13]。向 Fe－Cr 添加轻微至中等量（8%～40%）的镍，能够显著提高合金的耐硫化性。更大的镍添加，将降低耐硫化性。合金 HR－160（Fe－Ni－Co－28Cr－2.75Si）由于形成良好的保护氧化皮，显示出最高的耐硫化性[13]。通常，奥氏体不锈钢（18Cr－8Ni）在$T>260$℃时用于含有混合物H_2S+H_2的烃。

检查方法。超声波厚度测量、放射线照相、脉冲涡流和停机期间的目视检查用于检测硫化物腐蚀。

安全。铁硫化物沉积物具有自燃性，并且当变干并暴露于空气时会发生自燃。自燃是暴露于空气（大气氧）时材料的自发燃烧。自燃意味着希腊语中的“生火”。自燃性物质在$T\leq 55$℃的空气中会自发点燃。大多数材料除非是处于非常细微的状态，否则是不会自燃的，如灰尘、粉末、细颗粒、细片、薄片或小芯片。硫化铁、一些反应性金属（Ti、Mg、Al 甚至 Fe）和烃污泥（在炼油厂和石油化工厂形成的废物）就是实例。由于H_2S的腐蚀，在碳钢表面形成的硫化铁可能会放热氧化（释放热能），最终被点燃。当设备停止使用并暴露在空气中时，会发生这种情况。也就是说，当换热器中的管束被取出时，硫化铁的移除将被延迟。在这种情况下，铁硫化物会闷烧，然后自燃。每个侧面和互连的管道上的空换热器壳体像烟囱一样，增加了自燃的可能性。值得注意的是，为了使设备保持足够的湿度，人们通常通过蒸发以除去氧化热，从而控制自燃现象的发生。另一个在用酸清洗过程中引起的问题——转化成非常危险的H_2S见第 7.6 节和附录 D。

4.1.2 案例研究

4.1.2.1 换热管（常压蒸馏装置）的腐蚀

条件：换热器旨在冷却原油蒸馏装置减压塔底部残留物。底部残留物在 340℃和 2500kPa 下进入管中，并在 310～320℃下流出。底部残渣含有 4.2%～5.6% 的硫。原油的总酸值范围为 0.4～2.4mg KOH/g。HVGO（加氢裂化尾油）的总酸值范围为 0.4～0.7mg KOH/g。

结构材料：A199T5（5% Cr）管，壁厚 2.41mm。

失效前的服役周期：8 年。换热器的设计寿命为 15 年。

目视检查结果：换热管内外形成厚黑色和沉积物（见图 4.2）。

(a) (b) (c) (d)

图 4.2 换热管内外形成的厚黑色和沉积物

注：(a)(b)(c) 为管（原油一侧）之间的沉积物和垢；(d) 为管变成薄的“纸”(HVGO 侧)。

外部含有硫化铁（86%）、氯（13%）和铬（1%）。管内的沉积物主要包含硫化铁（97.1%）、铬（2.4%）和氯（0.5%）。若换热器管内发现严重腐蚀，那么从内侧和管板（特别是底部残留物的入口）的管壁的厚度显著降低。管材的允许值为 0.11mm/a，腐蚀速率为 0.3mm/a。

失效现象：高温硫化腐蚀。

失效的原因及解释：从管的两侧发生腐蚀。在 290℃以上的温度范围内使用硫含量超过 1%的原油和馏出物时，必须使用 5% Cr 的低合金钢。但是，如果在 230℃以上的常压装置中，烃含有总酸值大于 0.5mg KOH/g 的环烷酸（或其他有机酸），那么无须考虑硫的含量，应使用 SS 316L。

解决方案和建议：使用 SS 316L 材质换热管。

4.1.2.2 换热器中管的腐蚀

条件：换热器用于冷却裂解汽油。裂解汽油在 340℃和 400kPa 下进入换热器的壳层，并在 100～120℃下排出。

结构材料：碳钢 ASTM A179 管。

失效前的服役周期：6 年

目视检查结果：在冲击板区域，管外壁易形成严重的腐蚀且伴有许多孔（见图 4.3）。该板由碳钢“保护”条组成（避免冲击间腐蚀），且不是一个整体部分。管的外表面易形成黑色沉积物和厚黑的垢。化学分析表明，沉积物和垢由硫化铁组成。

(a)失效换热器的全貌　(b)在远离冲击间腐蚀的保护带区域，管束顶部的带有含铁的硫化物沉降物的管材　(c)“保护带”区域的腐蚀管的残留物

图 4.3 管外壁的严重腐蚀和多孔现象

失效现象：高温硫化物腐蚀侵蚀。

失效的原因及解释：含有裂解汽油的 H_2S 在高温（约 340℃）下与铁反应。在 $T>290℃$ 时，H_2S 对碳钢特别有侵蚀性。裂解汽油在 340℃ 和 400kPa 下进入壳程。在碳钢冲击带（非冲击极）区域的热（约 340℃）汽油的湍流造成除硫化物腐蚀外的腐蚀（冲蚀）。

解决方案和建议：

（1）安装由 SS 304 制成的冲击板（整体而非带状）。冲击板的面积应比柴油入口管的横截面积大 30%。

（2）在 $T>290℃$ 时，与含有 >1% S 的烃接触时，推荐用 5% Cr 替代管材（碳钢）材料。

4.1.2.3 炉内管道腐蚀（HDS 煤油）

条件：煤油在 300℃ 和 600kPa 下以 0.5m/s 的流速流进位于加热炉的管道内。表皮温度大约为 400℃。该炉包含 104 个管道。在服务的最初三年，燃料油被用于加热管道内的煤油。然后在失效前的最后三年，天然气被使用以替代燃料油燃烧。

煤油含有氢气、600mg/L 硫、10mg/L 硫醇、130～150mg/L 水、其总酸值为 0.0028～0.0092mg KOH/g。

结构材料：5% Cr（标准要求）。两种尺寸的管道：Sch 40（原始厚度 7.1mm）和 Sch 80（原始厚度 11mm）。真正的管道材料是碳钢 ASTM A106 Gr. B.。

失效前的服役周期：6 年。

目视检查结果：在管的外表面发现灰色均匀沉积物。在管内表面发现厚度为 0.6～1.2mm 的黑色沉积层（见图 4.4）。炉壁附近对流区管壁的壁厚减少 3.6～4.8mm。管道腐蚀率为 0.6～0.8mm/a（服务 6 年）。

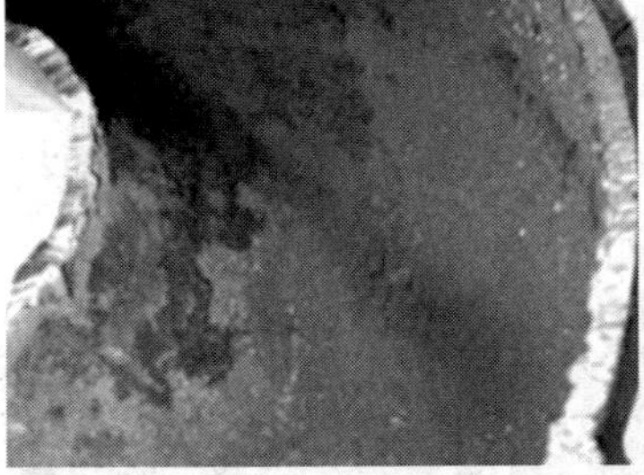
(a)腐蚀管内表面（黑色沉积物——铁硫化物）

(b)图(a)的放大图

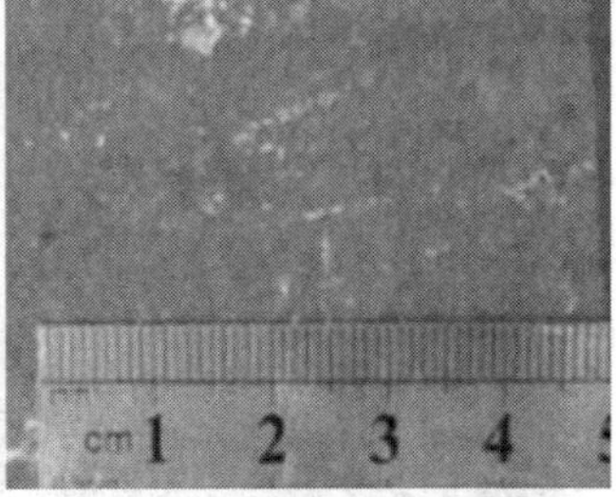

(c)腐蚀管外表面

图 4.4 管内外表面的腐蚀现象

沉积物的化学分析：

外表面：在燃料油燃烧后，沉降物由铁（主要是硫酸铁）和代表性的元素（S、V、Ni 和 Si）的腐蚀产物组成。当这些沉积物溶解在蒸馏水中时，pH = 2.3～2.5。

内表面：在管内形成铁硫化物。

管道钢的化学分析：碳钢 ASTM A106 GRB（0.03% ~0.11% Cr）。

失效原因及解释：管材的化学分析表明，它是碳钢，而标准要求的是 5% Cr。碳钢管两侧发生腐蚀。

内表面腐蚀。在约 300℃煤油中的硫化合物（主要为 H_2S 和硫醇）导致碳钢管内表面严重腐蚀。煤油中的溶解氢气将硫的有机化合物转化为硫化氢，这是碳钢管内表面腐蚀的主要原因。戈尔曼曲线表明，钢的腐蚀速率取决于钢中铬的含量、煤油中的硫化氢浓度，以及温度[19,21,22]。根据这些曲线，如果煤油含有 600mg/L 的硫化氢，那么碳钢的腐蚀速率在 300℃时为 0.4mm/a，在 400℃时为 1.75mm/a[22]。如果考虑到硫化铁沉积物在管道内部，表皮温约为 400℃，则它与计算出的在 300℃煤油中的腐蚀速率 0.4 ~0.8mm/a（炉内管道使用 6 年）相符。

炉管材料的金属温度通常为 85 ~110℃，比通过管道的烃流的温度高[21]。炉管通常在高温侧（火焰区域）比在冷侧（壁面积）腐蚀速率更高。

外表面腐蚀：在管外表面上形成的含有溶解沉积物（硫酸亚铁）的水溶液的 pH = 2.3 ~2.5 的低值表明，在炉子关闭时，沉降物在环境温度下从大气中吸收水蒸气，在外部管表面创造出酸性环境，这又导致了碳钢管外表面的腐蚀（见公式 2.3.1 和 2.3.2）。

失效现象：高温硫化物腐蚀（管内）；垢下酸腐蚀（停工期间管道外表面）。

解决方案及建议：

（1）碳钢，甚至 5% Cr 都不推荐用于 300℃下含有 600mg/L 硫的煤油中[22]。钢中铬的浓度增加导致钢在高温下对硫化物腐蚀的抵抗力显著增加。建议在 $T > 230$℃时，用 SS 321 替换与含有 $H_2S > 0.01$mol% 煤油接触的碳素钢。

（2）在使用材料之前，要检查材料类型与要求的一致性。

（3）如果燃料油用于在炉内燃烧，则在停车的开始阶段，冷却后立刻用苏打灰水溶液（3%）清洗，以去除管外表面酸沉积物（硫酸铁盐）。

4.2 环烷酸腐蚀

摘要 本节介绍了环烷酸（NA）在有机酸中的地位和物理化学腐蚀机理，原油和馏出物馏分的酸度，由环烷酸引起的问题（环烷酸盐的形成、稳定的乳状液和垢、不可萃取的氯化物的出现、环境问题、缓蚀剂效率的降低和环烷酸的腐蚀性）。结合环烷酸和硫化合物对碳钢的腐蚀，本节分析了影响环烷酸腐蚀（NAC）的机理和因素，环烷酸腐蚀的控制和监测，并给出了一个特殊的案例研究。

自 20 世纪 90 年代初以来，炼油行业已经出现了炼制更多高酸性原油的趋势，并且现在这种趋势仍在继续。自 2000 年以来，全球高酸性原油供应量将增长了 4 倍[23,24]。现在约有 100 种酸性原油（TAN > 0.5mg KOH/g 油），且分布区域广泛：罗马尼亚、俄罗斯、阿塞拜疆、美国（得克萨斯州、加利福尼亚和墨西哥湾沿岸）、加拿大、委内瑞拉、巴西、墨西哥、北非、非洲（刚果、尼日利亚、苏丹、乍得、赤道几内亚、安哥拉和喀麦隆）、印度、中国、远东、澳大利亚和印度尼西亚[25~27]。来自加拿大的 Athabasca 和阿尔巴尼亚的油砂和一些 Syncrudes（加拿大油页岩）也是酸性的。环烷酸造成了这些原油和油砂的酸度。绝大多数原油都能含有一些环烷酸。通常，重质原油（高密度和高沥青质含量的原油）比石蜡原油具有更多的环烷酸。这些酸性原油的使用增加了腐蚀问题。

环烷酸被错误地用于原油中存在的所有的有机酸的总称。

根据 IUPAC（国际纯粹和应用化学联合会），有机酸一词适用于一个大范围的含有有机酸基团 – COOH 的各种有机化合物

- 脂肪酸（脂肪）酸 RCOOH，其中 R 为直链 $CH_3(CH_2)_n$或支链；
- 芳香酸 ArCOOH，其中 Ar 为苯环或取代苯环；
- 环烷酸 XR $(CH_2)_n$COOH（$n \geq 0$），其中 X 是环烷环（见图 4.5）。

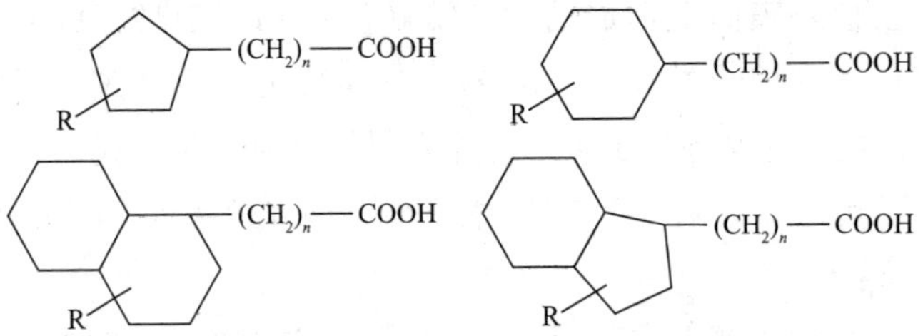

图 4.5　环烷酸（其中 R 表示烷基，如—CH_3、—C_2H_5等）

这三组有机酸都可以存在于原油中。从非环脂肪酸和芳香酸中分离出环烷酸是非常困难的。俄罗斯化学家马尔可夫尼可夫（Markovnikov）（1838—1904）是首位从阿塞拜疆原油中分离出环烷酸并研究其物理化学特性的人。他定义了一类新的有机物质——环烷烃。环烷烃是环烷烃饱和单环烃（环戊烷、环己烷及其烷基衍生物）。环烷酸被看作环烷烃衍生物的环脂族单羧酸，并且可以是单、二、三或多环。环烷酸的羧基（—COOH）连接在侧链（见图 4.5），所以存在几百种不同的环烷酸（酸性原油中还有 134 种）[28]。除石油和石化工业中，环烃的和环烷烃一词似乎已经过时了。环烷酸是原油和油砂的天然成分，是环烷烃在特定的温度、压力、pH 值、盐度和营养条件下，长时间氧化或由有氧或无氧生物降解化石沉积物中的碳氢化合物[29,30]而来的。环烷酸可用作原油起源和发展的生化标志物。

环烷酸在室温下为液体且有一个广泛的沸点范围（216 ~ 350℃）。大多数纯环烷酸完全溶于有机溶剂和油，但不溶于水，低分子量环烷酸可以轻微溶于水。在化学上，环烷酸表现得像典型强酸，类似于大分子量脂族酸，如庚酸（$C_6H_{13}COOH$）和壬酸（$C_8H_{17}COOH$），但是比小分子量羧酸［如甲酸（HCOOH）和乙酸（CH_3COOH）］稍弱。

二环和三环环烷酸经过受热分解可以产生较低分子量的环烷烃和脂族酸。大分子量脂肪酸又可以热裂解成比大分子量有机酸更具腐蚀性的较小的甲酸、乙酸、丙酸和丁酸。

含有酸性原油的环烷酸（见附录 B）可能在炼油行业中引起不同的问题。因此，自

2000 年以来，对环烷酸的研究正在显著增加。1920 ~ 1960 年，每年都有少许（1 ~ 3 部）研究环烷酸的出版物。20 世纪 60 年代后期，出版物的数量（7 ~ 10 部）每年都略有增加，这与加拿大阿萨巴斯卡酸性油砂精炼的开始相吻合[31]。2000 年以后，伴随着环烷酸检测分析方法的改进，每年出版物的数量都在快速增长（20 ~ 90 部）。

4.2.1 原油和馏分的酸度

总酸值（TAN，也称为中和值）用于评估原油及其馏分的腐蚀性[32]。TAN 是中和 1g 原油或其馏分所需的氢氧化钾（KOH）的毫克数的量度。因为原油和石油馏出物还可以包含除环烷酸外的其他酸化合物，如无机酸（H_2S、HCl、$H_xS_yO_z$ 和 CO_2）、硫醇、酚、脂族和芳族酸、可水解的酯、酸性氮化合物和在原油生产和其他业务中使用的某些添加剂（包括腐蚀抑制剂）。因此 TAN 不能反映环烷酸的实际含量、实际腐蚀风险和腐蚀参与度。因此，研究人员提出了通过色谱法提取定义，然后通过 FTIR 分析[33,34]的 NAN（环烷酸数）。有时，NAN 可能比 TAN 低两倍。遗憾的是，NAN 值的确定需要更复杂的设备和更多的技术人员。无论如何，TAN 和 NAN 值可以粗略估计原油和馏分的腐蚀性。

不同原油的 TAN 范围为 0.1 ~ 6mg KOH/g。对于大多纯环烷酸，TAN 范围为 220 ~ 486mg KOH/g。当 0.5 < TAN < 1.0mg KOH/g 时，原油被称为酸；当 TAN > 1.0mg KOH/g 时，原油被称为高酸。通常，原油或馏出物的 TAN 与其腐蚀性无关。对于相同的 TAN，酸的分子大小和结构有着重要的影响。一些环烷酸有着非常强腐蚀性，其他的却是相对惰性的，而高分子量的环烷酸可以在某些条件下抑制碳钢的腐蚀[35,36]。尽管如此，存在一些用于定义原油或馏出物腐蚀威胁的经验法则。我们建议使用 0.5mg KOH/g 原油和 1.5mg KOH/g 馏出物的临界值。环烷酸的分布可用来确定可能的腐蚀威胁的区域，且这种测定方法是存在的（文库）[37]。惠州炼油厂（中国）是第一家为全面转化高 TAN 原油（3.6mg KOH/g）而设计的大型炼油厂，且自 2009 年以来已开始运行[38]。

4.2.2 环烷酸引起的问题

（1）环烷酸盐的形成，稳定的乳状液和沉积物（结垢）。环烷酸盐是环烷酸的盐，它们是由环烷酸在合适的 pH 值和温度下与采出水中的金属离子接触形成的。石油工业中采出水是副产物，它与石油和天然气一起被采出。环烷酸钠、环烷酸钾以及环烷酸，本身具有非极性（烃疏水性）和极性（亲水性，COO^- 或 Na^+）基团。它们可在脱盐期间形成稳定的乳状液（如表面活性剂）、厚的中间油水层，并引起发泡问题。脱盐剂中的环烷酸和环烷酸盐的存在降低了原油脱盐效率，这反过来可能导致蒸馏塔顶的腐蚀问题。因此，环烷酸盐会因油水分离（原油脱水）和采出水的脱油而发生破坏。钙、镁和铁的环烷酸盐可能形成沉积物（结垢）、积聚在油（水）分离器、脱盐装置、管道、换热器、阀门和过滤器中，并因为堵塞导致操作故障，甚至意外停车。

（2）不可萃取氯化物的存在。环烷酸增加 $CaCl_2$ 和 $MgCl_2$ 的水解，促进从沥青质包封的氯盐中形成盐酸，并通过不稳定沥青质引起结垢[39]。这些盐不能通过脱盐来去除（见3.1.1.1节）。

（3）环境问题。环烷酸和其他有机酸可以进入废水中，并产生严重的环境问题。环烷酸是废水中的有毒成分，但易生物降解[40~43]。

（4）缓蚀剂效率的降低。环烷酸可以与注入的缓蚀剂相互作用，从而对缓蚀剂的效率产生负面影响。

（5）环烷酸的腐蚀性。

环烷酸在环境温度下不具腐蚀性，但在190~400℃下具有侵蚀性。因此，室温下的原油在管道中运输和在罐中储存时，不会受到环烷酸的腐蚀风险。在 $T>400$℃时，环烷酸没有腐蚀性，因为它们可能会分解或转化成焦炭沉积物，物理性（作为阻挡涂层）地阻止了环烷酸的侵蚀。环烷酸在炼油装置的特定条件下对碳钢、低合金Cr-Mo钢、12Cr SS、铜、铜镍等合金具有很强的腐蚀性。下面将介绍环烷酸对金属腐蚀的影响、案例研究和预防措施。

4.2.3 环烷酸腐蚀机理及影响因素

环烷酸腐蚀（NAC）强度由以下因素定义：原油类型、酸种类、TAN（在某些情况下）、环烷酸含量、环烷酸在石油馏分中的分布、含S和N的物质、温度、相数（液相或液-气相存在，沸腾冷凝情况）、流速和流动状态、合金类型及其表面状态（钝化层的存在）和持续时间。环烷酸的沸点不同导致其在各种石油馏分中都有分布，并且它们的腐蚀性通常也不同。通常，环烷酸集中在重质油（沸点220~320℃），有时窄沸点的（190~210℃）的煤油馏分也可以含有环烷酸并且具有高度腐蚀性（见图4.6）[44~46]。

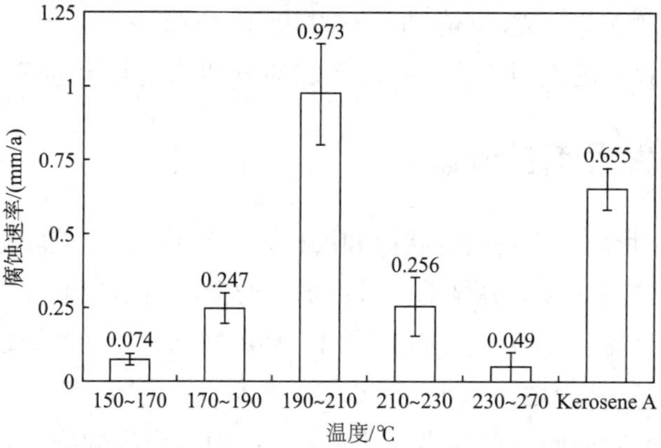

图4.6　煤油A（150~270℃）不同馏分中的碳钢腐蚀速率[46]
从酸性阿塞拜疆原油中蒸馏而出酸性煤油馏分

不同的环烷酸主要集中在蒸馏塔的特定区域。在温度190~400℃的操作条件下，与煤油、轻重常压柴油、常压渣油、轻重减压柴油和减压渣油接触的蒸馏塔的内件（包括塔壁、塔板和泡罩）、管道、换热器、集箱、止回阀是环烷酸可能侵蚀的区域。

尽管环烷酸腐蚀自20世纪20年代以来已被认知，且从20世纪50年代以来已开始被系统研究，但因为影响腐蚀的许多因素以及这些因素之间复杂的相互作用，导致腐蚀机理以及描述它的化学反应并没有被完全认知。通常环烷酸和铁之间的腐蚀被写成反应式(4.2.1)：

$$2XRCOOH_{(l)} + Fe_{(s)} \longrightarrow Fe(XRCOO)_{2(l)} + H_{2(g)} \tag{4.2.1}$$

这种机理表明环烷酸铁［$Fe(XRCOO)_{2(l)}$］和氢气（H_2）的形成，意味着可以通过析氢控制环烷酸腐蚀[47]。环烷酸铁溶解在烃相中，腐蚀产物不会残留在金属表面，这将使金属不断地被环烷酸腐蚀。环烷酸的化学结构类型决定了其腐蚀性，例如环结构比非环结构更具腐蚀性[48]。

环烷酸腐蚀的出现。环烷酸腐蚀可能以不同形式出现在炼油厂装置的局部侵蚀中：

- 浅坑、深坑、针头形坑和大圆形凹坑是由于常减压蒸馏塔（壁壳、塔板和泡罩）内的金属表面环烷酸的沸腾和冷凝造成的。环烷酸腐蚀主要发生在液相和混合液（气）相中。
- 减压蒸馏塔内壁不锈钢包层减薄和均匀腐蚀。
- 槽纹、条纹和深度局部侵蚀（液滴冲击）[49]是转流线和加热器（炉）管中的介质流速影响的结果。当流动紊乱且发生在弯管、弯头、三通和泵时，会发生严重的环烷酸腐蚀。
- 如果在炼油厂使用含酸（低硫）和非酸（高硫）原油，那么碳钢塔板和泡罩多为均匀腐蚀（见第4.2.7节）。

环烷酸和硫化物对碳钢腐蚀的综合影响。大多数炼油厂交替加工不同种类的原油和原油混合物。通常，高硫（酸）原油酸度较低，而低硫（芳香）原油具有较高的酸度，只有某些类型的原油具有高酸度和低硫。例如，来自加利福尼亚和中国的原油（TAN高达6mg KOH/g，硫化物浓度相对较低）是高度腐蚀性的，主要是因为缺乏足够的硫化铁垢以抵消环烷酸腐蚀[49]。相比之下，来自委内瑞拉的某些原油（具有中等TAN，最高3mg KOH/g和相对较高浓度的硫化物）的腐蚀性较小，这是因为它们能产生足够的硫化物垢以抵消部分环烷酸腐蚀。皮尔（Piehl）[50]可能是第一个注意到硫化铁垢扮演保护角色抵抗环烷酸腐蚀，以及硫化物和产生的环烷酸腐蚀之间的竞争关系的人。

蒸馏装置中的酸性芳香原油和低酸含硫原油的不断交替加工，导致了原油中的腐蚀成分（硫化物和包括环烷酸的有机酸）对碳钢和低合金钢腐蚀产生复杂的影响。例如，当TAN = 3.5mg KOH/g（T = 343℃，流速60m/s）时，在低H_2S浓度（<0.16%）时，碳钢的腐蚀速率高。而在H_2S浓度为0.16% ~ 2.0%下，腐蚀速率非常低。当H_2S浓度超过2.0%，腐蚀速率再次升高[51,52]。因此，烃介质中的H_2S的浓度可能会抑制碳钢和低合金钢（例如5Cr和9Cr）的环烷酸腐蚀，但是更高的H_2S浓度也可能加剧环烷酸腐蚀[53]。高浓度的硫化物增加了烃介质中的高温硫腐蚀。这种情况类似于某些在特定电解质溶液中的金属依赖于电流—电位的钝化区域。因此，这种事实是存在的：H_2S可以在特定条件下抑制环烷酸的腐蚀，但这取决于总酸值、环烷酸的类型、温度、流量、流态和持续时间[51~54]。由于许多影响的因素，所以在实际工况下的原油装置中去定义这个钝化区（基

于 H_2S 和环烷酸浓度）是不容易的。H_2S 与铁的反应形成由硫化铁组成的保护层；然而，物料的高湍流会剥离掉该保护层以暴露新的表面进而产生腐蚀[55]。

反应（4.2.1）中形成的环烷酸铁（特别是铁羧酸盐）可以在式（4.2.2）中分解成氧化铁[56~58]：

$$Fe(XRCOO)_{2(l)} \longrightarrow FeO_{(s)} + XRCORX_{(l)} + CO_{2(g)} \tag{4.2.2}$$

然后氧化铁可与含硫化合物反应形成硫化铁：

$$FeO_{(s)} + H_2S_{(g)} \longrightarrow FeS_{(s)} + H_2O_{(l)} \tag{4.2.3}$$

$$FeO_{(s)} + R_1-S-R_{2(l)} \longrightarrow FeS_{(s)} + R_1-O-R_{2(l)} \tag{4.2.4}$$

当没有足够的含硫化合物参加反应时，我们可以在碳钢表面检测氧化铁（红棕色锈）和硫化铁（黑色）的混合物。

环烷酸腐蚀和硫化物腐蚀均在高温（$T>200$℃）下发生，因此需要区分它们。当高温硫化物腐蚀发生，且钢表面形成保护性硫化物垢膜时，腐蚀强度会逐渐降低，并且钢中铬的增加会通过硫物质显著地减缓腐蚀。相比之下，由于环烷酸腐蚀过程中仅形成可溶性腐蚀产物，因此环烷酸腐蚀过程中没有垢膜，腐蚀强度也不随时间而降低，且碳钢、低合金（5Cr，9Cr）和 12Cr SS 通常被环烷酸侵蚀。

因此，当低酸度的高硫原油在侵蚀碳钢表面的初始阶段，硫化铁保护垢膜逐渐形成。如果物流中不存在酸（或存在少量），则该钝化膜通常可保护碳钢表面免受进一步腐蚀。在这种情况下，例如在胺处理装置中，由胺水溶液吸收的 H_2S 与碳钢表面反应，形成钝化的硫化铁层并保护结构的内表面免受腐蚀。在蒸馏塔塔顶也存在同样的情形，H_2S 形成厚度为 5~10μm 的强力均匀的保护性硫化铁膜（见图 3.1）。酸性原油通常是低硫的，例如“阿塞拜疆”。当低硫酸性原油与高硫低酸性原油交替时，有机酸（包括环烷酸）可以溶解硫化铁保护膜并侵蚀碳钢表面。这种机制涉及原油及其馏分。4.2.7 节将验证原油及其馏分中硫含量和酸度对它们腐蚀性的综合影响的方法。

4.2.4 环烷酸腐蚀的控制

环烷酸在许多案例和现象中被认知，因此人们开发诸多预防环烷酸的措施。没有可靠的数据可用于预测环烷酸腐蚀可能在何地、何时以及以何种程度发生。在任何情况下，如果原油蒸馏装置使用 TAN > 0.4mg KOH/g 的原油，建议采用以下防腐措施。

（1）使用耐腐蚀合金的（材料选择）。

（2）酸性与非酸性原油（或馏分）的混合。

（3）中和和去除环烷酸，在工业中萃取环烷酸以进一步应用。

（4）使用缓蚀剂。

（5）应用金属涂层（如渗铝碳钢）。

（6）限制流体流速。

①材料选择。使用耐蚀合金是防止环烷酸腐蚀的唯一实用的方法。不锈钢中钼（Mo）的含量越多，不锈钢对环烷酸腐蚀的抵抗力越好。钼的最低含量必须为 3%（SS 317L）。

因此，即使 SS 316L（含有 2.1% Mo）也可以被环烷酸侵蚀。与不含钼的不锈钢相比，含钼的不锈钢更完美，它们的缺陷明显更少。不锈钢由于氧化铬（Cr_2O_3）保护性钝化膜而具有防腐蚀性能。然而，这种膜是“亚稳态的”“准稳定的”，不是绝对稳定的，即在目前状态下是稳定的，但随着金属－环境系统的外部条件或内部特性的改变而失去这种状态。铁和铬较容易失去稳定态，镍和钼次之。当钼存在于不锈钢中时，不锈钢表面钼富集，增加了保护性钝化膜的稳定性。

铜和铜镍合金、SS 304 和 SS 321 不应该用于抵抗环烷酸腐蚀。铝、钛及其合金、SS 317LM（4% ~5% Mo）、904L（4% Mo）和 AL6XN（6% Mo）、Ni 基合金 Hastelloy C－276、Incoloy 825 和 Inconel 625 耐环烷酸侵蚀。

②将酸性与非酸性原油（或蒸馏馏分）混合（稀释）。混合的目的是达到 TAN < 0.5mg KOH/g 油。将酸性与非酸性煤油混合能够解决煤油馏分因其酸度高（TAN = 0.57mg KOH/g 煤油）[44~46] 的腐蚀性问题。碳钢在该酸性煤油中的腐蚀速率为0.4mm/a。用于混合的非酸性煤油的 TAN < 0.01mg KOH/g。在混合时，检查不同体积比的酸性和非酸性煤油对碳钢的腐蚀性（见图4.7）。我们可以看到，临界酸度为0.464mg KOH/g 煤油，随着稀释度的增加，碳钢的腐蚀速率急剧下降。对于特定的酸性煤油稀释度为 3 : 1（三体积的酸性煤油和一体积的非酸性煤油）。该方法已成功地应用于原油蒸馏装置[46]。稀释的缺点是成品（煤油）的一部分必须返回进行再蒸馏。

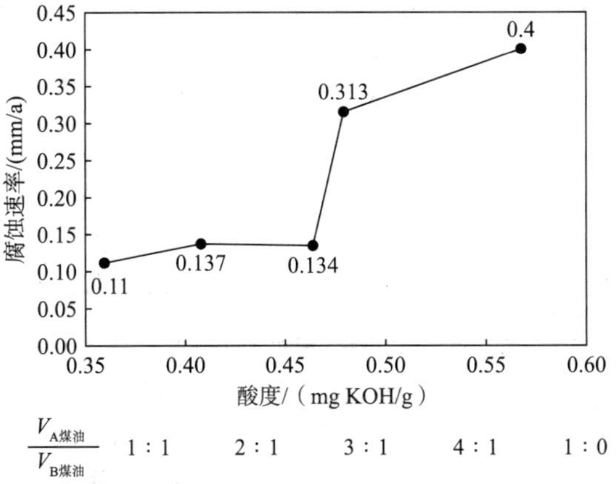

图 4.7　碳钢的腐蚀速率（mm/a）与煤油（混合样品）的总酸度

注：煤油“A”为酸性（TAN = 0.57mg KOH/g），煤油“B”为非酸性（TAN < 0.01mg KOH/g）。T = 185 ~ 200℃；P = 100kPa；持续时间 3 天[46]。

③中和以及从原油中去除环烷酸[59~62]，有三种方法：萃取、破坏和吸附。

萃取。由于环烷酸盐能很好地溶解在原油中以形成稳定的乳状液，并发生结垢，因此通过原油的苏打溶液进行简单的碱处理很难奏效。其他化合物、四烷基氢氧化铵和碱金属三烷基硅烷醇酯可用于萃取[63,64]。也可以使用极性有机溶剂（如甲醇和离子液体）进行萃取[65]。环烷酸通常用在 200 ~ 370℃ 沸腾的原油馏出物的碱性萃取来回收。因此，蒸馏过程中仍会存在腐蚀问题（通过使用耐腐蚀合金来解决该问题）。

环烷酸中和及去除。使用碱性化合物（碱性盐或胺）从原油下游中去除环烷酸以避免由环烷酸引起的腐蚀和其他问题，已经在行业内达成了共识[66]。研究人员研发了在温和条件下用于选择性去除环烷酸的催化加氢处理[67]。过氧化硫酸盐（$S_2O_8^{2-}$）对环烷酸的氧化也是很有效的[68]。

破坏。脱羧（有二氧化碳形成）；催化脱羧[69]；温和催化加氢处理；加热至400℃；与石灰（CaO）混合，加热至260℃并从反应的石灰中分离[65]。

吸附。氧化镍（用于煤油流）、强碱性离子交换树脂（润滑油）、离子硅基混合材料可用于此目的[65,70]。

④使用缓蚀剂。广泛用于保护常减压蒸馏塔塔顶的传统含氮成膜缓蚀剂在温度140℃以上时失效。因此，它们不能用于控制环烷酸腐蚀，但其他化合物在浓度1～5000mg/L温度175～400℃下可有效地抵抗环烷酸腐蚀[24,36,71～89]。有机缓蚀剂的活性成分含有一个或多个官能团，每个官能团具有一个或多个杂原子（N、O、S或P），缓蚀剂通过该官能团锚定在金属表面上。仅从杂原子上考虑，不同的有机物同源系列的缓蚀效率通常遵循以下顺序：P > S > N > O。电负性（吸引电子的能力）则恰恰相反[90]。因此，含磷缓蚀剂（“P”）比含硫抑制剂（“S”）更有效（见图4.8）。

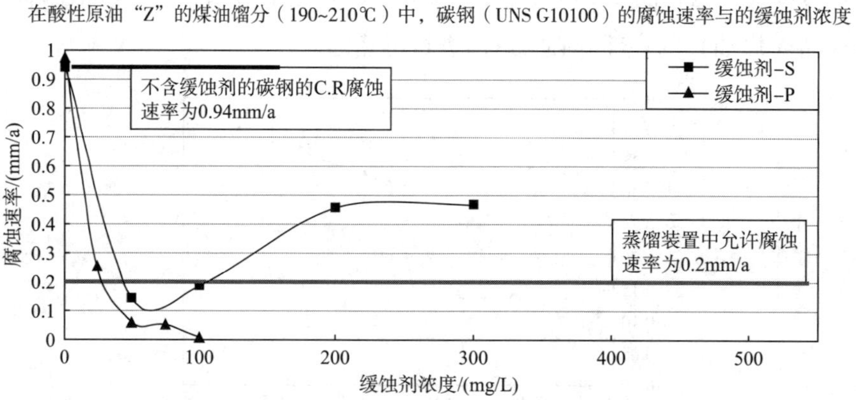

图4.8　195℃下在酸性煤油中的碳钢的腐蚀速率与磷（P）和硫（S）基缓蚀剂剂浓度[91]

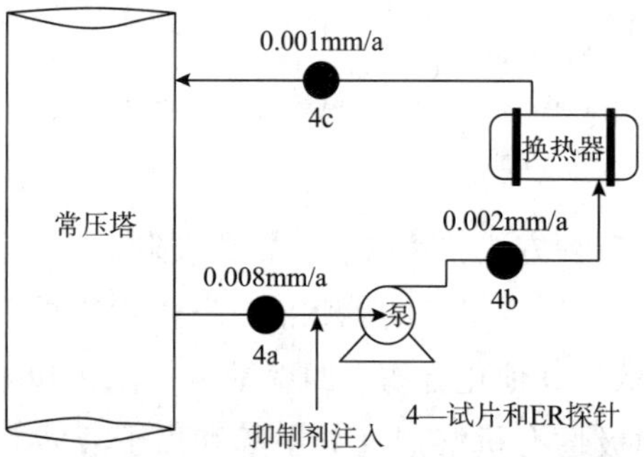

图4.9　在蒸馏装置中通过向酸性煤油“阿塞拜疆”注入磷酸酯缓蚀剂来控制环烷酸

注：图中的腐蚀速率为碳钢试样在3个月内的平均腐蚀速率。

在浓度为50～75mg/L时，含“P”缓蚀剂（磷酸酯）的效率（94%～99%）比含“S”缓蚀剂（80%～85%）要更高。浓度高于50mg/L的前者缓蚀剂可以通过形成致密的保护性钝化层，以100%的效率保护在酸性煤油中的碳钢。加工酸性原油“阿塞拜疆”，可在蒸馏单元上测试并使用含“P”缓蚀剂（见图4.9）[44～56]。

超过40个通过使用磷系缓蚀剂减少

环烷酸腐蚀的应用已被报道[24,25,37]。在浓度相对较高的100mg/L初始计量首选添加含“P”缓蚀剂，并且将该浓度水平保持在相对较短的时间（约24h），直到缓蚀剂在金属表面引起防腐蚀的保护层的形成（预处理或预钝化阶段）。一旦建立了保护性的、坚韧的和持久的钝化层，剂量可以降低到10~25mg/L。这个薄层可以持续超过14d，但这个时间肯定取决于流速、湍流和温度。我们推荐使用用于预钝化的磷系缓蚀剂的浓度为20~30mg/L，然后降低至5~15mg/L用于正常控制[25]。它们的主要缺点是，会在下游装置污染催化剂，并且由于磷含量控制的缺乏会降低煤油质量。

⑤金属涂层的应用：镀铝碳钢，铌和铌氧化物热喷涂涂层。

⑥限制液体流量。碳钢的临界流速为25m/s，对于SS 316，临界流速为120m/s且无湍流[38]。

4.2.5 环烷酸腐蚀监测

物理分析方法被用来监测环烷酸腐蚀。分析方法包括在工艺流中测量Fe、Cr和Ni，并测量氢通量[47,92,93]。更重要的是，测量介质中的金属离子浓度和氢通量随时间的变化趋势，并跟踪不同TAN的原油交替加工情况。工艺流中金属离子浓度和氢通量的任何突然增加都表明可能发生环烷酸侵蚀。

物理方法包括ER探针、失重试片（带伸缩支架）、超声波测量和目视检查。如果来自碳钢、低合金钢（5Cr，9Cr）和12Cr SS的试样以相似的速率腐蚀，这意味着可能发生环烷酸侵蚀。对于换热器管（碳管原始厚度为2.333mm），碳钢部件的允许腐蚀速率为0.1mm/a，管柱和器壁的允许腐蚀速率为0.2mm/a（原始厚度为6mm及以上）。然而，ER探针和失重试片不能安装在所有热点区域。停工期间，超声波壁厚测量和目视检查是检测环烷酸腐蚀的有效检测方法。

4.2.6 结论

全球高酸性原油供应量大幅增加，这一情况使得炼油厂中的腐蚀等问题得到重视。高酸性原油相对于其他等级的原油可以提供更大的价值，且这种情况由缓解防腐措施的成本来决定。

（1）高酸性原油的腐蚀性由TAN、环烷酸含量、环烷酸分布、温度、相数（存在液相或液-气相，包括沸腾冷凝现象）、流动状态和速度以及环烷酸与设备的接触时间来定义。

（2）尽管确切的事实是，TAN与原油和馏出物馏分的腐蚀性无关，但是由于没有确定原油腐蚀性的可靠方法，所以没有人愿意把炼油厂置于具有潜在危险的环境之中。

（3）炼油厂装置的高温（高于190℃）腐蚀的腐蚀机理包括环烷酸腐蚀、硫化物腐蚀及其可加速或抑制腐蚀的相互作用。在特定条件下（原油类型、特定温度范围和TAN值），硫化氢可与铁反应形成保护（抵制环烷酸腐蚀）硫化铁层。我们很难预测钝化区域，只有在该装置上的确切地进行实验才能定义钝化区域。

（4）人们尽管对环烷酸存在下的腐蚀机理的认识不足，但还是开发了经成功证明和使用的环烷酸腐蚀的缓解措施。

（5）使用耐蚀合金是防止环烷酸腐蚀的唯一实用方法。不锈钢中钼（Mo）的含量越多，不锈钢对环烷酸腐蚀的抵抗力越强。钼的最低含量必须为 2.5% ~3%（SS 316L、317L）。不锈钢 317LM、904L 和 AL6XN、Ni 基合金 Hastelloy C – 276、Incoloy 825 和 Inconel 625、铝、钛，它们的合金都耐环烷酸侵蚀。

有趣的环烷酸。在炼油行业中环烷酸是危险的，因为其具备不可预测的强腐蚀性和多种外观。然而，环烷酸及其衍生物（环烷酸酯、酯和酰胺）可用作木材防腐剂（代替杂酚油）、缓蚀剂、表面活性剂（乳化剂）、燃料和润滑添加剂（如喷气燃料中的消泡剂）、油漆和油墨干燥剂、橡胶硫化和烷基生产的催化剂和聚酯树脂、轮胎帘线黏合剂、热/紫外线稳定剂、织物中的阻燃剂、耐水性改进剂和混凝土黏附性、杀虫剂、杀真菌剂、杀螨剂、乙烯基树脂稳定剂和植物生长调节剂。环烷酸及其衍生物的广泛应用增加了从酸性原油中提取它们以及防止环烷酸腐蚀的重要性。进一步应用环烷酸的化工厂和装置在一些国家受到了重视。

环烷酸不仅对炼油设备的腐蚀产生负面影响，而且还因为“凝固汽油”——于 1942 年在美国研发并在二战和其他战争期间使用的一种易燃液体——而恶名远扬。“凝固汽油”一词来源于环烷酸和棕榈酸，因为它们是成套生产的。

4.2.7 案例研究

条件：在常压原油蒸馏塔塔板的严重腐蚀检测之前，在 5 年内已加工了各种原油混合物，且在过去的两年中经常加工酸性原油“阿塞拜疆”（见图 4.10）。

(a) (b) (c) (d)

图 4.10 原油蒸馏塔中的腐蚀的碳钢塔板（原始厚度 3.5mm；LAGO 面积）

注：（a）–（c）塔板编号 24（236 ~243℃）；（d）托盘编号 25（244 ~250℃）。

再循环 LAGO 进入蒸馏塔中的编号 24 塔盘（塔盘编号朝下）。关于原油蒸馏塔中馏出物馏分、温度、塔板材料和数量的数据示于表 4.3 中。

表 4.3
常压蒸馏塔中塔板和馏出物馏分的数据

塔板编号	材料	初始厚度/mm	馏分	温度/℃
24	碳钢	3.50	LAGO	236 ~243
25	碳钢	3.50	LAGO	244 ~250
33	SS410（12Cr）	1.88	HAGO	260

结构材料：编号24和25塔盘——碳钢；编号33塔盘——SS 410（12Cr）。

失效前的服役周期：5年。

目视检查结果：在编号24～33塔板区域内，塔板（特别是数字24、25）存在严重的整体腐蚀和蒸馏塔塔壁厚1mm的减薄（见图4.10）。随着孔的形成，编号24、25的塔板的厚度减小到零。这些塔板上存在黑色（多数）、白色和红色（有点）的沉积物。大多数沉积物（62%～90%）由铁和铬硫化物的腐蚀产物组成。编号35塔盘和由SS 410（12Cr）制成的泡罩盖也检测到了严重的腐蚀。

分析原油蒸馏装置中的PI（装置信息）数据，即绘制通过ER探针获得的在线腐蚀厚度（白线）与原油中的硫浓度曲线进行比较，可以揭示加工低硫原油“阿塞拜疆”（高腐蚀趋势！）向高硫原油加工（低腐蚀趋势！）的转变改变（见图4.11）。

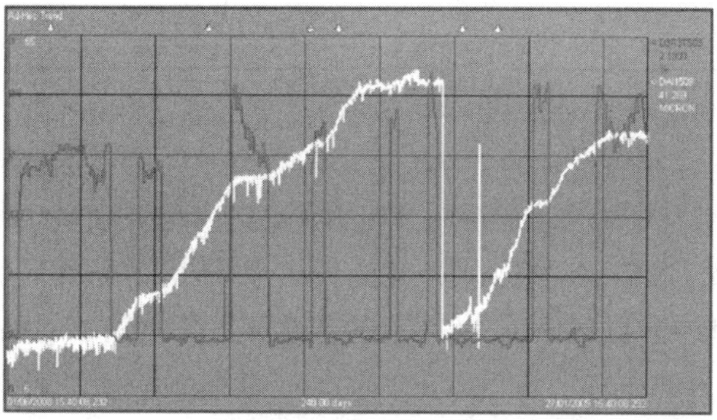

图4.11　常压蒸馏塔的趋势（PI数据，240天）

注：ER－探针读数（白色）和原油中的硫含量（灰色）。当腐蚀速率（以白线的微分计算）低时，随着时间的推移黄线不增加（ER传感器的腐蚀厚度在微米内是不变的——无腐蚀）。当腐蚀速率高时，ER传感器的腐蚀厚度随时间而增加，白线也增加（白线斜率恒定——腐蚀速率高）。

酸性原油“阿塞拜疆”腐蚀性的测试。原油“阿塞拜疆”的物理化学性质见表4.4。

表4.4
原油“阿塞拜疆”的物理化学性质[46]

参　数	数　值	参　数	数　值
总酸值/(mg KOH/g)	0.4	倾点/℃	－3
硫/%	0.15	盐/(lb/1000 bbl)	4.2
密度，15℃/(kg/L)	0.8515	水/V%	<0.05
黏度，20℃/(mm^2/s)	15.62		

原油“阿塞拜疆”的TAN为0.4mg KOH/g。这接近临界值0.5mg KOH/g。因此，很难预测原油“阿塞拜疆”是否具有腐蚀性。硫含量为0.15%，因此，这是一种芳香原油（<0.5%S）。原油的盐和水含量低，不会引起腐蚀。

腐蚀试验（原油“阿塞拜疆”的腐蚀性估计）在高压釜中进行，馏分的腐蚀试验在特殊装置中进行[46]。

将碳钢试样浸入装有回流冷凝 1L 烧瓶内的石油馏分中。原油的运行条件为 300℃ 和 1000kPa；对于 150 ~ 370℃蒸馏出的待测馏分，压力为大气压。原油“阿塞拜疆”及其馏分的腐蚀性测定结果如表 4.5 所示。

表 4.5
“阿塞拜疆”原油和馏分的腐蚀性

“阿塞拜疆”原油或其馏分/℃	总酸值/(mg KOH/g)	硫/%	碳钢腐蚀速率/(mm/a)
300	0.40	0.15	0.02 ~ 0.1
150 ~ 270	0.72	0.025	0.26 ~ 0.66
230 ~ 260	0.76	0.032	~1
270 ~ 300	0.25	0.07	0.048
300 ~ 322	0.25	0.08	0.019
322 ~ 342	0.30	0.12	0.019
342 ~ 370	0.35	0.16	0.052

注：记录的实验室数据为 3 天。

失效原因及解释：相对低硫的酸性原油“阿塞拜疆”的腐蚀性检验表明，在 300℃时，碳钢的腐蚀速率为 0.02 ~ 0.1mm/a（见表 4.5）。然而，最具腐蚀性的煤油馏分在 150 ~ 270℃时会沸腾，使碳钢的腐蚀速率达到约 0.66mm/a，在 230 ~ 260℃沸腾的馏分甚至可以使碳钢腐蚀速率达到 1mm/a。在运行的蒸馏塔（在 5 年内）内，24 号和 25 号塔板的整体腐蚀速率为 0.7mm/a。该值（0.7mm/a）与在实验室条件下获得的腐蚀速率（0.66 ~ 1mm/a）一致。原油“阿塞拜疆”可能含有轻质环烷酸、环戊烷和环己烷羧酸，分别在 216℃和 232℃沸腾。因此，它们出现在沸点为 150 ~ 270℃的煤油馏分中，且使其具有高酸度（大约 0.76mg KOH/g），从而具有高腐蚀性。这个事实证实了在 150 ~ 270℃蒸馏的煤油馏分的高腐蚀性。因此，轻质环烷酸的存在显著地加速了碳钢和 SS 410（含有 12% Cr 但不含 Mo 的马氏体不锈钢）的腐蚀。SS 410 对 H_2S 应具抵抗力，但对环烷酸（和其他有机酸）却没有。

因此，原油“Aezri”被认为是在原油蒸馏装置加工过程中产生腐蚀风险最严重的原油。在 5 年内，蒸馏装置中交替加工酸性低硫原油“阿塞拜疆”和非酸性高硫原油，导致产生罕见的情形（见图 4.10）。在这种情况下，馏分中 H_2S 的存在导致碳钢纯表面的严重腐蚀，且伴有铁和铬硫化物的形成。将酸性低硫原油“阿塞拜疆”改变为高硫非酸性原油，将导致硫化铁和硫化铬层的溶解和去除，并使钢漏出新表面进而被“阿塞拜疆”原油中的有机酸（它们中的环烷酸）进一步腐蚀。非酸性高硫原油的进一步转变将导致 H_2S 对碳钢产生严重的腐蚀，同时产生新的垢膜，直至完全失效。

解决方案和建议：

（1）当酸性低硫原油与非酸性高硫原油交替时，环烷酸腐蚀和高硫腐蚀交替发生。在这些情况下，$T>200$℃区域的蒸馏塔的塔板和泡罩必须由 SS 316L 或更好的 SS 317L 制成。

（2）可向 LAGO 循环流中注入缓蚀剂（丹宁酸 + 异丙醇 + 甘油；5 ~ 25mg/L）。

4.3 氢损伤

摘要 本节介绍和分析了炼油厂装置的氢腐蚀和防治。基于两种机理将氢损伤失效分为两组：在低温下（≤100℃）由酸腐蚀或阴极保护引起的电化学过程，以及高温(200～900℃）高压下由于氢气的存在而导致的氢损伤。本节还介绍了氢腐蚀理论，给出了炼油厂各个装置的氢失效、原因、分析、监测和补救措施的例子。

目前生产的氢约有60%用在多个工艺中以获得高辛烷值汽油。1980～2015年，由于炼油加工工艺中脱硫和加氢裂化处理量的增加，氢的使用显著地增加。

氢分子（H_2）对金属不会产生影响，但氢原子（H）却会。就像非常小的细菌和病毒可以感染并引起植物、动物和人类疾病和死亡，微小的氢原子易于渗透到金属和合金中，在普通的裂纹中造成非常危险的腐蚀。当氢气由于金属设备破裂而被释放到大气中时，它与大气的氧气发生反应，产生的热火焰足以熔化如铂、火砖、瓷器和刚玉（Al_2O_3与T_{melt} = 2044℃）等耐火材料。氢失效可能导致爆炸、有毒物质的排放、火灾、人身伤害甚至死亡。

氢损伤在炼油和石化工业中具有广泛的影响。最重要和最广泛的氢损伤之一是氢脆。氢脆是腐蚀的结果。由于金属或合金内部的氢原子渗透，它们会变脆和出现破裂（裂纹或裂缝）。

氢气在炼油工业的加氢处理中占据着重要地位：加氢处理、加氢脱硫、加氢裂化和催化重整（见第1章）。除了这些$T>200$℃和高压的工艺过程之外，碳钢设备与酸性水溶液接触的电化学腐蚀也会产生氢气，例如H_2S、HCl、H_2SO_4、HCN、低温下的HF（20～100℃）和100～360℃的有机酸（包括环烷酸）腐蚀。

根据两种机理，氢损伤可以分为两组：由酸腐蚀（包括化学清洗和蚀刻——“有用的腐蚀”）和阴极保护（当水分子可以在某些负电位下降到氢原子时）产生的电化学氢损伤（主要在低温，约100℃），以及高压（4～30MPa）下由于氢气的存在而引起的高温氢损伤（200～900℃）。有别于100～360℃下有机酸（环烷酸）造成的腐蚀，碳钢表面析出氢气[94,95]。

低温（<100℃）氢损伤发生在氢离子（H^+）的参与下。氢离子（H^+）在电解质溶液中的钢表面还原成氢原子（H），然后渗入其内部。这种类型的氢损伤可发生在常减压蒸馏塔塔顶、胺处理、异构化、流化催化裂化和烷基化装置中。在电位低于-0.72V饱和甘汞电极（SCE）（pH=7）的阴极保护中，水分子还原释放氢气，以氢原子的形式渗入钢中并引起氢脆化。当阴极保护电位相对于甘汞电极显著低于-0.72V时，出现阴极过保护，以致引发氢脆化。因此，以H_2分子形式的氢气不能渗入金属。

存在于原油和石油馏分中的有机酸（其中的环烷酸）引起的腐蚀，导致在碳钢表面形成氢气并以氢原子的形式渗入内部。这种类型的氢损伤可能发生在蒸馏装置中，如精馏塔、管道和换热器。

由于氢分子热解形成氢原子，并进一步渗透到金属或合金中，因此高温氢损伤可以称为的高温氢蚀（HTHA）。氢原子可以与碳钢中的碳化物（渗碳体 Fe_3C）和碳反应生成甲烷气体（脱碳）。由于这种氢蚀的存在，钢不可逆地失去了强度和韧性等机械性能。高温侵蚀可以发生在加氢脱硫、加氢裂化和催化重整装置中。在低温和高温氢腐蚀中，氢原子在金属表面形成时不会保留其原始状态，且损伤经常发生在金属表面之下，在发生故障前不易被检测到。后文将介绍低温和高温氢损伤机理、它们的形式、监测预防措施和案例研究。

初步说明。认为氢蚀开始于与侵蚀性介质氢的接触是错误的。从一开始，我们使用的全新金属设备和结构内部就含有少量的氢。未与侵蚀性氢环境接触的钢和铁在25℃下可含有 10 ~ 90cm^3/kg 浓度的“冶金”氢[96]。在冶炼过程中，由于氢气溶解在废料中并以含有氧化铁的铁锈形式存在，所以在炉内空气、不同添加剂与易熔金属接触时，氢气便会逸出，并且该氢通过铸铁和废金属进行传递。钢中氢的浓度取决于冶金工艺的特点。焊接后，由于金属与焊接电极涂层、焊剂和铁锈中含有的水接触、焊缝和热影响区（HAZ），氢浓度可达到 1080cm^3/kg[96]。因此，我们可以配备一些氢处理设备，用于处理合金中初始溶解氢。没有人会检测合金中的氢含量，但即使在早期阶段，我们也可能采取初步措施来消除它。

4.3.1 低温氢蚀（LTHA）

炼油和石油化工装置设备的大多数氢损伤是发生在有“永恒伴侣”—H_2S 存在下的精炼过程。水介质中的这种化合物是腐蚀和钢吸收氢原子最强助剂。H_2S 和铁之间的电化学反应导致在阴极区域（具有比相邻阳极区更高电位的区域）的碳钢表面形成新生氢原子（H）（见第 3.1 节和附录 D、附录 G）。在适当的电极电位（低于 −0.72V 的甘汞电极，pH = 7）下，由于水的分解，钢的阴极保护可能会导致在裸露或镀膜结构表面形成氢（见附录 G）[97]。在这两个阴极形成的“新生态”氢原子是非常具有活性的，它们可以扩散到金属中。“新生态”来自拉丁语的初生状态。这种单原子短寿命初生氢的形式（$H^\bullet$）实际上是“激进的”，因为所有自由基都比其他状态更具反应活性。当氢自由基（$H^\bullet$）在金属表面形成时，它们发现自己处于十字路口：重组成 H_2 分子，或吸附并扩散到金属晶格（见附录 G）。在金属表面，氢原子（自由基）重组成 H_2 分子比在气相中发生得更快。由于氢分子尺寸大，它们不可能侵入金属内部（见附录 G）。一些阴极反应抑制剂（主要是 H_2S、硫化物、硫 S_8、氰离子 CN^-）阻止氢原子复合形成分子氢，并增强钢对新生氢原子的吸收[98~100]。有时硫化铁保护层（FeS）在碳钢表面形成。氰化物离子（CN^-）可以破坏该保护层（甚至在 pH > 8 时），并促进氢原子在钢中的溶解[101]。氢在钢表面的吸附速率与在酸中的腐蚀速率之间并不总是成比例关系。

水溶液中电解质的组成和浓度对钢的氢吸附有显著和复杂的影响。$CaCl_2$ 和 $MgCl_2$ 盐在原油混合物的水相中水解，导致 pH 值降低到 1 左右，促进氢蚀。通常，pH 值降低会导致金属吸附氢的增加。在 pH≥4 的 HCl 和 H_2SO_4和 pH≥6 的 H_2CO_3和 C_6H_5OH 中，不会发生氢在碳钢上的吸附。因为氢原子被硝酸盐（NO_3^-）氧化[102]，所以钢在硝酸（HNO_3）中腐蚀时，钢吸收的氢量远远低于在 HCl、H_2SO_4和 H_3PO_4中腐蚀所吸收的量。

溶解的氧气可以与 H_2S 反应形成弥散的硫（见附录 D）。弥散的硫进一步氧化会形成两种酸 H_2SO_3和 H_2SO_4，这也有助于氢吸附。在 H_2S 水溶液的 pH 从 1 增加到 7 的过程中，当 pH <4 时，由于 H_2S 在水溶液中的离解加剧，S^{2-}和 HS^-浓度升高，扩散到钢中的氢含量增加；当 pH≥4，pH 值升高硫化铁溶解度减少，扩散到钢中的氢含量降低。铁硫化物膜在特定条件下有钝化作用，可以减缓氢渗透和钢的整体腐蚀（见 3.1.1.1 节）。在气态烃相中，H_2S 浓度的增加和温度的降低可促进钢表面的氢吸附。

溶液中痕量的砷、锑、汞、硒和碲，及碳钢表面的磷和硫的沉淀，会促进钢表面的氢吸附[103]。

钢的氢吸附强度由 H^+的阴极还原和 H_2的形成的速率比来定义。当 H^+的阴极还原速率较高且再结合率较低时，金属吸附的氢量较大。H_2S 的作用是，S^{2-}和 HS^-离子加速 H^+的阴极还原并抑制再结合[96]。大多数其他抑制剂也以类似的方式进行。当它们失去增加钢吸附氢的强度时，此时抑制剂临界浓度最小。例如砷在溶液中的最小临界浓度为 1mg/L As，在合金中为 0.25% As[96]。

只有一小部分新生氢原子溶解并进入固体金属。问题是：氢原子如何溶解并渗入金属的致密晶体结构？很难想象氢原子如何溶解在固体材料中，然后穿过其内部。铁和碳钢类似于一个带有离子岛（正电荷）的巨大的真空，并且离子岛排列成晶格并浮在电子海中（负电荷）。离子在金属中形成强晶体结构。

我们可以形象地把通过固体金属的氢原子比喻成穿透窗户网格的小蚊子。除了一些昆虫之外，并不是所有的昆虫都拥有能够穿过小网格的能力。另一个形象的比喻是，非极性气体 O_2在极性液体 H_2O 分子中的溶解，氧被放置在真空中，并可以在液态水中移动。当粒子可以成功通过势垒却没有足够的能量来越过势垒时，此时物理学（量子力学）中的隧道效应能够很好地解释这种现象。放射性核的阿尔法衰变和金属或半导体的电子发射都是通过隧道发生的。

吸收和渗入到金属体的氢原子可以称为“隧道氢”[104]。这种现象可能是由于高温、高压以及金属内外表面的高梯度氢浓度造成的。这种“隧道氢”理论上有两种情景或去向。一些氢原子在空隙中聚集并在内部以 H_2分子的形式重组。其他的氢原子则通过整个金属壁并在另一侧出现（在金属的一侧接触电解质，例如管、罐或换热器壳的情况）。有种观点认为，氢也以氢化物 H^+[98,105]的形式穿过金属表面。由于小尺寸和高移动性，H^+可以比其他离子和原子更快地扩散。一部分氢以 H^+形式保留在金属内的固溶体中。对于真实的设备，氢的渗透率受其扩散的限制。氢化物（H^+）的尺寸和铁晶格参数之间的显著差异决定了氢化物通过间隙移动的扩散速率（见附录 G）。H 原子的一部分极化成负 H^-形式。气体分子氢 H_2和非常少量的 H 原子在钢中存在平衡：在气孔、微孔、非金属夹杂物、裂纹、位错堆积和晶界中。钢中氢的行为与氢化物（H^+）、氢原子（H）、氢化物（H^-）、分子（H_2）、H_2的原子间距和铁晶体参数（见附录G）的尺寸一致。在金属内部缺陷积聚的氢总量可达氢在铁晶格中溶解度的3~4倍。

随着碳量的增加，氢气进入钢的渗透率增加，直到碳含量增长到0.9%。钢中碳量的进一步增加会导致氢吸收的减缓。如果合金元素的添加不影响钢结构转变，那么在这种情况下，合金元素对钢中氢的溶解度和扩散影响较小。镍、铬、钼、硅和锰的添加对钢吸氢影响不大[96]。钢的结构对氢的吸收影响较大。奥氏体钢中的氢溶解度大于铁素体，而奥氏体钢中的氢扩散速率小于铁素体（见附录G、表G.3）。珠光体结构中的氢渗透速率比马氏体大。

当氢被钢吸收时，钢的物理机械性能（塑性、延展性、韧性和拉伸强度）显著变化。氢原子在缺陷结构中聚集，重新结合成气体氢分子 H_2，形成的压力足以使周边金属产生形变。因为金属中出现的机械应力场阻止扩散的氢原子流动，并对缺陷中的氢原子产生影响，所以钢表面下缺陷聚集会使金属深层中氢原子的扩散变得复杂。H原子重组为H_2分子，留在缺陷内表面。钢的原始特性显著影响其吸氢后的机械性能特征和变化程度。吸氢后，低碳钢的延展性和高强度钢的拉伸强度急剧下降。由于吸氢会导致裂纹产生，所以钢的机械性能显著劣化。

任何酸性（含H_2S）环境（原油、水溶液和气态碳氢化合物）都可能导致氢损伤。当形成吸附的氢原子时，来源就无关紧要了。金属内部的命运和特性是相似的。所有类型的氢损伤按照以下四步发生：

（1）氢原子的形成并吸附在金属表面。

（2）吸附——大量固体金属吸收（摄入）氢原子的过程。

（3）扩散——氢原子渗透进入并穿过金属晶格。

（4）在金属缺陷内部氢原子的聚集，导致内部压力升高，从而引起鼓泡或裂纹。

那么氢物质是如何引起金属致密晶体结构的裂纹的呢？

在正常条件下，当受到应变时，金属可能产生显著的塑性变形。这种可塑性源于纳米裂纹在金属内部产生“位错”的能力——用于缓解材料中应力的原子运动。位错可以被认为是携带塑性变形的车辆，而纳米裂纹可以被看作是传递这些车辆的枢纽（聚集器）。金属的一些重要的机械性能（如延展性和韧性），依赖于良好运作的枢纽。不幸的是，这些聚集器也会吸引、聚集氢原子。氢原子脆化金属的方式会造成交通堵塞——它们聚集在聚集器周围，并封锁车辆（位错）通行的所有可能的路线。这种情况最终导致了材料的破损。

4.3.1.1 氢损伤的类型

氢损伤接近应力腐蚀开裂，但又仅由氢原子和分子引起，并具有以下类型（见图4.12）：氢鼓泡、氢致开裂（HIC）、应力诱导氢致开裂（SOHIC）和硫化物应力开裂（SSC）。由于氢而产生的裂纹也称为氢脆或氢致裂纹。

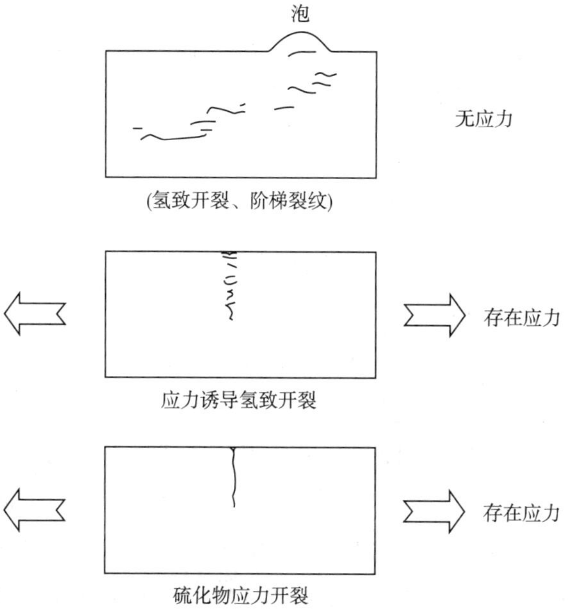

图 4.12 金属和合金中典型的氢损伤

破坏发生在承压下，可以是静态的和周期性的，后一种情况称为氢疲劳。氢损伤发生在拉伸应力存在的情况下，该拉伸应力可以是内部残余的力或是外部施加的力，或是由氢气（氢鼓泡和氢致开裂）内部压力引起的内应力。

氢鼓泡是氢分子 H_2 在金属内聚集并由于较大的氢气压力（10～20MPa）造成的起泡现象。鼓泡的形成需要数周至数年（4～6 年）。泡的尺寸可以从几毫米到几十厘米。氢致开裂也被称为阶梯裂纹（SWC），是一种起泡形式。泡中平行于金属表面的复合型裂缝（剥离）于贯穿表面的方向上相互连接。氢致开裂可以在没有外部应力的情况下发生（与应力腐蚀开裂不同），且主要发生在低强度钢内。应力诱导氢致开裂是氢致开裂的一种演变，其中叠层以垂直于表面的平行阵列排列。应力诱导氢致开裂通常从靠近表面的氢气泡最大的区域演变而来。裂纹在应力下缓慢生长。硫化物应力开裂是氢脆的一种形式，发生在有硫化氢和水存在下的高强度钢中（淬火回火和析出硬化的钢）以及敏感合金焊缝中的局部硬质区域。硫化物应力开裂通常在 $T<90℃$ 时发生。与应力腐蚀开裂不同，由硫化物应力开裂引起的裂纹通常不分支，断裂模式往往是脆性沿晶断裂。

裂纹扩展的动力学包括以下四个阶段：潜伏期、裂纹形成、缓慢生长、快速贯穿完整的金属横截面。

钢的结构显著影响钢的氢致开裂倾向。低碳钢易氢鼓泡，而具有较大拉伸强度的钢则容易开裂。在马氏体钢中，这种趋势非常大。如果发生开裂，那么铁素体具有最长的潜伏期和最大的内应力。马氏体钢对氢裂的抵抗力不依赖于其化学成分[96]。镍（>1%）和锰含量的增加将增强钢对氢裂的敏感性[107]。硅含量的增加提升了对氢脆的抵抗力。这些附加物影响了氢致开裂的脆性，但对氢吸收的趋势不产生影响。氢裂的敏感性随着钢硬度、施加应力和塑性变形强度的增加以及温度的降低而增加[108]。通常，高强度低合金钢比低强度钢更容易受到氢脆的影响。

类似于碳钢，不锈钢（铁素体、马氏体、奥氏体和双相）易受氢脆[104,109~111]。维修氢鼓泡和脱层的设备是不可能的。这类设备的突然毁坏，特别是在高压下工作的设备，会导致严重的后果。

4.3.1.2 针对 LTHA 的预防措施

下列部分氢失效的预防措施在相关标准[112~114]中有介绍：

冶金措施：耐氢损伤的材料选择；使用含铬和钼的钢；使用抗氢致开裂或镇静钢（见附录 F）；降低钢中碳含量。钢在硬度值≤22HRC[114]下不会发生开裂。蒙乃尔合金、哈氏合金、尼孟合金和司太立合金耐氢裂失效[96]。

正确的制造工艺：优化的热处理和合适的焊接方式（将温度从 800℃降到 500℃的冷却措施来减少焊缝处的有害马氏体形成）[104]；使用感应热应力改善措施，脱氢热处理和焊后热处理；减少冷加工。钢焊接接头由于焊缝和热影响区中较大的内应力，接头对氢裂纹的敏感性增加。预热钢板至 100~150℃，并在焊接后降低冷却速率可降低敏感性[96]。

环境条件变化：去除硫化物、氰化物和砷化合物；中和酸；加注酸腐蚀和氢渗透的抑制剂。实际上，一些吸收氢的有机抑制剂可以在某些条件的变化下转变成刺激物[96]。因此，我们需要在工业条件下测试任何潜在抑制剂。

使用有机、无机和金属涂层。

4.3.2 高温氢蚀（HTHA）

如果没有氢气，人类将难以生存。从 20 世纪 20 年代开始，人们利用氢气和氮气生产氨——农业氨肥的来源，使许多人免于饥荒。氢气的第二大用途是用于炼油厂加氢处理（自 20 世纪 40 年代以来），以获得高质量的汽油。两种方法都在高温（230~500℃）和高氢气压力（4.6~25MPa）下进行，给人感觉是条件很苛刻。1933 年，30mm 厚用于氨合成的碳钢容器仅运行 80h 后，在容器内检测到第一个裂纹[115]。10 年后，加氢处理装置也发现类似的失效。一方面，氢气是一种“有用的”气体（从化学工业中的生产优质汽油、氨合成和加氢处理意义上来说）。另一方面，氢气引起严重的与裂缝有关的腐蚀问题，而且会引起爆炸、火灾和人员伤亡，简而言之，氢气会带来灾难[116]。后文将介绍在高温和高压下氢气对合金（主要是碳钢）的影响，如何控制和防止其有害的侵蚀，以及监测和分析高温氢蚀的案例研究。

4.3.2.1 高温氢损伤机制

分子氢是如何在高温高压下引起碳钢开裂的呢？

在 $T>232℃$时，氢分子（H_2）可以在钢表面离解成吸附并扩散到钢中的氢原子（H）（见附录 G）。对于氢原子，钢在高压（>700kPa）下具有渗透性。这些氢原子与溶解在钢中的碳（C）和渗碳体（Fe_3C）反应。结果，在晶界处形成甲烷气体（CH_4），在空隙中形成位错、夹杂物，并在焊缝中形成各种缺陷。在少数铁素体/珠光体或铁素体/铁素体边界上的侵蚀，源于许多小气泡的成核和生长[117]。此外，氢原子（H）可以重新组合成钢内的分子（H_2）。这些气泡一起生长并主要在轧制面上形成裂缝，这将导致垂直面的裂缝比平行面的裂缝以更快的速度扩张。甲烷（CH_4）和氢（H_2）分子不能溢出钢体，因此会在钢内形成较大的内部压力，并导致钢中产生裂缝和裂纹。在 $T>300℃$ 时，溶解的碳扩散到钢的外表面，与氢气反应形成甲烷。碳是钢中的主要强化成分，脱碳后，钢的强度明显降低。因此，高温氢蚀的一般结果是珠光体（铁素体 $\alpha-Fe$ + 渗碳体 Fe_3C）中的碳损失，即脱碳或选择性浸出钢中的碳。结果，这种脱碳钢的结构仅由低碳的铁素体（失去硬质的渗碳体）组成，从而失去重要的机械性能，如拉伸强度和韧性。对于这种失去渗碳体的钢，内部的任何应力都会导致裂纹和裂缝。表面脱碳导致表面附近的钢的硬度降低，延展性增加。

影响高温氢蚀的主要因素是钢的温度、氢分压、钢类型和持续暴露时间[115,118]。损伤和突变失效通常发生在潜伏期后。根据环境和合金的组成，潜伏期可能是数小时或数年。合金成分对高温氢蚀的抵抗力具有重要的影响。能形成稳定碳化物的元素（如 Cr、Mo 和 V 等），可显著提高对高温氢蚀抵抗性。通常，在炼油厂加氢处理条件下，含 Cr 超过 5% 的钢和奥氏体不锈钢不易受到高温氢蚀的影响。

4.3.2.2 钢材在高温高压氢环境中的使用范围（纳尔逊图表）

定义高温和高氢气压力下，在氢气中使用的碳钢和低合金钢界限是非常重要的。1947 年，斯库腾（Schuyten J.）可能是第一个研究这两个参数[119]的人。1949 年，美国工程师乔治·纳尔逊（George Nelson）收集了不同钢材在临氢服役环境中大量实验观察数据，并创建了以他名字命名[120~122]的图表。腐蚀图表说明了不同金属和合金的抗腐蚀能力[123]，这种能力可作为各种化学品的温度和浓度函数。纳尔逊也因此腐蚀图表而出名。纳尔逊图表指出了碳钢和低合金钢在氢气中的使用极限（温度和氢分压），以避免高温氢蚀（脱碳、裂缝和氢脆）[121]。碳钢表现为低曲线，与低合金钢相比，易受高温氢蚀的影响[121]。温度在每条曲线上方时，该结构材料可能会发生高温氢蚀。温度在每条曲线下方时，该材料一般不会发生高温氢蚀。依据纳尔逊曲线，1970 年发布了标准[121]，并广泛用于炼油和石化工业氢处理的压力容器的设计和制造。

纳尔逊曲线的缺点。

纳尔逊曲线是基于实际统计的经验曲线，并且为特定钢定义了安全的操作温度和氢气压力状态。没有科学地解释和说明曲线的位置和形状。纳尔逊曲线存在的缺点：没有动力学数据，缺乏新钢种的数据，例如改进的 2.25Cr－1Mo 钢（2.25Cr－1Mo－V 和 3Cr－1Mo－V）。相关分析模型被用来预测高温氢蚀的动力学[124,125]。高温氢蚀的风险不仅仅与纳尔逊曲线描述的三个变量（温度、氢分压和结构材料）有关，其他因素也可能引发高温氢蚀，如应力、焊接类型、晶粒尺寸、碳化物稳定性和运行时间[126~128]。钢零件焊接产生残余应力带来额外的高温氢蚀风险。因此，焊缝是最脆弱的部分，但这个问题没有反映在纳尔逊曲线中。尽管纳尔逊曲线有缺点，但它已被证实且可用于大多数应用中。了解高温氢蚀机制有利于制定预防高温氢蚀的措施。

4.3.2.3 针对高温氢蚀的预防措施

采取以下措施，可以提高钢对高温氢蚀耐受性：

正确选择合金和设计是防止高温氢蚀最可靠的方法。设计选材应基于标准 API RP 941[121]。奥氏体不锈钢（300 系列）以及 12Cr、9Cr 和 5Cr 在炼油厂装置正常工况下对高温氢蚀有耐受性。

降低合金中的碳含量并将剩余的碳结合成稳定的分散碳化物（增加 Cr、Mo 和 V）。

遵守工艺制度：严格控制设计加工参数（温度和压力）。

焊后热处理（PWHT）。该过程可以减少由焊接产生的钢焊缝中的残余应力。焊后热处理由施加到焊接结构的一系列受控加热和冷却工艺组成[129]。该过程给合金足够的时间来修改其原始状态并去除残余应力。

进行适当的工艺危害分析，包括识别、评估和控制在高温高压下氢气参与的工艺危害（见第 9.3 节）。这种综合方法与监测方法相关。

4.3.3 低温和高温氢蚀的监测方法

检查高温氢蚀的发生是非常困难的，因为损伤是微观的并且可能仅存在于小型设备的局部区域中。人们开发了不同的监测方法用于检测可能的氢损伤，监测方法可分为两类：氢气的检测和导致机械性能差异的物理不连续性检测（裂缝、裂纹和气泡）。

氢气的检测。可以在侵入式或非侵入式装置中检测氢气，例如氢探针。金属壁渗透的氢可以通过压力传感（氢分压）或真空法、电化学（氢原子到 H^+ 离子的氢离子化）、热传导（气相色谱）、400℃真空萃取或氢溢出检测到[106,130]。

物理不连续性检测。超声波检测方法是早期在合金微裂缝阶段的高温氢损伤检测中最有效的方法。该方法将自动超声背散射法与速度比、衰减或频谱分析组合使用[121,131,132]。基于反向散射和光谱分析的角束技术被用于焊接和热影响区的检测。原位金相（覆膜金相）用于检测钢表面的高温氢蚀早期阶段（见 4.3.4.3 节和附录 H）。湿荧光磁粉检测（WFMT）、磁粉检测（MT）和衍射时差法（TOFD）也用于检测和定位钢表面下的高温氢蚀损伤。

仅依靠检查和监控方法识别并防止高温氢蚀引起的设备失效具有很大的局限性。例如，设备必须已被氢气侵蚀破坏才能被检查和识别。内部裂隙和裂缝形式的高温氢蚀特别难以识别。当设备失效的可能性很高时，通常会检测到大的裂纹。

尽管有低温和高温氢蚀机理的知识、预防措施、监测方法、炼油工业的丰富经验和大量标准的文献，但氢蚀依旧会发生且在大多数情况下依然是不可预测的。下一节介绍了三个案例研究的情况。

4.3.4 氢损伤的案例研究

本节分析了氢损伤（氢脆）的三个例子：两个例子发生在低温（76～78℃）的异构化装置，另一个例子发生在高温（260～320℃）的加氢脱硫装置。本节确定了这些故障的原因，提出了氢失效的预防措施，并给出了建议。

4.3.4.1 换热器壳的氢致开裂

失效介绍。石脑油是异构化装置稳定单元的原料。石脑油异构化反应是低辛烷值汽油烃（如正丁烷、正戊烷和正己烷）在催化剂作用下转化为高辛烷值产品（异丁烷等）的过程（见第1章）。

液化石油气从76～78℃和2.4MPa下的稳定单元流入空冷器和换热器。换热器的外壳由碳钢A516 Gr.70制成。服役3年后，换热器的壳体（中间部分或中央部分）内部检测到内部裂纹（平行于表面，见图4.13a）。

值得强调的是，管理层通常会认为，这种外壳可能是由两层钢板制成的，分层是由于简单的分层结构造成的。金相检验给出的图片可清晰地看到这种分层。

金相检验。研究人员在离裂纹10cm处制备了破损外壳的显微横截面（见图4.13b）。在壳体的中部平行于表面存在树枝状裂纹。这种裂纹是由氢蚀造成的，通常称为氢脆，或者在这种情况下叫作氢致开裂，也称为阶梯裂纹（见图4.12）[106,133]。

该换热器周围的管线和阀门也由碳钢制成。换热器内部的管束由铜－镍90/10合金制成。经过3年服役，失效换热器周围所有由碳钢制成的管线和阀门内部都检测到黑色的硫化铁沉积物（见图4.13c）。换热器中的管束被硫化铜和硫化镍的黑色沉积物覆盖。这意味着石脑油进入稳定单元，而稳定单元的流出物液化石油气含有硫化氢和水蒸气。高压（2.4MPa）下的低温（78℃）流动气体导致水蒸气凝结形成硫化氢水溶液，侵蚀铁、铜和镍。

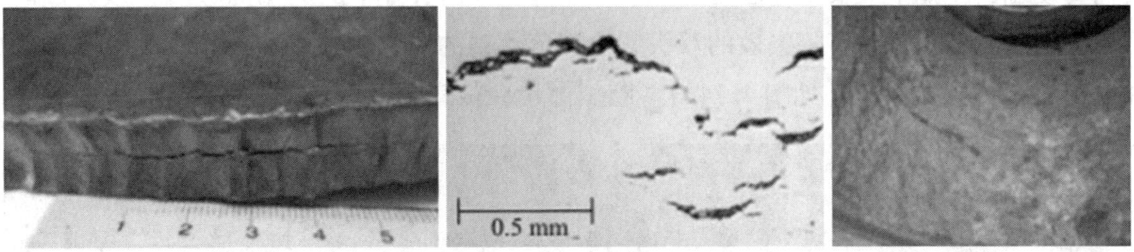

(a)　(b)　(c)

图4.13　遭到腐蚀的换热器外壳

注：（a）贯穿换热器壳体的横截面，具有裂纹；（b）金属横截面（×60）通过换热器的壳壁分层（典型的阶梯裂纹）；（c）腐蚀的阀门内表面（接近失效的换热器）被硫化铁覆盖。

失效分析及其原因。失效分析揭示了如下氢蚀机理。H_2S水溶液在换热器的外壳下部形成。氢原子的形成及其扩散机理在4.3.1节有所介绍。失效换热器前后的碳钢管线、阀门和泵的内表面被H_2S严重腐蚀（见图4.13c）。氢原子通过晶界扩散，在碳钢内存在的空隙、分层、杂质表面（如MnS）和缺陷上形成氢分子（H_2）。氢分子足够大，因此不能通过碳钢晶体。它们在内部（在边界、缺陷或夹杂物上）聚集并形成巨大的应力。这些巨大的氢气应力引起起泡、裂缝和被称为氢脆的裂纹，这种现象在常温下最为普遍。因此，晶界是氢脆的首选部位。

在 H_2S 存在的不同类型损伤机理中，氢致开裂是最常见的现象。这类裂缝或多或少呈阶梯状平行于表面。通常它们位于中间厚度位置（见图 4. 13b）。氢脆不同于硫化物应力开裂，后者总是从表面传播到材料中（参见图 4. 12），而氢脆化区域通常位于材料内部，与表面隔离（见图 4. 13b）。

结论。氢脆作为氢致开裂的一种特殊情况在换热器壳体中发生，这是由于水溶液中存在 H_2S，电化学腐蚀以及氢渗透进入碳钢中。

建议。在稳定单元的顶部注入有机缓蚀剂。通常缓蚀剂可防止或减少氢离子的阴极还原，从而减少进入钢中的氢量。

更换外壳材料，用 A516 Gr. 70 氢致开裂（抗氢致开裂钢）或者用镇静钢（见附录 F）代替常规用的碳钢 A516 Gr. 70。耐氢致开裂钢具有超低硫浓度、真空脱气、标准化热处理、加钙（Ca）控制硫化物形态或完全脱硫等特性。耐氢致开裂钢应用于 H_2S 分压≥10psi，存在氰离子（水相≥20mg/L）的湿 H_2S 环境中。耐氢致开裂钢必须按照 NACE 标准进行测试[113,134]。应该记住，使用耐氢致开裂钢，它们虽具有耐腐蚀性，但也不能免于开裂[135,136]。炼油厂应继续按照维修和腐蚀风险，将其列入应裂纹检查的设备清单，并定期检验。

换热器碳钢壳体应使用奥氏体不锈钢 SS 304 包覆。

稳定单元上部和下部空冷器的超声波检测。

在换热器下部检查水中是否含有氰化物（CN^-）和其他阴极抑制剂。

4. 3. 4. 2 换热器中螺栓的硫化物应力开裂

失效简介。换热器的外壳由于氢致开裂而失效（见第 4. 3. 4. 1 节）。打开失效换热器，我们会发现它的几个双头螺栓断裂（见图 4. 14）。根据 ASTM A193 Grade B7，双头螺栓由低合金钢制成，服役 3 年。失效的双头螺栓被硫化铁的黑色腐蚀产物覆盖。换热器暴露在大气中能够转化为铁锈（见图 4. 14c）。断裂面也会被铁锈覆盖。

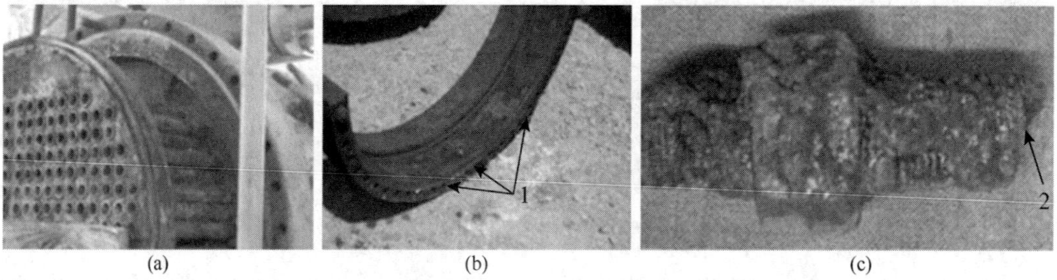

图 4. 14 失效的双头螺栓

注：（a）（b）为换热器部件。1 为双头螺栓失效的地方。

（c）失效双头螺栓。暴露在空气中时，换热器打开后产生铁锈。2 为断口。

失效双头螺栓的机械性能按照 ASTM A370[137]进行试验，结果如表 4.6 所示。

表 4.6
失效双头螺栓的机械性能

性 能	屈服强度 $\sigma_{0.2}$/ksi	抗拉极限强度 σ_{UTS}/ksi	延伸率 ε/%	断面收缩率/%
测试结果	150	153	14	53
根据 ASTM A193 Grade B7 要求	≥105	≥125	≥16	≥50

通过光学和扫描电子显微镜进行金相检验，我们可以获得贯穿螺栓的纵向金相横截面（见图 4.15）。裂纹开始于断裂表面并垂直于裂纹扩展。所有裂纹中都含有腐蚀产物。

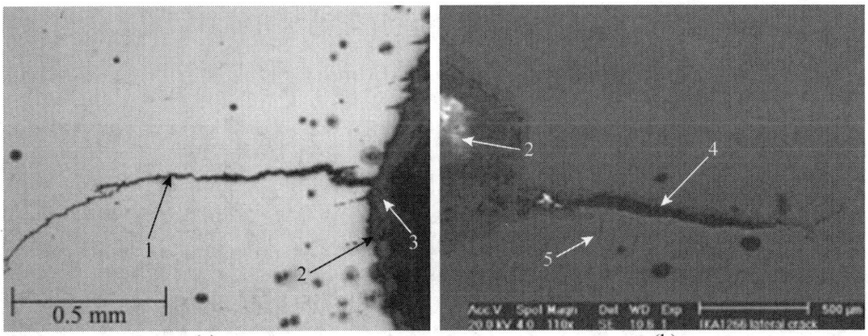

(a) (b)

图 4.15 贯穿螺栓的纵向金相横截面

注：(a) 失效螺栓的纵向金相截面：1 裂纹；2 腐蚀产物；3 断口。
(b) 扫描电镜观察失效的螺柱纵向金相截面：4 平行于断裂面的裂纹；5 次裂纹。

失效螺栓表面和裂纹内部的能谱分析（EDS）表明存在大量的硫。

失效原因分析：

失效的原因是硫化物应力开裂。硫化物应力开裂是氢脆的一种形式，在有 H_2S 和水存在下的高强度钢（淬火和回火）中发生。硫化物应力开裂通常在 $T<90$℃ 时发生[113,138,139]。与应力腐蚀开裂不同，由硫化物应力开裂引起的裂纹通常不分支（见图 4.12）。事实上，首先，液化石油气含 H_2S 和水。其次，螺栓在制造过程中进行淬火和回火，使得在有 H_2S 存在下更容易开裂。螺栓材料的机械性能与 ASTM A193 Grade B7 标准要求不符。屈服强度（150ksi）比允许的最小值（105ksi）要大得多并且接近抗拉强度（153ksi），表明螺栓材料进行了淬火和回火。这种热处理显著提高了屈服强度，从而提高了脆性和对硫化物应力开裂的敏感性。在这种情况下，抗拉强度和屈服强度之间的差值至少 20～25ksi，而不是 3ksi。当钢的屈服强度高于 145ksi，即使 H_2S 浓度很低（比气相中 10mg/L 和液相中总硫化物的 1mg/L 还要低）也可导致硫化物应力开裂[133,138]。

实际延伸率（14%）比最小要求值（16%）低 2%，甚至低于典型螺栓材料的延展性。因此，机械性能表明，工厂生产的螺栓不符合标准要求。安装过程中的过载也导致了硫化物应力开裂的发生。

结论。硫化物应力开裂作为双头螺栓氢脆的一个特例，是由于水溶液中存在 H_2S，氢离子阴极还原产生电化学腐蚀反应，以及氢渗透到低合金钢螺栓材料中而引起的。这些螺栓的力学性能不符合标准 ASTM A193 Grade B7 要求。

建议。可接受的耐硫化物应力开裂螺栓材料是碳钢 ASTM A193 Grade B7M [113,138,139]。该材料的硬度不得超过 22 HRC。A193 Grade B7M 和 A193 Grade B7（失效）的机械性能和试验要求存在显著差异。A193 Grade B7M 的最大硬度为 22 HRC，A193 Grade B7 的最大硬度为 35HRC。当使用 A193 Grade B7M 螺栓时，批次中每个单独的双头螺栓都必须进行硬度测试。必须考虑到标准[113]中包含的材料对硫化物应力开裂有抵抗力，但不一定是完全免疫的。

4.3.4.3 管道焊缝高温氢蚀（加氢脱硫单元）

失效简介。加氢脱硫装置含氢气的减压重质瓦斯油（HVGO）流入炉内。在临氢环境下运行 16 年后，无缝管弯头焊接部位（直径为 100mm）形成裂纹（见图 4.16）。

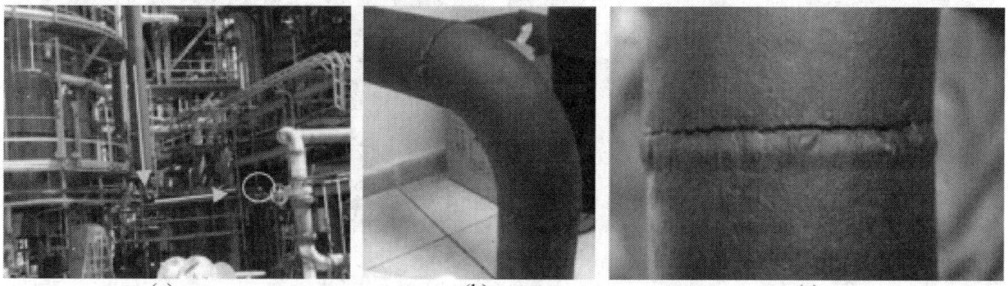

(a) (b) (c)

图 4.16 在加氢脱硫装置炉子上管弯头（圆圈）失效的总体视图

（b）、（c）裂纹在热影响区。无缝钢管（直径 100mm）临氢环境运行 16 年。

T = 280℃（峰值为 320 ~ 380℃），P_{H_2} = 4600kPa。

管弯头发生灾难性破裂。280℃高度易燃的氢气和瓦斯油从破裂的管中释放出来，引发爆炸和火灾，并导致附近的设备（主要是换热器）损坏。

该管由 A106 Gr. B Sch. 80 碳钢制成，弯头由 A234 WPB 90 LR BW Sch. 80 碳钢制成。氢的设计温度为 240℃，压力 4600kPa（657psi）。工厂信息系统数据（PI）分析显示，管道中氢气的实际温度高于 240℃，大部分时间在 280℃左右，有时峰值为 320 ~ 380℃（见图 4.17）。

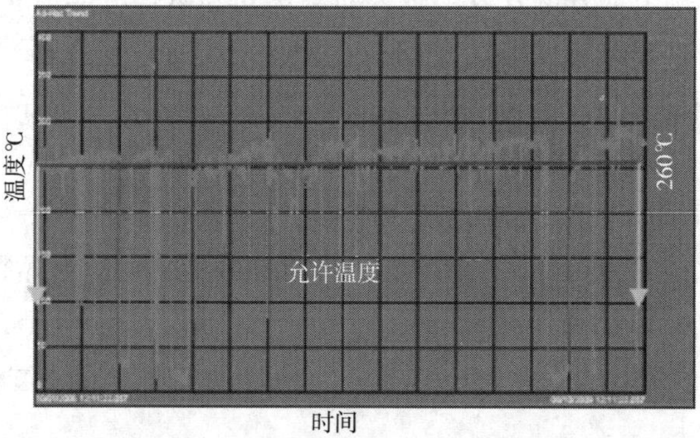

图 4.17 管道中氢气温度的变化（工厂信息系统数据）

注：时间为失效前运行 4 年（P_{H_2} = 4600kPa）。

通过扫描电镜进行裂纹开裂后断裂面的断层观察。由于脱碳，断裂的表征显示晶间断裂。

通过在焊接处的裂纹区域和相同的焊件在没有可见裂纹的位置进行宏观检查（见图4.18a）。在这两个部分中，可以观察到光滑和黑暗的热影响区域。在失效区域焊缝金属和热影响区边界处，我们可以看到贯穿整个壁厚的裂纹。

通过光学显微镜在腐蚀后的断层区域进行微观检查（见图4.18b）。分支裂纹在管的内表面处开始，在焊缝金属和热影响区之间的边界处延伸并贯穿整个壁厚。热影响区的微观结构仅含有铁素体晶粒（没有碳化物），表明该区域（白色区域）脱碳。焊接金属含有典型的铁素体（铁素体 α-Fe 和碳化物 Fe_3C 的混合物）。扫描电镜图像（×1000）显示脆性裂纹（见图4.18c）。

在失效区域的热影响区中，选取两个位置进行了显微硬度维氏试验：一个是仅具有铁素体晶粒的微结构，另一个是具有热影响区的典型微观结构。第一个位置（铁素体晶粒）的硬度为 120～127$HV_{0.5}$，第二个位置（热影响区）的硬度较高，为 160～163$HV_{0.5}$。

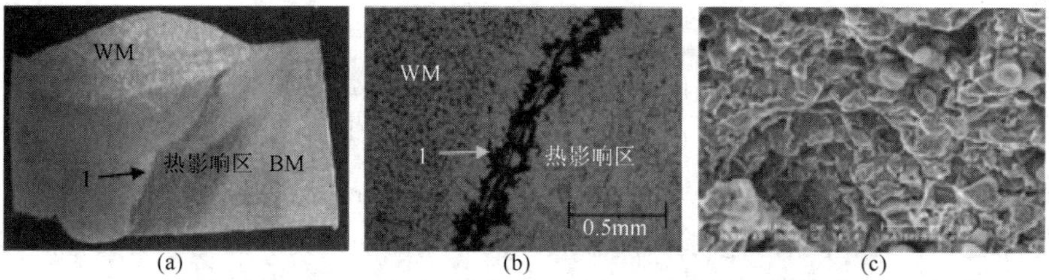

图4.18 管道焊缝高温氢蚀的宏观与微观检查

注：(a) 贯穿失效区域的宏观部分。1 为焊接热影响区断裂；母材为焊缝；BM 为基础金属。
(b) 贯穿失效区域的微观部分。(c) 脆性裂纹（×1000）的扫描电镜照片。

结论和失效机制。

在260℃以上的温度下会发生什么呢？在高温下氢分子可以在钢表面上离解成氢原子，容易被吸附并扩散到钢中。在 $T>260$℃时，通过碳钢隧道氢量显著增加（见图4.19a）。碳钢对氢的吸收随着温度升高而增加，因为这是吸热过程。

通常高温氢蚀氢脆（见第4.3.2节）会使碳钢失去机械性能，并像玻璃一样脆。根据纳尔逊图[121]，使用碳钢的边缘温度为260℃，氢气压力为4600kPa。氢蚀开始于有较大张力的区域，因为氢会扩散到该区域。因此，热影响区是第一个被氢破坏的。纳尔逊图表显示，碳钢可以在 4600kPa、260℃[121,140] 时使用。在此温度以上，建议使用含有铬（1.25%）和钼（0.5%）的 ASTM A182 F11 钢。问题是高温氢蚀需要多长时间才能发生呢？通常高温氢蚀需要孕育期，在280℃和4600kPa时，孕育期为10000小时（1.14年）；在290℃和4600kPa下，孕育期为1000h（1.4个月）；在320℃和4600kPa下，孕育期为400h（17天）[121,140]。本案例中，高温氢蚀的发生在16年以后，远超孕育期（见图4.19b）。

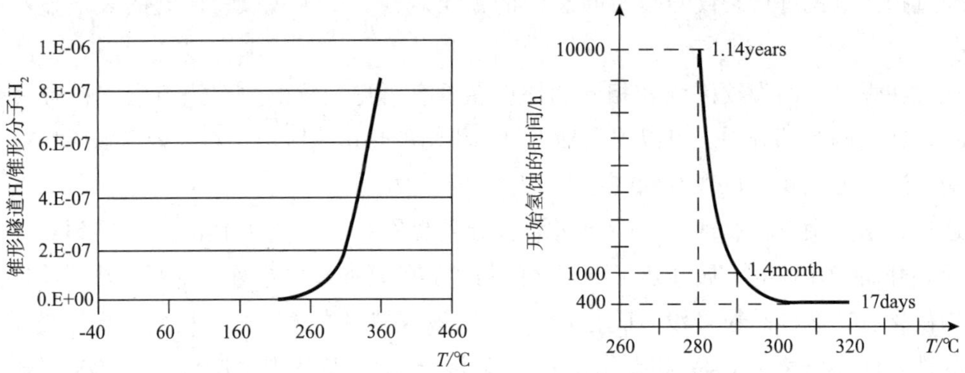

(a)可用隧道氢转变成氢分子速率与温度关系[104]

(b)碳钢的初侵蚀时间与温度的关系 (P_{H_2}=4600kPa)
(基于API 941数据计算[121])

图4.19

建议。管道内氢气温度分析（工厂信息系统数据）表明，氢蚀可能发生在1个月～1年的时间内。因此，我们建议将温度降至260℃以下，并在不超过240℃的温度下运行。

失效的特征是常规无损检测（不包括复制品）不能检测到脱碳、裂缝和裂纹。为了确定脱碳是否发生，需要进行冶金（复制品和冲击试验）检查。

推荐使用含Cr高于1.25%的低合金钢代替碳钢，以防止高温氢蚀。

其他焊缝、管道和换热器可能被高温氢蚀损坏并发生火灾。因此，对其他焊接、换热器和管道的不同部位需进行现场检测。换热器检验结果见附录H（执行了这些建议，现场实施了覆膜金相）。

结论：

根据机理的不同，氢损伤可分为两类：基于酸腐蚀和阴极保护引起的电化学过程（主要是在$T \leqslant 100$℃）和高温（200～900℃）高压（4～30MPa）下存在氢气引起的高温氢蚀。

纯石油馏出物（不含液相和H_2S）对于$T<100$℃时炼油装置[106,141,142]中的碳钢是没有腐蚀性的，只有在液相和H_2S（湿的酸性条件）存在的情况下才能产生电化学腐蚀。此时，氢离子被还原成氢原子并进一步渗入钢中。该过程不仅发生在酸性和微酸性溶液（pH≈4～5）中，而且在pH≈8～12的碱性水溶液中也会发生[96]。

需要强调的是，H_2S加速钢对氢吸附引起的腐蚀，远大于对钢的均匀腐蚀。因此，加工含H_2S原油设备的主要危险不是H_2S对钢的均匀腐蚀，而是钢吸附氢及氢对钢的进一步损伤。

不管是来自气态的还是水溶液的氢原子，都不保留其原始的状态，吸附后，它们在合金内部渗透和移动行为是相同的。

尽管有不同的氢监测方法，但还没有可靠的方法可以预测氢脆发生的地点和时间。

4.4　胺溶液引起的腐蚀

20 世纪 30 年代以来，胺的水溶液一直被用于吸收工艺物流中的酸性污染气体（硫化氢或二氧化碳）[143]。使用的有机胺有如下四种：乙醇胺（MEA）、二乙醇胺（DEA）、甲基二乙醇胺（MDEA）和二异丙醇胺（DIPA）（见附录 E）。一般来说，炼油厂都需要对硫化氢进行吸收处理。由于错误的设计、操作不当以及胺溶液的污染，使得胺处理的装置经常出现腐蚀问题[144]。

这四种胺本身对于碳钢并没有腐蚀性，在某些情况下甚至还可以抑制腐蚀。然而，长时间处于高温状态下（如果蒸汽温度超过 150℃），胺会降解，且降解产物与硫化氢以及其他污染物一起会产生腐蚀问题。

胺处理装置的腐蚀取决于胺的种类、酸性气体的去除方法、硫化氢与胺的摩尔比（也称为负载），以及胺降解产物的类型和浓度[145,146]。乙醇胺更容易降解，因而加工乙醇胺的装置比加工二乙醇胺、甲基二乙醇胺和二异丙醇胺的装置腐蚀更严重。与乙醇胺、二乙醇胺和二异丙醇胺相比，甲基二乙醇胺引起的腐蚀问题较少。胺的降解产物带来了严重的腐蚀、冲蚀和操作（结垢）问题。除了 H_2S，胺溶液中的烃氧化还会产生其他的污染物，如甲酸、乙酸、乙醇酸、丙酸、草酸、氯化物、硫化物、硫代硫酸盐以及硫氰酸盐。这些污染物与胺反应产生甲酸盐、乙酸盐、羧基乙酸盐、丙酸盐、草酸盐，并且生成氯化物、硫化物、硫代硫酸盐和硫氰酸盐（见附录 E）。在再生器正常的工况下，几乎不可能将这些盐类破坏，也就是说，无法通过加热来消除它们，因而它们得名热稳定胺盐（HSAS）或者简称热稳盐（HSS）。结果，热稳定胺盐在胺溶液中积累，随着时间的推移变得越来越具有腐蚀性。热稳定胺盐的存在降低了纯组分胺的浓度，影响了胺溶液的吸收效率。胺溶液中热稳定胺盐所允许的最大值是 1%。如果热稳定胺盐的浓度大于这一数值，胺溶液中积累的热稳定胺盐便会发生严重的腐蚀、冲蚀、固体沉淀，导致结垢和垢下腐蚀。从富胺溶液中移除硫化氢的位置——重沸器中会发生最严重的腐蚀。这个位置的温度最高，两相湍流最剧烈，流速最高。在换热器的富胺侧、回收装置和泵等位置，可能会存在腐蚀问题。氢蚀（由于硫化氢存在引起的鼓泡）可能发生在吸收器底部、塔顶冷凝器和回流罐。胺溶液会导致碳钢焊缝处应力腐蚀开裂，因此需要 620℃的焊后热处理。以下的解决方案可以减少和阻止冲蚀和结垢的问题：

（1）硫化氢与胺的摩尔浓度是非常重要的。例如，使用甲基二乙醇胺并形成 12% 的甲酸热稳定胺盐，当负载量是 0.002mol H_2S/mol 甲基二乙醇胺时，碳钢的腐蚀速率是 0.4mm/a；在负载量为 0.01mol H_2S/mol 甲基二乙醇胺时，碳钢的腐蚀速率为 0.14mm/a；在负载量为 0.05mol H_2S/mol 甲基二乙醇胺时，碳钢的腐蚀速率减少到 0.07mm/a[146]。硫化氢浓度（负载量）的增加显著地将腐蚀速率减小到了允许的范围。当然，这个数值取决于胺的类型、热稳定胺盐的浓度以及污染物的类型。保护机理是，硫化氢与铁反应，使得碳钢的表面形成了保护性的硫化铁膜。常压塔顶也会形成类似的保护性硫化铁薄膜（见图3.1）。这种保护性的硫化铁膜具有钝化的特点，即这些薄膜处于亚稳定状态并且在环境条件和介质成分改变的情况下会受到干扰。酸性成分的存在（即使有时候胺溶液呈碱性）和小颗粒的机械破坏会移除保护性的硫化铁膜。一些热稳定胺盐（如甲酸盐）会在沉淀物下和裂缝中再生为少量的不离解的酸。

在胺处理装置的实际操作中需要维持以下参数：乙醇胺不应超过20%；酸性气体负载量应该为0.35mol H_2S/mol 乙醇胺和0.05mol H_2S/mole 甲基二乙醇胺；重沸炉的蒸汽温度低于150℃。

（2）用专有的中和剂中和。中和可以显著改善操作中的问题，还能减少换热器、吸收塔塔板和过滤器的垢。结垢后，过滤器需要经常更换（3～5天），换热器和吸收塔托板需要经常清洗。有时候，我们可以使用氢氧化钠溶液去中和胺溶液中的酸。然而高温下（约120℃），在重沸器中，氢氧化钠会导致碳钢碱脆。因此，不应该注入氢氧化钠溶液，注入缓蚀剂也并不总是有效。

（3）胺溶液的净化：更换、净化和合成新鲜的胺溶液，采用的方法包括真空热蒸馏法、离子交换法、电渗析法[146～148]。电渗析法得到了广泛的应用，但是在电渗析之前最好中和热稳定胺盐——这个过程可以将热稳定胺盐的浓度降低到任何需要的水平。

（4）如果通过优化工艺条件和提纯胺溶液的方法仍然无法解决腐蚀问题，那么建议使用304不锈钢替换碳钢。

4.4.1 案例分析

4.4.1.1 胺处理装置重沸器的失效

条件：重沸器用来将胺溶液送至汽提塔。二乙醇胺（20%～22%）的水溶液从一个位于壳程底部的入口进入，在管间流动并从壳程顶部的两个出口流出，流出时温度为120℃（见图4.20）。管中流动的蒸汽温度为150℃。

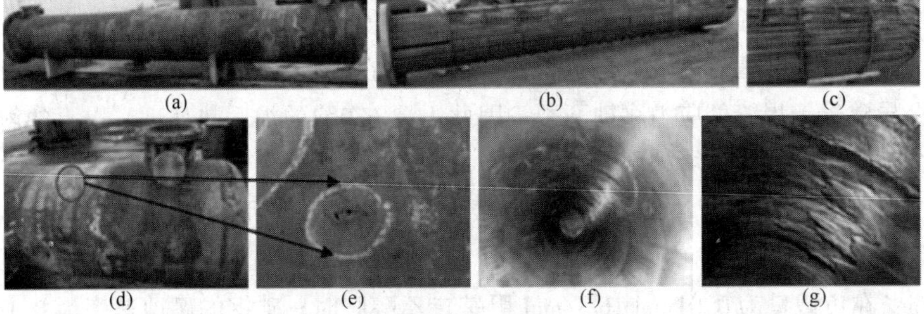

图4.20 胺处理装置重沸器的失效

注：(a) 重沸器失效的壳体。(b) 重沸器U形管束。(c) 管束上白－灰－黑相间的沉淀物。(d)(e) 壳体上的孔洞。(f)(g) 壳体中被腐蚀的内表面。

结构材料：壳体（壁厚 10mm）——碳钢 ASTM A516 GR.70。U 形管束——304 不锈钢。

失效前服役周期：12 年。

目视检查结果：在壳程顶部距离胺溶液出口 60cm 的位置检测到孔洞（直径约 3mm）（见图 4.20）。

重沸器壳体上半部分的内表面（30%）受到了严重的腐蚀。这部分壳体（距离胺溶液流出重沸器的出口大约 50cm）的壁厚大幅度减小，几乎减少到了 0。服役 10.5 年后（失效前 1.5 年），壳体厚度的测量值表明厚度并没有出现显著的变化。这意味着，在最后 1.5 年的服役时间里，发生了速率高达 6.7mm/a 的腐蚀。

在不锈钢管束上检测到了白 - 灰 - 黑的沉淀物和灰 - 白的鳞屑。除去这些沉淀物和鳞屑之后，不锈钢显示出了良好的形貌。

二乙醇胺水溶液分析显示，存在以下对碳钢有腐蚀性的物质：硫化氢（0.1%）、热稳定胺盐（0.23% ~0.76%）、氯化物（11 ~ 53mg/L）、硫化物（120 ~ 570mg/L）、硫代硫酸盐（120 ~ 890mg/L）、硫氰酸盐（160 ~ 1250mg/L）、乙酸盐（790 ~ 1100mg/L）、甲酸盐（210 ~ 270mg/L）、草酸盐（100 ~ 185mg/L）。溶液电导率范围为 3160 ~ 4440μS/cm，pH = 10.3 ~ 10.5。

失效发生前的四年，胺液中热稳定胺盐的浓度上升到了 3%（允许浓度 $<1\%$），经纯化处理除去热稳定胺盐。净化之后，腐蚀性物质的浓度达到了允许的范围内。

重沸器中 H_2S/二乙醇胺摩尔比率必须大于 0.04，然而这个值往往是 0.01 ~ 0.02。二乙醇胺溶液的过度净化可能引起硫化氢含量不足，导致碳钢的表面缺少有效的保护性硫化铁膜。过度净化的二乙醇胺溶液还会导致重沸器的温度过高（120℃，高于推荐值 110℃）。温度的升高会促进腐蚀过程，并且增加能耗。

沉淀物的化学分析显示，沉淀物中包括了黑色的硫化铁腐蚀产物，可能还有碳酸钙和硫酸钙的鳞屑（灰色 - 白色）（见表 4.7）。

表 4.7
重沸器沉淀物的化学成分（XRF 结果）

沉淀物	元素/%						
	Fe	S	Ca	Si	Cr	Zn	P
黑色	75.60	18.65	4.75	0.07	—	0.94	0.03
灰色 - 白色	9.90	1.20	87.40	1.35	—	—	0.16
不锈钢上的鳞屑	70.8	22.9	3.93	0.75	0.69	0.49	0.50

使用扫描电镜检查内表面的腐蚀形貌。在孔洞附近的表面发现了冲蚀破坏和硬粒子冲刷的迹象。对硬粒子进行能谱分析，发现它们包含 Si、Fe、O 和 S（可能是二氧化硅、氧化铁和硫化铁）。失效区域的宏观横截面显示内表面存在冲蚀。

失效现象：重沸器壳体上部内表面存在冲蚀。

失效原因及解释：含有对碳钢有腐蚀性物质的二乙醇胺水溶液从重沸器的下半部进

入，加热到120℃并从重沸器的上半部流出。重沸器顶部是最热的地方，溶液在此沸腾。实际上，两相体系中包含了侵蚀性离子和蒸气的溶液流向重沸炉顶部。在理想情况下，硫化氢与铁反应，形成钝化的硫化铁膜黏附在其表面，并保护碳钢免于腐蚀。含有有机酸（甲酸、乙酸和草酸）的沸腾溶液和两相流对碳钢的机械侵蚀，破坏了重沸器壳顶内表面的硫化铁膜。分子量低的有机酸、甲酸和乙酸，在各自的沸点100℃和118℃时腐蚀性最强。因此，重沸器壳体顶部内表面的硫化铁膜被破坏，并且发生腐蚀。由于气液两相掺杂着微粒的流动，使得破坏以冲蚀的形式出现。另外，重沸器中液面下降（强化沸腾的结果），在管束的顶部形成沉淀物。

结论、解决方法和建议。

（a）选用304不锈钢钢管。不锈钢在重沸器中的环境和条件具有耐蚀性。

（b）壳体材质也建议使用304不锈钢，或者使用内部复层的碳钢壳体。

（c）增加A516 Gr. 70碳钢壳体的壁厚（10mm增至12.5mm），也可以作为一种临时的手段。

（d）应该定期净化或过滤掉二乙醇胺溶液中的腐蚀性物质。

4.4.2 加氢脱硫装置的再沸器故障

条件：120℃的富胺液（20%～25%甲基二乙醇胺）进入再沸器的底部，在管间流动。在该工艺过程中，H_2S从富胺液中解析，胺液变稀。然后，该溶液从上部（管束的顶部）向下流到分离板，并从再沸器的底部分离板的后面排出（见图4.21）。130℃的蒸气（主要是H_2S）从再沸器的上部排出。蒸气在140～160℃的管内流动，并加热富胺溶液。在失效前5个月，贫胺排出的浮顶底部出现了严重腐蚀（48mm/a）。

结构材料：壳体和分离板——碳钢ASTM A516 Gr. 70抗氢钢。分离板的厚度为16mm。管束——SS TP304L。壳体中的法兰——碳钢（ASTM A105）。

失效前的服役周期：4个月。

目视检查结果：在分离板和法兰附近的再沸器底部发现腐蚀孔（见图4.21）。在再沸器的顶部（贫胺液的出口）壳体的内表面上检测到凹坑。

富胺液（20%～25%甲基二乙醇胺）的化学分析表明，含有硫代硫酸盐$S_2O_3^{2-}$（3.1%～4.8%，最大允许值为1.0%），硫酸盐SO_4^{2-}（70～1920mg/L，最大允许值为500mg/L），草酸盐（610～815mg/L，最多允许值为250mg/L）。

失效现象：冲刷腐蚀

失效原因及解释：在炼油厂用于H_2S和CO_2吸收的四种胺（二乙醇胺、乙醇胺、甲基二乙醇胺、二异丙醇胺）中，甲基二乙醇胺导致的腐蚀问题最少。连续长时间使用，胺溶液可以形成热稳定胺盐。热稳定胺盐的形成与进料设备中的化合物直接相关（在这种特殊情况下，SO_2气体可能进入甲基二乙醇胺溶液中或空气可能渗入胺储罐或通过泵中未拧紧的密封件）。建议热稳定胺盐的浓度不能超过1%，否则会引起腐蚀问题。

125℃下甲基二乙醇胺溶液（含1%草酸）中碳钢的腐蚀速率为4mm/a。甲基二乙醇胺中的硫代硫酸盐会降低腐蚀速率。因此，仅通过在甲基二乙醇胺中的这些化合物的影响去解释真实腐蚀速率（48mm/a）是不可能的。纯有机酸（甲酸、乙酸、丙酸和丁酸）的实验给出碳钢的腐蚀速率为 11 ~ 27mm/a。即使这些有机酸在甲基二乙醇胺中，它们的浓度也不会达到48mm/a 的高腐蚀速率。因此，另外的原因——流动加剧腐蚀导致了严重的腐蚀，然后引起再沸器中碳钢分离板穿孔（见图 4.21d）。富胺液含有与碳钢表面反应形成硫化铁层的 H_2S。这些腐蚀产物不溶于甲基二乙醇胺溶液，但可以脱落（当存在大量 H_2S 时，形成不均匀的厚层），并作为固体颗粒进入再沸器。再沸器底部贫胺液的流动状态导致分离板后面的冲蚀。失效前 5 个月，浮头底部的严重腐蚀（48mm/a）验证了该类型的腐蚀机理。此外，腐蚀表面的形态表明这种现象是伴有热稳定胺盐的颗粒和侵蚀性物质的侵蚀。这些盐的阴离子是铁离子的良好络合物并加速腐蚀。因此，再沸器的底部会发生冲蚀。

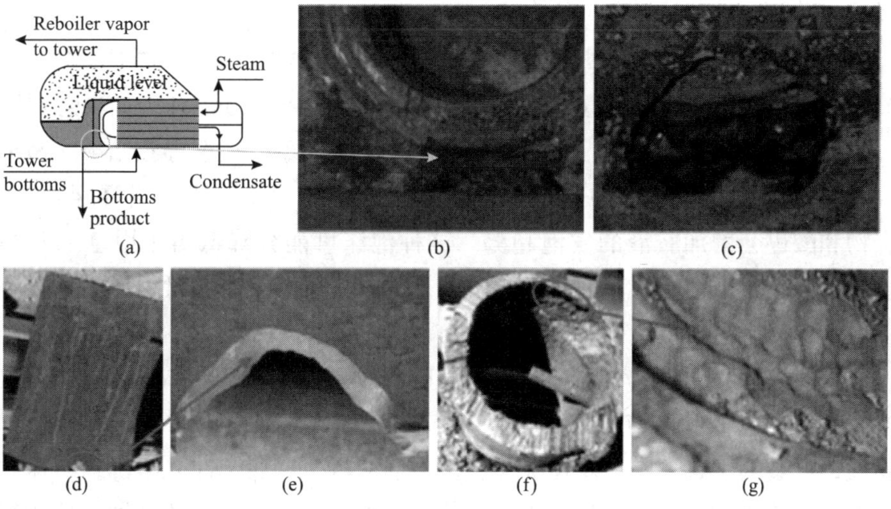

图 4.21 加氢脱硫装置的再沸器腐蚀

注：(a) 再沸器（示意图）。(b) 腐蚀失效区域（贫胺液出口）。(c) 分离板（管束侧）的腐蚀孔。(d) 再沸器分离塔底部的腐蚀孔（靠近贫胺出口，壳体）。(e) 放大图片 (d)（从贫胺出口的壳体视图）。(f) 法兰（贫胺液出口）。(g) 放大图片 (f)（表面形态典型侵蚀）。

甲基二乙醇胺可以在过热条件下分解形成腐蚀性物质。当分离板的底部形成孔时，甲基二乙醇胺溶液的含量降低，而在未被溶液覆盖的管束上部区域中发生过热现象，转而强制胺溶液沸腾并引起再沸器壳体内表面点蚀。

解决方案和建议。

(1) 改变再沸器的结构：富胺液应在多个位置（至少通过两个喷嘴）进入再沸器，在管束之间而不是在一个位置（一个喷嘴）上产生均匀的流动。分离板和管束之间的距离必须大于 150mm。

(2) 通过过滤、离子交换技术和电渗析去除热稳定胺盐、腐蚀产物（FeS）和悬浮固体可以解决腐蚀问题。

(3) 将甲基二乙醇胺浓度提高至 45% ~50%。

(4) 用 SS 316L 代替外壳体和隔板的原结构材料。只有在氯化物浓度低于 500mg/L 的情况下才能进行，此时 SS 316L 不会产生 Cl SCC 或点蚀。

(5) 定期检查甲基二乙醇胺溶液中的热稳定铵盐、甲酸盐、乙酸盐、草酸盐、硫酸盐、硫代硫酸盐、氰化物、氯化物和铁离子的浓度。这些腐蚀性污染物的最大允许值如表 4.8 所示。跟踪浓度变化的趋势是很重要的。

表 4.8
热稳定胺盐（HSAS）中腐蚀性化合物的最大允许浓度

成分	浓度/(mg/L)	成分	浓度/(mg/L)
热稳定胺盐	10000	氯化物（Cl^-）	500
硫代硫酸盐（$S_2O_3^{2-}$）	10000	硫酸盐（SO_4^{2-}）、亚硫酸盐（SO_3^{2-}）	500
硫氰酸盐（SCN^-）	1000	草酸盐	250
醋酸盐（CH_3COO^-）	1000	铁离子	2
甲酸、乙醇酸、丙二酸酯	500	悬浮固体	100

(6) 贫胺液中悬浮固体（主要是硫化铁）的含量应少于 10mg/L。如果悬浮固体的浓度较高，则需要滤液。大量的悬浮固体不仅会导致冲蚀现象，还会导致结垢。高浓度的悬浮固体（特别是粒径小于 5μm 的）也会增加循环胺溶液的发泡特性。除了悬浮固体之外，碳氢化合物和酸也会增加胺液的发泡趋势。这种泡沫可能会降低再生甲基二乙醇胺的能力。甲基二乙醇胺对烃类的亲和力比乙醇胺和二乙醇胺高得多，并且由于液体烃存在，泡沫稳定性大大提高。这在低压系统中显得尤为重要。

(7) 保持蒸汽温度低于 140℃，以防止甲基二乙醇胺分解。

(8) 将缓蚀剂注入胺溶液可以保护低 H_2S 浓度区域，以及由有机酸和胺降解产物造成碳钢腐蚀最严重的位置。在理想情况下，缓蚀剂从再生器底部注入再沸器。需要强调的是，如果在胺溶液中有高浓度的悬浮固体（>10mg/L），悬浮固体的冲蚀将造成缓蚀剂防腐失效。

(9) 在再沸器的相关位置安装 ER 探头，以跟踪腐蚀情况。

4.4.3 汽提塔内表面的腐蚀（加氢脱硫单元）

条件：汽提塔塔壁较低部位的原始厚度为 16mm，上部为 12mm。112～120℃的胺液（甲基二乙醇胺，20%～40%）流入汽提塔内部。所需的甲基二乙醇胺浓度为 45%～50%。

结构材料：碳钢。

失效前服役周期：2 年。

目视检查结果：在停工期间发现汽提塔内壁表面严重腐蚀（见图 4.22）。检测到深度 3～5mm 的深坑。在服役 2 年中，热稳定胺盐浓度为 2.5%～3%（推荐浓度小于 1%）。

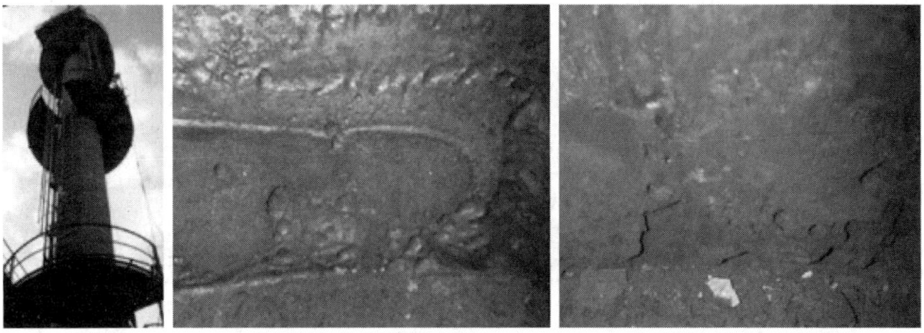

(a)汽提塔 (b)汽提塔内壁表面腐蚀情况1 (c)汽提塔内壁表面腐蚀情况2

图 4.22 汽提塔的总体视图

失效原因及解释。112 ~ 120℃的热稳定胺盐导致碳钢汽提塔内表面严重的局部腐蚀。

失效现象：热稳定胺盐的点蚀和均匀腐蚀。

解决方案和建议：

（1）通过焊接填充浅坑。

（2）在汽提塔的内表面上增加 SS 304L 覆层。

（3）在汽提塔中维持正确的操作条件，以减少甲基二乙醇胺分解和热稳定胺盐形成。保持 45% ~ 50% 的甲基二乙醇胺而不是 20% ~ 40%。

（4）定期去除胺液中热稳定胺盐。

4.4.4 胺液对换热器的冲蚀

条件：换热器旨在冷却减压渣油。胺液（20% ~ 25% 甲基二乙醇胺水溶液）垂直进入换热器的上部（见图 4.23）。安装尺寸为 12.5cm × 12.5cm 和厚度为 9mm 的冲击板以保护管束的上部管不受胺液流动的冲击（冲击腐蚀）。

(a)换热器失效管 (b)冲击板 (c)由于冲击腐蚀而形成的孔

图 4.23 换热器失效管的总体视图

结构材料：碳钢（ASTM A179）。

失效前的服役周期：4 年。

目视检查结果：靠近冲击板的上部 9 根管束检测到大孔和严重腐蚀（见图 4.23）。

失效现象：冲击腐蚀。

失败原因及解释：冲击板的厚度小于所需值。冲击板面积明显小于胺溶液入口横截面积，造成管束上表面受到严重冲击。

解决方案和建议：

（1）增加冲击板的面积，使其比胺液的入口管横截面积增加30%以上。

（2）将冲击板的厚度增加到15mm。

（3）不建议更换换热器管的材料。

4.4.5 吸收器混合气体输送管道的腐蚀（加氢脱硫单元）

条件：40℃，含有N_2（94v% ~95v%）、H_2S（5v% ~6v%）和H_2（微量）的气态混合物进入吸收塔中，用甲基二乙醇胺水溶液洗涤（溶液浓度为50%）吸收H_2S。在塔的出口（洗涤后），含有残留H_2S（约0.2v%）的气体流入焚烧炉。塔中的温度为50 ~60℃，有时甚至更高。

结构材料：碳钢管，直径610mm。

失效前的服役周期：6年

目视检查结果：停工期间，塔出口处发现大量腐蚀沉积物（见图4.24）。在远离焚化炉入口的管道出口端检测到铁硫化物和铁锈。

(a)管道出口处来自吸收塔的腐蚀产物（硫化铁）　(b)吸收塔出口腐蚀产物（锈）　(c)吸收塔出口腐蚀产物（锈）

图4.24　塔出口的腐蚀沉积物

失效现象：低温硫腐蚀（湿H_2S均匀腐蚀）。

失效原因及解释：根据工厂信息系统数据，甲基二乙醇胺水溶液的浓度为25% ~40%（建议浓度为50%），吸收塔中的温度为50 ~60℃（建议为40℃，以更好地吸收H_2S）。从塔顶排出的气体温度为60 ~70℃（甚至达到100℃），然而建议值为40℃。操作（工艺）差异是气体输送管道严重腐蚀的原因。出口管内表面的腐蚀是由于甲基二乙醇胺溶液吸收H_2S不良引起的。来自吸收塔的气体含有饱和水，并含有未被吸收H_2S，导致了碳钢管内表面的侵蚀。

解决方案及建议：

（1）保持吸收塔中的温度不超过40℃，甲基二乙醇胺的浓度为50%。

（2）用SS 304代替碳钢管（如果操作改进不能克服腐蚀情况）。

参考文献

[1] Study on oil refining and oil markets (2008) Prepared for European Commission by Purvin& Gertz

[2] NACE International Publication 43104 (2014) Overview of sulfidation (sulfidic) corrosion in petroleum refining hydroprocessing units. NACE International, Houston, TX, USA

[3] API RP 939 – C (2008) Guidelines for avoiding sulfidation (sulfidic) corrosion failures in oil refineries. American Petroleum Institute, Washington

[4] Gutzeit J, Merrick RD, Scharfstein LR (1987) Corrosion in petroleum refining and petrochemical operations. In: Corrosion, vol 13, ASM Handbook, ASM International, pp 1262 – 1287

[5] Groysman A (2014) Corrosion in systems for storage and transportation of petroleum products and biofuels. Springer, Dordrecht

[6] Gutzeit J (2006) Crude unit corrosion guide. PCC Process Corrosion Consultants

[7] Marcano N, Larter S, Snowdon L, Bennett B (2013) An overview of the origin, pathways and controls of H_2S production during thermal recovery operations of heavy and extra – heavy oil. Paper 90187 presented at the GeoConvention 2013, Integration: Geoscience Engineering Partnership, 6 – 12 May 2013, Calgary, AB

[8] Kapadia P, Wang J, Kallos M, Gates I (2012) New thermal – reactive reservoir engineering model predicts hydrogen sulfide generation in steam assisted gravity drainage. J Petrol Sci Eng 94 – 95: 100 – 111

[9] Hyne JB et al (1982) Aquathermolysis of heavy oils. Revis Tec Intevep 2: 87 – 94

[10] Cross MM, Manning DAC, Bottrell SH, Worden RH (2004) Thermochemical sulfate reduction (TSR): experimental determination of reaction kinetics and implications of the observed reaction rates for petroleum reservoirs. Org Geochem 35 (4): 393 – 404

[11] Lewandowski DA (2000) Design of thermal oxidation systems for volatile organic compounds. CRC LLC Lewis Publishers, Boca Raton

[12] Groysman A (2010) Corrosion for everybody. Springer, Dordrecht

[13] Lai GY (1990) High – temperature corrosion of engineering alloys. ASM International

[14] Wright IG (1987) High – temperature corrosion. In: Corrosion, vol 13, ASM Handbook, ASM International, pp 97 – 103

[15] Antos GJ, Aitani AM (eds) (2004) Catalytic naphtha reforming, 2nd edn. Marcel Dekker, New York

[16] Wiehe IA (2008) Process chemistry of macromolecules. CRC Press Taylor & Francis Group, Boca Raton

[17] Wang W, Watkinson AP (2011) Iron sulfide and coke fouling from sour oils: review and initial experiments. In: Proceedings of international conference on heat exchanger Fouling and cleaning. Crete Island, Greece, pp 23 – 30

[18] McConomy HF (1963) High temperature sulfidic corrosion in hydrogen free environment. API Proc 43 (3): 78 – 96

[19] Couper AS, Gorman JW (1971) Computer correlations to estimate high – temperature hydrogensulfide (H_2S) corrosion in refinery streams. Mater Prot and Perform 10 (1): 31 – 37

[20] API RP 581 (2008) Risk – based inspection technology. API International, Washington

[21] Corrosion (1987) vol 13, ASM International, p 1271

[22] White RA, Ehmke EF (1991) Materials selection for refineries and associated facilities NACE, p 65

[23] Study on oil refining and oil markets (2008) Prepared for European Commission by Purvin & Gertz

[24] Shah P et al (2015) Advances in processing high naphthenic acid crudes. PTQ Q2 2015, 1 –

7. www. digitalrefining. com/article/1001119
[25] Johnson D, MacAteer G, Zuk H (2002) Naphthenic acid corrosion field evaluation and mitigation studies. ERTC (European Refining Technology Conference), 7th Annual Meeting, Paris
[26] Jayaraman A, Singh H, Lefebvre Y (1986) Naphthenic acid corrosion in petroleum refineries. A review. Revue de l'Institute Francais Du Pétrole 41 (2): 265 – 274
[27] Speight JG (2014) High acid crudes. Elsevier, Oxford
[28] Dalmia A (2013) Analysis of naphthenic acids in filtered oil sands process water (OSPW) using LC/TOF with no sample preparation. PerkinElmer, Shelton. http://www. perkinelmer. com/CMSResources/Images/44 – 154957APP_ Analysis_ of_ Nalphthenic_ Acids. pdf
[29] Meredith W, Kelland SJ, Jones DM (2000) Influence of biodegradation on crude oil activity and carboxylic acid composition. Org Geochem 31 (11): 1059 – 1073
[30] Vandecasteele JP (ed) (2008) Petroleum Microbiology, Edition Technip, Paris
[31] Grewer DM, Young RF, Whittal RM, Fedorak PM (2010) Naphthenic acids and other acid – extractables in water samples from Alberta: what is being measured? Sci Total Environ 408: 5997 – 6010
[32] ASTM D664 – 11a (2011) Standard test method for acid number of petroleum products by potentiometirc titration. ASTM International, West Conshohocken, PA, USA
[33] Da Silva MT et al (2012) Method for determination of the total acid number and naphthenic acid number of petroleum, petroleum cuts and petroleum emulsions of water – in – oil type by mid – infrared spectroscopy. US patent 8, 222, 605
[34] Flego C et al (2014) Evolution of naphthenic acids during the corrosion process. Energy Fuels 28: 1701 – 1708
[35] Messer B, Tarleton B, Beaton M, Phillips T (2004) New theory for naphthenic acid corrosivity of Athabasca oilsands crudes. Paper 04634 presented at the CORROSION 2004, NACE International, Houston, TX, USA
[36] Groysman A, Penner J (2008) Process for inhibiting naphthenic acid corrosion, WO/2009/053971
[37] Lu T (2012) Challenges in opportunity crude processing. NALCO, An Ecolab Company
[38] Qing W (2010) Processing high TAN crude: part1, PTQ Q4, http://www. digitalrefining. com/ article _ 1000524. pdf
[39] NACE Publication 34105 (2015) Effect nonextractable chlorides on refinery corrosion and fouling. NACE International, Houston, TX, USA
[40] Clemente JS, Fedorak PM (2005) A review of the occurrence, analyses, toxicity, and biodegradation of naphthenic acids. Chemosphere (Elsevier) 60 (5): 585 – 600
[41] Han X et al (2008) Influence of molecular structure on the biodegradability of naphthenic acids. Environ Sci Technol 42: 1290 – 1295
[42] Biryukova OV, Fedorak PM, Quideau SA (2007) Biodegradation of naphthenic acids by rhizosphere microorganisms. Chemosphere (Elsevier) 67: 2058 – 2064
[43] Herman DC, Fedorak PM, Mackinnon MD, Costerton JW (1994) Biodegradation of naphthenic acids by microbial populations indigenous to oil sands tailings. Can J Microbiol 40: 467 – 477
[44] Groysman A et al (2005) Corrosiveness of acidic crude oil and its fractions. In: Proceedings EUROCORR 2005, Lisbon
[45] Groysman A et al (2005) Corrosiveness of acidic crude oil and its fractions. Mater Perform 44 (4): 34 – 39
[46] Groysman A et al (2005) Study of corrosiveness of acidic crude oil and its fractions. Paper 05568 presented

at the NACE CORROSION 2005. NACE International, Houston, TX, USA

[47] Dean FWH, Powell SW (2006) Hydrogen flux and high temperature acid corrosion. Paper 06436 presented at the CORROSION 2006. NACE International, Houston, TX, USA

[48] Rangarajan P, Holmes F, Randolph B (2006) Effect of naphthenic acid structure on carbon steel corrosion. Conoco Philips Company, AIChE, Spring Meeting

[49] Gutzeit J (2006) Crude unit corrosion guide. PCC Process Corrosion Consultants

[50] Piehl RL (1988) Naphthenic acid corrosion in crude distillation units. Mater Perform 27 (1): 37 – 43

[51] Kane RD, Chambers B (2011) High temperature crude oil corrosivity: where sulfur and naphthenic acid chemistry and metallurgy meet. Paper 4A presented at the Corrosion Solutions Conference 2011 Proceedings, pp 137 – 144

[52] Kane RD, Cayard MS (2002) A Comprehensive study on naphthenic acid corrosion. Paper 02555 presented at the NACE CORROSION conference. NACE International, Houston, TX, USA

[53] Kane R, Trillo E (2006) The state – of – the – art of naphthenic acid and sulfidic corrosion evaluation and prediction. Presentation at the 2006 Spring Meeting & 2nd Global Congress on Process Safety, 9th Topical Conference on Refinery Processing, AIChE

[54] Bota GM et al (2010) Naphthenic acid corrosion of mild steel in the presence of sulfide scales formed in crude oil fractions at high temperature. Paper 10353 presented at the NACE CORROSION conference, NACE International, Houston, TX, USA

[55] Gutzeit J (1977) Naphthenic acid corrosion in oil refineries. Mater Perform 16 (10): 24 – 35

[56] Panchal CB et al (1999) Mechanisms of iron sulfide formation in refining processes. In: Bott TR (ed) Understanding heat exchanger fouling and its mitigation. Begell House, New York, pp 291 – 298

[57] Wang W, Watkinson AP (2011) Iron sulphide and coke fouling from our oils: review and initial experiments. In: Proceedings on international conference on heat exchanger fouling and cleaning—2011, June 05 – 10, Crete Island, pp 23 – 30

[58] Parker RJ, McFarlane RA (2000) Mitigation of fouling in bitumen furnaces by pigging. Energy Fuels 14: 11 – 13

[59] Verachtert TA (1980) Trace acid removal in the pretreatment of petroleum distillate. US Patent 4, 199, 440 A

[60] Varadaraj R, Sartori G (2000) Process for neutralization of petroleum acids (LAW810) . US Patent 6, 030, 523 A

[61] Gorbaty ML et al (2000) Process for neutralization of petroleum acids using overbased detergents. US Patent 6, 054, 042 A

[62] Sartori G, Savage DW, Ballinger BH, Dalrymple DC (2000) Process for decreased the acidity of crudes using crosslinked polymeric amines (LAW871) . US Patent 6, 121, 411 A

[63] Sartori G, Savage DW, Ballinger BH (1997) Process for neutralization of petroleum acids. US Patent 5, 683, 626 A

[64] Sartori G, Savage DW, Gorbaty ML, Ballinger BH (1997) Process for neutralization of petroleum acids using alkali metal trialkylsilanolates. US Patent 5, 643, 439 A

[65] Kittrell N (2006) Removing Acid from Crude Oil, Crude Oil Quality Group, New Orleans Meeting, http: //web. archive. org/web/20080528051559/http: //www. coqg. org/ 20060223TAN%20Merichem. pdf

[66] Kelland MA (2014) Production chemicals for the oil and gas industry, 2nd edn. CRC Press Taylor & Francis Group, Boca Raton

[67] http: //www. statoil. com/en/technologyinnovation/refiningandprocessing/oilrefining/refiningnaphtheniccrudes/

pages/default. aspx

[68] Drzewicz P et al (2012) Impact of peroxydisulfate in the presence of zero valent iron on the oxidation of cyclohexanoic acid and naphthenic acids from oil sands process – affected water. Environ Sci Technol 46 (16): 8984 – 8991

[69] Zhang A, Ma Q, Goddard WA, Tang Y (2004) Improved processes to remove naphthenic acids. Annual Technical Progress Report. California Institute of Technology

[70] De Conto JF et al (2014) Naphthenic acids recovery from petroleum using ionic silica based hybrid material as stationary phase in solid phase extraction (SPE) process. Adsorption 20: 917 – 923

[71] Sartori G et al (2004) Method for inhibiting corrosion using phosphorous acid. US Patent 6, 706, 669

[72] Babaian – Kibala E (1993) Naphthenic acid corrosion inhibitor. US Patent 5, 252, 254

[73] Babaian – Kibala E (1996) Phosphorus thioacid ester inhibitor for naphthenic acid corrosion. US Patent 5, 552, 085

[74] Zetlmeisl MJ et al (1990) Corrosion inhibitors for use in hot hydrocarbons. US Patent 4, 941, 994

[75] Zetlmeisl MJ (1995) A laboratory and field investigation of naphthenic acid corrosion inhibition. Paper 334 presented at the CORROSION/95, NACE International, Houston, TX, USA

[76] Edmondson JG (1996) High temperature corrosion inhibitor. US Patent 5, 500, 107

[77] Babaian – Kibala E (1994) Phosphate ester inhibitors solve naphthenic acid corrosion problems. Oil Gas J 92 (9): 31 – 35

[78] Winslow MC et al (2005) Solutions for processing opportunity crudes. ERTC (European Refining Technology Conference, 10th Annual Meeting, Vienna

[79] Jackson T, Winslow MC, Wilson M (2004) Prolonged experience processing high acid crude—cross oil & refining company. ERTC 9th Annual Meeting, Prague

[80] Jackson T, Winslow MC, Wilson M (2005) Prolonged experience processing high acid crude cross oil & refining company. EUROCORR 2005, Lisbon

[81] Vanhove A (2006) Advances in corrosion monitoring while processing high acidic opportunity crudes. Paper presented at the 7th Israel Conference on Corrosion and Electrochemistry, Bar – Ilan University

[82] Babaian – Kibala E et al (1997) Use of sulfiding agents for enhancing the efficacy of phosphorus in controlling high temperature corrosion attack. US Patent 5, 630, 964

[83] Yeganeh MS et al (2003) Method for inhibiting corrosion using certain phosphorous and sulfur – free compounds. US Patent 6, 593, 278

[84] Sartori G et al (2003) Method for inhibiting corrosion using certain aromatic acidic species. US Patent 6, 559, 104

[85] Sartori G et al (2003) Method for inhibiting corrosion using 4 – sulfophthalic acid. US Patent 6, 583, 091

[86] Zetlmeisl MJ (1999) Control of naphthenic acid corrosion with thiophosphorus compounds. US Patent 5, 863, 415

[87] Edmondson JG (1997) High temperature corrosion inhibitor. US Patent 5, 611, 911

[88] Edmondson JG (1994) High temperature corrosion inhibitor. US Patent 5, 314, 643

[89] Deruyck F, Brabant JV (2001) Elongated steel object treated with a corrosion inhibiting composition. US Patent 6, 329, 0734

[90] Revie RW (ed) (2006) Uhlig's Corrosion Handbook, 2nd edition. Wiley, pp 1096 – 1097

[91] Groysman A et al (2007) Low temperature naphthenic acid corrosion study. Paper 07569 presented at the CORROSION 2007. NACE International, Houston, TX, USA

[92] O' Kane JM et al (2010) Detection and monitoring of naphthenic acid corrosion in a visbreaker unit using

hydrogen flux measurements. Paper 10351 presented at the NACE CorrosionConference. NACE International, Houston, TX, USA

[93] Dean FWH et al (2010) Correlation of hydrogen flux and corrosion rate measurements carried out in a severe episode of corrosion – erosion attributable to naphthenic acid. Paper 10178 presented at the NACE Corrosion Conference. NACE International, Houston, TX, USA

[94] Groysman A et al (2007) Naphthenic acid corrosion study. Paper presented at the EUROCORR conference, Freiburg, Germany

[95] Groysman A et al (2007) Low temperature naphthenic acid corrosion study. Paper presented at the NACE CORROSION 2007 conference. NACE International, Houston, TX, USA

[96] Shreider AV, Shparber IS, Archakov YI (1976) Vliyanie vodoroda na khimicheskoye I neftyanoye oborudovaniye (Influence of hydrogen on chemical and oil equipment) . Mashinostroyeniye, Moscow

[97] Pourbaix M (1974) Atlas of the electrochemical equilibria. NACE, Houston, TX, USA

[98] Smialovski M (1967) Influence of hydrogen on properties of iron and its alloys. Zaschita metallov (Protection of Metals) 3 (3): 267 – 277

[99] Grigoriev VP, Gorbachev VA (1970) Influence of stimulators of hydrogenation on dependence of cathodic polarization of metal on additives nature. Zaschita metallov (Protection of metals) 6 (3): 306 – 310

[100] Ratajczykowa I, Palczewska W (1968) Hydrogen sulphide as catalytic poison in the kinetics of hydrogen atom recombination on iron. Bull De l'Acad Polanaise des Sci, Serie de sciences chimiques 16 (2): 77 – 82

[101] Korb LJ, Olson DL (eds) (1987) Metals handbook, vol 13: Corrosion. ASM International, pp 1277 – 1280

[102] Hudson RM (1964) Hydrogen absorption by and dissolution rate of low – carbon steel in sulfuric, hydrochloric, phosphoric and nitric acids. Corrosion 20 (8): 245t – 251t

[103] Beloglazov S (2013) Electrochemical hydrogen and metals: absorption, diffusion and embrittlement prevention in corrosion and electroplating (chemistry research and applications) . Nova Science Publishers

[104] Messer B et al (2008) Role of nascent hydrogen in refinery corrosion. Paper 08549 presented at the CORROSION 2008 conference. NACE International, Houston, TX, USA

[105] Rachinsky V, Smialovski M (1969) Influence of different factors on hydrogen embrittlement of steel and iron. Zaschita metallov (Protection of Metals) 5 (5): 482 – 490

[106] Groysman A (2010) Corrosion for everybody. Springer, Dordrecht

[107] Tuttle RN (1970) Selection of materials for use in a sour gas environment. Mater Protect 9 (4): 11 – 14

[108] Warren D, Beckman GW (1957) Sulfide corrosion cracking of high strength bolting materials. Corrosion 13 (10): 33 – 48

[109] Whiteman MB, Troiano AR (1965) Hydrogen embrittlement of austenitic stainless steel. Corrosion 21 (2): 53 – 56

[110] Owczarek E, Zakroczymski T (2000) Hydrogen transport in a duplex stainless steel. Acta Mater 48 (12): 3059 – 3070

[111] Parvathavarthini N, Saroja S (2001) Studies on hydrogen permeability of 2.25% Cr – 1 % Mo ferritic steel: correlation with microstructure. J Nucl Mater 288 (2 – 3): 187 – 196

[112] NACE International Publication 8X194 (2006) Materials and fabrication practices for new pressure vessels used in wet H_2S refinery service. NACE International, Houston, TX, USA

[113] NACE Standard MR0103 – 2007 (2007) Materials resistant to sulfide stress cracking in corrosive petroleum refining environments. NACE International, Houston, TX, USA

[114] ANSI/NACE MR0175/ISO 15156 (2009) Petroleum and natural gas industries—materials for use in H_2S - containing environments in oil and gas production. NACE International, Houston, TX, USA
[115] Smialowski M (1962) Hydrogen in steel. Pergamon Press Ltd, Warszawa
[116] Catastrophic Rupture of Heat Exchanger (Seven Fatalities) Tesoro Anacortes Refinery (2010) Report 2010 - 08 - I - WA. US Chemical and Investigation Board, Washington
[117] Pishko R, McKimpson M, Shewmon PG (1979) The effect of steelmaking on the hydrogen attack of carbon steel. Metall Mater Trans A 10 (7): 887 - 894
[118] Inglis NP, Andrews W (1933) Effect of H on various steels at 150 - 500 ℃ and 200 - 250 atm. J Iron Steel Inst 128: 383
[119] Schuyten J (1947) Hydrogen attack on metals at high temperatures and pressures. Corr Mater Perform 4 (5): 13
[120] Nelson GA (1949) Hydrogenation plant steels. In: Proceedings API 29M (III): 163 - 174. American Petroleum Institute, Washington
[121] Api RP 941 (2008) Steels for hydrogen service at elevated temperatures and pressures in petroleum refineries and petrochemical plants, 7th edn. American Petroleum Institute, Washington
[122] Nelson GA (1951) Metals for high - pressure hydrogenation plants. Trans Am Soc Mech Eng 73 (2): 205
[123] Nelson GA (1968) Corrosion data survey. NACE, Houston, TX, USA
[124] Shih HM, Johnson HH (1982) A model calculation of the Nelson curves for hydrogen attack. Acta Metall 30: 537 - 545
[125] Parthasarathy TA (1985) Mechanisms of hydrogen attack of carbon and 2. 25Cr - 1Mo steels. Acta Metall 33 (9): 1673 - 1681
[126] Van der Burg MWD, Van der Giessen E, Tvergaard V (1998) A continuum damage analysis of hydrogen attack in a 2. 25Cr - 1Mo pressure vessel. Mater Sci Eng A241: 1 - 13
[127] Manna G, Castello P, Harskamp F (2007) Testing of welded 2. 25Cr - 1Mo steel in hot, high - pressure hydrogen under creep conditions. Eng Fract Mech 74: 956 - 968
[128] Shewmon PG (1976) Hydrogen attack of carbon steel. Metall Trans A, Vol 7A February
[129] API TR (Technical Report) 941 (2008) The Technical Basis Document for API RP 941, Edition 8, American Petroleum Institute, Washington
[130] Groysman A (2009) Corrosion monitoring. Corr Rev 27 (4 - 5): 205 - 343
[131] Birring AS, Bartlett ML, Kawano K (1989) Ultrasonic detection of hydrogen attack in steels. Corrosion 45 (3): 259 - 263
[132] Birring AS, Riethmuller M, Kawano K (2005) Ultrasonic techniques for detection of high temperature hydrogen attack. Mater Eval February 110 - 115
[133] Revie RW (ed) (2006) Uhlig's corrosion handbook. Wiley - Interscience, Wiley
[134] ANSI/NACE Standard TM 0284 - 2003 (2003) Standard test method evaluation of pipeline and pressure vessel steels for resistance to hydrogen - induced cracking. NACE International, Houston, TX, USA
[135] Jack BL (1999) Alternatives to HIC steels in sour refinery environments. Paper 99425 presented at the NACE CORROSION/99 conference. NACE International, Houston, TX, USA
[136] Danis JI (1999) Wet H_2S Cracking—A Refiner's Experience With HIC Resistant Steels. Paper 99431 presented at the NACE CORROSION/99 conference. NACE International, Houston, TX, USA
[137] ASTM A370 - 15 (2015) Standard test methods and definitions for mechanical testing of steel products. ASTM International, West Conshohocken, PA, USA
[138] ISO 10423: 2009 (2009) Petroleum and natural gas industries—Drilling and production equipment—

Wellhead and christmas tree equipment

[139] NACE Standard SP 0472 – 2008 (2008) Standard practice, methods and controls to prevent in – service environmental cracking of carbon steel weldments in corrosive petroleum refining environments. NACE International, Houston, TX, USA

[140] White RA, Ehmke EF (1991) Materials selection for refineries and associated facilities. NACE

[141] Groysman A, Erdman N (2000) A study of corrosion of mild steel in mixtures of petroleum distillates and electrolytes. Corrosion 56 (12): 1266 – 1271

[142] Groysman A (2005) Corrosion of aboveground fuel storage tanks. Mater Perform 44 (9): 44 – 48

[143] Bottoms RR (1930) Process for separating acidic gases. US Patent 1, 783, 901

[144] Gutzeit J, Merrick RD, Scharfstein LR (1987) Corrosion in petroleum refining and petrochemical operations. In: Corrosion, vol 13, ASM Handbook, ASM International, pp 1262 – 1287

[145] DuPart MS, Bacon TR, Edwards DJ (1993) Understanding corrosion in alkanolamine gas treating plants. Hydrocarbon Processing. Part 1, 72 (4): 75 – 79. Part 2, 72 (5): 89 – 94

[146] Liu HJ, Dean JW, Bosen SF (1995) Neutralization technology to reduce corrosion from heat stable amine salts. Paper 572 presented at the NACE conference Corrosion/95, NACE International, Houston, TX, USA

[147] Gregory RA, Cohen MF (1988) Removal of salts from aqueous alkanolamine using an electrodialysis cell with ion exchange membrane. European Patent 286 143

[148] Burns D, Gregory RA (1995) The UCARSEP™ process for on – line removal of non – regenerable salts form amine units. Paper presented at the Laurance Reid gas conditioning conference, The University of Oklahoma, Norman, OK, USA

推荐参考文献

[149] Pohl HA (1962) Solubility of iron sulfides. J Chem Eng Data 7 (2): 295 – 306

[150] Rebak RB (2011) Sulfidic corrosion in refineries—a review. Corr Rev 29: 123 – 133, Walter de Gruyter, Berlin

[151] Farrel D, Roberts L (2010) A study of high temperature sulfidation under actual process conditions. Paper 10358 presented at the NACE CORROSION 2010 conference, NACE International, Houston, TX, USA

[152] Niccolls EH et al (2008) High Temperature Sulfidation Corrosion in Refining. Paper presented at the 17th International Corrosion Congress, October 6 – 10, 2008, Las Vegas, NACE International, Houston, TX, USA

[153] Hucińska J (2006) Influence of sulfur on high temperature degradation of steel structures in the refinery industry. Adv Mater Sci 6 (1): 16 – 25

[154] Tebbal S, Kane RD (1996) Review of critical factors affecting crude corrosivity. Paper 607 presented at the CORROSION/96, NACE International, Houston, TX, USA

[155] Craig HL (1996) Temperature and velocity effects in naphthenic acid corrosion. Paper 603 presented at the CORROSION/96. NACE International, Houston, TX, USA

[156] Turnbull A, Slavcheva E, Shone B (1998) Factors controlling naphthenic acid corrosion. Corrosion 54 (11): 922 – 930

[157] Slavcheva E, Shone B, Thurnbull A (1999) Review of naphthenic acid corrosion in oil refining. Br Corr J 34 (2): 125 – 131

[158] Wu XQ et al (2004) Study on high – temperature naphthenic acid corrosion and erosion – corrosion of aluminized carbon steel. J Mater Sci 39: 975 – 985

[159] Wu XQ et al (2004) Erosion - corrosion of various oil - refining materials in naphthenic acid. Wear 256: 133 - 144

[160] Babaian - Kibala E et al (1993) Naphthenic acid corrosion in a refinery setting. Paper 631 presented at the CORROSION/93, NACE International, Houston, TX, USA

[161] www. bjservices. com. BJ Chemical Services "RNB 40218 Naphthenic Acid Corrosion Inhibitor Prevents High Temperature Corrosion"

[162] Haynes D (2006) Naphthenic acid bearing refinery feedstocks and corrosion abatement, AIChE—Chicago Symposium

[163] Laredo GC et al (2004) Naphthenic acids, total acid number and sulfur content profile characterization in Isthmus and Maya crude oil. Fuel 83: 1689 - 1695

[164] Jayaraman A, Singh H, Lefebvre Y (1986) Rev Inst Fr Pet 41: 265

[165] Zeinalov EB, Abbasov VM, Alieva LI (2009) Petroleum acids and corrosion. Pet Chem 49 (3): 185 - 192

[166] Laredo GC et al (2004) Identification of naphthenic acids and other corrosivity - related characteristics in crude oil and vacuum gas oils from a mexican refinery. Energy Fuels 18: 1687 - 1694

[167] Rangarajan P, Holmes F, Randolph B (2006) Effect of naphthenic acid structure on corrosion. Presentation at the 2006 Spring Meeting & 2nd Global Congress on Process Safety, 9nd Topical Conference on Refinery Processing, AIChE

[168] Yépez O (2005) Influence of different sulfur compounds on corrosion due to naphthenic acid. Fuel 84 (1): 97 - 104

[169] Yépez O (2007) On the chemical reaction between carboxylic acids and iron, including the special case of naphthenic acid. Fuel 86 (7 - 8): 1162 - 1168

[170] Kevrešan S et al (2003) Effect of naphthenic acids on formation of adventitious roots in sunflower cuttings. HELIA 26 (39): 75 - 82

[171] Claesen C, Lordo SA, Scattergood G (2007) Chemical inhibition of high temperature sulfidic corrosion in lab evaluations and petroleum refinery applications. Paper presented at the EUROCORR 2007, Freiburg, Germany

5 装置腐蚀失效和解决方案

> The only lesson to be learned from history is that people do not take any lessons from history.
>
> George Bernard Shaw (1856 ~ 1950), an Irish playwright

摘要 本章主要列举和分析了减压塔顶系统典型的腐蚀和腐蚀控制案例，介绍了以下装置腐蚀案例的情况、原因分析和应对措施：加氢脱硫、减黏裂化、化工装置和辅助设施（火炬排放系统、沥青除臭装置、溶气浮选、废碱处理装置、冷却水系统、乙烯装置气体洗涤器、分离器、尿素注入系统）。本章对管道和储罐的腐蚀问题和解决方案也进行了说明。

在石化企业中，收集腐蚀案例、建立问题库和腐蚀数据库尤为重要，有助于在初期阶段识别腐蚀问题和风险，从而学习、理解、避免或减少腐蚀的可能性、影响范围和严重程度。文献中进行了相关介绍[1~6]。尽管文献描述了许多腐蚀案例，但关于新的腐蚀失效信息分散在不同报告和论文中，其中一些甚至根本没有报道——成为隐性知识。我在实际工作中遇到的炼化设备腐蚀事件有 10% ~15% 未在文献中找到。这就意味着不仅年轻的工程师，经验丰富的专家也不能了解或熟悉所有不可避免的问题。即使我知道 1000 个腐蚀案例，但总有第 1001 个我从来没有听过的情况。

另一个问题是，炼油和化工设备存在典型和非典型的腐蚀失效问题。这些腐蚀失效问题通常发生在炼厂和化工厂中生产燃料和有机物质的辅助工艺中，工艺装置包括蒸汽锅炉给水、冷却水系统，消防系统以及与环保处理装置。

为了应对大气污染的严格要求，研究人员建立了吸收酸性气体（HCl、H_2S、NO_x）的装置和设备，但这又会导致以前没有遇到的腐蚀问题。例如，哈氏合金 B-2 一直被认为是用于连续重整装置中吸收酸性气体的喷射器（一种文丘里涤气器）的最好材料，直到发生了服役 9 个月后的空泡腐蚀失效案例[7]。另一个例子是净化过程。对于向大气排放的有毒气体 NO_x，目前炼厂、化工厂、发电厂采用的处理方法是注入尿素溶液，经水蒸气分解为氨，后者再与 NO 反应生成大气主要的成分 N_2。碳钢在尿素环境下腐蚀严重，装置必须使用不锈钢材质。除了正确选择耐腐蚀材料之外，装置还应尽可能避免冲刷腐蚀和空泡腐蚀问题。

当几个腐蚀现象同时发生或不同的原因导致类似的表现和失效时，查找腐蚀事故原因会存在不确定性。例如，微生物腐蚀通常与均匀腐蚀、垢下腐蚀、点蚀和缝隙腐蚀同时发生；冲刷腐蚀、空泡腐蚀和冲蚀等通常同时进行；等等。点蚀可能是由溶解氧、氯化物、环烷酸、酸露点腐蚀、垢下腐蚀或空泡腐蚀等引起的；碳钢的应力腐蚀开裂原因可能是受到 H_2S、H_2或连多硫酸的影响。

本章将介绍和分析经典的和新的腐蚀问题与事故——需要新的技术参数、施工和适合材料以及新的解决方案。应用腐蚀管理的新方法以及认清腐蚀问题和风险的内在关系非常重要（详见第 9 章）。

5.1 减压蒸馏系统

减压蒸馏系统中塔顶气体含有水蒸气、H_2S、HCl 和一些小分子有机酸，减压塔底油含有环烷酸和硫化物。因此，减压蒸馏系统中可能会发生两个主要的腐蚀问题：塔顶低温部位的冷凝器、阀门和泵的酸腐蚀，以及高温部位的环烷酸和硫腐蚀（若塔底含有环烷酸和硫化物，340 ~ 350℃）。

减压塔顶腐蚀原因与常压塔相似：H_2S 和 HCl 溶解在冷凝水中。脱后原油中大约 90% 的 $MgCl_2$ 和 10% 的 $CaCl_2$ 水解，生成 HCl 进入预闪蒸塔和常压塔，剩余的 10% $MgCl_2$ 和 90% $CaCl_2$ 在常压渣油中被送到减压炉并与蒸汽反应，分解形成 HCl。另外，原油的有机氯化物的废物、船运过程中混入的含氯盐的海水也是减压塔顶氯化物的一个来源。减压塔顶与常压塔顶系统都含有 HCl 和 H_2S，但减压系统有其特殊性，容易混入空气，并进一步氧化成硫化物，形成对碳钢具有腐蚀性的无机酸（H_2SO_3、H_2SO_4）和有机酸（乙酸）。乙酸还能通过环烷酸和大分子脂肪酸的分解而形成。

常压渣油中的含氮化合物能在减压加热炉中转化为氨，在 HCl 存在的情况下，将在减压塔顶形成氯化铵。有时，研究人员将胺中和剂注入减压塔顶以控制 pH 值，但这也会形成氯化胺盐。这两种盐均溶于塔顶冷凝水中，并可能在油气罐中分离。

因此，减压塔顶的腐蚀问题是由 HCl、H_2S、CH_3COOH、O_2、H_2SO_3 和 H_2SO_4 引起的。减压系统中的腐蚀不如常压系统腐蚀严重的一般认识是不正确的。不控制冷凝水 pH 值（如 pH = 3 ~ 4）可能导致碳钢设备的严重腐蚀，形成穿孔（见第 5. 1. 2. 2 节）。因此，对减压塔顶进行腐蚀控制和监测至关重要。

除了腐蚀，减压塔顶的蒸汽喷射系统存在冲蚀，这是由过高的蒸汽气速和蒸汽带水引起的。典型的蒸汽温度在 120 ~ 150℃，低温意味着蒸汽湿润。

5. 1. 1 减压塔顶系统腐蚀控制

设备材质的选择取决于常压渣油中硫和环烷酸含量。温度低于 230℃，硫含量低于 1%，酸值低于 0. 5mg KOH/g 时，通常采用碳钢材质；硫含量大于 1%，温度高于 230℃，则推荐5Cr低合金钢；酸值大于0.5mg KOH/g，温度高于230℃时，建议采用316L或317L不锈钢。

减压塔内件通常为12Cr不锈钢，塔体内衬也采用12Cr。由于铝能够耐硫化物和环烷酸（以及其他有机酸），因此塔体内衬也可以使用铝材。金属黄铜CDA 443和Ti Gr.2材可用作换热器管束材料。

常减压塔顶系统的腐蚀控制都是从有效的罐区沉降、电脱盐和严格注剂开始的。与常压塔顶不同，常减压塔顶系统没有注水。常减压塔顶系统的主要腐蚀控制措施是注入中和剂保持分离器中的冷凝水pH值为5.5~6.5，中和剂可以是吗啉、环己胺或二乙氨基乙醇（见附录E）。在很多情况下，注中和剂就足够了，有时还可以将胺缓蚀剂与中和剂一起注入。胺中和剂不应注入干燥的塔顶管线，以避免铵盐沉积产生垢下腐蚀。过量的中和剂可导致pH值升高（>7），促进铵盐结晶析出和进一步的腐蚀。防止可能导致腐蚀的空气泄漏是十分重要的，可以采用氦泄漏检测法对其加以检测。

5.1.2 案例研究

本节将对5个腐蚀案例进行讨论。

5.1.2.1 一级真空冷凝器腐蚀

条件：壳程介质为温度40℃的烃类、酸性气体（主要是H_2S）和减压塔顶油气，管程介质为化学药剂（防腐剂、阻垢剂、杀菌剂）处理后的冷却水，温度30~35℃，压力400~500kPa减压蒸馏塔顶系统大部分时间（约4年）未注中和剂。

材质：管束——铜-镍90/10（CDA 706）；管板——碳钢ASTM A515 Gr.70；管板复层——复合铜-镍90/10，厚度10mm（自水侧）；折流板——碳钢ASTM A285 Gr.C。

腐蚀失效前服役周期：5年。

目视检查结果：在工艺侧的碳钢折流板和管板上发现了局部腐蚀，包括蚀坑、裂缝、海绵状的微孔表面（见图5.1）。在与铜镍管相接的区域，碳钢也出现了腐蚀，在铜镍管的外表面上也发现了凹坑。

(a) (b) (c) (d)

图5.1 碳钢折流板和管板上的局部腐蚀

注：（a）碳钢折流挡板和管板腐蚀形貌（工艺侧）；（b）折流挡板腐蚀；（c）完全被腐蚀和破坏的焊接部位；（d）管板表面蚀坑（工艺侧）。

失效现象：酸腐蚀、点蚀、电偶腐蚀。

失效原因及解释：挡板和管板的腐蚀形态表明，未被中和的小分子有机酸和无机酸（包括 H_2S）腐蚀碳钢表面，被腐蚀的碳钢表面有开裂（分层）、多孔、海绵状和凹坑等形式。阴极过程释放氢原子，扩散到碳钢中并引起这种形式的腐蚀（见图 5.1）。H_2S 与铜镍管的外表面反应并产生蚀坑。

解决方案和建议：

（1）酸腐蚀过程中产生的氢对碳钢造成的氢蚀无法修复。

（2）用脱氧钢或 A516 HIC（特殊的抗氢腐蚀碳钢）制造管板和折流板（见第 4.3.1 节和附录 F）。

（3）在减压塔顶系统注入酸腐蚀抑制剂（除中和剂外）。

（4）用碳钢替代铜镍管，因为冷却水是用缓蚀剂处理的，在冷却水中不需要使用耐蚀合金。

5.1.2.2 一级真空冷凝器底部腐蚀

条件：第一级真空冷凝器采用冷却水冷却混合烃。含水油气从减压塔流出。冷凝器中流出的冷凝物为 20℃。运行前 4 年未在减压塔顶系统注中和剂，冷凝器底部（30% 的面积）腐蚀严重。失效的前 4 年，在冷凝器入口注了胺中和剂（4mg/L），来自三个冷凝器的物料（第一级、第二级和第三级）在罐中混合。冷凝水罐入口处安装的腐蚀挂片监测没有显示出一级冷凝器的实际情况。

材质：管束和管板——Ti Gr. 2；壳体——碳钢。

失效前服役周期：8 年。

目视检查结果：一级真空冷凝器（见图 5.2）底部有腐蚀穿孔（直径为 10cm）。

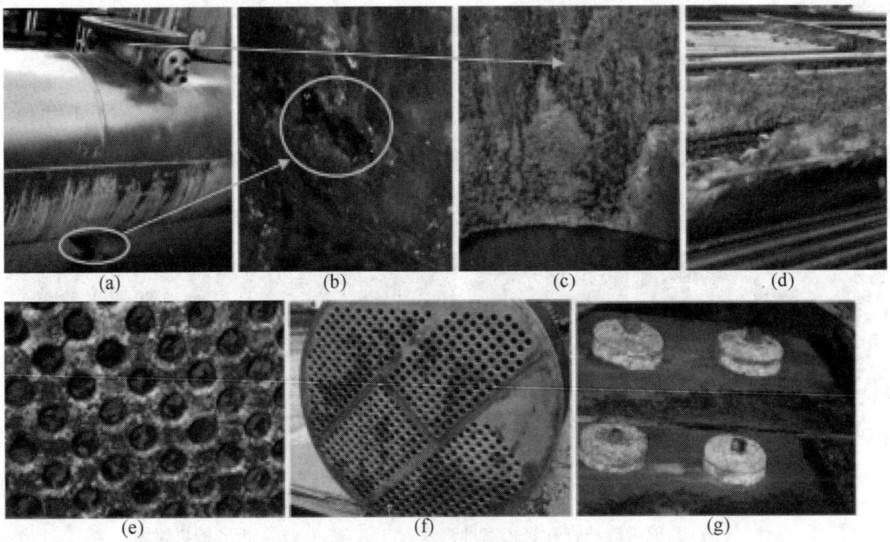

图 5.2 一级真空冷凝器的底部腐蚀

注：（a）一级真空冷凝器概貌；（b）底部的腐蚀穿孔（10cm）；（c）上部锈层；（d）钛管束外表面沉积物；（e）管束内部结垢（冷却水端）；（f）冷却水出口侧；（g）冷却水中的铝牺牲阳极（入口通道）。

冷凝器的上部（烃和水蒸气入口）有明显腐蚀。钛管未见明显腐蚀，外表面有垢物。

冷却水成分每周分析一次，失效前一年 pH 值范围为 3.6～4.1（建议指标为 5.5～6.5），有时 pH 值可达 8～9.8，氯离子含量为 42～56mg/L（指标建议最大 10mg/L）。

仅在冷却水入口的管束内有碳酸盐垢，另一侧无明显结垢。铝牺牲阳极性能良好。

失效现象：酸腐蚀。

失效原因及解释：一级真空冷凝器内表面严重的均匀腐蚀是由含氯的酸性水腐蚀造成的，注入的中和胺浓度不足。有时，注入量过多会引起高冷却水 pH 值升高，达到 8.0～9.8，这将导致铵盐沉积。

解决方案和建议：

（1）冷凝器内衬材质改用 Ti Gr. 2。

（2）涂覆环氧陶瓷涂层（厚度 600μm）或环氧树脂乙烯基酯涂层（厚度 3mm）。

（3）同时注中和剂和缓蚀剂。

（4）应连续进行 pH 值和腐蚀速率的测量。

5.1.2.3 二级真空冷凝器腐蚀

条件：壳程介质为温度 40℃ 的烃类、酸性气体（主要是 H_2S）和减压塔顶油气，管程介质为用化学药剂（防腐剂、阻垢剂、杀菌剂）处理的冷却水，温度为 30～35℃，压力为 400～500kPa。减压蒸馏塔顶系统大部分时间（约 4 年）未注中和剂。

材质：壳体——碳钢 ASTM A515 Gr. 70；管束——铜镍合金 90/10（CDA 706）。

失效前服役周期：5 年。

目视检查和发现：在二级真空冷凝器的冷凝水出口附近有大面积局部腐蚀或浅蚀坑（见图 5.3）。

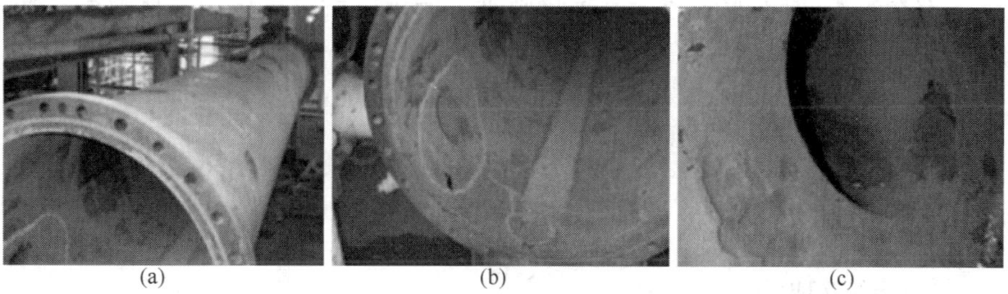

(a) (b) (c)

图 5.3 二级真空冷凝器的腐蚀情况

注：（a）二级真空冷凝器壳程内部腐蚀形貌；（b）（c）冷凝水出口附近局部腐蚀情况。

失效现象：垢下腐蚀。

失效原因及解释：冷凝物出口处附近壳体内壁酸性垢物沉积导致严重的局部垢下腐蚀。

解决方案和建议：

（1）通过焊接修复蚀坑。

（2）在塔顶注入适量的中和剂和缓蚀剂（低盐）。

（3）安装电阻探针以监测腐蚀情况。

5.1.2.4 换热器管板和折流板腐蚀

腐蚀环境：换热器用于冷却减压塔顶油气（含烃类、水、硫化氢），介质温度为50℃。冷却水起始温度为30～35℃，压力为400kPa。

结构材料：换热管——海军铜CDA 443（70Cu－30Zn）；折流板和管板——碳钢；与冷却水接触的管板上复合海军铜，工艺介质侧无复合层。

失效前服役周期：4年。

目视检查结果：在与管束接触的部位，工艺侧的折流板和管板有局部腐蚀（见图5.4），管束外表面被黑色铜的硫化物覆盖。

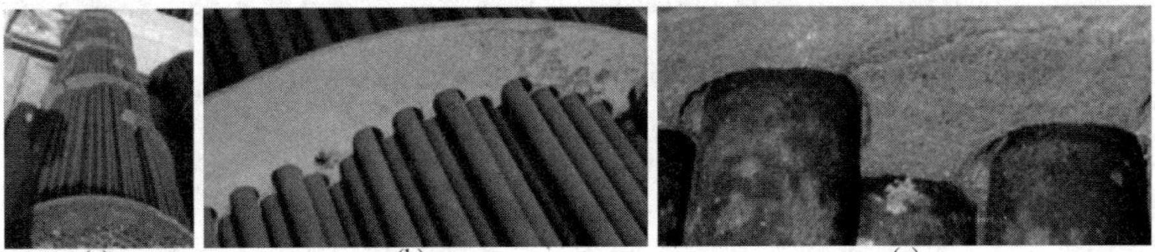

(a) (b) (c)

图5.4 工艺侧的折流板和管板的局部腐蚀

注：（a）塔顶冷凝器（减压单元）；（b）碳钢挡板腐蚀形貌和海军铜管束；
（c）碳钢管板的电偶腐蚀（与海军铜管束接触的位置），由于湿硫化氢腐蚀，管束上有黑色的硫化铜。

失效现象：低温硫腐蚀，电偶腐蚀。

失效原因及解释：湿H_2S对海军铜管束外表面造成腐蚀，碳钢折流板和管板的电偶腐蚀发生在与海军铜管接触的地方。

解决方案和建议：

（1）管束和管板使用Ti Gr. 2，这种材料被证明可以抗减压塔顶介质腐蚀（见第8.1.1节）。管板可选碳钢衬Ti Gr. 2（工艺侧和冷凝水侧）。折流板可为316材质，因为SS 316和Ti Gr. 2的电极电位非常接近，没有电偶腐蚀的风险。

（2）在使用海军铜管束的情况下，工艺介质侧（与冷凝水侧相似）的涂覆层或管板也必须使用与之相同的材质。

5.1.2.5 止回阀腐蚀

条件：减压塔顶的两个阀门，介质温度50℃，含有烃、H_2S和水蒸气，间歇注中和剂，未使用缓蚀剂。

结构材料：ASTM A216 WCB。

失效前的服役周期：1年。

目视检查结果：两个阀门主体有2处穿孔（直径为12mm和2mm）（见图5.5）。在两个阀门的圆盘阀瓣、螺栓、固定梢等附件的表面上都有黑色的硫化铁腐蚀产物。冷凝水的pH值变化范围为3.8～7.8，大部分时间在4左右。

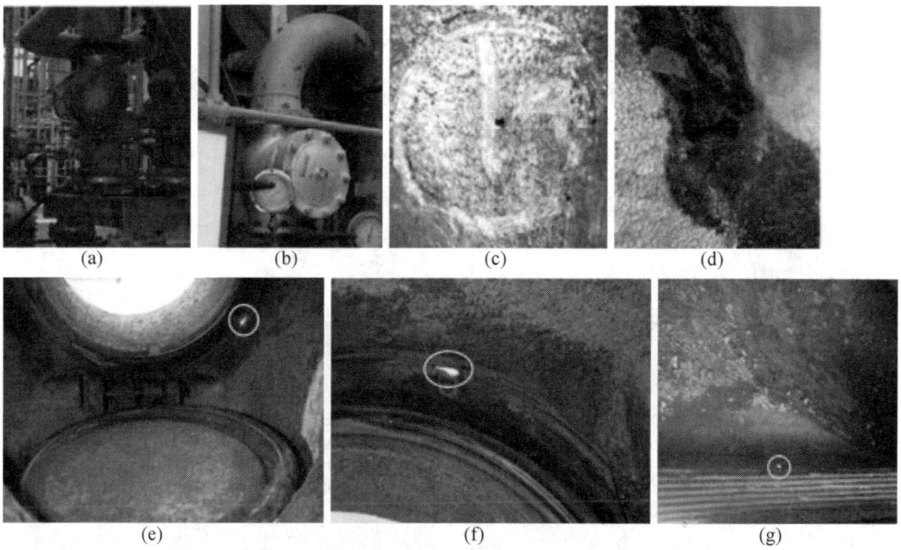

图 5.5 止回阀腐蚀情况

注：(a)(b) 为减压系统两个故障阀门部位；(c)(d) 为阀体上的腐蚀穿孔（外观）；(e)(f)(g) 为腐蚀孔的内部形貌。

失效现象：低温硫腐蚀和磨损。

失效原因及解释：H_2S 溶于水后的 pH 值为 4，碳钢阀门内表面和不同部位受到 H_2S 腐蚀，当圆盘阀瓣的尺寸因受腐蚀而减小时，该盘与阀体的接触变差，即密封性降低。盘的自由运动导致阀体内表面磨损，壁厚从 12.5mm 减薄到零（直至穿孔）。

解决方案和建议：

(1) 在减压蒸馏系统塔顶注入适宜浓度的中和剂和缓蚀剂。

(2) 用耐 H_2S 的低合金钢（5% Cr）代替碳钢阀体和内件。

5.2 加氢脱硫

加氢脱硫装置的主要腐蚀性物质是 H_2S（见第 1 章）。除了其腐蚀性之外，H_2S 可以被氧化形成 SO_2，继续氧化产生 SO_3，在水存在的情况下可以形成亚硫酸和硫酸（见附录 D）。氢损伤和硫氢化铵也会对加氢脱硫装置产生腐蚀威胁。与其他装置类似，错误的设计、不规范的操作和溶液污染是加氢脱硫单元腐蚀的主要原因。

5.2.1 案例学习

本节分析了 6 个相关案例。

5.2.1.1 稳定塔塔盘腐蚀（加氢脱硫汽油）

条件：稳定塔塔顶温度为 60 ~ 80℃，汽油进入稳定塔时含 400mg/L 的 H_2S，稳定塔出

口汽油 H_2S 含量200mg/L。因此，除了吸收稳定的作用外，稳定塔还起到分离的作用。稳定塔使用了20年，前12年原料为石脑油，未发现腐蚀问题。在最后的8年中，原料变为催化汽油，稳定塔停工多次，并进行了水洗（用锅炉给水）以去除塔中的沉积物。

结构材料：碳钢。

失效前的服役周期：8年。

目视检查结果：稳定塔塔顶有严重锈蚀（见图5.6），塔盘从3.5mm减薄至0～0.5mm，腐蚀产物中有硫酸盐。

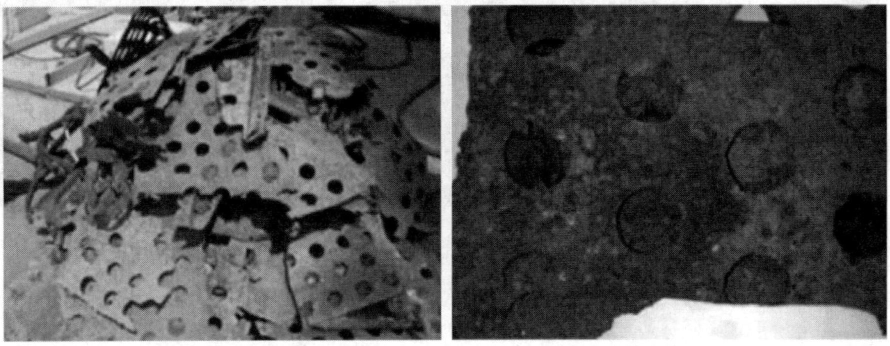

(a)塔盘腐蚀形貌　　(b)放大图

图5.6　稳定塔塔顶腐蚀情况

失效现象：均匀腐蚀。

失效原因及解释：烃中的溶解氧引起 H_2S 的氧化，在洗涤水存在下形成亚硫酸或硫酸。两种酸在60～80℃时导致碳钢塔盘腐蚀。需要强调的是，在该温度下水对碳钢也具有腐蚀性。

解决方案和建议：

（1）用奥氏体不锈钢20Mo－6或20Cb－3代替碳钢材质。

（2）不建议使用水洗，因为可以形成亚硫酸或硫酸。

5.2.1.2　空冷器腐蚀（硫黄回收单元）

条件：空冷器用于冷却从急冷塔排出的急冷水，水中含有 H_2S 和 N_2，进口温度80℃，出口温度50℃。

结构材料：碳钢A516 Gr.70。

失效前的服役周期：4个月。

目视检查结果：两喷嘴之间出现过两次穿孔，碳钢焊补（厚度为12mm）后的4个月，又在补焊部位中间出现了穿孔（见图5.7），腐蚀速率36mm/a。工厂信息系统的数据表明，在失效前的几个月，急冷水的pH值为2.2～3.0。空冷器内部有黑色垢物堵管，垢物中有硫化铁和硫酸盐腐蚀产物。

(a) 空冷腐蚀形貌

(b) 穿孔和补焊部位

图 5.7 空冷器腐蚀情况

失效现象：酸腐蚀，冲刷（湍流导致的）。

失效原因及解释：沉积物中存在的硫化铁表明，溶解在水中的硫化氢引起了碳钢的严重腐蚀。然而，仅仅 H_2S 存在于水中并不会导致如此高的腐蚀速率（36mm/a）。pH 值降至 2.2～3 表示，反应中没有还原成 H_2S 的 SO_2 形成了两种酸——亚硫酸和硫酸，这两种酸在 80℃时引起碳钢严重腐蚀。36mm/a 的腐蚀速率只能在高温（80℃）及两种酸存在的情况下，或者有酸的湍流导致的冲刷时才会出现。腐蚀产物随流体通过喷嘴和管束进入空冷器，在急冷水入口（两个喷嘴）前方管束的尾部出现了堵管现象，且酸性水湍流加速了腐蚀。这种碳钢的硫酸腐蚀机理在实验室条件下测定出的腐蚀速率为 36～258mm/a（见表 5.1）。

表 5.1
硫酸溶液中碳钢的腐蚀速率（95℃，4h，实验室条件）

H_2SO_4/%	pH 值	腐蚀速率/(mm/a)
0.05	2.0	36
0.1	1.7	54
0.2	1.4	117
0.5	1.0	258

解决方案和建议：

（1）清洗空冷器内壁和管束中的结垢。

（2）将排水阀安装在箱体中央，防止酸液积聚。

5.2.1.3 换热器腐蚀（硫黄回收装置）

条件：硫黄回收装置换热器采用冷却水来冷却酸性水，酸性水在管程中温度为 40℃，冷却水在壳程温度为 30～35℃，压力 400kPa。

结构材料：管束——304L；管板——碳钢 A105，内衬 316L（厚度 10mm）；壳体——碳钢 A516 Gr. 70，内衬 316L（厚度 3mm）。

失效前的服役周期：3 年。

目视检查结果：在以下部位有腐蚀，如图5.8所示：

（1）接近复合层的管板有局部腐蚀，腐蚀形貌是典型的酸腐蚀，如图5.8（c）（d）所示。

（2）酸性水侧管箱内附件严重腐蚀，如图5.8（e）（f）（g）所示。

（3）冷却水进入壳体的位置严重腐蚀，如图5.8（h）所示。

在酸性水一侧的管板表面有腐蚀产物（硫化铁）。

图5.8 换热器腐蚀情况

注：（a）加氢脱硫装置换热器全貌；（b）壳程；（c）与316L不锈钢复合层相接的管板腐蚀形貌；（d）图（c）放大；（e）（f）（g）管箱内表面腐蚀（酸性水）；（h）壳程入口内表面腐蚀形貌（冷却水）。

失效现象：电偶腐蚀（与316L不锈钢复合层接触的管板部位）、均匀腐蚀（管箱内表面）。

失效原因及其解释：酸性水的pH值约为8，但根据工厂信息系统数据，pH值在几个月内降至0.5～3。很明显，仅含有弱酸性H_2S的酸性水pH值不能如此低。当加氢脱硫单元出口H_2S/SO_2比例不正确时，酸性气体SO_2可以通过尾气处理反应器（见第1章），溶解在水中形成H_2SO_3和H_2SO_4导致pH值急剧下降（0.5～3）。通常，这种情况发生在加氢脱硫单元停工、开车或酸性气体进入系统时。当系统不稳定时，空气控制系统不能应对H_2S浓度突变。酸性水对碳钢具有腐蚀性，使管箱内壁发生腐蚀。酸性水渗漏到管板上碳钢和316L内衬接触的区域，将导致前者的电偶腐蚀。由于复合层有缺陷，壳程冷却水入口处到腐蚀。

解决方案和建议：

（1）pH值降低到酸性区域（$pH<7$）时立即更换酸性水。

（2）维持稳定的工艺参数：确保加氢脱硫单元出口处H_2S/SO_2比例正常。

（3）该换热器是在空冷之后将酸性水温度降低了5℃的，因此，建议将其放在旁路中，只有当空冷负荷升高或效率降低时才将其引入主流程。

（4）将316L不锈钢从管板上分离，不要在碳钢上进行复合。

（5）为了保护管箱免受酸性水腐蚀，安装牺牲铝/锌阳极，并在内表面涂覆耐酸的环氧涂层。

5.2.1.4 导热油换热器腐蚀（硫黄回收装置）

条件：管内介质为酸性气体 H_2S 和 SO_2 的混合物（$H_2S : SO_2 = 2 : 1$），水蒸气和 N_2，气体温度为 150～195℃，甚至可达 260℃。导热油在管外流动，温度 300℃。

结构材料：管束——碳钢 ASTM SA 214，壁厚 2.77mm；壳体——碳钢 ASTM A516 Gr. 70。

失效前的服役周期：2 年。

目视检查结果：三根导热油换热器管束的酸性气侧受到严重腐蚀（见图 5.8），焊缝上有点蚀，管束和管板明显减薄。管内发现大量由铁、硫和氧组成的黄黑色沉积物，在蒸馏水中溶解后 pH 值为 3.2，溶液中检测出大量硫酸盐。保温层下的导热油换热器外壁也有腐蚀（见图 5.9）。

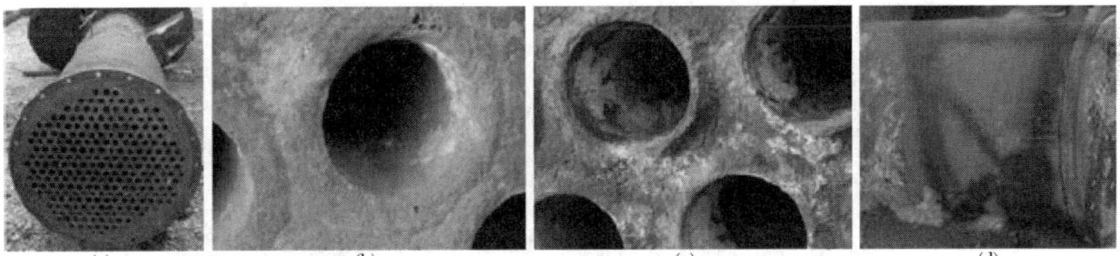

(a) (b) (c) (d)

图 5.9 导热油换热器的腐蚀情形

注：（a）导热油换热器；（b）管板上均匀腐蚀和点蚀；（c）管板和管束严重腐蚀（结垢堆积在管内，管束末端在管板上露出）；（d）换热器外壁保温层下的腐蚀。

失效现象：酸露点腐蚀（管束和管板内壁）；保温层下腐蚀（导热油换热器外壁）。

失效原因及解释：150～180℃ 硫的氧化物（SO_2、SO_3）溶于冷凝水中形成 H_2SO_3 和 H_2SO_4，引起碳钢材质的管板和管束内壁严重腐蚀。

解决方案和建议：

（1）用哈氏合金 C－276 或双相钢 FERRALIUM 255 代替碳钢管。

（2）进行外壁涂层以防止保温层下腐蚀。

5.2.1.5 换热器腐蚀（硫黄回收装置）

条件：尾气中的 N_2、H_2S、SO_2，以及水蒸气和硫化物随着克劳斯过程进入管内。入口温度为 130℃，出口温度为 290℃。壳程介质为导热油，温度为 310～320℃，压力为 500kPa。

结构材料：管束——碳钢 ASTM SA 214，管壁厚度 2.77mm；壳程——碳钢 ASTM A 516 Gr. 70。

失效前的服役周期：2 年。

目视检查结果：在气体入口侧发现管板表面（特别是焊缝部位）和管端有严重的腐蚀（见图 5.10）。气体出口位置腐蚀轻微。

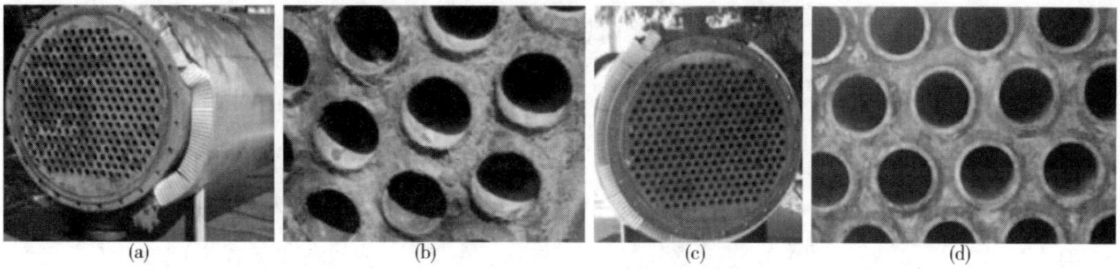

(a) (b) (c) (d)

图 5.10 换热器腐蚀情形

注：（a）失效换热器；（b）气体入口（严重腐蚀部位）；（c）（d）气体出口（腐蚀轻微部位）。

工厂信息系统的数据显示，由于频繁停车温度经常低于 100℃（见图 5.11）。停工期间应保持氮气流通，但氮气循环并不总能实现。

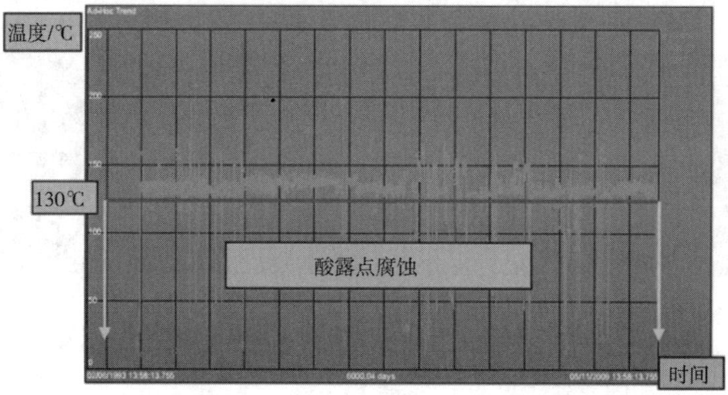

图 5.11 气体温度（绿色）随时间波动（工厂信息系统数据）

失效现象：酸露点腐蚀。

失效原因及解释：酸露点腐蚀。当温度降至 130℃以下时（H_2SO_3的酸露点），SO_2与 H_2O 反应形成液体无机酸 H_2SO_3。实际上，酸性水的露点温度取决于气相中 SO_2和 H_2O 的含量。SO_2可以被氧化成 SO_3，这个过程通常需要催化剂，催化剂能降低氧化反应的活化能。如果形成了 SO_3，它可以与 H_2O 反应，即使在 $T = 130 \sim 180$℃下也可以产生强酸 H_2SO_4。当换热器停止运行时，气体温度低于露点（130 ~ 180℃），H_2SO_4和 H_2SO_3随后形成。这些酸腐蚀碳钢管板和管束，仅几个小时就足以发生酸露点腐蚀。

解决方案和建议：保持温度高于露点（$T > 180$℃），以防止形成 H_2SO_3和 H_2SO_4。

5.2.1.6 气体输送管线腐蚀（加氢脱硫瓦斯油）

条件：该管线用于加氢脱硫瓦斯油单元在常温下运输气态混合物。气体混合物包括 H_2(39.7v%)、CH_4(16.3v%)、C_2H_6(18.7v%)、C_3H_8(14.7v%)、C_4H_{10}(7.4v%) 和 C_5H_{12}(1.3v%)。

结构材料：304 不锈钢，管径 12.5mm。

失效前的服役周期：1 年。

目视检查结果：从内表面穿孔，管道中有腐蚀产物（见图 5.12）。

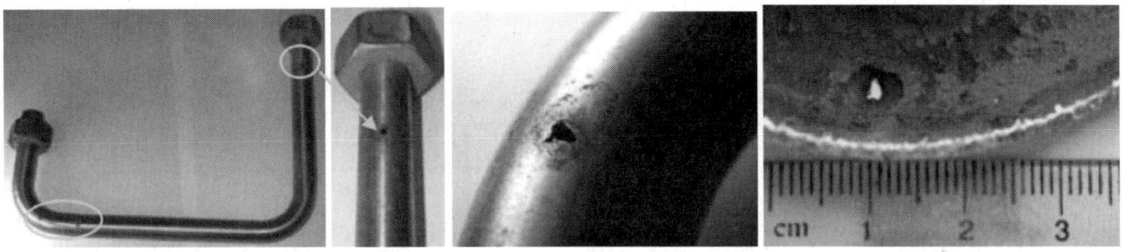

(a) (b) (c) (d)

图 5.12 气体运输管线腐蚀情况

注：(a) 气体输送管线有三处腐蚀穿孔；(b)(c) 放大图片；(d) 管线内腐蚀孔形貌。

X 射线荧光光谱检测结果：腐蚀产物组成为 Fe (68.6%)、Cr (11.4%)、Ni (8.7%)、S (7.6%) 和 Cl (3%)。

气体混合物化学分析检测结果：除了烃类和 H_2 之外，研究人员还检测到氯化物和水。

失效现象：点蚀。

失效原因及解释：气态混合物中的氯化物和水蒸气引起不锈钢管内表面点蚀，有机氯化物的水解导致氯化氢生成（见附录 C）。

解决方案和建议：

(1) 防止氯化物和水蒸气混入气态混合物中。

(2) 如果不可能防止，则建议管线材质用 AL－6XN 或双相不锈钢 2205 或 317L 不锈钢代替 304 不锈钢。

5.3 减黏裂化

在减黏裂化过程中，原料（减压渣油）在加热炉中被加热到 430～510℃，发生轻微裂解[8]。渣油中的含硫有机化合物在该温度下分解为 H_2S，大分子有机酸裂化为小分子酸。含有 H_2S 和有机酸（环烷酸）的裂化产物从裂解炉被送入分馏塔，分馏为液化石油气、汽油、瓦斯油和沥青。减黏裂化装置存在以下腐蚀问题：环烷酸腐蚀、高温硫和低温硫腐蚀。环烷酸对碳钢塔壁的腐蚀速率可以达到 9.6mm/a[9,10]，分馏塔中抽出的液化石油气和汽油通常含有 H_2S 和水蒸气，它们被冷却到 60～100℃，三四年内可能发生严重的湿硫化氢腐蚀。本节分析了两个相关腐蚀案例。

5.3.1 案例研究：换热器腐蚀

5.3.1.1 冷却气体

条件：用于冷却从稳定塔流出的液化石油气、H_2S 和水蒸气混合气体，有时稳定塔也作为分馏塔使用。从稳定塔排出的气体温度为 60～70℃，分馏塔气体温度为 85～100℃。

三年内，60 根管束均发生泄漏，均有堵管情况（见图 5.13a）。管束内冷却水温度为 30 ~ 35℃，压力为 400 ~ 500kPa。

结构材料：管束——海军铜 CDA 443；折流板——碳钢。

失效前的服役周期：首次失效是使用 2 年后，然后更换管束（无失效分析），又运行了 3 年出现第二次类似失效。

目视检查结果：管外有垢和沉积物［见图 5.13（b）（c）］，折流板腐蚀严重，靠近防冲板的管束外壁有腐蚀孔、裂纹和腐蚀沟槽。垢物含有黑色硫化铜，沉积物由硫化铜和硫化铁组成。金相分析发现有晶界腐蚀［见图 5.13（e）~（h）］。SEM 分析发现在腐蚀沟槽内有 Cu、Zn、O、S 和 Cl 等元素。

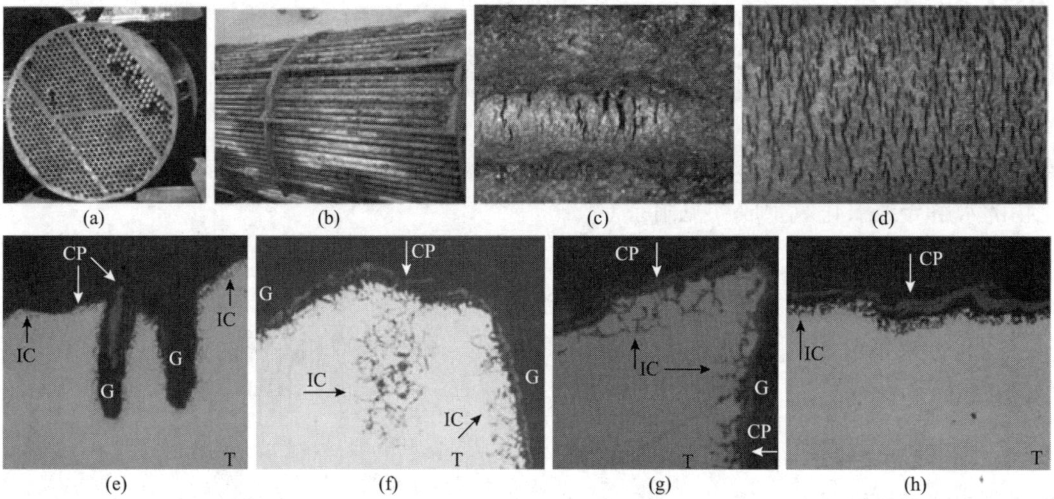

图 5.13　冷却气体对换热器造成的腐蚀

注：（a）管束中有 60 根堵管；（b）海军铜管束（有结垢）和碳钢折流板腐蚀形貌腐蚀；（c）（d）管束表面裂纹、孔和沟槽；（e）（f）（g）不同放大倍数（e 放大 100 倍，f 放大 200 倍，g 放大 500 倍）的沟槽横截面金相分析，其中，IC—晶间腐蚀（晶界腐蚀），CP—腐蚀产物，G—腐蚀沟槽，T—换热管；（h）腐蚀沟槽附近部位横截面的金相分析（放 大 100 倍）。

失效现象：均匀腐蚀和晶间腐蚀。

失效原因及解释：油气中含的硫化氢和水蒸气导致海军铜管外壁严重腐蚀，铜合金不耐硫化氢腐蚀。晶界的局部腐蚀导致凹槽的形成。在 $T < 100$℃时，水冷凝成液相，硫化氢溶于水导致碳钢折流板腐蚀。

解决方案和建议：管束和折流板材质选择 Ti Gr. 2。接触工艺介质（液化石油气）和冷却水的两侧管板材质也必须用 Ti Gr. 2 代替。

5.3.1.2　轻石脑油

条件：用于将分馏塔流出的轻石脑油冷却至 85℃，石脑油温度 100℃以上，冷却水在管束中，温度为 30 ~ 35℃，压力为 400 ~ 500kPa。

结构材料：管束——海军铜 CDA 443；壳体和管箱——碳钢；碳钢管箱内表面涂有环

氧漆。

失效前的服役周期：4 年。

目视检查结果：发现管外壁有沉积物，石脑油入口有锈（见图 5.14）。沉积物由硫化铜和硫酸盐组成，管箱（冷却水侧）处环氧涂层和浮锈全面遭到破坏或剥离。

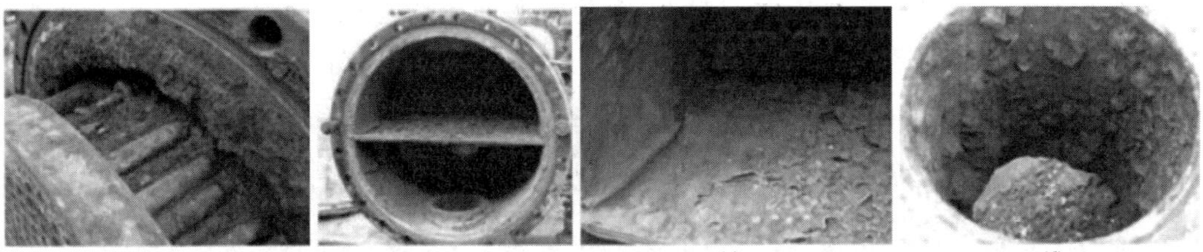

(a) (b) (c) (d)

图 5.14 轻石脑油对换热器造成的腐蚀

注：(a) 海军铜管（石脑油入口）外表面的腐蚀产物；
(b)、(c) 环氧涂层和锈蚀（冷却水侧）的破坏；(d) 冷却水入口。

失效现象：低温硫化物腐蚀和环氧树脂涂层的破坏。

失效原因及解释：沉积物的化学成分（硫化铜和硫酸盐）表明，石脑油中含有的 H_2S 和 H_2O，使得海军铜管束外壁严重腐蚀，铜合金不耐 H_2S 腐蚀，高温（100℃以上）会导致环氧树脂涂层的破坏和与冷却水接触的管箱部位严重腐蚀。

解决方案和建议：用 Ti Gr. 2 替代海军铜材质，管板和管箱也必须采用 Ti Gr. 2 或用该合金作复合层。

5.4 化工装置

化工装置类似于炼油装置，甚至许多介质和环境也是相似的。化工装置的原料来自炼油厂。催化裂化装置和连续催化重整装置的重整油产品进入化工装置生产芳烃，这些特殊的有机溶剂可以溶解水和氧气。例如，25℃下的氧在苯中的溶解度为 70mg/L，在水中的溶解度为 8.5mg/L[2]。此外，随着温度升高，氧气在水中的溶解度逐渐降低，而在苯中的溶解度会逐渐增加。氯化物是重整油中的主要腐蚀性杂质，广泛用于萃取芳烃的环丁砜可降解成腐蚀性酸性物质（见第 1 章），锅炉给水和冷却水也是化工装置的重要介质。本节分析了这些单元的典型和具体的腐蚀问题及其解决方案。

5.4.1 案例研究

5.4.1.1 苯塔塔顶翅片空冷器管束腐蚀

条件：在对二甲苯单元中，液态苯流入翅片空冷器管束，温度为 70 ~ 90℃，常压。苯塔的原料有两个来源：(1) 经白土处理装置去除烯烃来自稳定塔的苯；(2) 从芳烃抽提装置来的芳烃混合物（苯、甲苯和二甲苯），经白土处理（活性土）塔去除烯烃，然后进入苯塔。苯塔塔顶空冷检测到烃泄漏。

结构材料：碳钢 ASTM A179，管壁厚 2.336mm。

失效前的服役周期：4 年。

目视检查结果：空冷管程中发现黑-红-棕色的腐蚀产物（见图 5.15）。管壁从原来的 2.336mm 减薄穿孔，腐蚀速率为 0.58mm/a，是允许值 0.11mm/a 的 5 倍多。

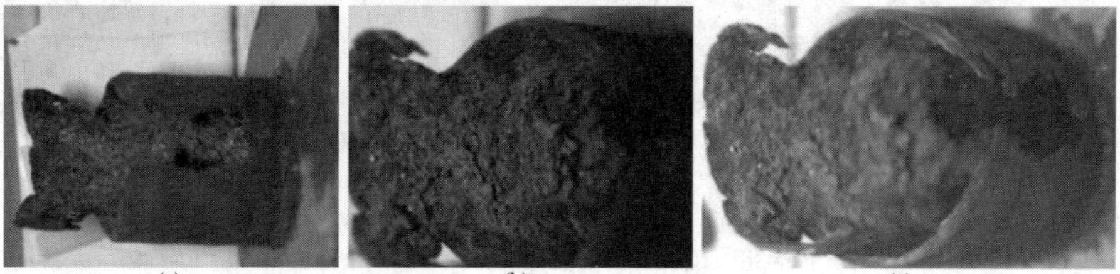

(a) (b) (c)

图 5.15 脱苯塔塔顶空冷器管束腐蚀管失效，服役 4 年（化工厂苯、甲苯、二甲苯单元）

化学分析表明，腐蚀产物由铁的硫化物、铁的氢氧化物和铁的氧化物组成，也检测到了硫酸盐，没有发现氯化物。两种苯原料分析表明，来自稳定塔的苯是透明的，而来自黏土处理装置的苯非常浑浊。

失效现象：酸腐蚀。

失效原因及解释：苯塔出口处温度为 70 ~ 90℃，由于水中的溶解氧和酸，造成空冷管束内壁腐蚀。腐蚀产物中的硫酸盐表明，硫酸也是造成腐蚀的原因。

经黏土处理装置的原料带来了腐蚀问题，因为黏土中含有酸。经黏土供应商介绍，黏土是先通过硫酸活化，再用热水洗涤以除去硫酸残留。当实验室中用 20℃ 的蒸馏水洗涤时，检测洗涤水的 pH 值为 2.9，硫酸盐含量大于 3mg/L；当在 80℃ 下洗涤时，pH 值为 2.6。因此，溶解在苯中的水可以从黏土中清除（洗出）残留的硫酸，最终导致空冷器的碳钢管束内壁严重腐蚀。

解决方案和建议：要求黏土供应商将残留的硫酸清洗干净。

5.4.1.2 芳烃塔塔顶翅片空冷器管束腐蚀

条件：该空冷器用于通过空气冷却苯、甲苯、己烷、庚烷和戊烷的组分，后三者来自连续催化重整单元，芳烃从芳烃塔流出进入空冷管束，温度为 60 ~ 80℃，真空度为 20 ~ 30kPa。监测到空冷器烃泄漏。

结构材料：碳钢 ASTM A179，壁厚 2.336mm，铝翅片安装在碳钢管上。

失效前的服役周期：11 年。

目视检查结果：管束和翅片内有严重腐蚀（见图 5.16），管内有锈，壁厚从 2.336mm 减薄到零，管壁破裂。

X 射线荧光光谱检测结果：锈的成分为 Fe（57.5%）、Cl（21.1%）、Al（9.9%）、Si（7.8%）和 S（2.7%）。

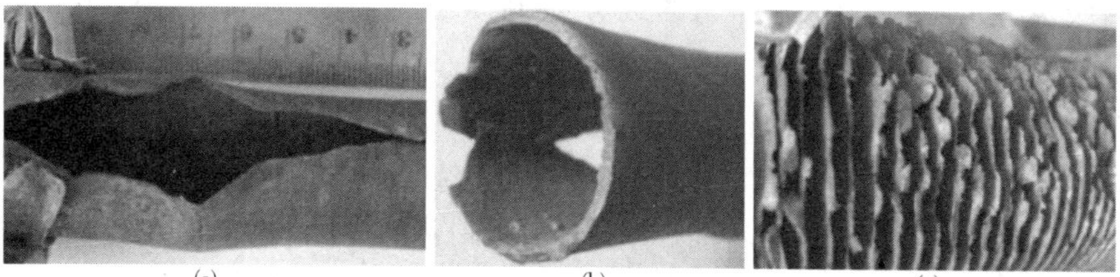

(a) (b) (c)

图 5.16 芳烃塔塔顶翅片空冷器管束腐蚀

注：(a)(b)芳烃塔塔顶空冷器中破裂的碳钢管；(c)腐蚀的铝翅片。

失效现象：均匀腐蚀。

失效原因及解释：混合物中存在氯化物和水，导致空冷器的碳钢管束内壁受到严重腐蚀；氯化物水解产生腐蚀碳钢表面的盐酸；当管束穿孔后，腐蚀介质逸出造成铝翅片腐蚀。

解决方案和建议：

(1) 在连续催化重整装置中加设脱氯罐。

(2) 将管束材质由碳钢升级为耐氯和硫腐蚀的 Ti Gr. 2。

5.4.1.3 预分馏塔回流管线腐蚀（对二甲苯单元）

条件：C_5在回流管线中温度为 60 ~ 70℃，压力为 50kPa，检测到烃的泄漏。在最后一次失效的前 4 年，由于腐蚀和冲刷腐蚀，管道和泵的部分已被更换。

结构材料：碳钢，直径 150mm。

失效前的服役周期：2 个月。

目视检查结果：管线内表面穿孔和锈斑（见图 5.17），去除锈斑后发现有腐蚀坑。当锈块部分溶解于蒸馏水中时，pH 值为 3.6，在水溶液中检测到了硫酸根离子和氯离子。

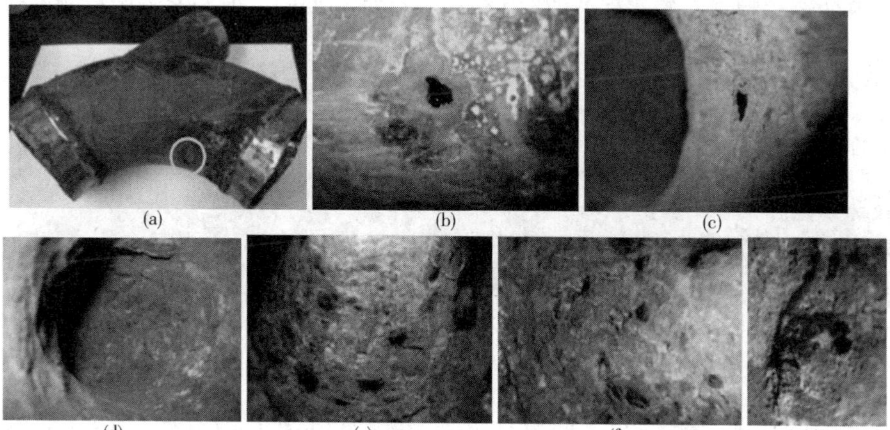

(a) (b) (c)

(d) (e) (f) (g)

图 5.17

注：(a) 穿孔部位总体视图；(b) 穿孔部位外部视图；

(c) 穿孔部位内部视图；(d)(e)(f) 管线内部腐蚀锈垢；(g) 垢下蚀坑。

X 射线荧光光谱检测结果：锈的成分为 Fe（97%）、S（2%）、O（0.7%）和 Cl（0.3%）。

失效现象：垢下腐蚀。

失效原因及解释：溶解的水、氯化物（来自连续催化重整单元的重整产物）和受到苯、甲苯、二甲苯单元烃流中含有的环丁砜腐蚀而形成的腐蚀产物，联合作用引起碳钢管内表面腐蚀。管内形成了不均匀的腐蚀产物层（锈中含有氯化物和硫酸盐）。这些酸性产物（硫酸盐和氯化物）导致 pH 值降低到 3.5 并且在垢下造成腐蚀。

解决方案和建议：

（1）吸收来自连续催化重整单元的重整产物中的氯化物。

（2）在苯、甲苯、二甲苯装置的环丁砜中注入缓蚀剂防止腐蚀性产物的生成。

5.4.1.4 回收塔甲苯进料管线失效

环境：管中介质为环丁砜（75%）和苯、甲苯、二甲苯（25%）的混合物，温度为 160℃，压力为 200kPa，环丁砜中含水 3%。没有按照要求在萃取反应器底部向甲苯中注入缓蚀剂乙醇胺。控制器前弯管的压力为 200kPa，抽真空器位于控制器后部。大多数腐蚀问题发生在投用连续催化重整装置以后，连续催化重整装置提供的原料重整产品含有痕量氯化物。连续催化重整装置的氯化物捕集器在前两年就停止运作，输送环丁砜和苯、甲苯、二甲苯的碳钢泵在使用一年后由于腐蚀而失效，后升级为 304 不锈钢。从汽提塔到回收塔的管道弯头部位检测到泄漏，与以前失效的泵间距 20m。

材质：弯头——碳钢，直径 200mm。

失效前使用时间：3 年。

目视检查和发现：位于液位控制器前的泵之后，从入口至回收塔 2m 处焊接锥正后方弯头部位发现三处穿孔（见图 5.18）。弯头壁厚从原来的 6.2mm 降低到 3.6mm。回收塔底有硬而厚的沉积物，在管线失效前（3 年前）的使用期间，腐蚀产物中检测有氯化物。

(a) 失效弯头腐蚀穿孔　(b) 法兰之前椎体处的穿孔　(c) 环丁砜和苯、甲苯、二甲苯弯头入口

图 5.18　回收塔甲苯进料管线腐蚀

X 射线荧光光谱检测结果：回收塔底沉积物组成为 Fe（50%）、S（30%）和 Cl（20%）。

失效现象：冲刷腐蚀。

失效原因及其解释：弯头的直径为 200mm，其后的法兰直径为 150mm，所以在焊缝后的锥体区域内，流速发生急剧变化，焊接突起也导致焊缝后流体流动状态的变化。因此，环丁砜和含有腐蚀介质（氯化物和具有腐蚀性的酸性环丁砜）的苯、甲苯、二甲苯混合物的流速、流态的急剧变化，造成了冲刷腐蚀。穿孔周围的腐蚀形貌证实了这是冲刷腐蚀。

解决方案和建议：

（1）净化液体环丁砜，脱除腐蚀性物质。

（2）从焊缝内侧清除障碍物（焊接突起）。

（3）使用直径基本相同的弯头和法兰（消除锥体）。

5.4.1.5 回收塔管道大小头腐蚀（苯、甲苯、二甲苯单元）

条件：管线中的流体为环丁砜、苯、甲苯混合物，进入回收塔的温度为150℃，管径为152mm，原始壁厚为8mm。大小头之前的压力控制为200kPa，真空塔内压力为50kPa。

结构材料：碳钢。

失效前的服役周期：15年。

目视检查结果：在靠近回收塔的进料管线（大小头）中发现腐蚀孔和凹坑，内部的焊缝大部分被腐蚀，大小头的壁厚从原来的8mm减至1.5mm（见图5.19）。

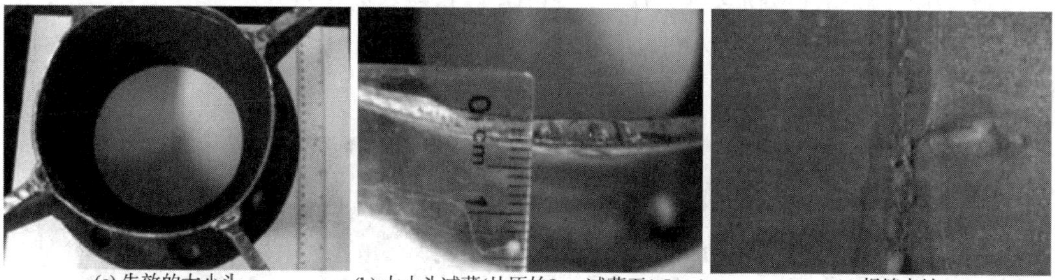

(a) 失效的大小头　(b) 大小头减薄(从原始8mm减薄至1.5mm)　(c) 焊缝点蚀

图5.19　回收塔管道大小头腐蚀

失效现象：冲刷腐蚀。

失效原因及解释：从控制器到塔的压力降低（从200kPa到50kPa）导致液体闪蒸形成气-液两相体系，流动时的两相混合物引起大小头内表面的机械损伤。此外，环丁砜长时间使用可降解转化为对碳钢具有腐蚀性的物质，焊接异质区域更易受到腐蚀。

解决方案和建议：

（1）将大小头的直径从152mm增加到304mm以降低流速。

（2）通过加注缓蚀剂降低环丁砜的腐蚀性。

5.4.1.6 蒸汽发生器管束和壳体的腐蚀

条件：三种来源的水进入除氧器，出口温度为120～170℃，压力为500kPa，将氧清除剂注入除氧器后部水中，水在90℃和500kPa下进入蒸汽发生器。投用前4年，水线没有安装溶解氧计，因此在此期间水质情况不可知。4年后安装氧气表测得除氧水中溶解氧浓度最高达到200Hg/L，但允许的最大浓度是不超过30Hg/L（见图5.20）。

失效前的服役周期：管束9年，壳体5年。

结构材料：U形管束——碳钢ASTM A179；壳体——碳钢ASTM A106 B级。

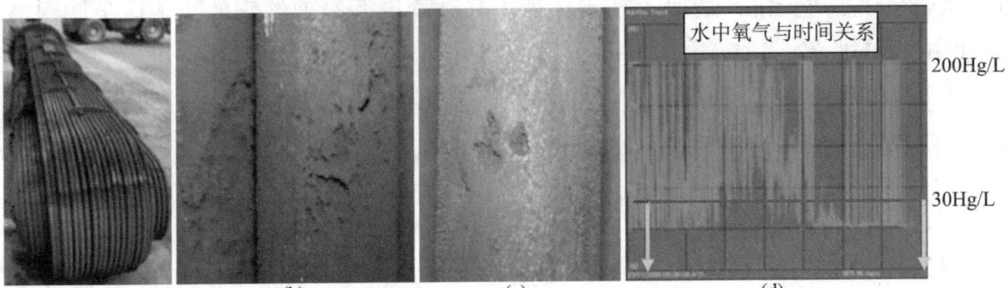

(a) (b) (c) (d)

图5.20 蒸汽发生器管束和壳体的腐蚀

注：（a）蒸汽发生器U形管束腐蚀失效；（b）（c）U形管外表面蚀坑（1mm深）；（b）除锈前；（c）外表面除锈后；（d）溶解氧浓度随时间变化（工厂信息系统数据）允许的最大浓度为30Hg/L。

目视检查和发现：

U形换热管。管束外表面有深的蚀坑（约1mm）[见图5.20（b）（d）]，这些蚀坑仅分布在入水口一侧和管板后部附近。在入水口管束表面发现不均匀的红色腐蚀产物。物理化学分析表明，红腐蚀产物含有赤铁矿（Fe_2O_3）和羟基氧化铁（FeOOH）。在管束上可观察到水线。壳体内壁底部入水口处存在近半球形的深蚀坑（见图5.21）。蒸汽发生器内壁有红褐色的锈垢。

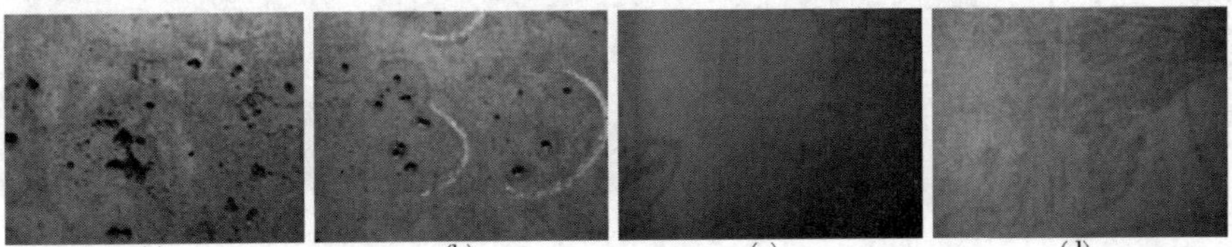

(a) (b) (c) (d)

图5.21 壳体内壁底部入水口处的腐蚀

注：（a）（b）蒸汽发生器壳体底部的蚀坑；（c）（d）蒸汽发生器壳壁的内表面上锈蚀。

失效现象：氧腐蚀（溶解氧点蚀）。

失效原因及解释：红褐色铁锈（铁的氧化物和氢氧化物）表明，在除氧水中存在浓度显著大于最大允许浓度（30Hg/L）的溶解氧（6~7倍），这导致了管束外表面和蒸汽发生器壳程底部（局部死区）点蚀。另外，水线区域存在液-气两相导致管束表面水的沸腾，从而加速了腐蚀。

解决方案和建议：

（1）应保持除氧水中溶解氧的浓度小于30Hg/L，造成溶解氧浓度高的可能原因是除氧器故障、氧清除剂注入量不合适，或者漏气（通过阀门、法兰、泵、密封件和膨胀节点）[11]。

（2）对除氧水中的溶解氧浓度进行连续监测。

（3）唯一具有保护作用的氧化物磁铁矿（Fe_3O_4，灰黑色）应在蒸汽发生器壳体的内表面上。然而，除氧水中过多的溶解氧会引起点蚀。在开工、停工、负荷期间，由于热和机械应力引起磁铁矿保护层产生裂纹、脱落和缺陷，也可能导致溶解氧的点蚀。

（4）保持水线没过管束上方，防止形成气液两相环境。

（5）堵住损坏的管子（不再使用）。

（6）用高压水清洗除去红锈。

5.4.1.7 蒸汽发生器管束失效

条件：蒸汽发生器用于冷却U形管中的介质（芳烃二甲苯异构体的混合物）。在管外流动的锅炉给水（150℃，500kPa）被二甲苯流加热形成蒸汽。蒸汽发生器出口管直径76mm。

结构材料：U形管——碳钢ASTM A179；无缝U形管壁厚2.5mm。

失效前的服役周期：6个月。

目视检查结果：在蒸汽发生器管束的顶部（上部），与蒸汽出口相对的位置检测到直径为2mm的穿孔（见图5.22）。由于管壁局部减薄形成“台阶”（阶梯），其下穿孔。管的顶部壁厚相对均匀，而在水线的位置管子外壁厚度减小。

电镜扫描分析：在孔附近检测到波状表面形态，这是空泡腐蚀的典型形貌。

(a) (b) (c) (d) (e)

图5.22 蒸汽发生器管束腐蚀

注：（a）失效管束概貌；（b）失效管件在“台阶”下的两个穿孔；（c）穿孔部位横截面宏观形貌；（d）有2处穿孔（2mm）的失效管件；（e）一处穿孔（2mm）的失效管件。

失效现象：冲刷腐蚀或空泡腐蚀。

失效原因及解释：蒸汽发生器管束的上部（顶部）管束外表面上发生空泡腐蚀造成穿孔。水位必须在管束表面以上，也就是水必须覆盖蒸汽发生器管束的表面。水位下降，管顶部处于水气（两相）边界。水在界面沸腾期间产生冲击波，发生液体水的“爆炸”，即水泡变成蒸汽。失效管束顶部的金相分析和腐蚀形貌表明，失效原因为空泡腐蚀。蒸汽出口的小管径（76mm）引起流体湍流导致冲蚀，即空泡腐蚀。

解决方案和建议：

（1）将蒸汽出口管径从76mm增加到152～228mm（增加至2～3倍）。

（2）使水位保持在管束表面以上。

5.4.1.8 炉管失效（苯、甲苯、二甲苯单元）

条件：炉管介质为C_9～C_{15}的二甲苯类混合物（一级分离）。炉管温度为350℃，压力为3MPa。在运行期间，由于炉管堵塞定期采用机械清焦。失效的炉管是炉中第二接近火焰的位置。

结构材料：碳钢 ASTM A106 Gr B，管直径150mm。

失效前的服役周期：13年。

目视检查结果：如图5.23所示，清焦时检测到管外壁膨胀、裂纹和开裂（长度80mm），管内沉积厚的黑色焦炭（1～2cm）。

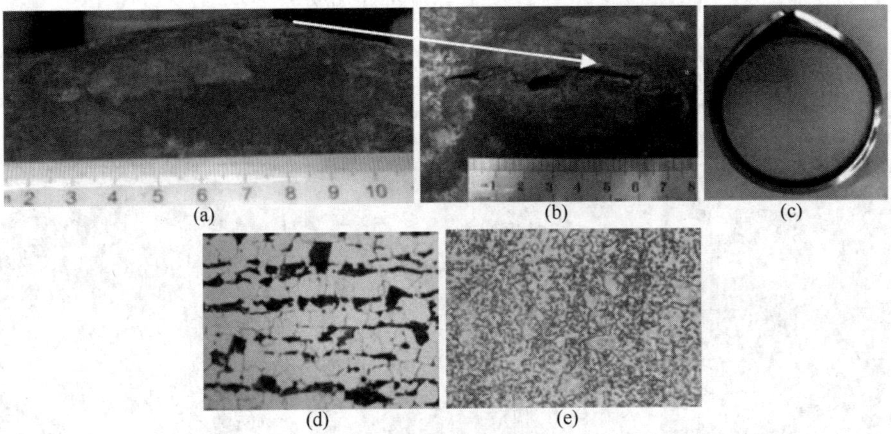

图5.23 炉管腐蚀现象

注：（a）膨胀的管子；（b）外表面的膨胀，裂纹和开裂；（c）失效区域宏观剖面形貌；（d）炉管微观形貌，背火面（600倍）；（e）炉管失效区域微观形貌，迎火侧——铁素体基体中的球墨铸铁颗粒（1000倍）。

显微观察：炉管的背火侧（失效位置的180°）具有碳钢的铁素体＋珠光体结构特征［见图5.23（d）］，迎火侧（失效区）在铁素体基体中具有球状渗碳体的结构［见图5.23（e）］，这是经历过热至700℃的钢的典型结构。

硬度：根据ASTM B294－10[12]对金相样品进行显微硬度检测（见表5.2）。

失效原因及解释：当炉管表面温度达到700℃（所需温度350℃的两倍）时，长时间接近火焰迎火侧可导致过热失效。具体原因是：焦炭堆积在炉管内壁上造成局部（或全部）炉管结焦堵塞，最终产生过热。炉管中二甲苯类介质流动缓慢，加剧焦炭的积聚。

表 5.2
显微硬度检测结果

部位	硬度/$HV_{0.5}$
迎火侧	
失效部位	134～143
距失效部位 20cm 处	164～166
背火侧	
失效部位的 180°处	154～155
距失效部位 20cm 处	154～158

注：$HV_{0.5}$是使用载荷 0.5kg 下进行的维氏微硬度测试[13,14]。

炉管迎火侧的球状渗碳体（碳化物）微观结构表明其长时间过热，在钢结构中形成碳化物需要相当长的时间。炉管迎火侧的硬度低于背火侧的硬度，这种特征也表示发生了长时间的过热。

失效现象：长期过热。

解决方案和建议：

（1）保持炉管温度不超过 350℃，当 $T>350$℃时，二甲苯可形成焦炭。

（2）改善炉管中二甲苯混合物的流动状态（增加流速），以防止结焦。

（3）监测炉管的温度。在温度升高的情况下，检查炉管是否出现结焦，如有必要，可进行清焦。

5.4.1.9 水冷凝器管道的腐蚀

条件：管内介质为冷凝水，压力从 2400kPa（200℃）降至 400kPa（170℃）。

结构材料：碳钢，直径 100mm。

失效前的服役周期：5 年。

目视检查结果：弯头处穿孔（见图 5.24）。

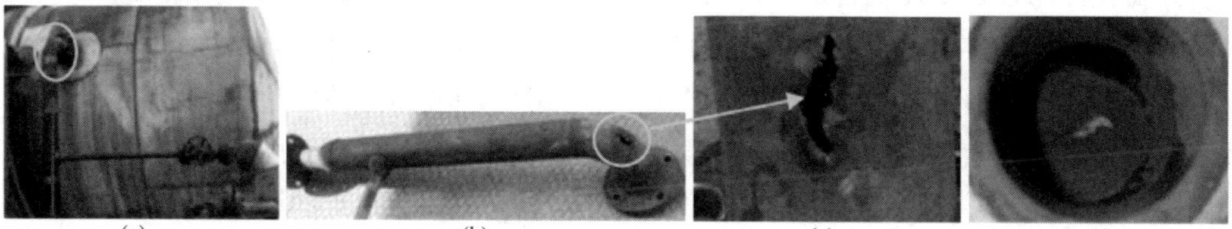

(a) (b) (c) (d)

图 5.24 弯头处穿孔

注：（a）冷凝水罐入口，箭头所指为新的弯头区域；（b）（c）穿孔部位外观；（d）穿孔部位内视图。

失效现象：冲刷腐蚀。

失效原因及解释：穿孔附近内表面形貌表明，弯头内冷凝水流向发生变化造成冲刷腐蚀。当压力（“释放”）从 2400kPa 降低到 400kPa 时，流速发生很大的变化，冲击弯头内表面引起冲刷腐蚀。这种现象被称为水锤作用（或流体锤），指的是当运动中的流体（通常是液体，但有时还有气体）突然发生流向改变时引起压力激增波动。这种压力波会造成重大问题，如噪声、振动，直到管道破裂。

解决方案和建议：

（1）通过安装控制器来降低冷凝水压力。

（2）增加带弯头的管子直径。

（3）用316L不锈钢代替碳钢，或内衬硬度大于50 HRC的耐磨合金（见附录F，表F9）。

5.5 管道

管道用于运输多种介质：液体、气体、固体及其混合物。炼油和石化工业中涉及的液体是原油、石油产品、燃料、有机溶剂、不同类型的水（锅炉给水、脱盐水或去离子水）、电解质溶液（酸性水、冷却水、废碱液、碱溶液、饮用水、消防用水）和胺溶液；涉及的气体包括氢气（有时含有硫化氢、氯化氢和水蒸气）、高温和高压蒸汽、氮气、硫化氢和空气。管道内的运输介质可以是同质的（单相）或异质的（多相）。在原油、石油产品和燃料中存在的诸如水、H_2S和盐之类的杂质可导致管内表面的腐蚀，原油及馏分中的环烷酸只有在温度高于190℃才能引起腐蚀。两相和三相系统（砂、固体催化剂、固体腐蚀产物及气体或液体中的气体）可导致冲刷腐蚀和空泡腐蚀，冲刷腐蚀是油砂运输和处理过程中的主要问题。

管道的外表面可能暴露于大气、雨水、土壤、泥土和地下水、热气（炉子和堆垛），以及溢出的石油产品和燃料之中。酸露点腐蚀、保温层下腐蚀、垢下腐蚀、燃灰腐蚀和氧化（在高温有氧环境中的腐蚀）可能发生在管道的外表面。

介质和环境的复杂多样可导致腐蚀问题，应在设计阶段予以考虑——防腐措施不可或缺，并要在使用过程中控制管道内外两侧的腐蚀情况。管道材质应根据服役环境（内外）选择，可以是碳钢、低合金钢（不同铬和钼含量）、不锈钢、镍合金、铜合金和钛合金。

炼化工业中管道输送的是易燃易爆有毒物质，且大多数情况处于高温和高压环境，因此管道必须具备强大且特殊的抗腐蚀性能。它们有不同直径和长度的分支，有许多连接、阀门和配件，并与泵和压缩机组合在一起。有很多内部和外部因素可以影响管道的腐蚀，故难以预测其何时何处可能会发生故障。绝大多数腐蚀现象都可能发生在管道上，如氢蚀、硫腐蚀和环烷酸腐蚀等（见第4章）。管道内外都会发生微生物腐蚀。因此，在设计阶段分析和预测所有可能的腐蚀问题，制定防腐措施、腐蚀监测和检验方法是十分重要的。在某些情况下，管道内的介质和环境类型会对腐蚀产生严重影响，而其他情况下管道内的介质并不重要。

本节将分析炼厂和化工厂典型和非典型的管道腐蚀案例。

5.5.1 案例研究

5.5.1.1 三通失效（减黏裂化装置）

条件：三通作为火炬管线的一部分，在常温常压下工作，位于靠近管架处［见图5.25（a）］，下一个支架位于离三通15m处。

结构材料：碳钢 ASTM A234，WPB 级。

失效前的服役周期：1 年。

目视检查结果：三通开裂［见图5.25（a）］。

宏观形貌观察：裂纹从管件内表面形成并沿管壁发展。

微观形貌观察：裂纹垂直于内表面，没有腐蚀产物。

机械性能测试：根据标准 ASTM A370[15]测试失效的三通管件的机械性能（屈服强度、拉伸强度、伸长率和硬度），结果见表5.3。

断口分析：发现贯穿整个横截面的脆性断裂［见图5.25（c）］，按照人字纹断裂特征，开裂是从内向外发展的，典型的珠光体+铁素体细晶组织不能解释这种断裂。

冲击试验：根据 ASTM E23[16]，使用夏比小尺寸试样（7.5mm×10.0mm，A 型）进行冲击试验，结果如表5.4所示。碳钢的冲击能量值非常低，对应脆性范围是8～10J，而规定最小应为27J（延性范围）。远离失效管件的同一管线上截取的试样分析发现，其为脆性解理断裂［见图5.25（d）］，与管件的失效模式相同［与图5.25（c）相比］。

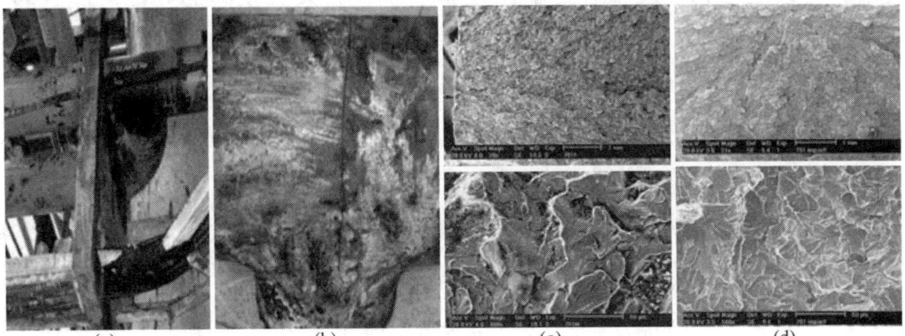

(a)　(b)　(c)　(d)

图5.25 三通腐蚀

注：（a）管架上的三通（失效火炬管线位置）；（b）开裂的三通管件；（c）开裂部位断面；（d）夏比冲击测试后试样的断面（取自同一管）。

表5.3
碳钢三通的机械性能

性能	屈服强度σ_{YP}/MPa	抗拉强度σ_{UTS}/MPa	延伸率 ε/%	硬度（HB）
结果	564	642	17	220～230
ASTM A234 WPB 级	240min	415～585	30min	197max

注：HB 为布氏硬度。

表 5.4
20 下冲击测试

冲击能	
焦耳	J/mm^2
8 ~ 10	0.11 ~ 0.13

注：冲击能指的是 5 次测量平均值（管件）。

失效现象：开裂。

失效原因及解释：断口分析、金相检验和机械测试说明，管件开裂是由钢的脆性引起的，即钢在环境温度（15 ~ 30℃）下处于脆性状态。管件的机械性能不符合 ASTM A234 WPB 级要求，最大抗拉强度高（642MPa，允许范围是 415 ~ 585MPa），硬度高（220 ~ 230HB，而规定的最大值为 197HB），延伸率过低（最小 17%，要求的最小值为 30%），冲击能过低（8 ~ 10J，规定值为 27J）。三通管件的微小伸缩、压力或冲击导致管件裂纹的生成具有突发性。

解决方案和建议：

（1）管件规格（机械性能）应符合相关标准。

（2）按规范安装管件支架。工程师通常认为，正确安装三通管件支架可以防止其开裂，但由于支架之间相距较远会造成高载荷，导致碳钢脆性断裂。在本例中，研究管件材料的机械性能不合标准，材料处于脆性状态，支架未发挥应有作用。

附言：这种情况类似于 1912 年泰坦尼克号的悲剧，因为用于船体的碳素钢韧性过低而导致沉没。对泰坦尼克号残骸进行金相检验显示，它具有较高的韧性 - 脆性转变温度，使其不适宜在低温下服役。当其与冰山相撞时，海水的温度为 - 2℃（水中的溶解盐降低了其冰点）。那么，何为材料的韧脆转变温度呢？首先，我们对材料的重要性能进行阐述，如延展性、脆性和韧性。延展性是金属在拉伸应力下塑性变形而不断裂的性质。大多数珠宝是由金和银制成的，不仅因为它们漂亮，而且因为它们具有最大的延展性，1g 黄金可拉成 1km 长的金线。延展性可以用仅存在于金属和合金中的特定金属键解释。在金属键中，外层价电子离域，并且为多个金属原子共用。这些电子允许金属原子滑移，不会像其他材料（如陶瓷）一样因受到强斥力的作用而破裂。脆性是指材料在外力作用下（如拉伸、冲击等）仅产生很小的变形即断裂破坏的性质。脆性材料在断裂之前吸收的能量相对较少，陶瓷和玻璃是脆性材料的代表。当金属受到应力作用时，它们也可能是脆性的，通常这种情况发生在低温下，一些碳钢甚至是在环境温度约为 20℃时就很脆。当金属具有延展性，并且在较低的温度下变脆，就存在韧脆转变的边界。碳钢脆性转变温度越低，对于建造在低温环境使用的交通工具、建筑、桥梁和压力容器等越好。韧性是指当承受应力时对折断的抵抗，其定义为材料在破裂前所能吸收的能量与体积的比值。换句话说，韧性是对抗各种应力、冲击的能力，这种性质在泰坦尼克号与冰山碰撞或在上述案例中的三通管件承受巨大应力的情况下是非常重要的。如何定义金属从延性状态到脆性状态的转变温度呢？

在泰坦尼克号悲剧的 7 年前，1905 年，法国科学家乔治夏比开发了一个现在被称为“夏比冲击测试”的测试。它测定断裂时材料吸收的能量值，最终失效状态是断裂。断裂可以是延展性的，也可以是脆性的。破坏脆性材料（如玻璃、陶瓷及一些类型的铸铁）需要很少的能量，相反，韧性的材料（如橡胶和许多钢材）在断裂过程中需要吸收相当多的能量。脆性断裂需要能量来分离原子并暴露新的表面。当温度降至延性－脆性转变温度以下时，碳钢失去韧性。延性－脆性转变温度是破裂所需能量发生急剧变化时的温度，是材料可使用的最低温度（见图 5. 26）。

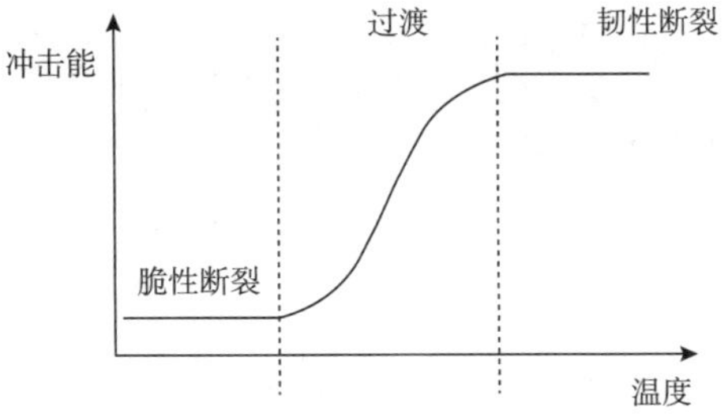

图 5. 26　延性－脆性转变温度

现在的碳钢在 20J 的冲击能量下测得的延性－脆性转变温度为－27℃，而泰坦尼克号船体板的碳钢延性－脆性转变温度却是 32～56℃，很显然用于船体的钢不适合大西洋的－2℃低温。在上述案例中，碳钢三通管件在环境温度（约 20℃）下变脆是因为冲击能量较低，只需要 8～10J，而不是 27J。一个小的拉伸、压力、打击或冲击都可能导致裂纹的突发。这在泰坦尼克号击碰撞冰山之时真的发生了。

5. 5. 1. 2　埋于道路交叉口下沟渠中的输送液化石油气和芳烃管道的腐蚀

条件：管道用于炼油厂的液化石油气和芳烃输送，没有外涂层，管道埋在道路交叉口之下的沟渠中。冬天沟渠里充满雨水和泥土。烃泄漏在沟渠中被检测到。

结构材料：碳钢 ASTM 106 Gr. B.；直径 150mm。

失效前的服役周期：30 年。

目视检查结果：管道外壁严重腐蚀穿孔（直径 6～8mm）（见图 5. 27、图 5. 28）。厚的锈垢由黑色和棕色腐蚀产物组成，含有硫化铁、氢氧化铁和氯化物。

失效现象：路面下湿润土壤（泥土）的均匀腐蚀和点蚀。

(a)　(b)　(c)

图 5. 27　液化石油气输送管道腐蚀现象

注：(a) 液化石油气输送管道腐蚀概貌；(b) 腐蚀管线外表面的孔和锈；(c) 埋管位置（在潮湿的泥土中）。

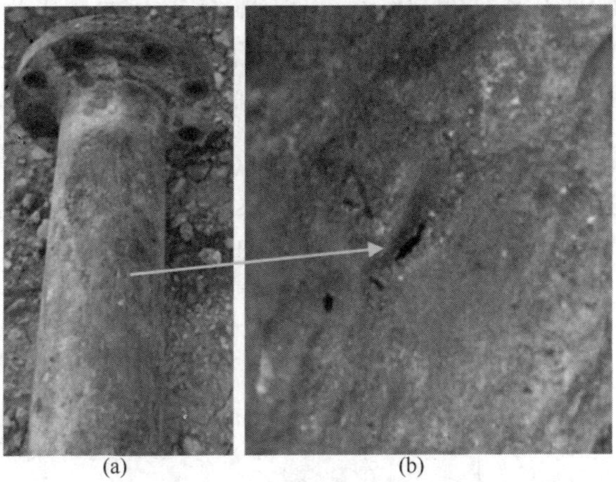

图 5.28 芳烃输送管道腐蚀现象

注：（a）芳烃输送管道腐蚀形貌；（b）腐蚀穿孔。

失效原因及解释：未受保护的管道外表面与雨水和富含溶解氧的泥土长时间接触，水和溶解氧是碳钢管外表面电化学腐蚀的原因，能够导致均匀腐蚀和点蚀，直到穿孔。腐蚀产物中检测到的硫化铁表明，泥浆中的硫化氢是腐蚀的原因之一。H_2S 的可能来源有两种：泥浆中有硫酸盐还原菌或泄漏的烃中含有 H_2S。泥浆中的氯化物可能是由含有的少量（μg/L 级）氯化物的液化石油气泄漏引起的。令人惊讶的是，管道服役 30 年后才出现腐蚀而不是更早地被发现。

解决方案和建议：

（1）将地下管道改为地上安装，并涂覆耐大气腐蚀涂层（厚度 250μm），因为露在地上的管道的腐蚀情况更易于被监测。

（2）位于道路交叉处沟渠内的管道外表面，必须进行涂层和阴极保护（牺牲阳极），防止潮湿土壤对其造成腐蚀。

5.5.1.3 套管中的腐蚀

条件：管道用于输送 $C_5 \sim C_9$烃类，并装于套管中（见图 5.29），没有外部防腐涂层。

图 5.29 套管中的腐蚀

注：（a）套管中的腐蚀管道；（b）套管腐蚀穿孔（直径 10mm）。

结构材料：碳钢 ASTM 106　Gr. B，直径 150mm。

失效前的服役周期：2 年。

目视检查结果：套管内的管道外表面严重腐蚀和穿孔（见图 5.29）。

失效现象：土壤腐蚀（均匀腐蚀和局部腐蚀）。

失效原因及解释：这是典型的穿越铁路段套管内的管道腐蚀情况。当套管内碳钢管道没有涂层时，氧浓差会引起外表面的局部腐蚀（见图 5.29）。

解决方案和建议：

套管必须按照标准进行设计、制造、保护、安装、维护和监控[17]。因此，对于小于 200mm 直径的管道，套管的直径至少比输送管道直径大 50mm。输送管道的外表面应有混凝土、环氧聚合物混凝土、聚氨酯或聚脲涂层。套管端部密封应设计为防水和防杂物进入。建议用矿脂蜡（包含缓蚀剂、增塑剂和热延伸剂）填充套管环空，另一个选择是填充防腐凝胶填料（含多相蒸汽缓蚀剂），其中的缓蚀剂不应对环境有害。

5.5.1.4　废碱管道腐蚀

条件：该管道用于输送废碱，在充满土壤的套管中，且没有外部防腐层。检测发现管道泄漏。

结构材料：碳钢 ASTM 106 Gr. B，直径 150mm。

失效前的服役周期：12 年。

目视检查结果：穿孔（直径 5 ~ 7mm）、点蚀坑、腐蚀“阶梯”和管道外表面严重均匀腐蚀（见图 5.30）。

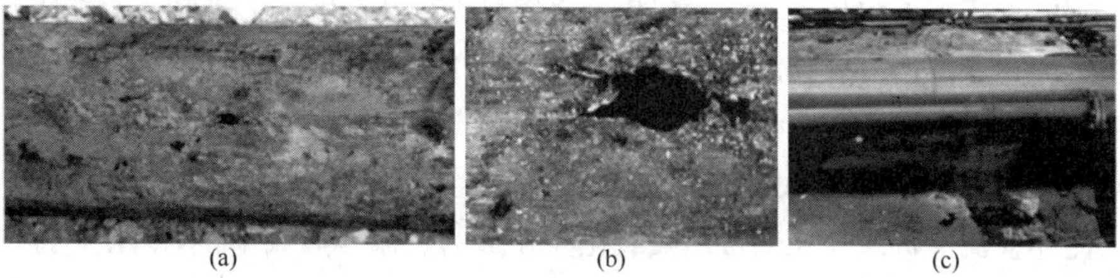

图 5.30　废碱管道腐蚀现象

注：(a) 穿孔、点蚀坑和阶梯状腐蚀形貌；(b) 穿孔处放大图（直径 7mm）；(c) 废碱管道概貌。

失效现象：土壤腐蚀（均匀腐蚀和局部腐蚀）。

失效原因及解释：未做防腐涂层的碳钢管安装在湿润土壤环境中，属于典型的土壤腐蚀。

解决方案和建议：

(1) 将管道移到地面上方，并涂覆适用炼厂环境的防腐涂层（厚度 250μm）。

(2) 埋地管道必须施用外涂层（环氧树脂、聚氨酯或聚脲）和阴极保护。

5.5.1.5　炉管失效（连续催化重整单元）

条件：管内介质为石脑油，温度为 310 ~ 330℃，管外壁温为 510 ~ 720℃，管内壁温度为500℃。

结构材料：9Cr 合金钢（ASTM A 213 Grade T9，Sch 80）。

失效前的服役周期：9 年。

目视检查结果：在炉内的下部管道上发现表面纵向裂纹（见图 5. 31），在失效区域，炉管的迎火侧外壁局部膨胀，失效区域附近有厚且脆的氧化层。

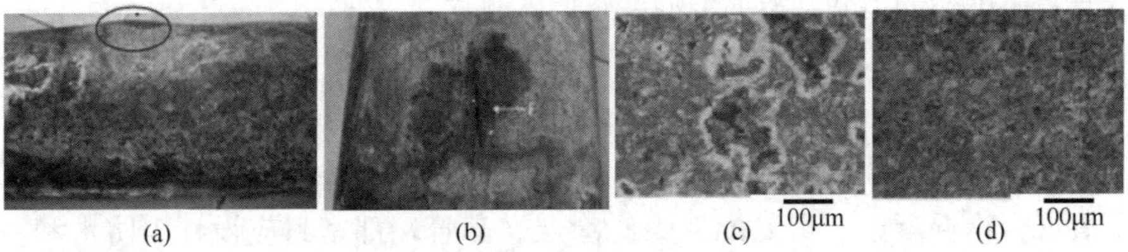

图 5. 31　炉管腐蚀现象

注：（a）失效管道的局部凸起（椭圆区域）；（b）F 区域（凸起部分）的开裂；（c）（d）远离失效区域的管道金相横截面，（c）为迎火侧，（d）为背火侧。

机械检测：该合金管表面硬度检测值为 400 ~ 430$HV_{0.5}$（负载 0. 5kg 时的维氏硬度），最大允许值为 190$HV_{0.5}$。

金相检验：相对于背火侧，迎火侧炉管壁厚明显减薄。炉管内外的失效原因相似，氧化层覆盖了裂纹的整个外表面，炉管迎火侧的金相组织是马氏体，背火侧是贝氏体组织。

X 射线能谱分析：热管内外表面的腐蚀产物由铁、氧、铬和硫（10% ~36% S）组成。

失效现象：高温腐蚀（氧化）或长期过热。

失效原因及解释：最高壁温（720℃）接近于 9Cr 合金钢的过热氧化温度（770℃）[11]，且持续了约 9 年。原始的 9Cr 合金钢通常具有硬度为 190$HV_{0.5}$的淬火贝氏体组织。在管的背火侧仍为贝氏体组，而迎火侧组织变为马氏体。该合金 Cr 含量高（9%），长时间高温过热导致硬度为 400 ~ 430$HV_{0.5}$的马氏体组织形成。火焰模式使用不当和过度燃烧导致局部过热。硬度 >400$HV_{0.5}$的 9Cr 回火合金钢易遭受高温腐蚀和开裂。炉管的失效是迎火侧外壁发生腐蚀（长期过热或氧化）造成的。循环热氧化和剥落使得迎火侧的管壁减薄，而膨胀则是二次现象。

解决方案和建议：

（1）检查炉管过热区，查看是否有结垢和沉积。过量的沉积物应通过机械或化学清洗去除，并防止重复沉积[11]。

（2）检查过热区域附近的燃烧状态和炉温分布。

（3）投用前和停工期间，检测管材的硬度，如果硬度达到 190$HV_{0.5}$，则必须进行更换。

5. 5. 1. 6　锅炉水循环管道失效（电厂）

条件：锅炉运行 20 年，温度为 320 ~ 340℃，压力为 13MPa，燃料是燃料油。最后一次检查是在失效的 3 年前进行的，锅炉状态良好。管道直径为 57. 15mm、壁厚为 5. 5mm

的两条管道在锅炉水循环区域爆炸。

结构材料：0.5 钼钢 ASTM A209－03（无缝碳钼合金钢锅炉及过热器管）。

失效前的服役周期：最后一次检查后 3 年。

目视检查结果：失效的管段两端焊接在未失效管道上。迎火侧的管壁膨胀变形，有较宽的穿孔（见图 5.32）。管道外壁穿孔，周围腐蚀，有灰、白和黄色的不规则沉积物，穿孔周围有较厚的不均匀黑色结垢，背火侧管道内壁有均匀（平滑）致密的黑灰色垢物。穿孔是从管道外表面开始形成的。管道迎火侧壁厚相对于背火侧显著降低，靠近穿孔的迎火侧内壁氧化层厚度为 300～400μm。背火侧外壁有致密的腐蚀产物，内壁有轻微不均匀的氧化层。

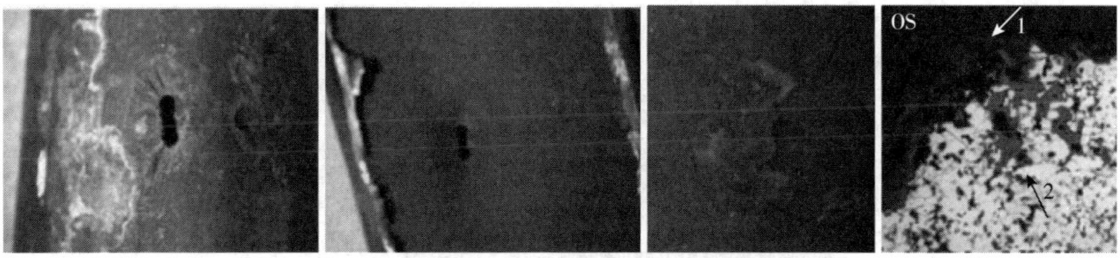

(a) (b) (c) (d)

图 5.32

注：（a）（b）穿孔形貌，a 为外侧，b 为内侧；（c）迎火侧穿孔附近的管内壁（腐蚀产物厚度不均匀）；（d）靠近失效管段（迎火侧）穿孔截面金相（240），其中，OS 为外表面，1 为腐蚀产物，2 为晶间腐蚀。

金相检验：外表面覆盖疏松的腐蚀产物层，在表面下方有明显的晶间腐蚀（超过 0.15mm）。为了进行比较，用与失效管段相似的未使用管段作为参照，其外壁被致密的锈层覆盖，厚度为 150μm，没有晶间腐蚀的迹象。

X 射线能谱分析和 X 射线荧光光谱检测分析：外表面的沉积物含有 Fe、O、V、Ni、Ca、Na、S、Si（燃油燃烧时的典型元素）。

失效现象：油（液体）燃灰腐蚀。

失效原因及解释：管线材质不是造成失效的原因，只有靠近火焰的两个管段内壁存在 Fe_3O_4厚层（厚度为 300～400μm）。管线失效前 3 年进行了更换。管内壁未完全除锈，并且钝化过程中产生的 Fe_3O_4也不能很好地被除去，Fe_3O_4层厚度不超过 100μm。

失效的机制：燃料油燃烧产生含有 Fe、O、V、Ni、Ca、Na、S 和 Si 的盐和氧化物。失效管内表面存在厚度不均的（约 400μm）氧化铁垢层，表明温度较高。这种垢层的形成是由于安装前管道表面的铁锈在操作条件下起了隔离作用，故使得这些区域不能很好地进行热传递，使得管段外壁过热。当温度达到燃料油燃烧形成的盐的熔点时，熔融盐开始与铁反应。因此，油（液体）燃灰腐蚀出现。管道外壁先开始腐蚀，腐蚀导致的管壁减薄，材料机械性能降低，以致在锅炉内部压力作用下发生爆炸。

解决方案和建议：清除管道内壁的铁锈，充分钝化，形成均匀（光滑）的 Fe_3O_4保护层（最大厚度为 100μm）。

5.5.1.7 消防管道腐蚀和破裂

条件：室温，压力为0.3～0.5MPa，消防管道内为静态消防用水。每周在压力1～1.1MPa下用泵将消防用水循环一次，用于测试系统的使用情况。在可能发生火灾事故期间，管道中的最大水压不得大于1.6MPa。水循环启动期间管道发生破裂。

结构材料：碳钢API 5L Gr. B，直径为30.48cm，壁厚为6mm。

失效前使用时间：40年。

目视检查结果：发现长2m×2cm的纵向开裂（见图5.33）。消防管道的其他管段外表面有锈蚀和泄漏，管内检测到厚度不均的铁锈。

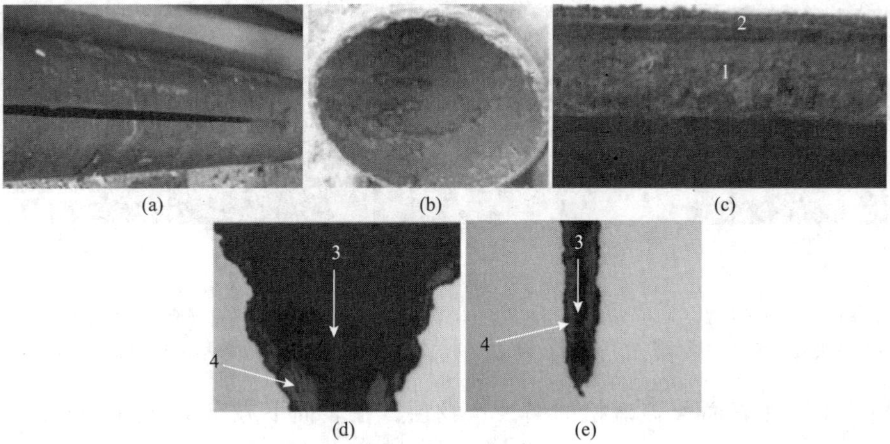

图5.33 消防管道腐蚀现象

注：（a）失效消防管道纵向开裂形貌；（b）管内壁锈层；
（c）不同的断裂区域：1为无焊缝（约为壁厚的80%），2为开裂后焊缝；
（d）（e）失效管远端横截面金相；（d）从管内壁开始的裂纹；（e）开裂边缘，3为裂纹，4为腐蚀产物。

金相检验：管内壁腐蚀，发现未焊透（壁厚的80%）。

失效现象：水腐蚀，开裂，点蚀。

失效原因及解释：受到管内留存消防用水的腐蚀，焊接不足形成的缝隙（裂纹）逐渐向管壁扩展。当裂纹发展到壁厚90%的深度时，管线失去机械性能并最终破裂。焊缝处有点蚀，部分穿孔发生泄漏，导致管外表面形成锈蚀（见图5.34）。

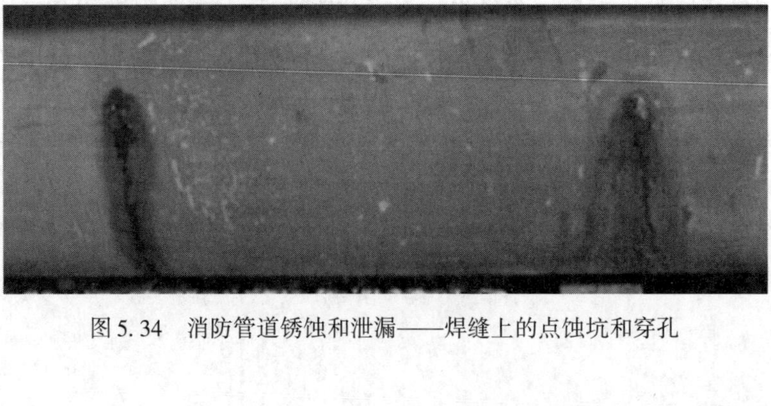

图5.34 消防管道锈蚀和泄漏——焊缝上的点蚀坑和穿孔

解决方案和建议：

（1）使用 NDT 技术（超声波检测、涡流、用 X 射线/γ 射线成像或计算机断面扫描、声发射技术）检测消防焊管中的缺陷。

（2）停止使用焊接管道，更换为无缝钢管。

（3）使用镀锌钢作为消防管道。

（4）加注缓蚀剂（1000mg/L $NaNO_2$）长期保护碳钢内表面免受腐蚀。

5.5.1.8 吸收塔出口及阀门腐蚀（连续催化重整装置）

条件：经过膜分离后，混有氮气、气态烃和痕量氯化氢的氢气，在 44～60℃进入吸收塔（推荐最低温度 66℃），用氢氧化钠水溶液（11% NaOH）洗涤，除去氢气中的氯化氢杂质气体。氢气出塔温度 35℃，管线（外无涂层）有岩棉保温。

结构材料：管线和阀门——碳钢，直径 100mm。

失效前的服役周期：1 年。

目视检查结果：在管道出口和氢气从塔内流出的阀门内部（热影响区），存在穿孔、开裂和严重的腐蚀现象（见图 5.35、图 5.36）。管线的内外壁和阀门都有较厚的锈层。由于内部严重腐蚀，70m 长的管道被更换。

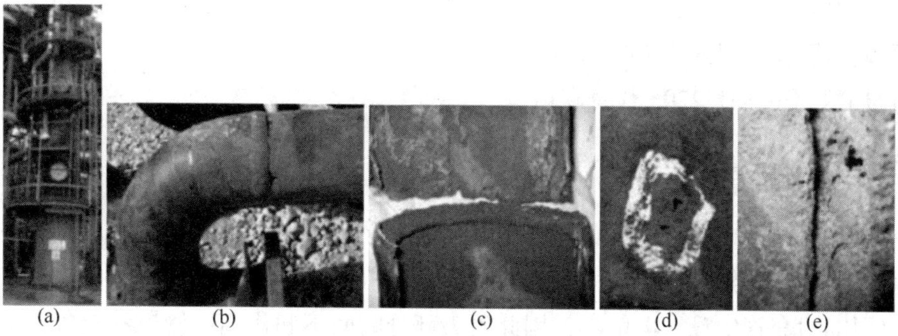

图 5.35 吸收塔的管道腐蚀

注：(a) 氢氧化钠水溶液（连续催化重整装置）的 HCl 吸收塔（失效管道覆盖有发光铝套的部分）；(b)(c)(d) 焊缝的环形穿孔，(b) 为外观，(c) 为内部视图，(d) 为焊缝上两处穿孔的弯头；(e) 弯头处焊缝（热影响区）内表面（穿孔）。

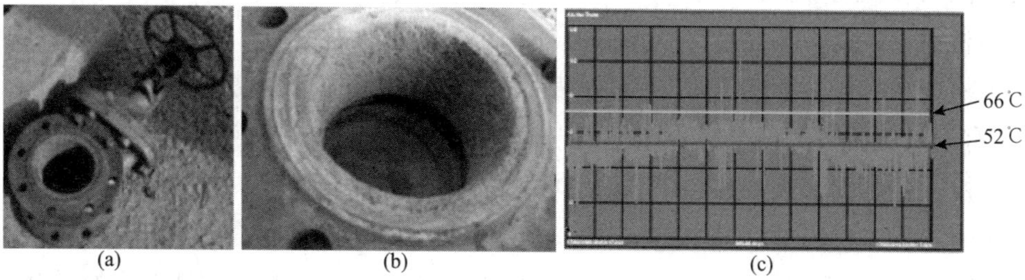

图 5.36 吸收塔的阀门腐蚀

注：(a)(b) 被腐蚀的阀门；(c) 入塔气体温度波动（工厂信息系统数据）。

氢氧化钠水溶液的化学分析数据显示，一年内碱浓度多次降至零，NaOH 浓度范围为 0～5%（建议浓度 11%）。X 射线荧光光谱检测分析表明，焊缝区域内外表面的锈中含有 Fe、O 和 Cl（高达 30%）。

失效原因及其解释：当氢氧化钠溶液的浓度低于 11% 时，氯化氢气体未被完全吸收，因此不能完全中和酸性杂质（HCl）。残留的氯化氢溶于水，导致碳钢管线内壁严重腐蚀，特别是在焊接热影响区（由于其电化学差异的作用）。

含 HCl 杂质的氢气进塔温度应大于 66℃，否则，由于氢气夹带的烃的冷凝，使得塔内发泡、床层和过滤器堵塞的风险增加。工厂信息系统分析显示，进塔气体的温度范围为 44～60℃，而不是 66℃。因此，过滤器被冷凝的烃类堵塞，氢氧化钠溶液在塔中不能很好地吸收 HCl。

失效现象：酸均匀腐蚀。

解决方案和建议：

（1）保持氢氧化钠溶液 11% 以上的浓度。如果浓度降低小于 9%～10%，则需要向塔中加入新鲜的氢氧化钠溶液，以便从氢气中完全吸收 HCl。

（2）保持氢气的进塔温度不低于 66℃。为此，建议降低位于塔前的空气冷却器的通风机（风扇）的转速，或者提高该管段伴热蒸汽的氢气进塔温度。

（3）加强出塔氢气中的 HCl 的化学分析检测，因为微量的 HCl（μg/L 级）与水接触也会导致碳钢管和阀门内表面严重腐蚀。

（4）用双相钢 SAF 2205 代替碳钢。

5.5.1.9 煤油管道失效

条件：炼厂向港口输送煤油的埋地管道，服役 65 年，管外没有涂层。管道失效的部分位于钢筋混凝土支架上的混凝土套管中。在过去的 35 年中，管道使用了阴极保护，但由于管道周围的套管中没有电解液，因此绝大部分时间不起作用。管道和混凝土支架之间没有绝缘。地下混凝土套管和管道的空隙必须是空的，并且要将两侧堵住以防止雨水或地下水渗入。道路上的雨水在冬季聚集在套管内，覆盖所有管道表面，从而加速腐蚀。在管道内进行周期性压力检测后，管道顶部发现泄漏。

失效前的服役周期：65 年。

结构材料：碳钢 AISI 1025，直径 30.5cm，厚度 9.2mm。

目视检查和发现：发现管道上部外表面有严重的腐蚀和裂纹（长度为 10mm，见图 5.37）。有大量坑蚀且大部分集中在管道内表面的上部三分之一处（煤油侧）。

金相检验：宏观形貌观察结果表明，相对于下部管道，上部原始壁厚明显减薄，内外壁均有减薄，但主要是外壁减薄。65 年，来管道发生的均匀腐蚀是壁厚减薄的原因。远离裂纹的部位和管道下部的壁厚几乎都是 8～8.5mm。裂纹附近的测厚发现，该处是管道主要的减薄区域。微观腐蚀形貌分析表明，管道内外壁和裂纹内部均有大量腐蚀产物，裂纹的角度相对于管壁表面呈 45°，是典型的过载荷导致的断裂（裂纹），没有发现疲劳裂纹。

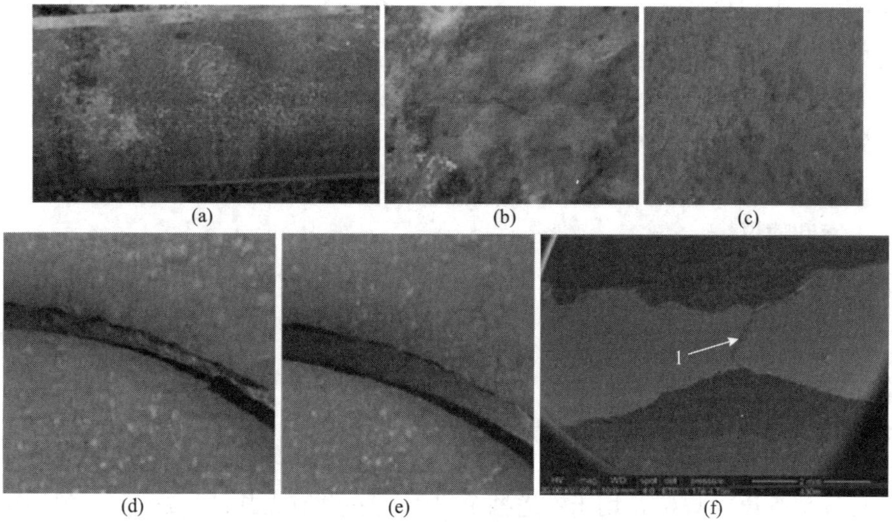

图 5.37 煤油管道腐蚀

注：(a) 煤油管线失效形貌；(b) 外壁带有裂纹的腐蚀形貌；(c) 内表面腐蚀形貌 (煤油侧)；
(d) (e) 横截面宏观形貌，(d) 为裂纹附近，(e) 为远离裂缝部位；
(f) 横截面金相组织，裂纹面积 (电镜扫描照片)，其中 1 为裂纹。

失效现象：应力腐蚀开裂、均匀腐蚀和点蚀。

失效原因及解释：混凝土套管与管道空间没有进行防雨水渗透密封，因此内部空间冬季充满雨水，夏季则干燥。这种阶段性的“湿润干燥”交替引起管道外表面腐蚀。管道的外表面和内表面均有腐蚀。在服役 65 年时间内，管道外表面与雨水接触造成外腐蚀，煤油中溶解的水和氧导致管内表面的均匀腐蚀和点蚀 (电化学机理)[2]。

裂纹是因为超负荷引起的，因管壁局部减薄到不能承受作用在管上的应力而产生了开裂。开裂是在管道表面长时间受到腐蚀之后发生的，是失效的最后阶段。

解决方案和建议：

(1) 在管道的外壁进行涂层保护，并将管道安置在聚合物套管中。

(2) 密封两侧套管 (内侧有管道)。

5.5.1.10 从碱处理单元到中和盐水分离器的管线腐蚀

条件：管线用于输送从碱处理单元到盐水分离器的中和盐水，室温，压力为 800kPa。

结构材料：碳钢，管径 45mm，壁厚 5mm。

失效前的服役周期：3.5 年。

目视检查结果：密集的沉积物积聚在管内表面造成堵塞，沉积层有穿孔 (见图 5.38)。点蚀速率为 1.7mm/a。

X 射线荧光光谱检测分析：沉积物组成为：Fe (45%)、S (40%)、Al (8%) 和Si (7%)。

图 5.38 从碱处理单元到分离器的中和后盐水管线内腐蚀

化学分析：中和盐水含有不同类型的盐（主要是 Na_2SO_4），pH 值在 4.5～12.5 范围波动。管道内表面形成的沉积物中检测到硫酸铁和氢氧化铁。

失效原因及其解释：中和盐水中的硫酸盐导致碳钢管内表面腐蚀。铁的腐蚀产物沉积，并且发生垢下腐蚀，氧浓差电池导致点蚀发生。

失效现象：垢下腐蚀。

解决方案和建议：

（1）用高密度聚乙烯材料代替碳钢，其在 20℃可耐受 1.6MPa 压力，在 40℃可耐受 1MPa 压力。用聚丙烯 PN 10（25℃时耐 1MPa）做附件（阀门、配件）。

（2）使用内聚合物涂层的碳钢管。

5.5.1.11 抽余 C_4 输送管线失效

条件：埋地管道（焊接）用于输送抽余 C_4，埋在含有无盐沙（2m 深）的沟渠中。

石油加工中常见的抽余 C_4 是来自催化裂化的 C_4 组分（含有丁烷、异丁烷、丁烯、异丁烯和丁二烯的丁烷-丁烯混合物），抽余 C_4 是生产聚合物和燃料的原料。管线外涂覆聚乙烯带，阴极保护（外加电流）运行。在弯曲区域（管道转弯处）土壤中检测到烃泄漏（见图 5.39）。

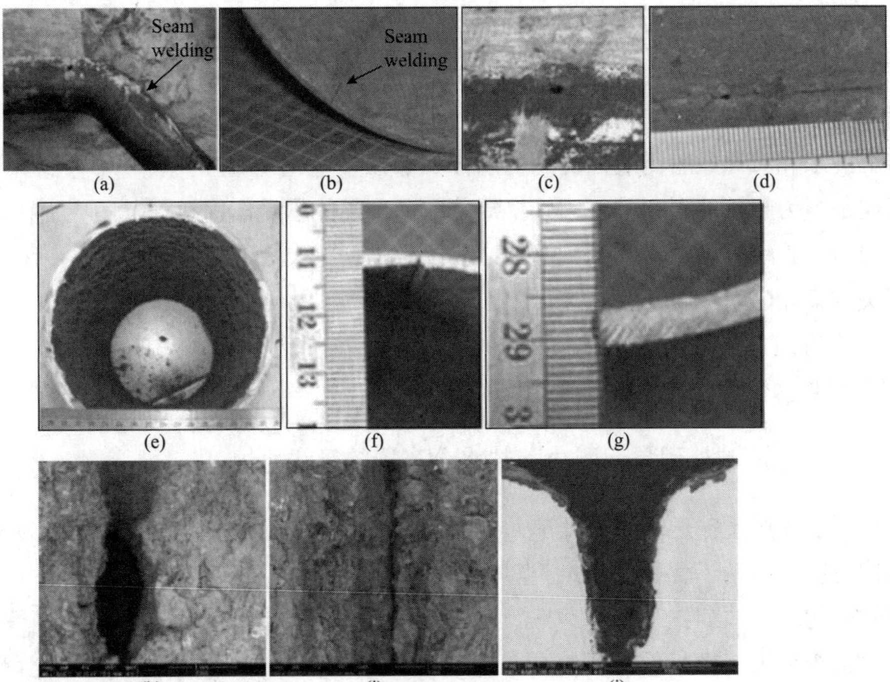

图 5.39 抽余 C_4 输送管线腐蚀

注：（a）管弯曲处“6 点钟”方向穿孔；（b）沿管道的缝焊；（c）泄漏区域（外表面）；（d）泄漏区域（内表面）；（e）壁厚（锈内）；（f）焊缝处管段顶部；（g）管段下部；（h）管线内壁的 SEM 图像（失效区域）；（i）管线内壁的电镜扫描图像（失效区附近）；（j）横截面金相电镜扫描照片（焊接区）。

失效前的服役周期：20 年。

结构材料：碳钢 API 规格 5L，管径 150mm，原始壁厚 9.2mm。

目视检查结果：管道转弯“6 点钟”方向处有穿孔（见图 5.39）。弯管段上方内表面有铁锈和浅蚀坑，远离失效管段的直管内壁也有浮锈。失效管段（弯曲）壁厚由原来的 9.2mm 减薄到 3mm，远离失效管段的壁厚由原来的 9.2mm 减薄到 6 ~ 7mm。失效处腐蚀速率为 0.46mm/a，远离失效部位的腐蚀速率为 0.01mm/a。

X 射线能谱分析：失效处铁锈主要元素组成：Fe、O、Cl（约 2%）和少量的 Ca、Mg；远离失效管段的铁锈中没有检测到氯化物。

失效现象：冲蚀。

失效原因及解释：服役超过 20 年的抽余 C_4 输送管道内壁发生腐蚀，纯抽余 C_4 液体（轻烃的混合物）对碳钢不具腐蚀性。管内的锈迹表明，残液中含有水、氧气和氯化物，导致管内壁发生电化学腐蚀。铁锈中氯化物的存在表明，连续催化重整单元流出的 C_4 组分中含有氯化物。锈蚀中有钙和镁表明，对管道进行静水压气密性检测后有水分残留。与远离穿孔部位的管壁壁厚相比，穿孔部位管线转弯处的壁厚明显降低，表明流态是导致失效的主要因素。管线转弯处抽余 C_4 流动状态的变化导致焊缝严重的冲刷腐蚀。因此，冲蚀是导致管转弯部位焊缝腐蚀和穿孔的原因。管外壁没有变化。

解决方案和建议：

（1）安装聚结器以降低抽余液中的水含量，在连续催化重整装置中设置脱氯罐。

（2）管线弯头处用 316L 不锈钢代替碳钢。

（3）弯头和碳钢管道之间采用法兰连接并绝缘。

（4）直管段腐蚀速率维持在 0.01mm/a（20 年）较为合理，腐蚀风险低。

5.5.1.12 管道焊缝腐蚀（废碱处理装置和硫酸铁溶液储罐）

条件：管内介质为含有氯化物（1000mg/L）的废碱，室温。硫酸铁溶液的储罐和管道（罐周围）位于该单元。

结构材料：316L 不锈钢，焊接后未钝化。

失效前的服役周期：1 年。

目视检查结果：输送废碱和硫酸铁溶液的管线焊缝处存在泄漏（见图 5.40）。管道内有沉积物，焊缝内局部腐蚀严重。失效焊缝的热影响区，尺寸大于未失效焊缝的尺寸。

金相检验：宏观检查显示在焊缝和热影响区之间的边界处有严重腐蚀［见图 5.40（e）］，部分焊缝存在不对称。微观形貌显示，焊缝和金属基体交界处有腐蚀，是从内部开始发展的［见图 5.40（g）］。

微观结构：平均晶粒度 2 ~ 3，而奥氏体不锈钢（SS 316L）的标准晶粒尺寸应为 5 ~ 8。

管线和焊接材料的化学分析：光谱仪分析焊接化学成分与标准要求不同（见表 5.5）。

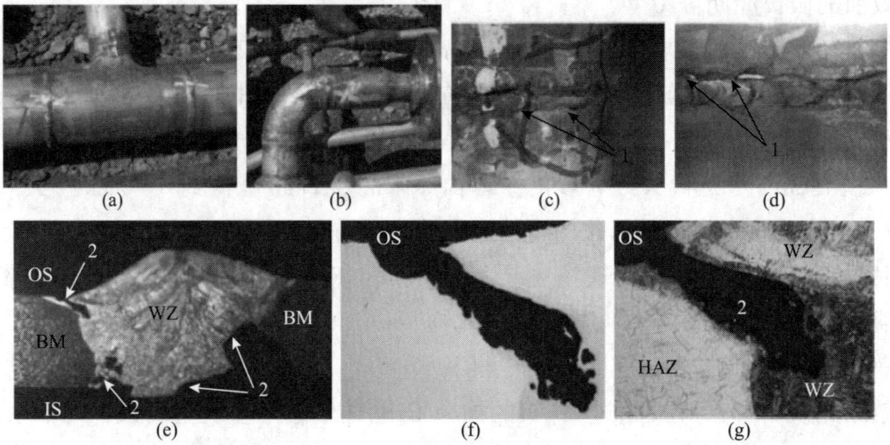

图 5.40 管道焊缝腐蚀

注：（a）（b）管线焊缝概貌；（c）（d）失效焊缝（穿孔 1），c 为外表面，d 为内表面；（d）焊缝截面宏观形貌，2 为腐蚀部位，WZ 为焊接区域，BM 为金属基体，OS 为外表面，IS 为内表面；（e）（f）（g）失效焊缝金相照片（放大 60 倍），f 为侵蚀之前，g 为侵蚀之后，HAZ 为热影响区。

表 5.5
焊缝化学组成（316L 不锈钢）

管道部位（焊接）	元素/%							
	Cr	Ni	Mo	C	Mn	Si	S	P
废碱单元	13.2	8.7	1.8	0.035	1.61	0.44	0.007	0.020
$Fe_2(SO_4)_3$罐	8.8	5.6	1.3	0.042	1.46	0.43	0.008	0.025
SS316L（ASTM 312）	16.0～18.0	10.0～14.0	2.0～3.0	最大 0.035	最大 2.0	最大 1.0	最大 0.030	最大 0.045
用来焊接 316L 的典型电板	18.0	11.5	2.8	0.025	0.80	0.80		

注：与标准要求不符的值用粗体标出。

X 射线能谱分析：焊缝内部的腐蚀产物组成为 Fe（51%）、O（28%）、Ni（9.5%）、S（5%）、Mo（4%）、Cr（1.5%）和 Si（1%）。腐蚀产物中没有发现氯。

失效现象：焊缝部位局部腐蚀。

失效原因及其解释：焊缝失效的主要原因是焊条的化学成分与标准推荐的 SS316L 不锈钢的化学成分差异显著，焊接材料中 Cr、Ni 和 Mo 不足（见表 5.5）。金属基体（管线）为 316L 不锈钢。这种焊接材料和金属基材化学成分的差异产生的电化学差异性，导致了与电解质（废碱或硫酸铁）接触的焊缝与金属基体交界处的局部腐蚀。腐蚀从焊缝的内表面开始，即焊缝根部的中心。失效的第二个原因是焊接后焊缝内外表面没有进行钝化处理。第三个原因是焊缝的几何形状导致内部应力产生，从而加速了失效。根据微观形貌的表征，热影响区的晶粒尺寸增加（2～3 级而不是 5～8），表明焊接过程过热也可能是导致失效原因之一。

解决方案和建议：

（1）使用合适的焊材焊接 316L 不锈钢（见附录 F）。

（2）合理选择焊接结构以减少焊缝的应力。

（3）焊接后焊缝内外表面应按 ASTM A380[18]进行钝化。

5.5.1.13 管道修复涂层

条件：埋地（距地面 1.2m）原油输送管道（管径 400mm），外有聚氨酯涂层和阴极保护。

结构材料：碳钢，外层聚氨酯涂层（厚度 450 ~ 550μm）。

失效前的服役周期：17 年。

目视检查结果：聚氨酯涂层的破坏（见图 5.41）。

图 5.41 管道修复涂层腐蚀

注：（a）管道修复；（b）去除和修复之前的受损聚氨酯涂层；（c）用聚氨酯涂层（500 ~ 600μm 厚）修补的管道（上）。

失效现象：涂层损坏。

失效原因及解释：聚氨酯涂料在埋地条件下老化。

解决方案和建议：

（1）根据 EN ISO 8501 - 1[19]标准，表面喷砂处理，达到 Sa2.5 级。

（2）用聚氨酯涂料（厚度 500 ~ 600μm）修补。

结论：

（1）炼油和化工装置的管道通常按照 ASME/ANSI B31.3[20]设计，应特别注意焊接、支撑、弯曲和连接部位。

（2）任何管道失效都应进行登记、研究和分析。

（3）炼油和化工装置将地下管道搬迁到地上有利有弊。

（4）地上管道，便于监控、维修、更换和重新喷漆，但容易受到维修人员的不经意的损伤。

（5）地下管线的监控、维修和更换比较复杂，由于需要使用防腐涂层和阴极保护，所以防腐保护也更复杂。

5.5.1.14 加热炉内炉管道表面亮斑（连续催化重整装置）

条件：加热炉布置三个燃烧器，燃料为炼厂气，烟气与炉管的外表面接触。炉管表面温度为500℃，但在“亮斑”部位可达到700℃。

结构材料：9Cr－1Mo 钢，壁厚5.7mm。

失效前的服役周期：6年。

目视检查结果：使用期间，在管道的外表面检测到亮斑（见图5.42），管壁有0.4～0.5mm厚的致密结垢，与表面附着紧密，很难去除。与管表面直接接触的结垢呈灰色，与烟气接触的部位呈红色［见图5.42（b）］。结垢由四层不同形态的产物组成，靠近管线表面的两层包含铁和铬的氧化物混合物，第二层氧化层中检测到裂纹，与烟气接触的第三层和第四层仅含铁的氧化物（主要是 Fe_2O_3）。

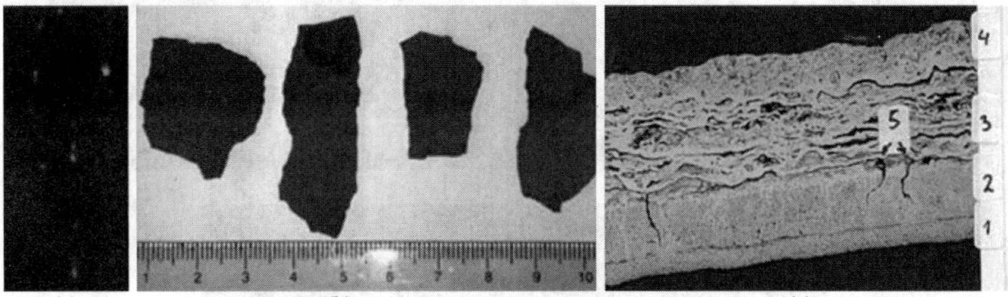

(a)　(b)　(c)

图5.42　加热炉内炉管道表面亮斑

注：（a）炉管外表面的“亮斑”（运行过程中）；（b）9Cr－1Mo 炉管表面结垢，与燃烧气体接触部位呈红色，与管壁接触部位呈灰色；（c）氧化物横截面电镜扫描照片（放大倍率100），其中，1～4层为氧化物层（厚度为0.4～0.5mm），1层为与管壁接触层，5层为第二层氧化层中的裂纹层。

X射线能谱分析：垢物含 Fe、Cr、O、S、Si、Ca 和 Mn 元素。

失效现象：出现亮斑。

亮斑是在高温下的原子和电磁波的激发而形成的一种物理现象，炉管外壁的亮斑也是如此。钢表面的不同颜色取决于温度（见图5.43）。

亮斑在高于427℃的温度下形成。由于热能使得钢中的原子处于高能态，光子从钢管的表面逸出。当管道在加热炉中处于高温时，钢表面上即形成铁和铬氧化物。垢层的厚度和亮斑的颜色取决于温度和时间。受热的钢材颜色随温度变化从暗红色变为橙色、黄色，再变为白色，可以作为钢温的监测指标。因此，钢表面的不同颜色长期以来被用于钢的热处理。薄层的氧化物剥落（在氧化物层中检测到裂纹），氧化物内部区域便暴露于热能流中，在这些地方就可看到的亮斑。

结论：

（1）“亮斑”对于炉中管道的运行并不危险。

（2）9Cr－1Mo 钢的氧化速率很低（约 0.06mm/a），没有使用危险。

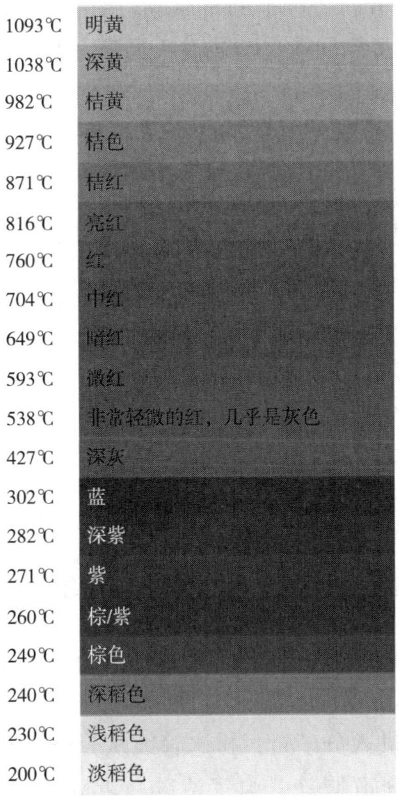

图 5.43　不同温度下钢表面的颜色

5.6　辅助设施

许多腐蚀问题不直接关系到炼油厂和化工厂中原油、石油产品、燃料、有机液体和硫黄的生产及加工装置的运行，而与环境、健康和安全等级有关。美国职业安全与卫生管理局（OSHA）和美国环境保护局（EPA）等制定了安全和排放控制方面的规定，如烟雾、噪声和气味排放标准。这些规定实施的对象大部分是具有腐蚀问题的辅助设施，如火炬处理系统、沥青除臭装置、溶气浮选装置、酸性气体洗涤装置、尿素中和 NO_x 装置、分离系统和废碱处理装置。本节对六个案例进行了描述和分析。

5.6.1　火炬处理系统

火炬是炼油厂安全的生命线，如果操作不当，可能会对设备造成最严重的安全危害，甚至引起爆炸。火炬系统的安全性取决于空气是否渗透到火炬中。防止空气渗透的最有效方法是引入吹扫气体。烟囱是用于安全处理可燃气体，确保这些气体在烟囱出口处（火炬头）燃烧。烟囱内不希望存在爆炸极限内的可燃气和空气（氧气）的混合物，因为这会造成内部回火或爆炸。

火炬处理系统将正常和异常工况下的常压或高压（紧急释放）气体收集和排放到大气中（安全区域）。火炬系统通常具有引燃或点火装置，用于点燃离开系统的气体，因为气体排放可以是连续的也可能是间歇的。该系统的重要组成部分之一是“分子封”。分子封是火炬系统的附件，可以防止火焰前部堆叠和回火。它位于火炬头下方，用于防止空气进入火炬内部。依靠吹扫气体（烃混合物）和空气之间的密度差异，分子封能够形成一个阻止空气进入火炬内部的屏障（防止在系统中形成爆炸性混合物）。分子封也被称为“浮力密封或迷宫密封”。密封器是气体反转装置，它能使得通常沿向上方向流动的气体在流动的原始方向上旋转180°。

炼厂的烃类气体混合物通常含有硫化氢和水蒸气，这些硫化氢和水蒸气在一定条件下可能对碳钢设备有腐蚀性。本节介绍其中的一个案例。

5.6.2 案例研究

5.6.2.1 分子封中的排水管腐蚀（火炬处理系统）

条件：火炬处理系统用于燃烧“火炬气”（主要包含烃，4%～5%体积分数的硫化氢和水蒸气）和“燃料气体”（仅含碳氢化合物）。“火炬气”穿过吸收了 H_2S 的水层（90cm 高），并通过提升管进入分子封，排水管线从分子密封器的底部以45°离开并垂直向下。运行期间，分子封的管道堵管，为了清除这些沉积物，采用蒸汽向上喷入的清管方式。

结构材料：碳钢，管外径90mm，壁厚7mm。

失效前的服役周期：5年。

目视检查结果：检测到分子封及其内部的排水管线严重腐蚀（见图5.44、图5.45）。壁厚由原来的7mm减薄到0mm。由于壁厚的减小，管线在载荷作用下开裂。管线主要在45°处内部发生腐蚀，灰垢附着在管内表面。化学分析表明，垢物含有硫化铁、硫酸铁和硫酸亚铁。

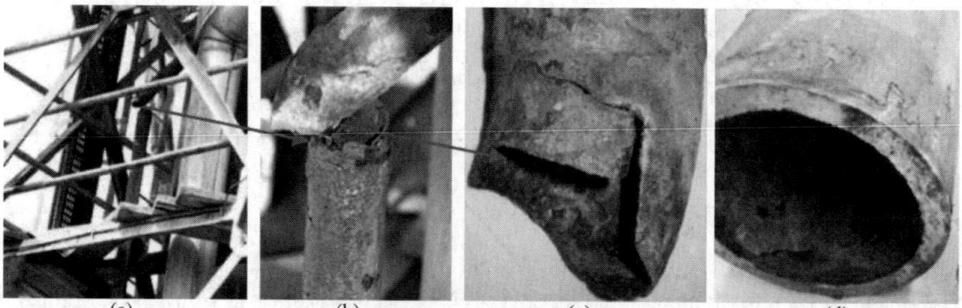

(a) (b) (c) (d)

图5.44 分子封中的排水管线腐蚀现象（一）

注：(a) 分子封中被腐蚀的排水管；(b) 腐蚀断裂的管线（图a的放大图）；(c) 失效的破裂管；(d) 远离失效端管线。

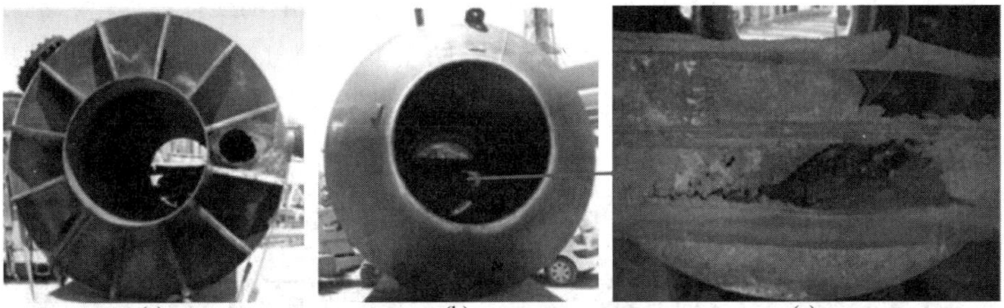

(a) (b) (c)

图 5.45 分子封中的排水管线腐蚀现象（二）

注：(a) 分子封中被腐蚀的排水管（腐蚀断裂排水管线部位）；(b) 分子封上部；(c) 分子封内腐蚀。

失效现象：低温湿硫化氢腐蚀（H_2S 酸腐蚀）。

失效原因及解释：含有硫化氢体积分数 4% ~5% 的火炬气通过 90cm 厚度的水层，硫化氢被吸收形成酸性溶液，并在排水管内壁和分子封下部形成硫化铁沉积物。管线壁厚减小到一定程度，在载荷下沿 45°方向产生裂纹和破裂。当火炬处理系统关闭并向大气开放时，硫化铁被氧化形成硫酸铁和硫酸亚铁盐（见附录 D）。

解决方案和建议：用双相不锈钢合金 7Mo – PLUS（UNS S32950）、奥氏体不锈钢 20Mo – 6（UNS N08026）或合金 20Cb – 3（UNS N08020）替代排水管的碳钢部分。沸腾状的 5% 硫酸溶液中第一种合金的腐蚀速率小于 0.12mm/a[21]。不建议使用 304 不锈钢和 316 不锈钢，因为它们在 H_2SO_4（>0.5%）中的腐蚀速率较高（见表 5.6）。

表 5.6

304 不锈钢和 316 不锈钢在硫酸中的腐蚀速率[21]

H_2SO_4/%	pH 值	温度/℃	腐蚀速率/(mm/a)	
0.05	2.0	95	<0.025	<0.025
0.25	1.3	60	0.9	<0.025
0.50	1.0	90	20	0.125
1.00	0.7	100	7.5	1.25

5.6.2.2 含有过氧化氢和氢氧化钠溶液的聚乙烯储罐失效（沥青除臭设施）

条件：聚乙烯罐（容积 500L）装有 10% 的过氧化氢水溶液，将该溶液注入湿式洗涤器用于沥青除臭（沥青处理单元）。类似的聚乙烯罐用于装 10% 氢氧化钠溶液，总重量为 55kg 的计量泵和电动搅拌器安装在罐的顶部（见图 5.46）。该系统被放置在具有混凝土壁的二级围堰中。一年中的温度变化范围为 10 ~45℃。

结构材料：MDPE（中密度聚乙烯，935g/dm^3，黑色），罐壁厚为 1.5mm。根据这些罐的供应商所述，MDPE 在 20℃下耐过氧化氢，在 20 ~60℃下耐氢氧化钠溶液，500L 的罐可以承受密度高达 1.6kg/dm^3的液体。

失效前的服役周期：1.5 年。

目视检查结果：H_2O_2罐在使用期间突然破裂，计量泵和电动搅拌器掉落，混凝土壁的部分受到破坏。聚乙烯罐顶和罐壁完全损坏［见图5.46（b）（c）］。在氢氧化钠罐中检测到裂纹［见图5.46（d）（e）］。

失效现象：疲劳和氧化。

(a) (b) (c) (d)

图5.46 聚乙烯罐腐蚀现象

注：（a）MDPE罐；（b）盛装10%过氧化氢的罐；（c）（d）氢氧化钠溶液罐（10% NaOH）上的裂纹。

失效原因及解释：计量泵和混合器的振动和动力引起聚乙烯罐疲劳、裂纹形成和完全失效。黑色聚乙烯（如果不加入抗氧化剂）比白色聚乙烯更能吸收太阳光，温度更高。需要指出的是，20℃下的MDPE材质对过氧化氢溶液（10% H_2O_2）是耐蚀的，然而，当温度达到45℃时，过氧化氢分解成氧和水，且高温能够加速分解。过氧化氢和由过氧化氢分解的氧气形成强氧化剂。强氧化剂与温度升高是加速聚乙烯罐失效的主要原因。

解决方案和建议：

（1）将计量泵和混合器从罐顶移除，与容器分开安装。

（2）使用含金属编丝的低密度聚乙烯材料，罐壁厚2mm。

（3）罐必须用篷布覆盖，以防阳光暴晒。

5.6.2.3 溶气浮选（DGF）单元的腐蚀和涂层失效

条件：溶气浮选系统用于清除炼油厂和化工厂废水中的烃类和悬浮固体残留物，该过程使烃、固体悬浮物和其他污染物悬浮在液体表面，然后从液体中被除去。这种分离过程发生在大型金属池中，原理是基于液滴的密度和产生数百万个非常小的气泡。溶气浮选泵的蜗轮形式是双面的，水、溶解氧等对溶气浮选装置内部的碳钢有腐蚀性，一般采用有机保护涂层进行防腐。溶气浮选装置在环境温度下工作。

结构材料：碳钢，涂覆250μm厚的环氧涂层。

失效前的服役周期：2年。

目视检查结果：装置内表面受到严重腐蚀（甚至有穿孔），特别是在池顶部位置，水蒸气和空气（氧气）接触碳钢涂层表面（见图5.47），环氧涂层也被完全破坏。涂层中有鼓泡，下面有严重的蚀坑、锈斑和浅坑。

失效现象：均匀腐蚀、点蚀、涂层破坏。

失效原因及解释：250μm的环氧树脂涂层不足以保护完全浸没在溶有饱和空气的废水中的碳钢。涂层部分形成鼓泡，大部分被破坏，然后在碳钢表面发生严重腐蚀。

解决方案和建议：使用环氧树脂、聚氨酯或聚脲涂层（550μm 厚）。

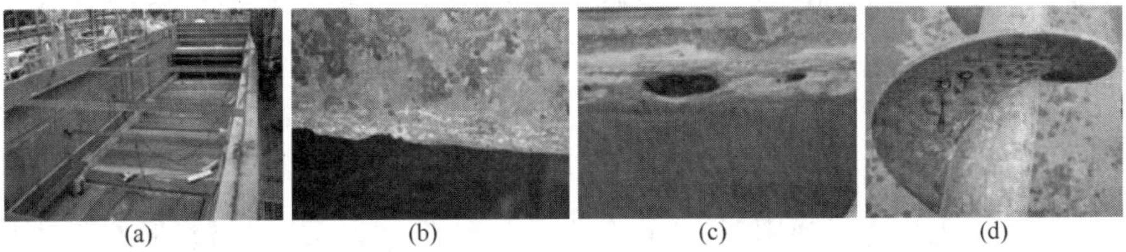

图 5.47 溶气浮选单元的腐蚀现象

注：（a）溶气浮选池概貌；（b）池上部受到腐蚀的梁；（c）池中的腐蚀穿孔；（d）轮蜗的环氧树脂涂层鼓泡。

5.6.2.4 气体洗涤塔（乙烯厂）失效

条件：气体洗涤塔用于吸收五个反应器再生形成的酸性气体，防止大气污染。三种酸性气体（SO_2、SO_3和 CO_2）和水蒸气在 270℃下进入洗涤塔，然后塔中温度降至 33℃。洗涤塔高 5.8m，直径 1m，进气管线长 4.8m，管径 0.8m。该洗涤塔每年工作两次，每次约 48h。流经冷却塔的水由泵抽入洗涤塔以吸收酸性气体。因此吸收反应发生在注入管线至洗涤塔管段。洗涤后酸性水 pH = 1 ~ 2。

失效记录：气体洗涤塔下部的内表面涂有环氧树脂涂层，但在几个月内就会失效。使用的第一年，洗涤塔下部壁厚明显减薄，洗涤塔周围的管线中有多处穿孔；运行 3 年后，内部出现严重腐蚀；在运行的第 5 年、7 年和 10 年，腐蚀严重部位进行了更换和修补处理。试图注氨中和酸性气体，但效果不理想。

结构材料：碳钢。

失效前使用时间：2 年。

目视检查和发现：洗涤塔的内壁有穿孔和严重腐蚀（见图 5.48）。

失效现象：酸腐蚀。

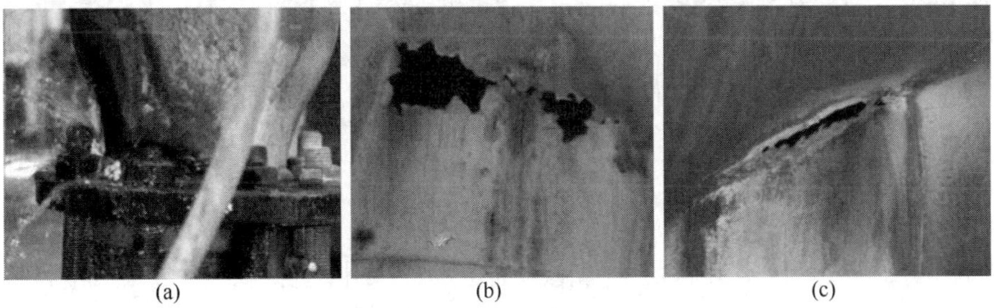

图 5.48 气体洗涤塔腐蚀现象

注：（a）洗涤塔至泵的管线连接处泄漏；（b）塔壁穿孔（酸性气体逸出部位）；（c）腐蚀的罐壳破裂。

失效原因及解释：酸性气体（SO_2、SO_3和 CO_2）被水吸收形成无机酸（H_2SO_3，H_2SO_4和 H_2CO_3），造成碳钢腐蚀。

解决方案和建议：

（1）中和酸性气体。采用稀氢氧化钠溶液（pH = 8 ~ 9）中和酸性气体。最好是在吸收之前将气体冷却至约50℃，以防止碳钢在高温下的碱脆。

（2）使用更耐酸腐蚀的合金：哈氏合金 C－276 或 C－22，耐蚀合金 Carpenter 20Cb－3，AL6XN 或 254 SMO。

（3）使用耐酸涂料：环氧树脂（环氧苯酚酚醛清漆 + SiO_2 + Fe_2O_3）；用玻璃纤维增强的环氧乙烯基酯或聚硅氧烷。

（4）酸性气体入口管线使用第（2）条中的耐酸性合金，洗涤塔材质使用玻璃纤维增强聚合物（GFRP）。

5.6.2.5 尿素溶液注入管的T形接头和加热炉内弯头腐蚀

条件：该系统用于中和大气污染物 NO_x，温度为170℃，压力为0.6MPa，将尿素溶液注入含有 NO_x 的燃料气体中。注入管线和弯头有外保温层。

结构材料：碳钢，管径60mm，壁厚6mm。

失效前的服役周期：7天。

目视检查结果：T形接头和弯头有穿孔（直径1～2cm，见图5.49），管弯头处的保温层破损。

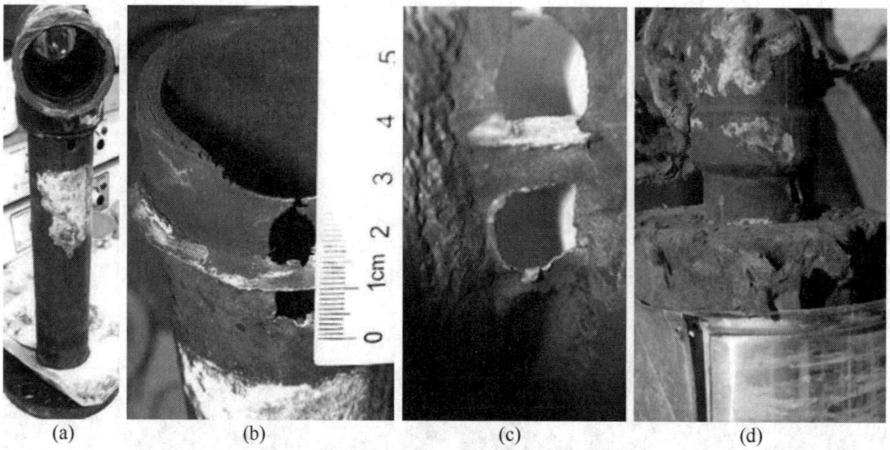

图5.49　T形接头和加热炉内弯头腐蚀现象

注：（a）T形接头穿孔；（b）穿孔处形貌；（c）从内部观察穿孔部位（孔周围的冲刷的形貌）；（d）无保温的弯头穿孔处。

失效原因及解释：尿素流态发生变化的部位形成穿孔。初期，不含蒸汽的液态尿素流过一段时间，之后蒸汽与液相分开，遇到障碍后流态变化产生湍流。弯头部位保温破损造成蒸汽冷凝和汽蚀。碳钢管穿孔形貌表明，穿孔是由冲刷腐蚀（由于严重的湍流）和气蚀（由于蒸汽冷凝）造成的。

失效现象：冲刷腐蚀和气蚀。

解决方案和建议：

（1）用316L不锈钢（更耐腐蚀和汽蚀）代替碳钢T形接头，由于尿素溶液是一种电解质，因此需要将其与其他碳钢连接部位用特氟龙（聚四氟乙烯）隔离，防止电偶腐蚀。

（2）改变T形接头（取消90°角）的几何形状，并清除管线内的障碍物以改变流动状态和速度，防止该部位湍流。

（3）进行定期检查避免保温层受到破坏。

5.6.2.6 潜水泵叶轮微动腐蚀（污水处理单元）

条件：三个分离器的来水被泵入调节池，潜水泵用于从调节池抽取多余的水。水的pH值在2~14范围，潜水泵工作时产生振动。

结构材料：叶轮SS 316。

失效前的服役周期：3年。

目视检查结果：叶轮表面有浅坑（见图5.50）。

(a) (b) (c)

图5.50 潜水泵叶轮（磨蚀）

失效现象：微动腐蚀。

失效原因及解释：叶轮表面的凹坑形貌表明发生了微动腐蚀。微动是在经受微小循环相对运动情况下，紧密结合的表面之间发生的磨损。微动腐蚀是指腐蚀介质中，两种材料在接触载荷作用下，受微小相对运动所引起的一种腐蚀现象。因此，微动腐蚀是在环境参与下的金属破坏，受到颗粒或腐蚀碎屑磨损的作用，是腐蚀和磨损的结合，多发生在具有移动或振动元件的设备中。在振动过程中，不锈钢上的保护膜（Cr_2O_3）被磨掉，因此活性金属暴露在来自分离器的腐蚀性水中。该叶轮上没有密封环。

解决方案和建议：

（1）在叶轮上安装（组装）密封环。

（2）消除振动。

（3）通过焊接填充凹坑，然后涂敷铬涂层。

5.6.2.7 浓硫酸罐排水阀腐蚀（废碱处理单元浓硫酸灌装点）

条件：阀门安装在排水池中，与溢出的浓硫酸接触（见图5.51）。雨水通过安装在水池上方地板上的网格流入池中。

结构材料：阀门——碳钢。

失效前的服役周期：2个月。

目视检查结果：腐蚀穿孔（见图5.51）。

失效现象：酸腐蚀。

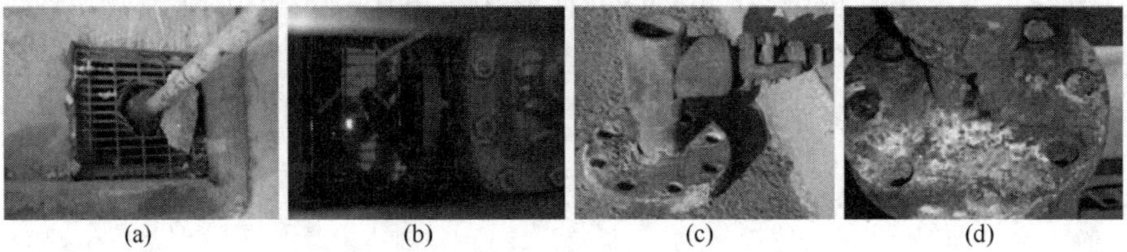

图 5.51　浓硫酸罐排水阀腐蚀现象

注：(a) 排水区（池内的格栅和排水阀）；(b) 排水池和雨水；(c) (d) 腐蚀的浓硫酸排水阀。

失效原因及解释：浓硫酸（>93%）不会引起碳钢腐蚀（见附录 D），浓硫酸溢出时碳钢阀门不会发生腐蚀，但在稀释的硫酸水溶液中会产生剧烈腐蚀。由于池中存在雨水，硫酸被稀释，对碳钢阀门造成严重的腐蚀。腐蚀形貌为典型的酸腐蚀。

解决方案和建议：阀门材质采用耐不同浓度硫酸的合成含氟聚合物：PTFE（特氟龙）、聚四氟乙烯（PFA）聚四氟乙烯（TFE）、聚四氟乙丙烯（FEP）、乙烯－四氟乙烯（ETFE）或乙烯－三氟氯乙烯共聚物（ECTFE）。

5.7　储罐

炼油和化工装置的碳钢设备中，储罐占据重要地位。它们有着不同的结构和尺寸，可以储存不同的介质：原油、石油产品、燃料、有机溶剂、水、酸、碱、废水和酸性水。每个炼油厂都有 150～200 个不同容积的罐。罐体外表面与大气、雨水、土壤和保温层经常接触。因此，罐的内、外表面都易产生许多腐蚀现象。储罐的腐蚀问题是众所周知的，已有许多关于储罐腐蚀机理的研究[2]，设计、制造、防腐措施、监测、维护、检查、维修和拆除等标准也相继诞生[22～56]。尽管有这些标准和实践规范，但腐蚀问题仍然突出。本节介绍了三个存放不同介质的储罐内外表面腐蚀的案例。

5.7.1　案例分析

5.7.1.1　地上沥青罐底腐蚀

条件：地上沥青罐底部建在砂土上，两侧没有防腐保护。罐内温度约 200℃，罐外有保温（矿棉）和铝皮。

结构材料：碳钢，罐底板厚度 9mm。

失效前的服役周期：13 年。

目视检查结果：底部与砂子接触的部位腐蚀严重，罐底内部无明显腐蚀。罐内上部和保温层下有锈蚀（见图 5.52）。

失效现象：热水的均匀腐蚀和局部腐蚀（底部接触砂的外表面）；水蒸气和氧的均匀腐蚀（罐上部内表面）；保温层下腐蚀（罐外表面）。

图 5.52 地上沥青罐底腐蚀现象

注：(a) 地上沥青储罐概貌；(b) 罐内壁；(c) 罐外壁（保温层下腐蚀）；
(d) 重建（修复）的新聚乙烯底板和砖。

失效原因及解释：

罐底外壁。雨水渗入罐底部，导致与高温砂（约100℃）接触部位的碳钢表面腐蚀严重。

储罐上部内壁。接触沥青的内壁未受到腐蚀，因为沥青吸附在碳钢表面形成保护层，能够阻止腐蚀发生。但在上部与沥青不接触的部位（因为储罐未完全装满沥青）暴露于含有水蒸气的空气中，发生典型的大气腐蚀[2,57]。

储罐外壁。发生保温层下腐蚀[2,57]。

解决方案和建议：

罐底应用如下防腐措施：采用聚乙烯薄板（HDPE，厚度5mm）、砖、混凝土，以及10mm 厚的碳钢板。由于碳钢与碱性混凝土［混凝土中含有 $Ca(OH)_2$，其 pH 值为 12 ~ 12.5］接触，所以不需要考虑罐底外表面的腐蚀。因此在水渗入的情况下钢是钝化的。

注意事项：当储罐具有双层底板或有新管线埋在土壤中时，两个底部之间和管道周围的空间应被砂子填满。使用不含盐的砂至关重要，绝不能使用海砂，如果使用海砂应分析其水萃取液中所含的电解质，以防碳钢罐底部或管道腐蚀。分析时，沙与蒸馏水（1∶1）混合，充分搅拌后分析水溶液。砂中水溶物化学成分见表5.7，符合本表标准的砂被称为“无盐砂”。

表 5.7
沙中水萃取液分析指标（无盐）

组成/性质	数值
pH 值	7 ~ 8.3
电导率/(μS/cm)	<200
Cl^-/(mg/L)	<10
SO_4^{2-}/(mg/L)	<15

5.7.1.2 煤油处理单元罐的腐蚀

条件：罐体（容积 $50m^3$），采用氯化钠吸收来自煤油或石脑油的残留水。罐壁厚18mm，操作温度为常温。

结构材料：碳钢 A516 Gr. 70。

失效前的服役周期：12 年。

目视检查结果：罐体内壁深度到 15mm 的不同形式的浅坑（见图 5.53）。与盐溶液接触的所有内壁都被腐蚀，有点蚀坑。

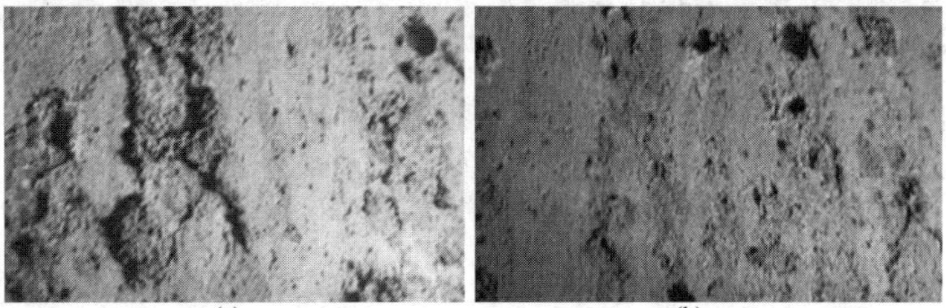

(a) (b)

图 5.53 用于吸收煤油或石脑油残留水中含有固体氯化钠（NaCl）的罐（$50m^3$）内壁腐蚀和凹坑

失效现象：均匀腐蚀和点蚀（与 NaCl 溶液接触）。

失效原因及解释：氯化钠水溶液对碳钢具有腐蚀性，电化学反应造成均匀腐蚀和点蚀。

解决方案和建议：

（1）罐的设计使用寿命为 25 年，但在使用 12 年后失效。在设计阶段，设计人员必须设计罐内表面的防腐措施。

（2）在目前情况下，该罐不能继续使用，内表面点蚀严重也不可能再修复。

（3）更换新的罐，并在内壁涂覆环氧树脂涂层（厚度为 550 ~ 600μm）。

（4）定期检测（每 5 年）罐内壁。

5.7.1.3 沉降罐腐蚀（电厂）

条件：将生石灰（CaO）加入冷却水中，沉淀碳酸盐（CO_3^{2-}）、硫酸盐（SO_4^{2-}），并能净化水。服役的 14 年内没有腐蚀问题，但在改变其用途，开始使用生物处理水并加入絮凝铝酸钠之后，罐内发生严重的腐蚀

结构材料：碳钢。

失效前的服役周期：1.5 年。

目视检查结果：在罐内有锈和生物淤积（见图 5.54）。连接结构中的螺栓腐蚀，导致支撑结构和阶梯掉落。

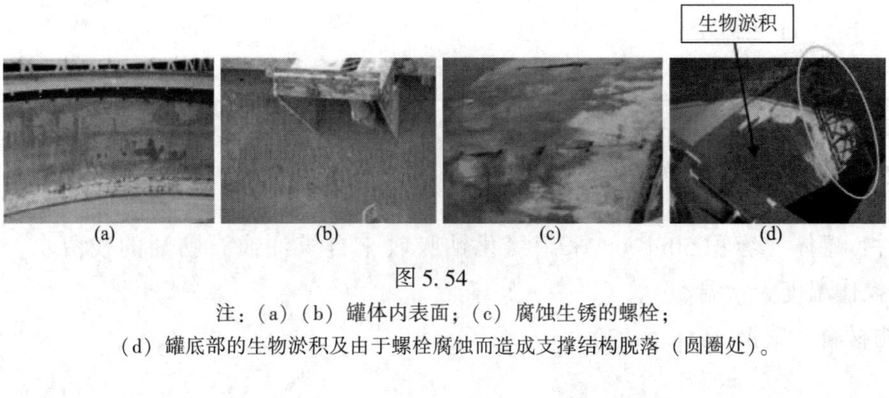

(a) (b) (c) (d)

图 5.54

注：(a)（b）罐体内表面；(c）腐蚀生锈的螺栓；

(d）罐底部的生物淤积及由于螺栓腐蚀而造成支撑结构脱落（圆圈处）。

失效现象：微生物腐蚀和均匀腐蚀。

失效原因及解释：经过生物处理后，水中多种微生物引起碳钢附件和罐体内表面腐蚀严重。

解决方案和建议：利用环氧树脂、聚氨酯或聚脲涂层涂覆罐体和内件表面。

5.8 水系统

像生物不能离开水一样，炼油和化工装置也不能在没有水的情况下运行。水用于冷却水系统，用于制备蒸汽和消防系统中。蒸馏后的石油产品和燃料的获取以及不同的催化和裂解过程都需要冷却。水是最好的冷却媒介，但不同的水源带来许多需要谨慎关注和处理的腐蚀问题。尽管水的使用条件范围（10～40℃和400～500kPa）比原油和石油产品的窄，但所有已知的腐蚀问题都发生在与水接触的设备。金属在水中的腐蚀行为研究已经较为明确，并有许多相应的防腐措施。然而，由于有很多因素会影响水中金属的腐蚀（主要因素是水的组成及其变化），导致腐蚀预测相对困难。有时，消防管道里充满了杀菌处理过的饮用水，长时间处于静止不动状态。尽管进行了初步氯化，但运行两三年后仍出现了严重的微生物腐蚀（主要是铁细菌），导致6mm厚的管线穿孔。这种情况存在极大的风险，因为如果炼厂发生火灾，消防管线内没有水压就会造成灾难。碳钢在大多数含水介质中的腐蚀速率随时间增加而降低，这是由于其表面形成的腐蚀产物能够起到保护作用。水系统的主要问题是腐蚀、结垢和生物淤积。在大多数情况下，生物淤积会导致微生物腐蚀（见第6.1节和第7章）。

绝大多数的冷却水都要经过化学处理，包括缓蚀剂、杀菌剂和阻垢剂。有水介质的换热器采用涂层保护和牺牲阳极来控制内表面腐蚀，每4～5年停工检查一次。有时，设计人员在选择涂料时不会考虑到所有的技术参数。例如，冷却水温度通常在30～35℃范围内，但许多换热器需要在200℃的蒸汽下吹扫数小时，以在停工拆卸之前清理内部的烃组分。大多数防水涂料被高温破坏，应当进行修补。安装在换热器内的牺牲阳极也不是总有效地起到保护作用，因为未合理考虑水的导电性，特别是冷凝水和烃混合的情况。所有水体系都应进行腐蚀监测。本节主要分析炼厂和化工厂水系统中的典型和非典型腐蚀问题及其解决方案（包括腐蚀监测）。

5.8.1 案例研究

5.8.1.1 换热器附件的腐蚀（异构化单元）

条件：管束内介质为冷却水，温度为30～35℃，压力为400～500kPa。稳定塔馏出的液化石油气经过空冷后进入换热器壳程，温度为40～60℃，压力为1200kPa，但实际液化石油气温度为80～100℃。换热器冷却水中检测到烃泄漏，因为工艺侧和冷却水侧间存在压差。冷却水仅在过去1.5年进行过化学处理（缓蚀剂、阻垢剂和杀菌剂）处理。

结构材料：管束——CDA 706（90Cu－10Ni）。换热器附件（浮头外壳和入口通道）——碳钢。

失效前的服役周期：3年。

目视检查结果：与冷却水接触的浮头和入口上有垢物沉积和严重的腐蚀（见图5.55）。

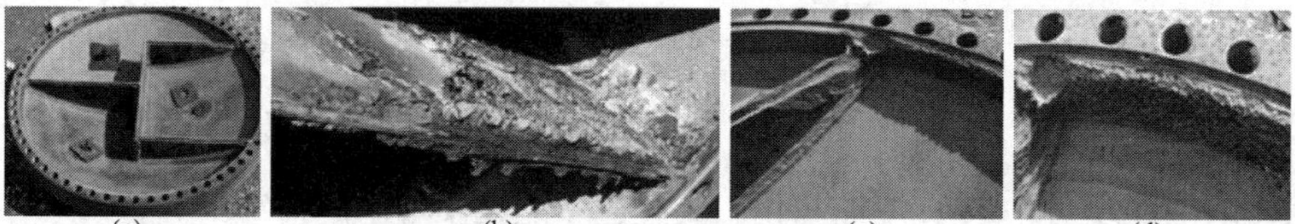

(a) (b) (c) (d)

图5.55 失效的浮头和入口通道

注：(a) 清除结垢后的浮头内表面；(b) 通道内表面结垢；(c)(d) 浮头垢下腐蚀。

X射线荧光光谱检测分析（%）：Zn（58～66）、Ca（22～26）、Fe（6～7）、Cl（1～3）、P（3～6）、Si（0.7～1.2）、S（0.9～1.0）、Al（0.6～0.8）和Cu（0.3～0.7）。

理化分析：垢物含10%的有机物和90%的无机物，无机物中的氯化物占10%。

失效现象：垢下腐蚀（氧差电池）。

失效原因及解释：液化石油气的实际温度（80～100℃）较高导致冷却水侧结垢，垢的主要成分是锌、钙、铁的磷酸盐和碳酸盐，还含少量的氯化物。在氧差电池的作用下发生垢下腐蚀。

解决方案和建议：

（1）通过焊接修复碳钢浮头和入口的表面。

（2）确保工艺操作，控制液化石油气温度不高于60℃。

（3）在浮头和入口的内表面涂覆耐水和耐温的涂层（环氧树脂或聚氨酯）。

5.8.1.2 换热器堵塞和腐蚀（电厂）

条件：管程介质为空气，壳程为冷却水，冷却水未加入缓蚀剂、阻垢剂和杀菌剂处理，空气最高温度为90℃。

结构材料：碳钢。

失效前的服役周期：5年。

目视检查结果：换热器停工后打开发现管外有结垢堵塞（见图5.56）。

图5.56 结垢失效的换热器

失效原因及解释：管外部的水流速度非常慢，热交换差，导致温度升高并在管外形成结垢，腐蚀产物是铁锈。

换热器早已被未经处理的冷却水在管道中形成的腐蚀产物堵塞。

失效现象：堵塞（结垢）和均匀腐蚀。

解决方案和建议：

(1) 清除沉积物并清洁管道外表面。

(2) 仅使用缓蚀剂、阻垢剂和杀菌剂处理过的冷却水。

5.8.1.3 压缩机冷却器腐蚀（电厂）

条件：压缩机有三级冷却器，用于冷却压缩空气。管束内介质为经硅酸钠缓蚀剂处理过的水。压缩空气在壳体内被加热至140℃。

结构材料：冷却器——铜管和铜翅片；壳体——碳钢，内表面用环氧涂料涂覆。

失效前的服役周期：4年。

目视检查结果：为了确定空冷效率降低的原因，将冷却器打开检查，发现在二级和三级冷却器的壳程内表面有严重的腐蚀（锈蚀）和涂层的破坏（见图5.57）。

(a) (b) (c)

图5.57 压缩机冷却器腐蚀现象

注：(a) 第三级冷却器；(b) 内表面锈层；(c) 失效的环氧涂层（二级压缩机）。

失效原因及解释：当空气被压缩时，空气中的水蒸气冷凝。压缩使空气的温度上升到110~140℃。压缩级数越高，空气温度也越高，部分水蒸气冷凝。因此，壳体内表面与热液态水和含氧水蒸气的两相体系接触，而壳体内壁的环氧涂层在浸没条件下不耐热水（约100℃）。碳钢在热的液态水和含氧水蒸气环境下被腐蚀。在冷凝热水环境下，与铜管和翅片接触的碳钢壳体内表面也有严重电偶腐蚀。

有时翅片由铝或其合金制成。它们与铜管接触，在有水的情况下，铝将作为牺牲阳极迅速被腐蚀，并形成铝的腐蚀产物堵塞空冷器（见图5.65）。这可能在一两年内发生。如果翅片是像管束一样的铜材质，那么翅片和管束都不会腐蚀，但是炼厂空气中的灰尘也会造成堵塞，降低其冷却效率。

失效现象：热水腐蚀、电偶腐蚀、环氧涂层破坏。

解决方案和建议：

(1) 干燥空压机入口处空气，以去除水蒸气。

（2）安装过滤器，以过滤进气中的灰尘。

（3）碳钢壳体内表面涂覆耐高温涂层。

5.8.1.4 换热器管束腐蚀

条件：管束外介质为冷却水（经过缓蚀剂、阻垢剂和杀菌剂处理），温度为50℃。冷却水含氯250～500mg/L，管内介质为酸性水。换热器共1300根管，其中130根发生泄漏。

结构材料：304不锈钢。

失效前的服役周期：4年。

目视检查结果：换热管外壁有点蚀和穿孔（见图5.58）。

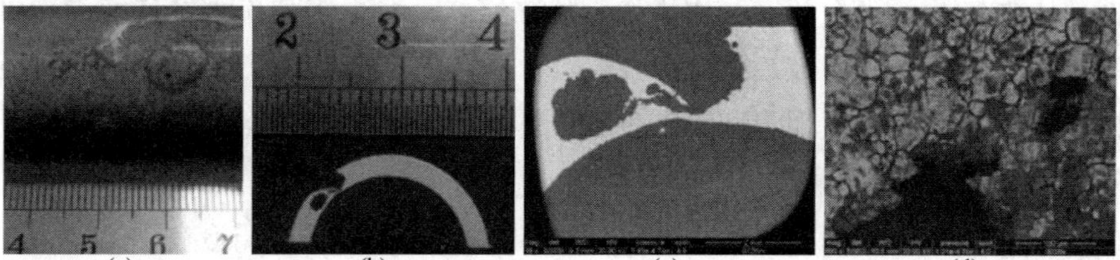

(a) (b) (c) (d)

图5.58 换热器管束腐蚀

注：(a) 管外壁的点蚀坑；(b) 点蚀坑部位横截面宏观形貌；
(c) 点蚀坑部位横截面金相照片；(d) 点蚀坑部位电镜照片。

失效原因及解释：含氯化物的垢下点蚀发展的结果是，与冷却水接触的管外部首先发生腐蚀失效。

失效现象：点蚀。

解决方案和建议：

（1）防止管外壁产生垢物沉积：提高冷却水流速。

（2）用更抗点蚀的317L不锈钢代替304不锈钢。

5.8.1.5 换热器410不锈钢管束点蚀（连续催化重整单元）

条件：通过水压试验（未控制氯含量）测试两个新的换热器气密性（密封性），保压未排水2年，管内和壳程中有水存留。连续重整单元试车期间管束发生泄漏。

结构材料：管束——马氏体410不锈钢（12% Cr），人孔和管板——碳钢。

失效前的服役周期：2年。

目视检查结果：管束、管板和入口喷嘴表面有锈（见图5.59），多根管有点蚀坑和穿孔，穿孔是从管外壁形成的。

电镜扫描分析：检测到管外表面的蚀坑和坑底的腐蚀产物［见图5.59（d）］。

X射线能谱腐蚀产物分析：蚀坑中腐蚀产物元素组成为Fe、Cr、O和Cl（约1.5%）。

金相分析：发现有较大蚀坑和正在发展的小蚀坑。

失效现象：马氏体410不锈钢的点蚀和碳钢的均匀腐蚀。

失效原因及解释：失效是由氯化物引起。不锈钢因为具有很强的抗大气腐蚀性能，故而在1913年得名。马氏体410不锈钢含有钝化的Cr_2O_3薄膜，易受到静态水中氯化物的点蚀。410不锈钢不发生点蚀，水中氯化物最大浓度为5mg/L[57]。这种不锈钢在含氯化物大气中容易发生点蚀。

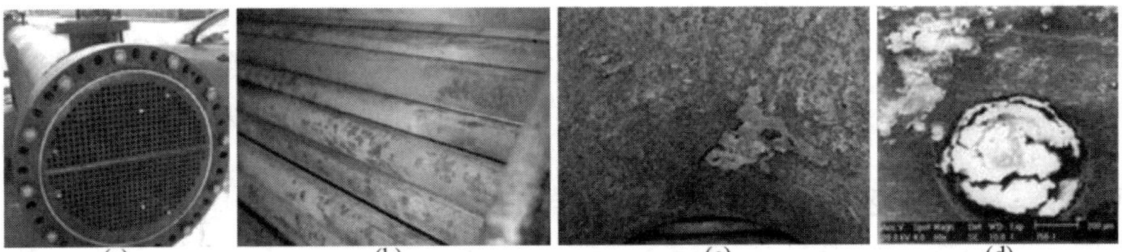

(a) (b) (c) (d)

图5.59 换热器410不锈钢管束点蚀

注：(a) 换热器失效管概貌；(b) 管束上的锈和点蚀坑；
(c) 入口喷头锈垢；(d) 覆盖腐蚀产物的点蚀坑扫描电镜照片。

解决方案和建议：(1) 将氯化物浓度低于5mg/L的除盐水用于马氏体410不锈钢设备的水压试验，长期停用时充柴油保护。

(2) 若使用含5mg/L以上氯化物的水，在压力试验后应立即排空，用除盐水（氯化物含量低于5mg/L）清洗，并用柴油长时间储存。

(3) 按照标准[18,58]要求钝化处理410不锈钢管。

5.8.1.6 换热器缝隙腐蚀（胺处理单元）

条件：两台换热器管束内介质为冷却水（未经缓蚀剂处理），温度为30~36℃。

结构材料：管束和管板——316不锈钢。

失效前的服役周期：4年。

目视检查结果：冷却水侧聚合物管板垫片（位于管板和管箱之间）有局部腐蚀（见图5.60）。

(a) (b) (c) (d)

图5.60 换热器缝隙腐蚀现象

注：(a) 换热器不锈钢管束概貌；(b) 缝隙腐蚀失效的管板部位（红色）；(c)(d) 浅蚀坑（缝隙腐蚀）。

失效现象：缝隙腐蚀。

失效原因及解释：冷却水侧聚合物垫片没有紧密安装在管箱和管板不锈钢之间。因此，垫片（非金属）和管板不锈钢表面（金属）之间形成间隙（缝隙）。这个缝隙足够宽，冷却水能够进入，同时这个缝隙又足够窄，能够维持水处于静态。对于不锈钢，缝隙腐蚀是由缝隙内局部发生化学变化引起的（Cl 含量增加或 pH 值降低）。因此，由于垫片和管板不锈钢表面之间缺乏密封性，缝隙腐蚀随即发生[59~61]。

解决方案和建议：

（1）避免使用润湿性聚合物材料，改用不吸水材质（无孔）垫片（如特氟龙）。

（2）减小间隙的尺寸（增加密封程度），以防止缝隙形成和冷却水渗透。

5.8.1.7 涡轮发电机（发电厂）油冷器的腐蚀和结垢

条件：涡轮发电机的油冷器用于冷却油，管中介质为未加入缓蚀剂的冷却水，油冷器在这种环境下运行了 4 年。失效前一年，管中介质更换为用磷酸锌－磷酸盐缓蚀剂、杀菌剂和阻垢剂处理的冷却水。管箱内表面涂有环氧涂层。管板上安装有铝牺牲阳极，以保护管板免于冷却水的腐蚀。

结构材料：管束和管板——海军铜 CDA 443，牺牲阳极——铝合金。

失效前的服役周期：5 年。

目视检查结果：油冷器的管板表面有白色沉积物（见图 5.61）；化学分析表明，沉积物由 Al、Mg、Ca 和 Zn 的磷酸盐和氢氧化物组成。

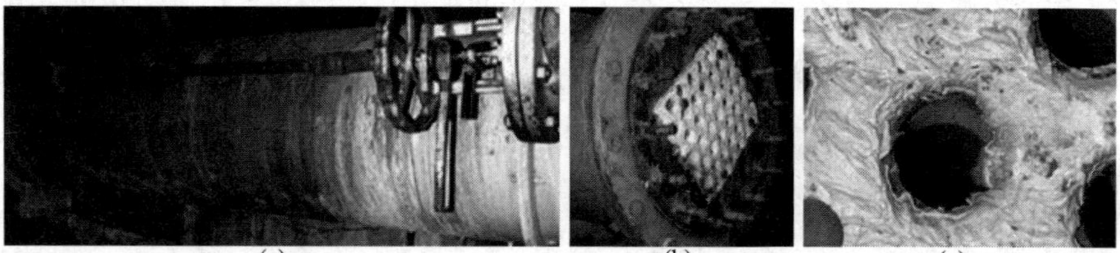

(a)　(b)　(c)

图 5.61　发电厂油冷器的腐蚀与结垢现象

注：(a) 油冷器（发电厂）概貌；(b) 白色沉积物；(c) 图 (b) 放大。

失效现象：铝牺牲阳极和沉积物的形成加速腐蚀。

失效原因及解释：当使用冷却水（未经缓蚀剂处理）时，铝牺牲阳极起作用，无沉积物生成。当开始向冷却水中注入磷酸锌－磷酸盐缓蚀剂时，磷酸铝和氢氧化铝的白色沉积物随即产生。将铝阳极和海军铜板相连是非常危险的（见第 5.8.1.10 节）。铝牺牲阳极是为了防止管箱表面涂层产生缺陷，铝阳极和海军铜的电位差为 1V，这导致了铝的强烈溶解（腐蚀）。含有 Al、Mg、Ca 和 Zn 的磷酸盐和氢氧化物的沉积物堆积在铝牺牲阳极的表面，降低了牺牲阳极的活性。

解决方案和建议：

（1）避免铝牺牲阳极与海军铜接触。

（2）建议用环氧树脂或聚氨酯涂料对管箱内表面进行涂覆。

（3）在管箱中使用锌牺牲阳极。

5.8.1.8 换热器内件电偶腐蚀（加氢脱硫或加氢裂化尾油单元）

条件：换热器用于冷却加氢脱硫或加氢裂化尾油单元分馏塔流出的轻石脑油，流出分馏塔温度应为 85℃，但实际温度超过 100℃。冷却水在管内温度为 30～35℃，压力为 400～500kPa。

结构材料：管束——Ti Gr 2，管板——碳钢＋环氧涂层。

失效前的服役周期：8 年。

目视检查结果：冷却水侧的环氧树脂涂层全部破坏，与钛管边缘接触的管板发生局部腐蚀（见图 5.62）。接触石脑油的钛管外表面无明显腐蚀［见图 5.62（d）］。

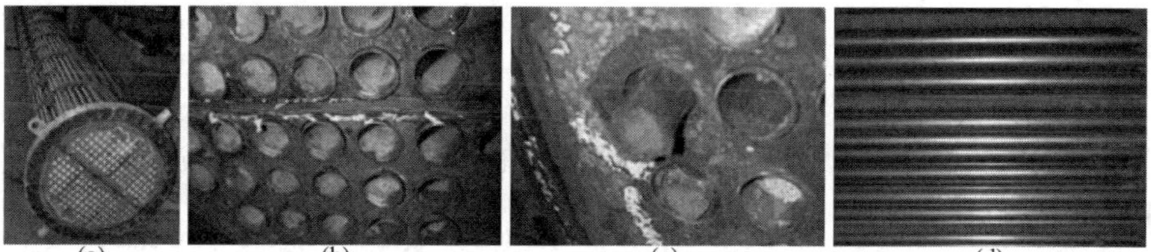

(a) (b) (c) (d)

图 5.62 换热器内件电偶腐蚀现象

注：（a）换热器管束概貌；（b）（c）碳钢管板（冷却水侧）：钛管周围管板腐蚀；（d）未受腐蚀的钛管形貌（石脑油侧）。

失效现象：电偶腐蚀。

失效原因及解释：钛管边缘与涂有环氧涂料的碳钢管板相接触发生电偶腐蚀。碳钢管板为阳极，钛管是阴极。涂覆环氧涂层后，阳极面积（碳钢管板）与阴极面积（钛管）之比明显降低，从而导致环氧树脂涂层缺陷处腐蚀加剧（碳钢管板上涂层下的小阳极区域）。

解决方案和建议：

（1）用 Ti Gr 2 对碳钢管板进行覆层，或用 Ti Gr 2 固体材料制备管板。

（2）如果不能用 Ti Gr 2 对碳钢管板进行覆层，则最好将钛管（约 30cm 长）的内表面进行涂层处理，而不处理碳钢管板表面。

5.8.1.9 换热器附件电偶腐蚀（加氢脱硫单元）

条件：换热器用冷却水冷却“处理水”（吸收了加氢脱硫单元的尾气）。管内介质为“处理水”，温度从 54℃降至 43℃，管外壳程介质为冷却水，温度从 30℃升至 35℃。

结构材料：管束材质 304 不锈钢，壳体、折流板、拉杆、定距管、螺栓－螺母材质均为碳钢 A106 Gr. B。

失效前的服役周期：3 年。

目视检查结果：碳钢折流板、拉杆、定距管、螺栓－螺母和壳体内表面腐蚀严重（见图 5.63）。不锈钢管无明显腐蚀。

失效现象：电偶腐蚀。

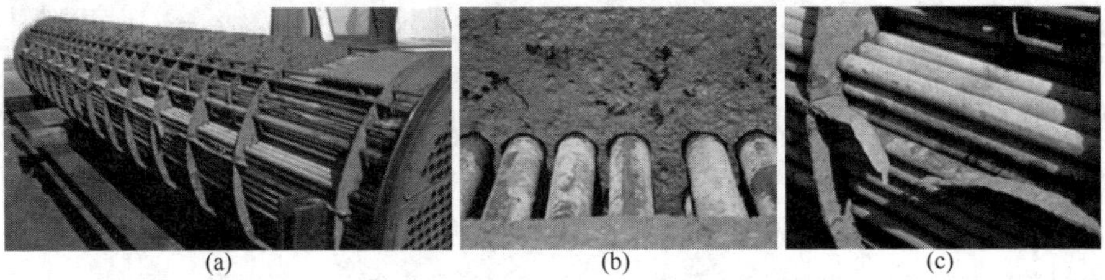

图 5.63 换热器附件电偶腐蚀

注：（a）换热器管束概貌；（b）（c）被腐蚀的碳钢部位。

失效原因及解释：冷却水是一种很好的电解质溶液，冷却水中的 304 不锈钢（-0.10V，阴极）和碳钢（-0.44V，阳极）的电极电位存在差异。阴极（304 不锈钢管）与阳极（碳钢折流板、拉杆、定距管、螺栓-螺母）的面积之比大，碳钢和不锈钢接触发生电偶腐蚀。

解决方案和建议：由于设计问题，电偶腐蚀在炼化石化工业经常发生。所有附件（折流板、拉杆、定距管、螺栓-螺母）必须与换热管材质相同。

5.8.1.10 危险极大的电偶腐蚀

换热器可以由不同的合金制成，如碳钢和海军铜。电偶腐蚀的发生并不一定需要两种不同的合金物理接触，也可由水中存在的金属离子引起。如果不向冷却水中注入铜腐蚀抑制剂，铜可能会在含溶解氧的水中发生腐蚀，继而沉积在碳钢表面，最终导致铜沉积垢下点蚀（见图 5.64）。

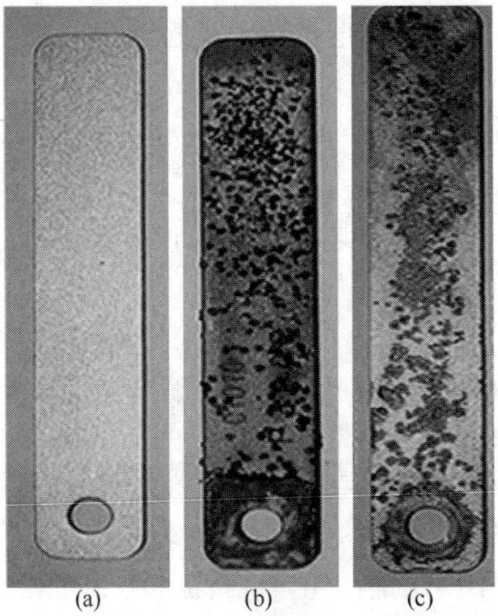

图 5.64 铜沉积垢下点蚀

注：（a）原始碳钢试样；（b）吸附的铜颗粒（冷却水中 30 天后）；

（c）去除铜颗粒后形貌——碳钢试样的平均腐蚀速率为 0.06mm/a，点蚀速率为 1.8mm/a。

如果换热器由安装在碳钢壳体内的铜管和铝翅片组成，那么即使在冷凝水中也会发生灾难性故障（见图 5.65）。换热器用于冷却压缩机的空气，而铜管内介质为水，空气在铝翅片之间通过。空气中的水蒸气冷凝，导致铝翅片严重的电偶腐蚀。可见，绝不能在一个系统或设备中使用铜和铝。

(a) (b)

图 5.65 换热器腐蚀现象

注：（a）失效换热器概貌（在炼厂大气环境中使用4年）管束为铜，翅片为铝，壳体为碳钢；（b）被腐蚀的铝翅片及灰白色锈层。

5.8.1.11 冷却塔的混凝土壁腐蚀

条件：98%的浓硫酸注入冷却水以保持其pH值为中性，在冷却塔的混凝土壁附近（约20cm）处进行酸的注入。

结构材料：混凝土墙，聚乙烯管线用于加注硫酸。

失效前的服役周期：7年。

目视检查结果：冷却塔靠近酸注入处的混凝土壁严重腐蚀（见图5.66）。

(a) (b)

图 5.66 冷却塔的混凝土壁腐蚀现象

注：（a）注入硫酸的聚乙烯管线；（b）硫酸注入点附近被腐蚀的混凝土壁。

失效原因及解释：普通混凝土不耐酸。在硫酸注入点附近，混凝土壁被严重腐蚀。

失效现象：混凝土酸腐蚀。

解决方案和建议：

（1）混凝土壁必须进行修复。使用耐酸涂层，并且由于混凝土墙体会受潮（即使在冷却水停止流动之后），涂层也应耐潮（包括用玻璃鳞片涂料增强的底漆和乙烯基酯）。

（2）硫酸注入管线采用聚丙烯材质，且使之与混凝土壁距离1m以上。

5.8.1.12　冷却塔中的金属结构（风扇轴）的腐蚀

条件：冷却塔，冷却水温度为常温。

结构材料：碳钢。

失效前的服役周期：15 年。

目视检查结果：冷却塔风扇严重腐蚀（见图 5.67）。

(a)　(b)　(c)

图 5.67　冷却塔中的金属结构的腐蚀

注：(a)(b) 冷却塔被腐蚀的风扇轴；(c) 被腐蚀的基座。

失效原因及解释：冷却塔几百米附近有生产化肥和酸的化工厂，大气中含有腐蚀介质。大气中的腐蚀介质在雨水和湿度大时会产生酸液，导致冷却水中碳钢风扇严重腐蚀。

失效现象：均匀腐蚀。

解决方案和建议：

（1）更换被腐蚀的风扇（轴、底座和其他元件）。

（2）在金属结构上涂覆耐湿的涂层[2]。

参考文献

[1] API RP 571 (2011) Damage mechanisms affecting fixed equipment in the refining and petrochemical industries, 2nd edn. American Petroleum Institute, West Conshohocken, PA, USA

[2] Groysman A (2014) Corrosion in systems for transportation and storage of petroleum products. Springer, Dordrecht

[3] Heidersbach R (2011) Metallurgy and corrosion control on oil and gas production. Wiley, Hoboken, New Jersey, USA

[4] Garverick L (ed) (1994) Corrosion in the petrochemical industry. ASM International, USA

[5] Esaklul KA (ed) (1992) Handbook of case histories in failure analysis, vol 1, 2. ASM International, USA

[6] Powell GW (1986) Failure analysis and prevention, Metals Handbook, vol 11, 9 edn. ASM International, USA

[7] Groysman A et al (2000) Cavitation corrosion in a continuous catalytic reformer unit. Mater Perform 39 (6): 62 – 66

[8] Speight JG (2014) High acid crudes. Gulf Professional Publishing, Houston, TX, USA

[9] O. Kane JM et al (2010) Detection and monitoring of naphthenic acid corrosion in a visbreaker unit using hy-

drogen flux measurements. Paper 10351 presented at the CORROSION 2010conference, NACE International, Houston, TX, USA

[10] O. Kane JM et al (2010) Correlation of hydrogen flux and corrosion rate measurements carried out during a severe episode of corrosion – erosion attributable to naphthenic acid. Paper 10178 presented at the CORROSION 2010 conference, NACE International, Houston, TX, USA

[11] Port RD, Herro HM (1991) The Nalco Guide to Boiler Failure Analysis. McGraw – Hill Inc. , New York

[12] ASTM B294 – 10 (2010) Standard test method for hardness testing of cemented carbides. ASTM International, West Conshohocken, PA, USA

[13] ASTM E384 – 16 (2016) Standard test method for microindentation hardness of materials. ASTM International, West Conshohocken, PA, USA

[14] ASTM E92 – 16 (2016) Standard test methods for Vickers hardness and Knoop hardness of metallic materials. ASTM International, West Conshohocken, PA, USA

[15] ASTM A370 – 15 (2015) Standard test methods and definitions for mechanical testing. ASTM International, West Conshohocken, PA, USA

[16] ASTM E23 – 12c (2015) Standard test methods for notched bar impact testing of metallic materials. ASTM International, West Conshohocken, PA, USA

[17] NACE SP0200 – 2014 (2014) Standard practice steel – cased pipeline practices. NACE International, Houston, TX, USA

[18] ASTM A380 – 13 (2014) Standard practice for cleaning, descaling and passivation of stainless steel parts, equipment, and systems. ASTM International, West Conshohocken, PA, USA

[19] EN ISO 8501 – 1: 2007 (2007) Preparation of steel substrates before application of paints and related products. visual assessment of surface cleanliness

[20] ASME/ANSI B31. 3 (2014) Process piping guide. ASME, New York

[21] Dillon CP (1995) Corrosion resistance of stainless steels. Marcel Dekker Inc. , New York

[22] API Standard 620 (2002) Design and construction of large, welded, low – pressure storage tanks, 10th edn. American Petroleum Institute, Washington, D. C. , USA

[23] API Standard 650 (2007) Welded tanks for oil storage, 11th edn. American Petroleum Institute, Washington, D. C. , USA

[24] BS 2654 (1989) Specification for manufacture of vertical steel welded non – refrigerated storage tanks with butt – welded shells for the petroleum industry. British Standard Institution, London

[25] DIN 4119 – 1 (1979) Above – ground cylindrical flat – bottom tank installations of metallic materials; fundamentals, design, tests. Deutsches Institut Fur Normung E. V. (German National Standard)

[26] DIN 4119 – 2 (1980) Above – ground cylindrical flat – bottom tank structures of metallic materials; Calculation. Deutsches Institut Fur Normung E. V

[27] UL 142 (1998) Steel aboveground tanks for flammable and combustible liquids. Underwriters Laboratories Inc. (UL), Northbrook

[28] API Spec 12B (1995) Specification for bolted tanks for storage of production liquids, 14th edn. American Petroleum Institute, Washington, D. C. , USA

[29] API Spec 12D (2008) Specification for field welded tanks for storage of production liquids, 11th edn. American Petroleum Institute, Washington, D. C. , USA

[30] API Spec12F (2008) Specification for shop welded tanks for storage of production liquids, 12th edn. American Petroleum Institute, Washington, D. C. , USA

[31] API RP 651 (1997) Cathodic protection of aboveground petroleum storage tanks, 2nd edn. American Petroleum Institute, Washington, D. C. , USA

[32] API RP 1632 (2002) Cathodic protection of underground petroleum storage tanks and piping systems, 3rd edn. American Petroleum Institute, Washington, D. C. , USA

[33] API RP 1615 (2011) Installation of underground petroleum storage systems, 6th edn. American Petroleum Institute, Washington, D. C. , USA

[34] API RP 652 (1997) Lining of aboveground petroleum storage tank bottoms, 2nd edn. American Petroleum Institute, Washington, D. C. , USA

[35] API RP 1631 (1993) Interior lining and periodic inspection of underground storage tanks, 5th edn. American Petroleum Institute, Washington, D. C. , USA

[36] UL 1746 (2007) External corrosion protection systems for steel underground storage tanks, 3rd edn. Underwriters Laboratories Inc. (UL), Northbrook

[37] API Standard 653 (2009) Tank inspection, repair, alteration and reconstruction, 4th edn. American Petroleum Institute, Washington, D. C. , USA

[38] API RP 575 (2005) Inspection of existing atmospheric and low - pressure storage tanks, 2nd edn. American Petroleum Institute, Washington, D. C. , USA

[39] API 510 (2006) Pressure vessel inspection code: in - service inspection, rating, repair, and alteration, 9th edn. American Petroleum Institute, Washington, D. C. , USA

[40] EEMUA Publ 159 (2003) Users' guide to the inspection, maintenance and repair of aboveground vertical cylindrical steel storage tanks, 3rd edn

[41] KWA (1999) Recommended practice for inspecting buried lined steel tanks using a video camera, 1st edn. Ken Wilcox Associates, Inc. (KWA), USA

[42] NFPA 326 (2010) Standard for the safeguarding of tanks and containers for entry, cleaning, or repair. USA

[43] NLPA Standard 631 (1991) Entry, cleaning, interior inspection, repair, and lining of underground storage tanks, 3rd edn. National Leak Prevention Association, USA

[44] NFPA 30 (2012) Flammable and combustible liquids code. USA

[45] PEI/RP100 UST Installation (2011) Recommended practices for installation of underground liquid storage systems. Petroleum Equipment Institute, Tulsa, USA

[46] API RP 1621 (2001) Bulk liquid stock control at retail outlets, 5th edn. American Petroleum Institute, Washington, D. C. , USA

[47] API RP 1595 (2006) Design, construction, operation, maintenance, and inspection of aviation pre - airfield storage terminals, 1st edn. American Petroleum Institute, Washington, D. C. , USA

[48] API/IP RP 1540 (2004) Design, construction, operation and maintenance of aviation fueling facilities, 4th edn. American Petroleum Institute, Washington, D. C. , USA

[49] API 2610 (2005) Design, construction, operation, maintenance, and inspection of terminal and tank facilities, 2nd edn. American Petroleum Institute, Washington, D. C. , USA

[50] UL 58 (1996) Standard for safety: steel underground tanks for flammable and combustible liquids, 9th edn. Underwriters Laboratories Inc. (UL), Northbrook

[51] API Spec 12P (2008) Specification for fiberglass reinforced plastic tanks, 3rd edn. American Petroleum Institute, Washington, D. C. , USA

[52] UL 1316 (1994) Glass - fiber - reinforced plastic underground storage tanks for petroleum products, alcohols, and alcohol - gasoline mixtures, 2nd edn. Underwriters Laboratories Inc. , Northbrook

[53] PEI/RP900 (2008) Recommended practices for the inspection and maintenance of UST systems. Petroleum Equipment Institute, Tulsa, USA

[54] API RP 1626 (2010) Storing and handling ethanol and gasoline – ethanol blends at distribution terminals and filling stations, 2nd edn. American Petroleum Institute, Washington, D. C. , USA

[55] API RP 1627 (1986) Storage and handling of gasoline – methanol/cosolvent blends at distribution terminals and service stations, 1st edn. American Petroleum Institute, Washington, D. C. , USA

[56] EEMUA Publ 154 (2002) Guidance to owners on demolition of vertical cylindrical steel storage tanks and storage spheres, 2nd edn

[57] Groysman A (2010) Corrosion for everybody. Springer, Dordrecht

[58] ASTM 268 (2004) Standard specification for seamless and welded ferritic and martensitic stainless steel tubing for general service. ASTM International, Washington, D. C. , USA

[59] Halkyard D (2014) Refinery based case study of a novel gasket designed for use in problematic shell and tube heat exchangers. In: 18th ISC (International Sealing Conference), Stuttgart, Germany, vol B15, pp 543 – 561

[60] Worden K (2014) Flange corrosion: prevention and mitigation through better gasketing. Paper 125f presented at the AIChE Spring Meeting & 10th Global Congress on Process Safety, New Orleans, LA, USA

[61] Turnbull A (1998) Impact of graphite gasket/duplex stainless steel couples on crevice chemistry and likelihood of crevice attack in sea water. Paper 682 presented at the NACE Corrosion/98 Conference, Houston, TX, USA

6 腐蚀现象

Familiar disease is safer than an incompetent doctor.

The author.

摘要 腐蚀现象普遍存在，在不同行业、任何地方都可能发生。本章将介绍微生物腐蚀、冲刷腐蚀、空泡腐蚀、腐蚀疲劳、热疲劳以及摩擦腐蚀，以及给出相应案例研究，并提出解决方案或预防措施。

6.1 微生物导致的腐蚀（MIC）

细菌是相对复杂的单细胞生物。35 亿年前，它们作为最早的居住者出现在地球上，能够自行复制并在不同的环境中存活。我们周围的水、空气、土壤、原油及燃油中都有细菌。由于这些介质存在于炼油装置及化工装置中，细菌也出现在不同的单元及系统中。大部分细菌是无害的，有些甚至能够帮助消化食物，消灭致病微生物，并提供养分。会给人体带来疾病的细菌少于 1%，会造成金属的腐蚀则更少。文献[1~5]描述了细菌在原油、燃油及水中参与金属腐蚀的方式及控制措施。未经杀菌剂处理的冷却水会迅速产生生物污垢（15 ~30 天）并导致严重腐蚀（见图 6.1）。本节将给出四个微生物腐蚀的案例描述及分析。

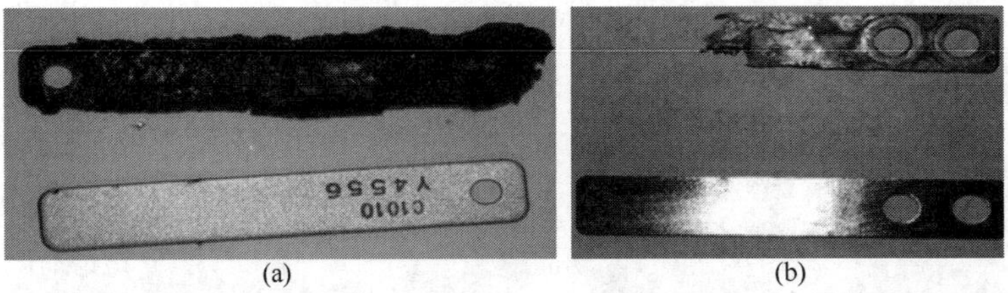

图 6.1 未经杀菌处理的冷却水引起的生物污垢及腐蚀现象（下方为原始挂片）

注：（a）未经杀菌剂处理的冷却水中挂片表面生成生物污垢（15 天）；

（b）清洗生物污垢后挂片的一半被腐蚀（30 天）。

6.1.1 案例研究

6.1.1.1 换热器管束的微生物腐蚀（石化装置）

条件：换热器用于产生蒸汽，其方式为使用对二乙基苯加热锅炉给水。锅炉给水走壳程，压力为1MPa。对二乙基苯走管程，压力为2.5MPa，换热后温度从200℃降至60℃。

失效记录：换热器管束的外部充满被微生物污染的冷却水，并停工一年。在启用后两个月，检测到泄漏现象。冷却水中含有700~1500mg/L的氯离子及700~1300mg/L的硫酸根离子，pH值为7.5。

结构材料：碳钢

失效前的服周期：2月。

目测检查结果：管束外表面发现腐蚀瘤，点蚀及坑蚀（见图6.2）。

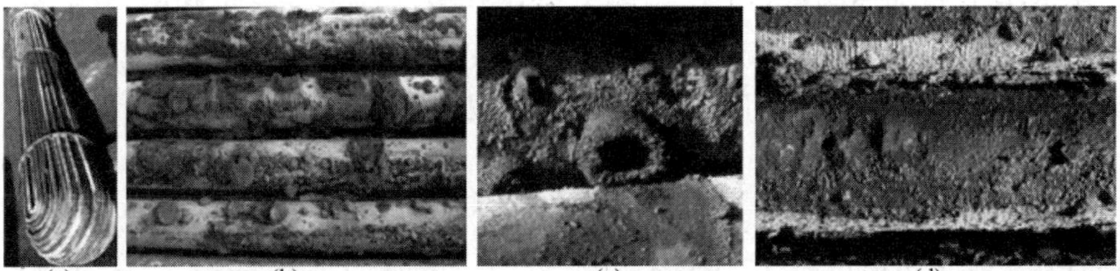

图6.2 换热器管束的微生物腐蚀

注：（a）故障换热器全貌；（b）（c）腐蚀瘤；（d）管束外表面的黏稠状沉积物及其下方的蚀坑。

腐蚀瘤理化分析：

腐蚀瘤包含：110℃挥发分36.5%，有机物（550℃灼减）3.5%，灰分（主要为无机物）36.5%。X射线能谱分析显示腐蚀瘤含有以下元素（%）：Fe（42.0~54.4）、O（26.4~31.4）、Si（5.6~8.6）、Mg（4.9~7.8）、C（4.8~5.7）、Ca（2.1~2.3）、P（1.1~1.2）、Cl（0.6）、S（0.5）。

腐蚀产物的微生物学分析结果如表6.1所示。

表6.1
腐蚀产物的微生物学分析

菌种	铁锈中的菌落数（CFU）/g
铁氧化菌（IOB）	(0.9~2.2) $\times 10^9$
好氧异养菌（HAB）	(0.6~1.7) $\times 10^9$
真菌	(0.1~1.5) $\times 10^3$
硫酸盐还原菌（SRB）	3.5×10^2

失效原因及解释：碳钢管束表面的锈可能是冷却水和溶解氧均匀腐蚀的结果，也可能是水中的铁氧化菌和铁沉淀菌的存在而导致的。在第一种情况下，锈具有非生物性（腐蚀

是由非生物成分导致的)。微生物学分析证明了好氧异养菌(尤其是铁氧化细菌)在腐蚀产物中的存在。这些细菌在腐蚀瘤中的浓度极高(每克锈中高达10^9个),足以形成细菌生物膜。腐蚀沉积物的理化分析显示,腐蚀产物主要由铁和氧元素组成(锈的主要成分),但有机物仍然占有相当大的比重(碳元素质量分数高达5.7%)。锈中检测到有机物(铁氧化菌、好氧异养菌、真菌、硫酸盐还原菌等细胞及代谢产物)含量升高,表明微生物在生物淤积过程中起到积极作用。而非生物锈则不含有碳元素或含有微量碳元素。

因此,腐蚀失效(腐蚀瘤、蚀坑及蚀孔的形成)是由铁氧化菌产生的。在短时间内(几天到几周),冷却水中的细菌迅速富集并产生大量氢氧化铁沉淀。在进行清除工作之后,管束表面及腐蚀瘤表现出微生物腐蚀特有的局部性形貌(见图6.2)。在适宜的条件(充足的养分、曝气过的水以及25~40℃的温度条件)下,冷却水中的微生物能快速繁殖,产生巨大的生物量。碳钢表面形成的生物淤积具有不规则形貌,这反过来也导致了短时间(2个月)内局部腐蚀的产生。氯离子(700~1500mg/L)与硫酸根离子(700~1300mg/L)的存在将加速腐蚀过程。好氧异养菌在腐蚀瘤中形成生物膜,厌氧的硫酸盐还原菌在这层生物膜下迅速增殖。因此,在停工期间,在微生物的参与下,腐蚀以极快的速率发生,以致换热器在重新投用后两个月内发生故障。

失效现象:微生物腐蚀。

解决方案和建议:禁止使用未经杀菌剂处理的冷却水,尤其是“死”水,因为被各种微生物污染的冷却水将诱发腐蚀;只能使用不含有溶解氧并加入1000mg/L亚硝酸钠缓蚀剂的锅炉给水。

6.1.1.2 冷却水换热器的腐蚀(乙烯厂、分离装置)

条件:换热器用于通过冷却水以冷却烃。冷却水走管程,温度为30~35℃、压力为0.4~0.5MPa。烃走壳程,温度:入口70℃,出口30~35℃。冷却水采用磷酸-膦酸锌缓蚀剂、防垢剂和杀菌剂处理。冷却水系统总量为$1000m^3$。在冷却水化学处理开始之前,对换热器内表面和管束表面进行钝化处理。三年中,由于冷却塔的维修工作,换热器数次停工。曾发生过硫酸泄漏进入冷却水系统事故,其间冷却水pH值从7.5降低至2.2,仅两小时后,又轻微地升至4左右(见图6.3)。由于硫酸的泄漏及碳钢设备内表面的严重腐蚀,水中铁的浓度升至30mg/L。工作人员对换热器进行了多次排水。仅一个月后,冷却水系统恢复至正常服役状态,其间水中铁浓度从30mg/L降低至1~5mg/L,而要求值为

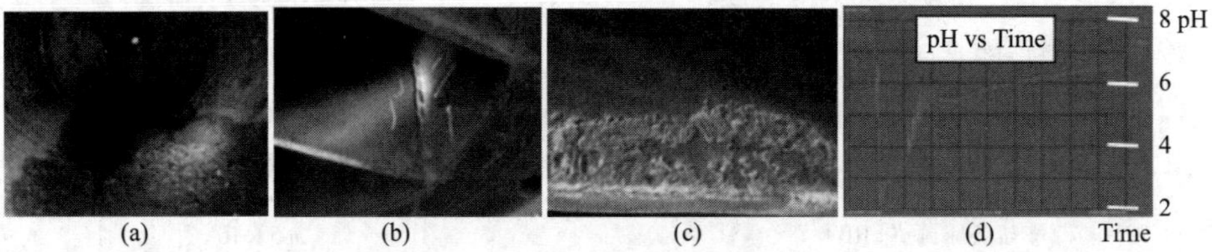

图6.3 冷却水换热器的腐蚀

注:(a)失效换热器出水管处的沉积物;(b)焊缝的腐蚀和蚀坑;(c)管箱内的浅坑;(d)硫酸泄漏期间pH值的变化。

低于1mg/L。另一起事故发生在换热器服役期间，次氯酸钠泄漏进入冷却水，使得游离氯离子浓度升至200mg/L（建议值是0.1mg/L）。每4~9个月进行一次微生物检测。注：分离装置用于从乙烯中分离丙烯。

结构材料：碳钢。

失效前的服役周期：3年。

目测检查结果：浮头、管箱及管板内表面发现黑褐色沉积物，其下存在浅坑，换热器的内表面严重锈蚀。

失效现象：均匀腐蚀和点蚀，垢下腐蚀，微生物腐蚀。

失效原因及分析：硫酸泄漏导致pH值降低到2.2。碳钢被硫酸腐蚀，从而冷却水中铁的浓度从1mg/L增加到30mg/L。在1000m^3体积的系统内，形成了30kg铁。冷却水中溶解氧的存在导致Fe^{3+}的形成，其作为阴极去极化剂而加速了碳钢的腐蚀[1]。当冷却水的pH值恢复至7~8的正常值时，氢氧化铁形成并沉积，特别是在水流速较慢的位置。换热器频繁的停运也是腐蚀产物沉积的原因，并造成了垢下点蚀。微生物检测显示，冷却水中微生物浓度在$1\times10^4\sim2\times10^4$菌落数/mL，这很接近甚至高于$10^3$菌落数/mL的允许值。当浮游细菌浓度超过这个允许值时，腐蚀沉淀物中的固着菌浓度将更高，从而导致微生物腐蚀的发生。氢氧化铁以瘤状物的形式在换热器内部某些特定区域积累，这可能是铁细菌活动产生的结果。瘤状物高度结构化，外层是硬而脆的红色壳体，内部为软而松的黑色腐蚀产物。由于硫酸的泄漏，硫酸根离子大量存在于冷却水中，从而刺激了铁细菌的增殖。腐蚀瘤的理化检验显示其组成包括110℃挥发分（9.0%）、550℃灼减（12.5%）和灰分（78.5%）。550℃灼减的物质数量如此之多，证明大部分有机物（微生物）出现在腐蚀瘤中。通常，当锈仅由无机物（氢氧化铁和氧化铁）构成时，550℃灼减含量将低于1%。

解决方案和建议：

（1）通过焊接填补浅坑至所需厚度，要考虑腐蚀裕度的要求。

（2）使用WOMA高压清洗机清洗换热器内表面沉积物。

（3）在冷却水系统重新启动前，按照标准程序进行钝化处理（见附录I）。

（4）建立CorrDATS（在线腐蚀监测系统）[1]，对用水（每周一次）及沉积物（每月一次）进行认真的微生物检测。

6.1.1.3 冷却水箱碳钢盘管的腐蚀

条件：凝结水箱（70m^3）配备盘管用于冷却管内的燃油。水汽在水箱盘管外凝结，水箱暴露在大气中。水箱只有在紧急情况（装置停工或意外中断）下运作，所以盘管大部分时间处于室温。运行期间，水温达到80℃。盘管表面安装有铝牺牲阳极。

结构材料：盘管与箱体都是碳钢。

失效前的服役周期：4年。

目测检查结果：在停车期间，盘管外表面严重腐蚀（见图6.4）。底部发现腐蚀瘤及深坑（8mm）。铝牺牲阳极未起作用。

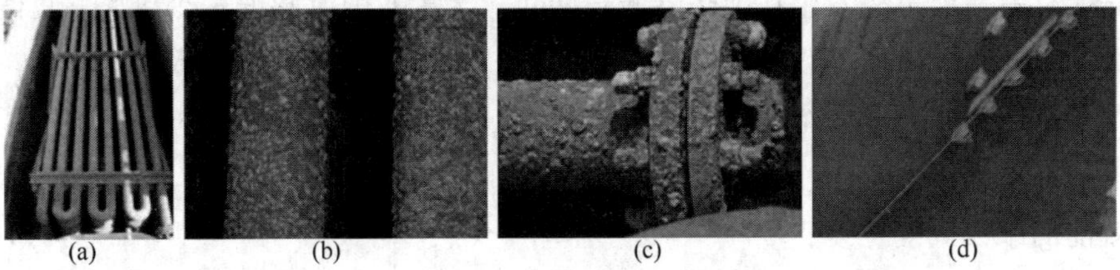

图 6.4　冷却水箱碳钢盘管的腐蚀

注：(a) 水箱中腐蚀盘管全貌；(b)(c) 盘管和法兰上的腐蚀瘤；(d) 碳钢水箱底部内表面的生物薄膜。

失效现象：微生物腐蚀，水腐蚀（均匀腐蚀和点蚀）。

失效原因及分析：碳钢的腐蚀形式与腐蚀速率取决于水的化学组成及水温。凝结水经过脱盐处理（去离子水或纯净水，即水中不含离子），其导电率极低。在纯水中，碳钢通常发生点蚀，均匀腐蚀的最大速率发生在 80℃左右。

水及腐蚀产物（锈中的生物薄膜）生物学分析显示，存在大量腐蚀诱发的微生物，主要存在于锈中的生物膜中（见表 6.2）。

表 6.2
水及腐蚀产物（生物薄膜）的生物学分析

样品名称	单位	细菌总数	铁细菌	真菌 + 酵母菌	硫酸盐还原菌
水	菌落数/mL	4.0×10^5	6.0×10^3	1.0×10^3	未检出
生物薄膜（锈）	菌落数/g	4.62×10^8	4.35×10^6	3.3×10^5	未检出

解决方案和建议（见表 6.3）：

表 6.3
冷却水箱碳钢盘管的防腐蚀方法

腐蚀控制方法	效率/%	要求
注入硅酸钠（Na_2SiO_3）	约 90	(1) 保持 Na_2SiO_3 浓度大于 300mg/L； (2) 每周检查一次缓蚀剂浓度与 pH 值
注入氯化钠（NaCl）	约 99	(1) 保持浓度大于 26%； (2) 需要大量盐，70m^3 水中需要 20t； (3) 水-气交界处的内壁表面需要涂层处理
密封水箱隔绝空气并注入亚硝酸钠（$NaNO_2$）	约 90	(1) 密封水箱隔绝空气； (2) 保持 $NaNO_2$ 浓度大于 400mg/L，pH 值控制在 8.5～9； (3) 每周检查一次缓蚀剂浓度与 pH 值
循环使用冷却水（在炼油厂经过缓蚀剂处理）	约 90	安装水泵
控制水中盐含量大于 0.3% 并使用锌牺牲电极（阴极保护）	约 90	阴极保护设计

表 6.3 续表

腐蚀控制方法	效率/%	要求
密封并维持惰性气氛（氮气）以防止空气进入	约 90	(1) 密封水箱隔绝空气； (2) 水面以上注入氮气
使用有铝或锌镀层的碳钢盘管	100	用带有铝或者锌镀层的碳钢替换已经生锈的盘管
定期注入杀菌剂		定期检查微生物和杀菌剂浓度。如果细菌浓度增加到 10^3 菌落数/mL，必须使用杀菌剂

(1) 不建议使用铝牺牲阳极，因为凝结水的电导率极低，铝电极在零电导率或低电导率介质中不能正常工作，无法保护弱电解质水中的碳钢。牺牲阳极只在盐含量超过 0.3% 的电解质溶液中起作用。另外，铝及其合金表面有钝化膜存在。通常，凝结水中不使用牺牲电极。只有加入少量盐以提高水的电导率的情况下，可以考虑在 80℃ 时使用镁牺牲电极。

(2) 注入硅酸钠（>300mg/L）缓蚀剂，可以在水箱凝结水处于静止状态时保护碳钢设备[1]。80℃ 下的磷酸钠（100mg/L）也能起到保护碳钢的作用，但磷元素富集会促进水中微生物繁殖。

(3) 使用含铝涂层的碳钢盘管，但需要考虑的是，铝表面的氧化铝会作为隔热层而降低换热效率。

(4) 不建议使用有机涂层，因为它会明显降低换热效率。

(5) 定期注入杀菌剂并进行检测。

后记：向水中注入了硅酸钠缓蚀剂，其后约两年内通过挂片试验及对冷却水的理化分析以评价其效果。腐蚀挂片见图 6.5。

图 6.5 腐蚀挂片

注：(a) 原始碳钢挂片（C1010）；(b) ~ (e) 在含有 Na_2SiO_3 缓蚀剂的凝结水中进行试验后的挂片；(b) 冷却水箱（停工 628 天）中的挂片，腐蚀速率 0.058mm/a，缓蚀剂浓度从 0 变为 470mg/L SiO_2；(c) 表面经过化学清洗，除去腐蚀产物的挂片；(d) 冷却水箱（停工 123 天）中的挂片，腐蚀速率 0.065mm/a，缓蚀剂浓度从 13mg/L 变为 190mg/L SiO_2；(e) 表面经过化学清洗，除去腐蚀产物的挂片。

结论：推荐冷却水在滞留状态时 SiO_2 浓度不大于 300mg/L（见表 6.3）。由于产生了严重的生物淤积，仅使用硅酸钠无法起到保护效果。

6.1.2 涡轮发电机油冷却器的腐蚀与沉积（发电站）

条件：涡轮发电机油冷却器通过水（30~35℃）来冷却油（50~70℃）。冷却水（未经过缓蚀剂、杀菌剂和防垢剂处理）走管程，使用时间为1年10个月。故障前两个月内，更换了膦酸-磷酸锌缓蚀剂、杀菌剂和防垢剂处理过的新冷却水。

材质：管束——合金 CuNi10Fe1Mn（CDA706）；管板——铜合金 CuZn38Sn1（CDA 464）；冷却器盖及冷却水入水口部分——铝合金 AlSi9Mg。

失效前的服役周期：2年。

目测检查及结果：冷却器的冷却水一侧表面发现白灰色沉淀，且堵塞了水流。冷却器内白灰色沉淀化学分析显示沉积物由 Al、Mg、Ca 和 Zn 的磷酸盐和氢氧化物构成。

清除沉积物之后，铝表面发现严重的局部腐蚀（见图6.6）。冷却水（未经过缓蚀剂、杀菌剂和防垢剂处理）含有大量不同的微生物（硫酸盐还原菌、铁细菌及其他异养菌）。

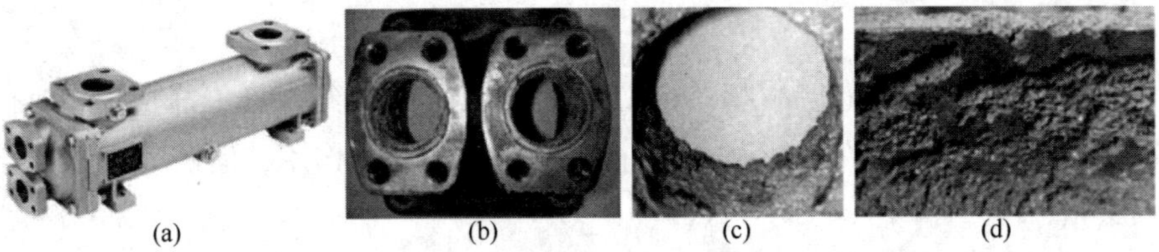

图6.6 油冷却器的腐蚀现象

注：(a) 油冷却器；(b)~(d) 腐蚀的铝件（入水口）。

失效现象：铝件的微生物腐蚀和电偶腐蚀。

失效原因及分析：由于存在大量微生物，两年内流过油冷却器的冷却水（未经过缓蚀剂、杀菌剂和防垢剂处理）特别具有腐蚀性。微生物在铝表面沉积，铝合金 AlSi9Mg 又极易发生微生物腐蚀[3]。

在不使用铜合金缓蚀剂（如吡咯）的情况下，铜发生腐蚀，其离子在铝合金表面积聚，并作为阴极，会造成严重的铝电偶腐蚀（见5.8.1.10）。通常铜离子能作为杀菌剂，但在此特例中，微生物反而增殖并加剧了铝的腐蚀。

解决方案及建议：

(1) 在任何情况下，冷却水系统中不要同时使用铜和铝。

(2) 管体、管板及冷却器头盖采用相同的 CDA 706 合金或黄铜 CDA 443 合金。

(3) 必须确保设计选材合理，材料合格。

6.2 冲刷腐蚀和空泡腐蚀

冲蚀是指流动的液体或气体的磨损作用造成的材料破坏，当气体中有固体颗粒或液滴时会加速腐蚀。冲蚀（erosion）这个词来源于拉丁语，意思是啃或削磨。冲蚀是一种纯机械现象，当金属表面流动的物质（砂或烃类燃料）具有化学惰性，会对材料造成物理损失。化学物质（含有 H_2S、HCl、CO_2、O_2、Cl_2的液态水或蒸汽）参与腐蚀过程，就是一种冲刷（机械现象）和腐蚀（化学或电化学现象）的协同机制，即冲刷腐蚀机制[1]。很难单独界定二者在整体的腐蚀现象中的贡献。在特定的流动状态或流动介质中，有害组分的存在导致了这种机械-电化学/化学现象的出现，它经常被叫作流动辅助、流动加速或流动诱导的腐蚀，也被称作空泡腐蚀、液体冲刷腐蚀或者机械辅助冲刷。冲蚀是冲刷腐蚀的一种形式：由液体、气体和固体颗粒形成的流体对金属表面形成局部的冲击。空泡腐蚀是因气体泡沫在金属表面形成与破裂而造成的一种破坏现象。1895 年，英国工程师弗鲁德（Froude R. E.）建议用这个术语来形容螺旋桨产生的泡沫。

冲刷腐蚀是一种局部腐蚀，因为其结果是在金属表面形成蚀坑、沟槽、凹谷及波浪纹。通常，冲刷腐蚀会导致材料短期内（几周到几个月）失效。绝大多数金属或合金都会受到冲刷腐蚀的作用。轻金属及合金，如铝、铜和碳钢，尤其易受冲刷腐蚀影响。钛及其合金尽管有较高的硬度，也对冲刷腐蚀较为敏感。对冲刷腐蚀造成失效进行预测几乎是不可能的，因为即使流动状态的微小变化、循环水系统中意外进入空气、新泵的加入和运行、新障碍的出现造成的流速变化或紊流、侵蚀性气体（H_2S、HCl 和 Cl_2）的存在、温度降到露点以下以及设备结构的变化等一系列因素都可能使冲刷腐蚀突然发生。因此，长期运转良好的流体系统出现任意流动状态的变化，都可能在短时间内发生故障。

发生冲刷腐蚀的原因主要有两点。第一是颗粒物或小液滴对金属表面冲撞造成的磨损。有时液体中并不含颗粒物，但冲蚀仍然发生。这是受紊流即气液二相流的剧烈机械行为影响而产生的。

冲刷腐蚀产生的第二个原因即空泡腐蚀，是液体中气泡的形成与破裂，或者流动过程中蒸汽分子在金属表面的凝结而造成的结果[1]。第一种类型的空泡腐蚀在离心泵、螺旋桨和叶片中多见；第二种则发生在温度降到露点以下的设备中，如蒸汽管线。化学因素（如果液相或气相中存在腐蚀性化学物质时）会加速空泡腐蚀。

冲刷腐蚀和空泡腐蚀经常发生在炼油及石化工厂的以下设备中：机泵、叶轮、管线（尤其是弯头、弯管及三通）、阀门、管板等。绝大多数流体介质（芳香烃、水、有机胺溶液、燃油、汽油）均会造成流动腐蚀。下文将描述和分析此类案件。

6.2.1 案例研究

6.2.1.1 烃泵的冲蚀

条件：芳香烃（在苯、甲苯、二甲苯预分离塔中回流），温度为 70～80℃，压力为 0.1MPa。烃中含有约 80mg/L 水。

结构材料：铸铁

失效前的服役周期：5 年。

目测检查结果：离心泵内发现孔洞（见图 6.7）。

失效现象：冲刷腐蚀。

失效原因及分析：在0.1MPa压强下，苯的沸点是80℃，而甲苯是111℃。因此有苯蒸气产生，使体系中含有气液两相。这种两相有机物体系强烈的紊流引起冲刷腐蚀，产生孔洞。

图6.7 烃泵的冲蚀现象

注：(a) 故障泵的全貌；(b) 有巨大腐蚀孔的离心泵内表面冲蚀情况（白色标记）。

解决方案及建议：

(1) 使用抗磨涂层（环氧陶瓷、酚醛陶瓷、含玻璃鳞片和碳化硅的乙烯酯共聚物）。

(2) 提高入口压力以防止两相形成。

6.2.1.2 水泵内壁的均匀腐蚀与叶轮的冲蚀

条件：此泵用于从井里抽饮用水与微咸水。泵持续工作6个月，并在随后6个月中处于待机状态。

结构材料：泵体——铸铁；叶轮——青铜。

失效前的服役周期：5年。

目测检查结果：离心泵内发现严重腐蚀，锈以厚的瘤状物形式存在，叶轮厚度减少到零（见图6.8）。还发现以下现象：清除腐蚀瘤后泵体表面有深的凹陷；微咸水及腐蚀瘤中均含有大量铁细菌（$10^8 \sim 10^9$个/g）；水中含有大量沙子，叶轮表面的腐蚀产物被清除。

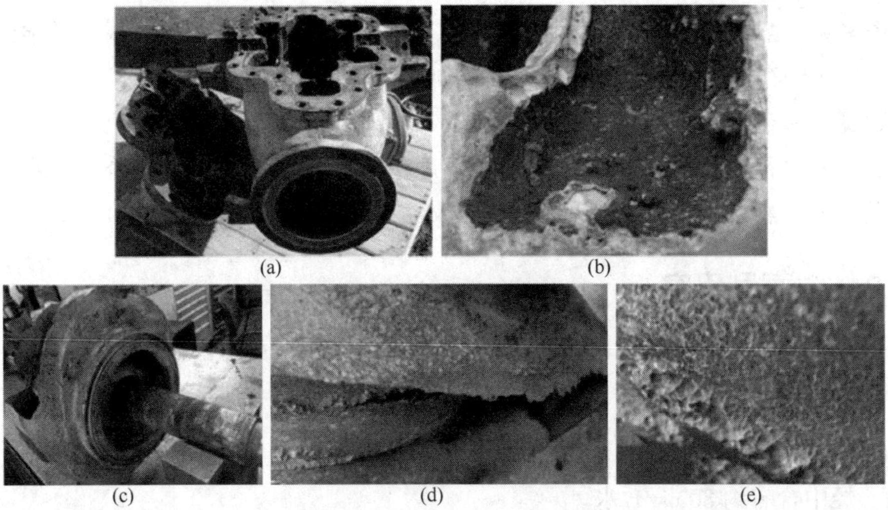

图6.8 失效的离心泵

注：(a) 全貌；(b) 泵内腐蚀瘤；(c) (d) (e) 受冲蚀的叶轮。

失效现象：均匀腐蚀，微生物腐蚀，冲蚀。

失效原因及分析：泵发生的腐蚀现象有泵体内表面的均匀腐蚀、微生物腐蚀及叶轮的冲蚀。饮用水和微咸水的混合物长期停滞（6个月）导致了均匀腐蚀的发生、泵体内表面铁细菌的增殖和腐蚀瘤的形成。水中硬质沙粒的存在造成叶轮的冲蚀。失效叶轮表面形貌表现出典型的冲蚀特征。

解决方案和建议：

（1）使用环氧陶瓷涂层修复泵体内壁。

（2）叶轮已无法修复，应当换新。

（3）采取有效的过滤，减少沙粒，以保护叶轮不受冲蚀。

（4）停工期间，避免水在泵内停滞，并保持内壁干燥，或者在泵里的水中加入1000mg/L亚硝酸钠缓蚀剂。

（5）对井水进行杀菌处理。

6.2.1.3 泵的冲蚀（催化裂化装置）

条件：365℃的澄清油（混有催化剂），催化剂含有铝和硅的氧化物。

结构材料：铸态不锈钢 ASTM A217 Gr. CA15（13% Cr）。泵内表面为钨基金属涂层。

失效前的服役周期。10年。

目视检查结果：泵内配件严重损伤，出现孔洞（见图6.9）。

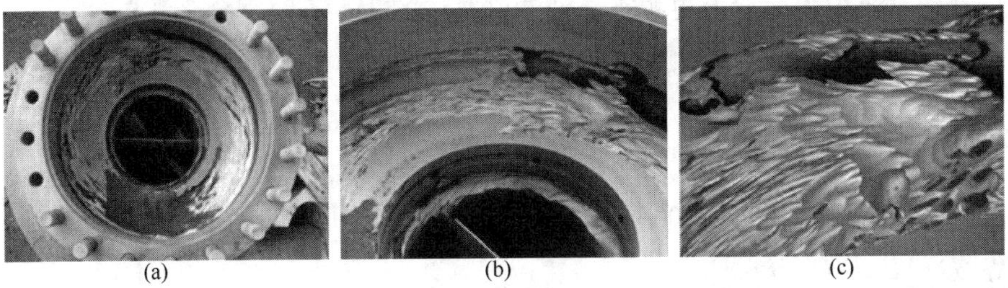

(a) (b) (c)

图6.9 泵的冲蚀现象

注：(a) 被催化剂冲蚀的泵全貌（催化裂化装置）；(b)(c) 图片(a)的放大图。

失效现象：冲蚀。

失效原因及分析：催化剂的冲蚀——陶瓷材料（铝和硅的氧化物）具有很高的硬度。

解决方案和建议：

（1）目前没有材料能经受催化剂长时间的冲蚀。

（2）通过有效过滤和油浆沉降来防止催化剂进入澄清油。换句话说，在从分馏塔底流入主塔的过程中进行过滤以除去固体颗粒。

（3）换用耐冲蚀的涂层：陶瓷、碳化物、氧化物、Colmonoy 6合金（科尔莫诺伊合金）或司太立720合金（见附录F、表F.9）。

（4）提高反应器旋风分离器效率以防止催化剂夹杂物进入主塔。

6.2.1.4 贫胺液泵的冲刷腐蚀（加氢脱硫装置）

条件：从储罐中抽出贫胺液（二乙醇胺）水溶液的泵，常温，压力为0.5～0.8MPa。

结构材料：铸铁。

失效前的服役周期：4年

目测检查结果：泵内表面发现浅坑（见图6.10）。

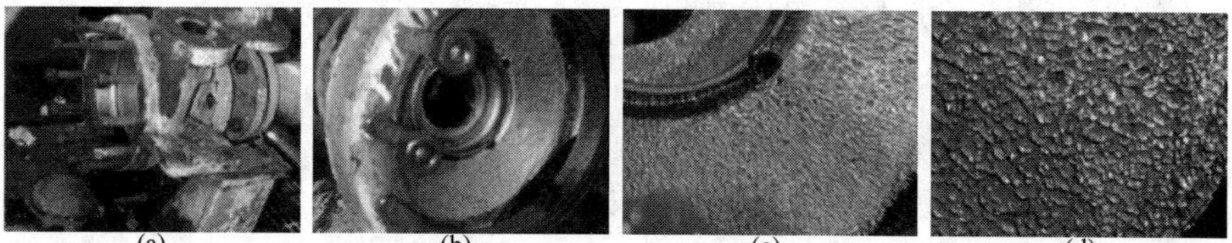

(a) (b) (c) (d)

图6.10 贫胺液泵的冲刷腐蚀

注：（a）失效的铸铁泵壳全貌；（b）（c）（d）泵体内表面（冲刷腐蚀）。

失效现象：冲刷腐蚀。

失效原因及分析：表面形貌是典型的冲蚀现象。二乙醇胺溶液的长时间使用，会生成对碳钢和铸铁具有腐蚀性的物质（见4.4节），再加上气液二相紊流的作用，从而产生冲刷腐蚀。

解决方案和建议：

（1）在铸铁泵内表面涂上更耐贫胺液冲刷腐蚀的316不锈钢合金镀层。

（2）定期（每周一次）检测贫胺液质量（化学组成）与腐蚀性。

6.2.1.5 胺泵的冲刷腐蚀（胺液净化装置）

条件：此泵用于抽出80～100℃、0.6～0.7MPa汽提后的贫胺液（含有25%～45%甲基二乙醇胺）。

结构材料：铸铁（扩散器）和316不锈钢（套管）。

失效前的服役周期：4年。

目测检查结果：泵（铸铁）内表面发现浅坑（见图6.11），套管（316不锈钢）未损坏。

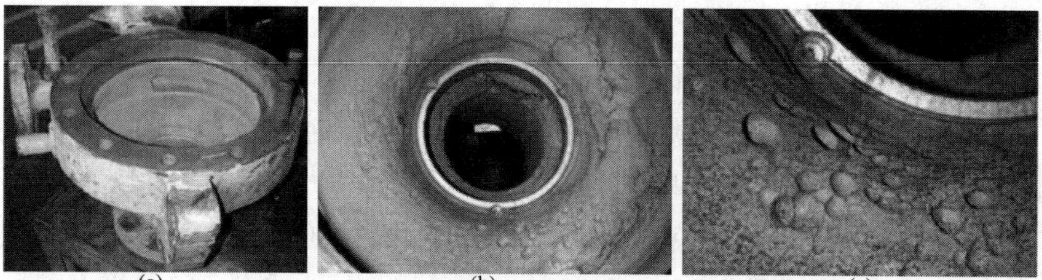

(a) (b) (c)

图6.11 胺泵的冲刷腐蚀

注：（a）胺泵的铸铁扩散器腐蚀全貌图；（b）（c）内表面的点蚀（316不锈钢材质的内部套管为损坏）。

失效现象：冲刷腐蚀或空泡腐蚀。

失效原因及分析：损坏表面的形态是典型的冲刷腐蚀或空泡腐蚀。

解决方案和建议：

（1）用更耐冲刷腐蚀或空泡腐蚀的316不锈钢焊接填补浅坑。

（2）泵内衬316不锈钢。

6.2.1.6 阀门的冲蚀（发电厂）

条件：储水箱出水口阀门检测到泄漏现象。通常止回阀是部分打开的，以确保水的流动。

结构材料：阀体——碳钢；阀球和支架——316不锈钢。

失效前的服役周期：1年

目测检查及结果：阀体内有孔洞，内表面腐蚀严重，阀球处发现局部腐蚀（见图6.12）。

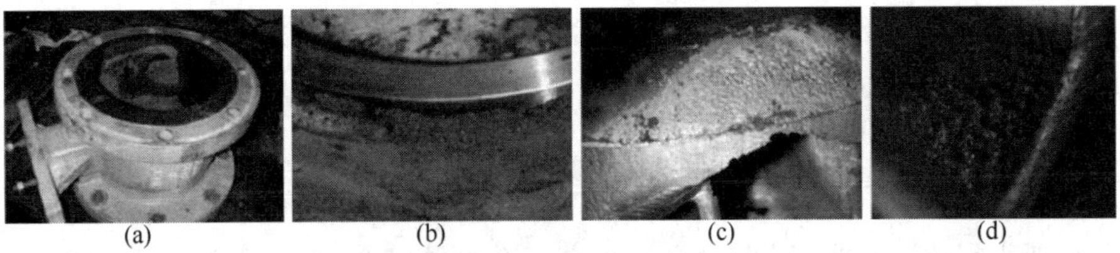

(a) (b) (c) (d)

图6.12 阀门的冲蚀

（a）失效控制阀全貌；（b）不锈钢支架周围的碳钢内表面的严重冲蚀现象；
（c）内部的冲蚀；（d）腐蚀阀球的形貌（放大图）。

失效现象：冲蚀。

失效原因及分析：阀门部分打开，因此两侧水压的差值引起了较大的流速，造成了碳钢内表面和不锈钢阀球的冲蚀。孔洞的形成表明，腐蚀速率为15mm/a。如此高的数值也说明了冲蚀现象的发生。

解决方案和建议：

（1）改变水流状态：阀门应全部打开而不是仅部分打开。

（2）通过焊接或涂覆耐磨材料修复腐蚀孔洞，如Colmonoy 6合金（铬化硼化合物）、钨铬钴合金（司太立720）或氧化铬。

6.2.1.7 主分馏塔底阀门的冲蚀（催化裂化装置）

条件：阀安装在泵的高温管线上面，该泵为催化分馏装置主分馏塔的塔底泵（介质为澄清油），澄清油的温度为367℃，压力为970kPa。

结构材料：含5%Cr的低合金钢（ASTM A182 Grade F5）。

失效前的服役周期：5个月

目测检查结果：阀门卡套和内表面发生严重的冲蚀现象（见图6.13）。

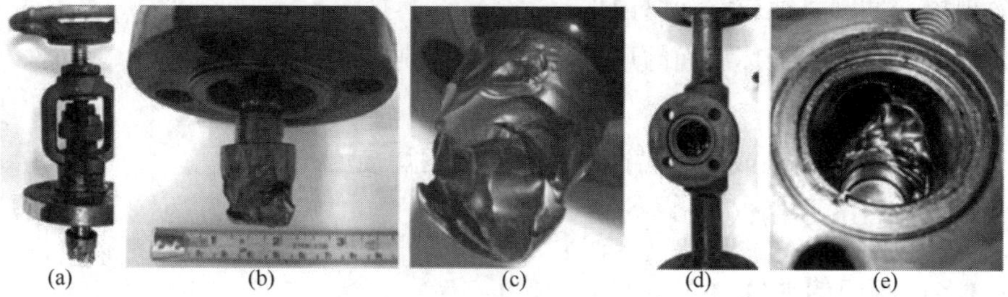

图 6.13　主分馏塔底阀门的冲蚀

注：（a）（b）（c）卡套的冲蚀现象；（d）（e）阀门内表面的冲蚀现象。

失效现象：冲蚀。

失效原因及分析：澄清油中的催化剂粉末造成冲蚀，从而导致故障发生。（见案例6.2.1.3）

解决方案和建议：

（1）采取措施以阻止催化剂进入澄清油。

（2）使用铬化硼化合物（Colmonoy 6 合金）或钨铬钴合金（司太立 720 合金）的阀门代替原有阀门（见附录 F、表 F.9）。

6.2.1.8　换热器管板的冲蚀（催化裂化装置）

条件：催化裂化装置主分馏塔底（重油）在管程内流动，其温度为 368℃，压力为 0.95MPa。重减压瓦斯油（HVGO）在壳程内流动，其温度为 215 ~ 304℃，压力为 1MPa。在管板失效之前的 3 年中，泵经历了数次冲蚀失效。

结构材料：管程及管板——410 不锈钢。

失效前的服役周期：3 年。

目测检查结果：换热器管程被沉积物堵塞；在清除沉积物之后，在管板中心区域发现严重的冲蚀现象（见图 6.14）；安装在管板上的管束末端发现了孔洞。

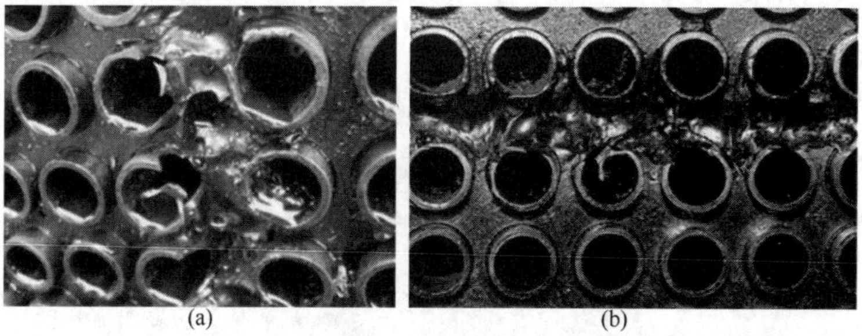

图 6.14　管板的冲刷腐蚀现象（已清除沉积物）

X 射线荧光光谱测试：沉积物中包含 Si（40% ~ 50%），Al（35% ~ 40%）和 O（10% ~25%）。催化裂化装置使用的催化剂含有 SiO_2 和 AlO_3，这意味着沉积物主要含有催化剂。

失效现象：冲蚀。

失效原因及分析：催化剂进入从分馏塔底而来的重油，对内壁进行冲刷，从而引起了冲蚀失效（见案例6.2.1.3）。换热器入口处产生了高速湍流。其速度的估算值为3m/s，而建议值是小于2m/s。另外，大部分管束被沉积物堵塞，这也使得流速变得更快。因此，管板中心区域和管束末端发生了严重的冲刷腐蚀。

解决方案和建议：

（1）防止催化剂进入重油（见案例6.2.1.3）。

（2）在换热器周围安装压差控制器，监测管内压强变化和压差。

（3）增加换热器管束和管板的清洗频率。

（4）使用耐磨的铬化硼化合物（Colmonoy 6 合金）、钨铬钴合金（司太立 720 合金）内衬层（见附录 F、表 F.9）

6.2.1.9 低压瓦斯油泵的冲蚀（原油蒸馏装装置）

条件：两个离心泵连续工作以使低压瓦斯油在240℃下回流。

结构材料：碳钢 ASTM A 216 Gr. WCB。

失效前的服役周期：7 年

目测检查结果：两个离心泵泵头和扩散器内表面发现蚀坑和裂纹（见图6.15）。

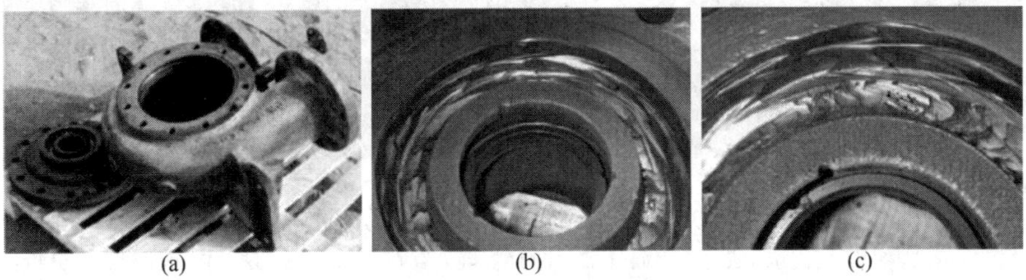

(a) (b) (c)

图6.15 低压瓦斯油泵的冲蚀

注：（a）失效低压瓦斯油回流泵全貌；（b）泵头冲蚀现象；（c）图（b）放大图（腐蚀裂纹）

失效现象：冲蚀。

失效原因及分析：240℃下的低压瓦斯油长时间湍流造成了冲刷腐蚀。

解决方案和建议：

（1）打磨碳钢表面，使用304L不锈钢焊接，通过抛光以恢复至原有尺寸。

（2）使用耐磨材料：铬化硼化合物（Colmonoy 6 合金）、钨铬钴合金（司太立 720 合金）（见附录 F、图 F.9）。

6.2.1.10 闪蒸设备凝结水液控阀出口管线的失效（发电站）

条件：凝结水（锅炉汽包排水）与蒸汽混合物在管线中流动。在130℃时，管内压强从13MPa（液控阀之前）降到1.4MPa（液控阀之后）。法兰焊接在小直径管道上（见图6.16）。

图 6.16　闪蒸罐及控制器后的失效管道

结构材料：碳钢 ASTM A105，管线直径 50mm。

失效前的服役周期：5 年。

目测检查结果：大约每 6 个月，法兰的焊缝处及管线弯头处就会出现孔洞。在法兰焊缝和管线弯头处，局部腐蚀以点蚀和明显的厚度损失形式出现（见图 6.17）。发生冲蚀的法兰和管线内表面含有两种氧化物（红色的 Fe_2O_3 和黑灰色的 Fe_3O_4）。坑内表面没有腐蚀产物。

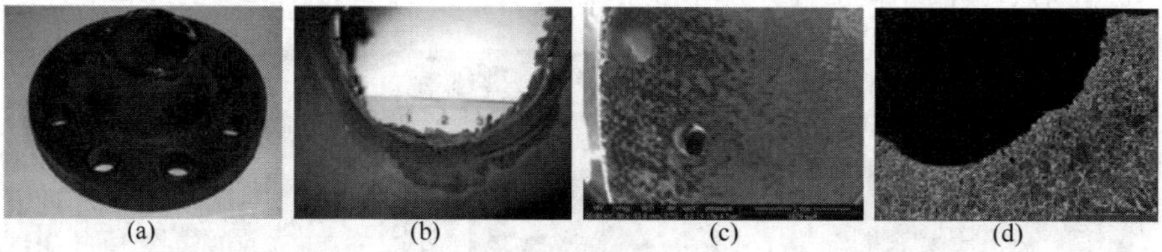

(a)　(b)　(c)　(d)

图 6.17　法兰焊缝和管线弯头处的腐蚀现象

注：(a) 失效法兰；(b) 法兰内表面（被侵蚀）焊缝处存在小孔；(c) 法兰内表面形态学分析；(d) 失效区域横截面金相（坑壁表面光滑，无腐蚀产物）

形貌检查（扫描电镜照片）：发现了空流腐蚀痕迹。

金相检验：坑壁表面光滑，无腐蚀产物，证明了空泡腐蚀诱导的冲蚀现象存在［见图 6.17（d）］。侵蚀造成的结果是，壁厚由原始的 3mm 减少到了 0.6mm。

失效现象：空泡腐蚀。

失效原因及分析：从液控阀到法兰，压强从 13MPa 降到 1.4MPa，这使得液态水发生闪蒸。结果是，形成了 130℃ 的气液两相混合物，混合物的流动造成法兰及法兰后管道内表面的机械损伤。损坏的法兰内表面的组织（没有腐蚀产物的金属光泽沟谷和浅坑）和金相检验证明了冲蚀和空泡腐蚀的存在。焊缝上的洞是空泡腐蚀造成的：闪蒸发生时，高能的液滴造成了局部的机械损伤。

解决方案和建议：

（1）增加法兰及其后管道的直径。

（2）将法兰及管道材质替换为 316 不锈钢。

6.2.1.11 止回阀阀盘的失效（发电站）

条件：来自两个大型储水箱的水混合后流入滤砂器后的止回阀。室温下，潜水泵内的压强为0.4～0.5MPa。止回阀在整个工作周期内都是打开的。

结构材料：蝶形阀盘——碳钢 ASTM A216 Gr. WCB，枢轴销——316 不锈钢。

失效前的服役周期：9 年。

目测检查结果：止回阀内表面发现严重的腐蚀孔（见图6.18）。其腐蚀损坏程度比其他区域更为严重，包括阀盘与枢轴销连接一侧的深坑和穿孔。碳钢衬套也发生严重冲蚀现象，见图6.18（c）。

(a) (b) (c) (d)

图6.18 止回阀阀盘的腐蚀现象

注：（a）失效蝶形止回阀；（b）止回阀腐蚀区域；（c）发生空泡腐蚀的衬套；（d）发生冲蚀的蝶形止回阀内表面。

金相检验：值得注意的是，蚀坑方向在两侧具有不对称性。

EDS 分析：阀盘内表面及蚀坑内检测到 Fe、O 和 Si（约3%）元素，这证明水中存在沙子。

失效现象：冲刷腐蚀、空泡腐蚀。

失效原因及分析：处于“打开”状态的止回阀中的沙子与水混合后，形成的紊流对阀造成了机械损伤。阀瓣和阀内表面形态为金属光泽凹谷（浅坑），且无腐蚀产物，这也证明了冲蚀的存在。316 不锈钢枢轴销和碳钢衬套在水中接触，造成衬套内表面电偶腐蚀。

解决方案和建议：

（1）失效蝶形阀瓣已经无法修复。

（2）增加滤砂器的使用（水源必须经过有效除沙）。

（3）在碳钢蝶形阀瓣表面喷涂环氧陶瓷涂层，以提高耐蚀性（如添加氧化铝、氧化铁的环氧酚醛树脂，硅氧烷和硅酮）。

6.3 腐蚀疲劳和热疲劳

疲劳是指材料在循环交变应力下产生的性能弱化现象。假设要将铝箔折断成两部分，必须经过多次弯曲、伸直才能实现。腐蚀就是在这种循环应力下产生的失效现象，其最大应力值要小于材料的抗拉强度。如果应力超过一定阈值，裂纹就会产生宏观和微观上的不连续性（坑、孔洞、沟槽和方向急剧变化现象），从而造成应力集中，疲劳就在这些区域产生。最终裂纹扩展到一定尺寸，并导致断裂的发生。结构的形状将明显影响疲劳寿命——材料断裂前承受应力循环次数。

腐蚀疲劳是在腐蚀性环境下发生的疲劳，即在腐蚀与循环交变应力的共同作用下，与无腐蚀环境相比，金属将更早断裂，且断裂所需应力更小，循环次数更少[6]。简言之，腐蚀疲劳是在腐蚀行为和循环应力耦合作用下的材料损伤现象。

热疲劳发生在金属反复加热与快速冷却情况下[7]。金属表面的快速冷却会造成较高的三向应力，并产生交叉形裂纹。因此热疲劳也被称为腐蚀疲劳开裂。循环拉应力有两个来源：循环交变内应力和受到约束的热膨胀与收缩。

腐蚀疲劳像其他疲劳过程一样，其发生具有一定的随机性。材料损伤会发生积累，停止损伤后，材料并不能恢复。

不能将腐蚀疲劳现象与应力腐蚀开裂混淆。应力腐蚀开裂产生的是脆性裂纹，裂纹的扩展是在持续应力或残余应力下发生的。应力腐蚀是特定合金在特定介质中发生的，而腐蚀疲劳在任何合金中都会发生[8,9]。

腐蚀疲劳裂纹按照以下机制扩展[7]。在循环应力作用下，管壁发生膨胀。氧化铁薄膜破裂，裂纹穿过氧化膜到达金属表面。然后氧化膜裂纹源处的金属暴露出来，形成一个微观的切口。在下一个循环周期，氧化膜沿着这个切口发生断裂，使其变得更深。随着循环过程的继续，楔形裂纹扩展至管壁。裂纹从内外表面起源，并与点蚀有关。这些点蚀作为应力集中区域，导致腐蚀疲劳裂纹在此形成[7]。这些裂纹通常是针状或楔形的直裂纹，无分枝现象，并垂直扩展到金属表面。它们通常成族或平行产生，并不会沿管壁表面扩展很长距离。腐蚀疲劳裂纹经常充满氧化铁，因此很难被检测到。

腐蚀疲劳裂纹最常发生在锅炉的高负荷运行、间歇使用或其他周期性运行情况下。快速开停锅炉会明显提高腐蚀疲劳的敏感性。以下部分尤其对腐蚀疲劳敏感：管壁、再热器管、过热器管、高温废气换热管、除氧器、水冷壁管膜两端以及连接点或刚性约束点（进出口处的接头、导杆和刚性梁）[7]。裂纹可能沿以下区域形成：未装满水的炉管内表面沟槽，热水管道中间歇蒸汽覆盖的部位，水线、进水管线、排污管线的氧点蚀部位。

控制循环拉应力值和环境因素、重新设计锅炉可用来减少和消除腐蚀和热疲劳[7]。减少或消除锅炉的循环操作、延长开停车时间是防止疲劳腐蚀开裂的关键手段。本节将研究四个疲劳案例。

6.3.1 案例研究

6.3.1.1 弯头的疲劳（加氢脱硫装置）

条件：管线弯头（弯管）用于连接水箱（内含锅炉给水）和管线，锅炉给水在其内部流动，温度为50℃。

结构材料：碳钢 ASTM A234 WPB 级。

失效前的服役周期：2 年。

目测检查结果：弯头破裂（见图 6.19）

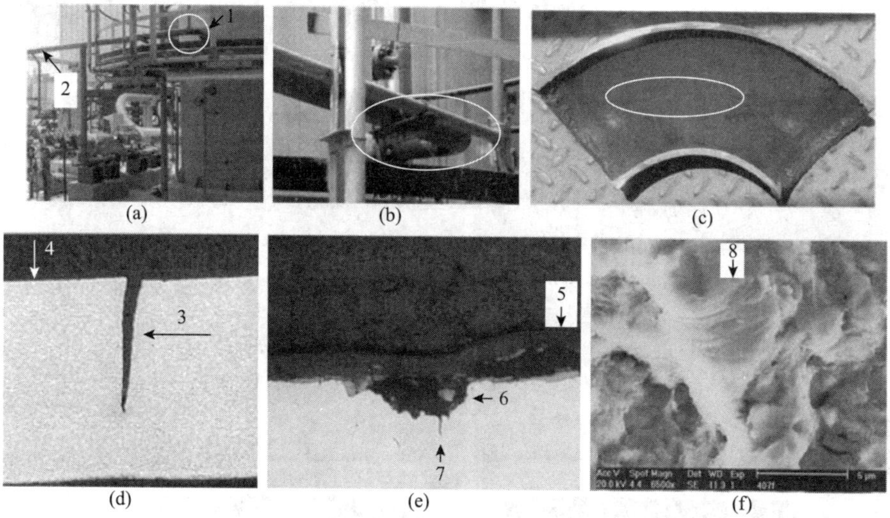

图 6.19　加氢脱硫装置弯头的腐蚀现象

（a）加氢脱硫装置失效管道全貌（1 为失效弯头的位置，2 为失效管道）；（b）失效区域的放大图（弯头）；（c）弯头内部裂纹；（d）裂纹的宏观横切面（3 为裂纹，4 为管道内表面）；（e）微观横切面 200 倍放大图（5 为腐蚀产物，6 为蚀坑，7 为裂纹）；（f）（e）图的 6500 倍电镜扫描图片（8 为疲劳纹）。

裂纹从弯头内部形成，并垂直于表面。弯头中心外侧裂纹长度为 85mm，内侧裂纹长度为 100mm。二次裂纹从主裂纹底部生长。在距离主裂纹 10mm 处，存在一个被腐蚀产物覆盖的蚀坑和一个从这个蚀坑生出并平行于主裂纹的裂纹［见图 6.19（e）］。管道与弯头一起受到横向振动。

金相检验：弯头的化学成分、机械性能和微观结构均遵从材料规范的要求。

电镜扫描检验（断口分析）：断口处发现典型的疲劳纹，见图 6.19（f）。

失效现象：疲劳。

失效原因及分析：管道能够自由移动并能承受造成疲劳现象的水平振动。裂纹从弯曲头内蚀坑处形成并扩展。蚀坑造成了应力集中。

解决方案和建议：必须正确连接、加固、固定以消除水平振动。可以参考美国机械工程师协会（ASME）的“核电设备运行维修标准与指南”。

6.3.1.2　炉管的失效

条件：热管锅炉的锅炉给水和蒸汽在管道内流动，其温度为 230℃，压力为 3MPa；在过去 10 年的服役期内，向水中注入缓蚀剂，其间有频繁开停炉操作。

结构材料：碳钢。

失效前的服役周期：15 年。

目测检查结果：弯曲区域的管道外表面发现一条 4mm 深的孔洞（见图 6.20）。管道内壁的孔洞及其对面的区域发现细长裂纹。

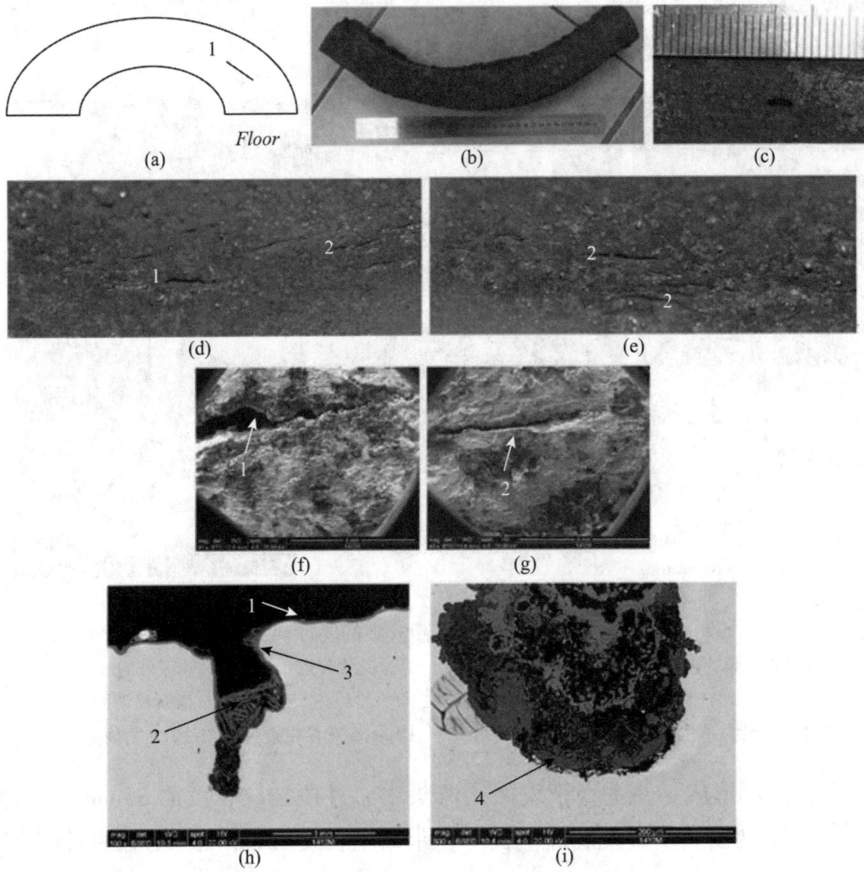

图 6.20　炉管的腐蚀现象

注：(a) 孔洞处管道的草图；(b) 管道内表面孔洞处管道的全貌；(c) 图 (b) 孔洞处的放大图 (外侧)；(d) 外表面电镜扫描图片 (洞的一侧，1 为孔洞，2 为裂纹)；(e) 外表面电镜扫描图片 (另外一侧)；(f) 管道外表面的横截面金相图片 (1 为孔洞的位置)；(g) 管道外表面的横截面金相图片 (2 为靠近孔洞的裂纹)；(h) 蚀坑 (1 为管道内表面，2 为蚀坑，3 为氧化膜)；(i) 蚀坑的边界 (4 为蚀坑边界的腐蚀产物)。

电镜扫描检验：管道内壁孔洞及其周围区域的电镜扫描照片显示，蚀坑从内表面形成并向壁内扩展，从而形成孔洞，见图 6.20 (f)。孔洞周围发现了裂纹和伸长的蚀坑等缺陷。

金相检验：对孔洞周围的一个长坑进行截面金相检验，见图 6.20 (h) (i)。坑表面内部能观察到填满了腐蚀产物和氧化膜 (Fe_3O_4)。坑内氧化膜边缘处破裂，说明蚀坑起源于内表面。

X 射线能谱分析证实了管道内表面铁和氧的存在，同时还在坑内发现了氯 (约 4%)。

失效现象：热疲劳和腐蚀疲劳。

失效原因及分析：弯曲处 (特别是椭圆区域) 存在拉应力。15 年内频繁的开停炉提高了热疲劳敏感性。通常，当温度波动超过 93℃时，断裂便会发生。热疲劳裂纹通常在不连续表面处 (坑等) 形成，它们很宽且经常充满氧化铁，这是高温 (230℃) 的缘故。腐蚀疲劳在腐蚀和循环应力共同作用下产生。在较低的应力值和循环次数下，腐蚀加剧了疲劳现象。

解决方案和建议：

（1）最大程度地减小热循环和热应力。

（2）在开停车期间控制升温和降温速率，以降低应力，避免快速冷却。

6.3.1.3 管道的腐蚀疲劳（加氢脱硫设备）

条件：氢气和含有低浓度硫化氢的烃类混合气体在管道中流动，室温。管道通过焊接的法兰连接。管线只有在设备停车期间使用。循环的振动和扭矩（扭转力）作用于分管线。

结构材质：管道——碳钢 ASTM A106 Gr. B；法兰——碳钢 ASTM A105。

失效前的服役周期：30 年。

目测检查结果：法兰焊缝附近的一部分管线断裂（见图 6.21）。

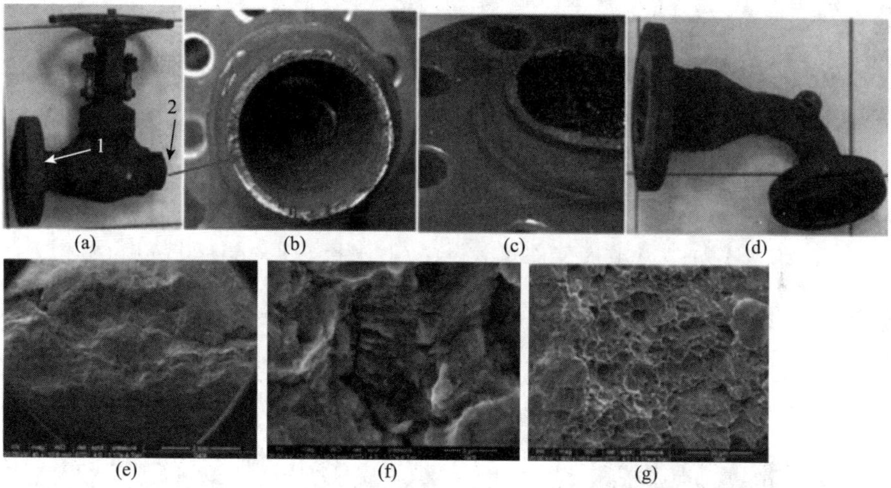

图 6.21　管道的腐蚀疲劳

注：（a）法兰与管道的失效部分（1 为法兰，2 为管断裂）；（b）图（a）上断口表面 2 处的放大；（c）另一侧（靠近焊接法兰）的断口表面放大；（d）法兰的相邻部分；（e）（f）（g）断裂处不同放大倍率的电镜扫描照片（虚线圈为疲劳条纹）；（g）韧窝断裂。

电镜扫描检验：断裂表面的形貌由疲劳裂纹和沿晶断裂组合而成。这种形貌是腐蚀疲劳的典型特征，见图 6.21（f），（g）。失效区域外侧附近的最终断裂区域出现韧窝，这是韧性断裂的典型特征。裂纹从内向外扩展，一直穿透管壁，最终导致失效。

金相检验：断裂发生在管本体，而非焊缝或焊接热影响区。

X 射线能谱检验：断裂区域检测到 Fe、O 和 S（6% ~25%）元素。

失效现象：腐蚀疲劳。

失效原因及分析：失效最先从管内表面发生。管线内流动的氢气中含有有害的硫化氢，加上管线的循环振动（应力），使材料产生腐蚀疲劳机制，从而发生了失效。在没有循环振动（应力）条件下，输送相同介质的类似的管线没有检测到失效。由此可见，在没有循环应力时，失效不会发生。

解决方案和建议：消除管道的循环振动（应力）。

6.3.1.4 板翅式空冷器中铝翅片的腐蚀疲劳（连续重整装置）

条件：空冷器由碳钢管道和铝翅片组成，通过加氢脱硫设备管道下的风扇来冷却汽油。铝翅片温度高达140℃。

结构材料：翅片——铝 EN AW－1050A（Al 99.5；工业纯铝），厚度为0.4mm。

失效前的服役周期：2年。

目测检查结果：铝翅片表面检测到多处损伤（见图6.22）（翅片边缘破损，翅片变为波浪形），这是典型的因振动而导致的损伤形式；翅片表面变为灰色（典型的氧化铝颜色）；有些区域的螺钉扭曲，致使某些管组与底座连接不紧。

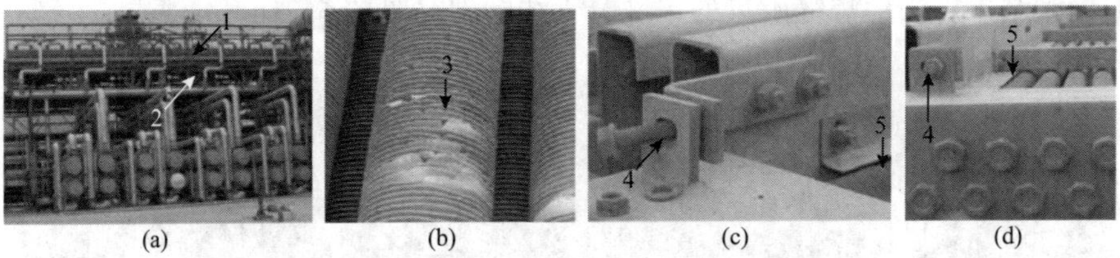

图6.22　空冷器中铝翅片的腐蚀疲劳

注：（a）空冷器全貌（图片上部），其中1为失效管道的位置，2为翅片的位置；（b）失效的铝翅片（3为断裂区域）；（c）连接不当的螺栓（4）；（d）螺栓（4）的连接和铝翅片（5）。

电镜扫描检验：观测到腐蚀产物覆盖下的疲劳线，这是典型的腐蚀疲劳特征（见图6.23）。

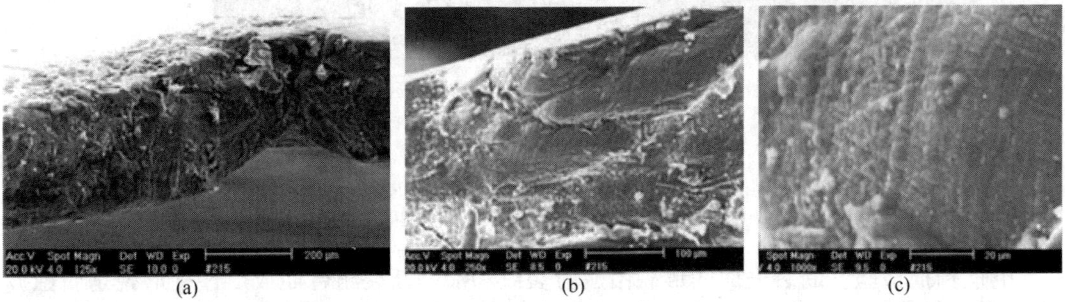

图6.23　铝翅片断口不同放大倍数的电镜扫描照片（a×125，b×250，c×1000）

金相检验：脆性断裂。

X射线光谱分析：断口含有Al、O、Fe、Cu和Cl元素。

失效现象：腐蚀疲劳。

失效原因及分析：失效是由管组的不当连接造成的。断口Cu和Cl元素的存在表明空气对铝金属具有破坏性。在这种腐蚀性空气中，管道的振动使铝翅片发生腐蚀疲劳。

解决方案和建议：确保管组正确连接，防止振动发生。

6.4 黏着磨损

一位炼油厂的机械工程师曾请我检查几个316不锈钢螺栓和螺母。他告诉我：在安装期间，螺栓扭断，且螺栓螺纹卡在了螺母中；此系统不能被拆卸；不锈钢螺栓和螺母的所有机械性能经检查均符合技术指标的要求。该工程师为此很沮丧。我向他解释：这种现象被称为黏头磨损，或者叫冷焊、黏着。

黏着磨损是指滑动面之间发生黏合而造成的一种磨损现象。接合面的黏着磨损现象可能是微动腐蚀的结果。由于接触面之间存在摩擦和黏合，表面晶体结构随后便会发生滑动和撕裂或局部熔接，这种综合机制导致黏着磨损的发生。这将使一些材料卡在甚至摩擦熔接在接触面上。这些结合在一起的区域紧紧“冻结”在一起。不锈钢、铝合金、钛合金、镍铬合金等能够自身产生防腐蚀氧化膜的合金表面的黏合都可能发生黏着磨损。在黏紧的过程中，由于接触和滑动的螺栓面产生应力，氧化膜发生破裂、脱落，金属表面互相剪切并锁合在一起。这种剪切—阻塞—锁合行为的累积使黏附更牢固。结果是，黏着导致咬死——真正“冻结”一起。这种过程不仅发生在螺栓上，也可能发生在两个面在压力下接触时，如销钉和轴承等。配合面粗糙度也影响黏着磨损效果：齿面越粗糙，黏着腐蚀发生的可能性就越大。在一个磨损系统中，黏着和咬死失效最先发生，紧接着是磨损带来的材料尺寸损失，最终发生腐蚀。工程师在设计某些体系时，必须将黏着磨损作为第一考虑要素，如设计阀杆、配平系统、紧固系统、筛分系统、销钉、泵轴、衬套和滚动轴承时。

这个问题的解决方案包括以下方面：

（1）两个表面使用不同牌号的不锈钢（如316不锈钢和304不锈钢），以减少黏着磨损。

关键的是不同硬度合金的配合，因为不同合金的加工硬化率不同。

（2）经常降低设备的转速也能减少甚至有时完全解决问题。当转速升高时，紧固过程释放的热量增加，从而增加了黏着磨损的可能性。

（3）润滑配合面能够消除黏着磨损。这样的润滑剂包括二硫化钼（MoS_2）、云母、滑石和蜡等。不推荐使用石墨，因为当电解质溶液存在时，石墨的电位比金属更高，这会造成电偶腐蚀。一些公司研发了专用于防止黏着和咬合磨损的润滑剂（膏）。

（4）使用耐磨损的合金（附录F、表F.10）。

以下是本节要分析的黏着磨损案例。

6.4.1 风机轴的黏着磨损案例分析（连续重整设备）

条件：为了更换风机轴承，尝试取出轴，但没有成功。轴与轴承“黏”在一起，难以分开。服役温度为500℃。

结构材料：轴和轴承——因科洛伊Incoloy 800H。

失效前的服役周期：3 年。

目测检查结果：轴和轴承“黏”在一起。

失效原因及分析：这种现象是黏着腐蚀。当两个面“黏”在一起难以分开时，就会发生黏着磨损。这发生在特定类型的 Ni－Cr－Fe 不锈钢和铝合金上。

失效现象：黏着磨损。

解决方案和建议：

（1）使用耐黏着磨损的 Nitronic 60 不锈钢（合金 218）不锈钢代替因科洛伊 Incoloy 800H（见附录 F、表 F. 10）。

（2）在轴表面喷涂 Cr_2O_3 涂层。

参考文献

[1] Groysman A（2010）Corrosion for everybody. Springer，Dordrecht

[2] Groysman A（2014）Corrosion in systems for transportation and storage of petroleum products and biofuels. Springer，Dordrecht

[3] Starosvetsky J，Armon R，Groysman A，Starosvetsky D（2002）MIC of storage tank aluminum floating roofs during hydrotest. Mater Perform 41（4）：50－54

[4] Javaherdashti R（2008）Microbiologically influenced corrosion：an engineering insight. Springer，London

[5] Little BJ，Wagner P（1997）Myths related to microbiologically influenced corrosion. Mater Perform 36（6）：40－44

[6] ASM Handbook（1987）vol 13：Corrosion. ASM International，USA

[7] Port RD，Herro HM（1991）The Nalco Guide to Boiler Failure Analysis. McGraw－Hill Inc.，New York

[8] Schijve J（ed）（2009）Fatigue of structures and materials. Springer，Dordrecht

[9] Gangloff RP（1995）Environmental cracking—corrosion fatigue. In：Baboian R（ed）Corrosion tests and standards：application and interpretation. ASTM，Philadelphia，pp 253－271

[10] ASME（2007）Standards and guides for operation and maintenance of nuclear power plants OM－S/G，part 3. ASME，USA

[11] IFI Inch Fastener Standards Book（2014）Industrial Fasteners Institute，9th edn. Ohio，USA

[12] Davis JR（2001）Surface engineering for corrosion and wear resistance. ASM International，USA

[13] Speck JA（1997）Mechanical fastening joining and assembly. Marcel Dekker，New York

[14] ASTM G98－02（2009）Standard test method for galling resistance of materials. ASTM International，West Conshohocken，PA，USA

[15] ASTM G40－13（2013）Standard terminology relating to wear and erosion. ASTM International，West Conshohocken，PA，USA

7 结垢、腐蚀和清洗

Scientists study the world as it is. Engineers create the world that has never been.

Theodore von Kármán (1881 - 1963),

the Jewish - Hungarian - American aerospace engineer.

摘要 结垢与腐蚀关系密切。本章介绍了有机垢、无机垢、运行前结垢、工艺侧结垢、水侧和烟气侧的结垢，分析了有机物和冷却水系统结垢的原因和存在的问题，分析了其机理和控制方法。本章还介绍了机械和化学清洗过程、预清洗和钝化、安全、环境及一般建议。

污垢是设备和构件表面上不需要的材料的堆积。

与污垢有关的物质有沉积物、污泥、水垢、沉淀物、析出物、未使用的残余物。换热器、管线、换热管、水箱、泵、过滤器、压缩机、空气冷却器、塔、锅炉、反应器和炉子都容易结垢。污垢的性质、外观和程度取决于流动介质、设备设计和几何位置、冶金、表面条件（粗糙度、表面膜、腐蚀产物）以及工艺条件（温度及其波动、压力、流动状态和速度、相的数量、化学物质的注入、脱盐设备的效率、运行中断的频次）。

炼油厂和石化设备的综合效率取决于所有设备的不间断无故障运行。从这个角度来看，结垢问题是最突出的。有时候，这些问题只与热交换设备相关，实际上这些换热网络非常重要。然而，其他与热交换无关的设备（水箱、管道、泵、过滤器、压缩机、塔、喷油器、反应器）也很容易结垢（见图 7.1）。例如，油罐中的污泥、原油管道中的蜡和腐蚀产物沉积，冷却水管道中的生物淤泥，过滤器中的腐蚀产物，等等，不胜枚举。

虽然结垢背后的物理化学现象很复杂，但在大多数情况下其机理是最清楚的。例如，在高温交换器热端上的污垢是由高操作温度引起的一系列化学反应形成的[1]。在流体的流动中，由于受剪切力的影响，流体流速高于临界速度不会发生结垢。研究人员开发了“结垢临界值”模型，用户可以据此模型评估结垢率接近于零的操作条件[2~4]。

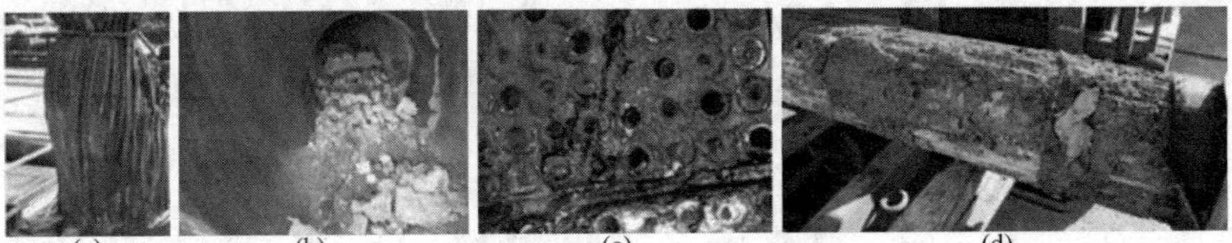
(a) (b) (c) (d)

图 7.1 与热交换无关的设备结垢现象

注：(a) 苯二酸酐的固化（结垢）导致了该热水器的 SS316 换热管（4 年，石化工厂）的变形；
(b) 喷射器中的无机沉积物（热酸气体与苏打水溶液反应，45℃，9 个月，催化重整单元）；
(c) 胺溶液结垢（4 年，胺处理单元）；(d) 冷却水系统中的腐蚀产物（5 年，发电厂）。

结垢可以由各种不同的机理引起，在有机、水和气体介质中的结垢机理是不同的。污垢最重要的特征是它的热阻（比金属的多两个数量级）和垢层的厚度（罐底从几毫米到几米）。

有机物质（原油、石油产品、燃料、有机溶剂）结垢的原因是：不稳定和不兼容的原油组分混合后，有机物质分解导致在介质中形成焦炭和焦油、烃类的聚合和氧化，介质中大量金属浓缩，污泥和腐蚀产物沉积。过多使用劣质原油和石油沙会增加结垢的概率。典型出问题的区域包括蒸馏装置的换热器和炉管、热裂解装置和减黏装置、加氢装置换热器和反应器床层、流化催化裂化装置油浆换热器、催化重整装置循环氢压缩机、石油化工装置（如芳烃装置）泵和循环冷却水系统的换热器。

在冷却水系统中形成污垢的原因是结晶（钙和镁的碳酸盐、硫酸盐、硅酸盐和磷酸盐结垢），微生物和它们的代谢产物的沉积，以及腐蚀产物（氢氧化物、氧化物和腐蚀金属的盐类）。

气体介质（炉子里的氧气和烟气，炼化装置的工业废气）结垢的原因是热腐蚀或燃灰腐蚀。然而，气相中的结垢被认为只是腐蚀产物而不是腐蚀污垢。

污垢可能是有机的、无机的，或者是两者的混合物。结垢机理不同不仅在有机和无机物质的形成上有所不同，而且在不同设备和单元上也不尽相同。

常减压装置中的有机污垢是由于介质中不能溶解的有机化合物沉淀而形成的，如沥青质和高分子量碳氢化合物（石蜡）。沥青质是原油馏分，可溶于甲苯（芳香溶剂），不溶于 n-烷烃（通常是庚烷）[5]。由于不相容的原油混合或加热，沥青会变得不稳定。沉淀的有机化合物可以被脱氢成焦炭。由于长时间加热，碳氢化合物的热降解也可以形成焦炭。在加氢处理装置原料/水换热器的进料侧和催化裂化装置（FCCU）浆料系统的有机污垢通常是由烯烃和二烯烃的聚合，羧酸和 n-有机化合物之间的缩合反应以及重分子量多核芳烃的降解引起的[6]。

有机污垢不仅在有机物质中可能形成，在水介质中也可能形成，其原因是含有机物质的水过滤不良，或者微生物的存在和繁殖（生物）。

无机污垢有几种来源。腐蚀产物（主要是金属氧化物、氢氧化物、硫化物）和固体无机污染物（砂、淤泥和盐），主要是由于热腐蚀、燃灰腐蚀或金属粉末等引起的，主要沉积在低流速的液体或炉管外侧。无机污垢可以在有机物、水和气体物流中形成。尽管在脱盐设备中除去了大部分无机盐，但是一些盐残留下来，并沉积在预热交换器中。脱盐后原油中注碱，以中和氯化钙和氯化镁盐水解产生的 HCl。注碱过量（通常是在不受控制的情况下）会导致下游的交换器结垢，以及炉内结焦。蒸馏装置前端不适当水洗可能会导致氯化铵和氯化胺盐的结晶（见 8.2.1 节）。催化剂粉末可能会导致催化裂化浆液系统结垢。在催化重整、催化裂化、加氢处理和加氢裂化装置的循环氢压缩机中，会形成氯化铵垢（腐蚀后果严重）。石化厂的 TPX 和苯、甲苯、二甲苯单元中，在泵和塔中形成无机垢（主要是含硫的腐蚀产物）。然而，在冷却水系统中，无机垢的问题最大。按照来源不同，污垢可分为以下几类：运行前污垢、工艺侧污垢、水侧污垢和烟气侧污垢[7]。

运行前污垢是在设备的制造和安装过程中形成的。除了铁屑（在冶金过程和热处理作业中形成），土壤、灰尘、污泥、焊渣、腐蚀产品、油、油脂、润滑油、脂肪和底漆（临时涂层）都可以附着在设备表面上。不锈钢、铜合金和钛合金的表面可能会受到铁粒子的污染，铁粒子主要来自碳钢零件的加工或焊接中，并且会发生电偶腐蚀进一步生成锈斑（见图 7.2）。在大多数情况下，这种金属腐蚀污垢会导致设备和结构表面的不美观，因此有时这种情况会被认为是不合格的不锈钢或铜合金。实际上，如果不把这些腐蚀点（锈）从表面除去，可能会发生缝隙腐蚀。需要特殊的清洗程序来去除不锈钢、铜和钛合金的污垢[8~10]。为了防止铁屑颗粒的堆积和锈蚀点的形成，应在焊接期间用防水布覆盖。

(a) (b) (c) (d)

图 7.2 运行前外表面的污垢

注：（a）不锈钢罐（SS 316）安装 3 个月，表面需要按照标准清洗和钝化[8,9]；（b）消防系统中的铝-青铜（UNS C95800）阀门；（c）（d）铝-青铜阀门上的锈迹（在冬天雨季期间暴露 1 个月），用硝酸的水溶液（25%）很容易去除锈斑。

为了确定对特定设备进行何种类型的清洗，应该对垢物进行物理化学鉴定。

在炼油厂和石化装置上的工艺侧垢物非常多样化，代表性的有有机物质和焦炭，或与腐蚀产物（硫酸盐、氧化物和水化物）混合在一起（见附录 J）。有时沉积物（铁的硫化物）暴露在空气中会自燃（见章节 4.1.1）。预热换热器污垢被定义为原油类型、烧碱和注入的废油，可以包括以下组分：有机化合物（聚合物、沥青质、胶质、蜡、胺中和剂、胺类缓蚀剂）、无机物质（氯化物、硫酸盐、碳酸盐、硅酸盐、单质硫、腐蚀剂）、氯化胺盐、沉积物（沙子、淤泥、灰尘、颗粒）和腐蚀产物（铁硫化物、氢氧化物、氧化物）。大量的有机和无机物质在不适当的条件下（工艺参数的波动）可能会导致换热器的壳程和管箱结垢，在储罐、管道、反应器、泵、压缩机和其他设备上也会结垢。在换热器壳程上的污垢通常与靠近折流板的低流速的死区相关。各种碳氢化合物介质、氨水、胺中和剂和缓蚀剂可能会导致常压和真空系统中换热器壳侧的有机物质和氯化物盐沉积［见章节 8.1.1，图 8.1（a）]。

残余物从原油蒸馏装置底部流入减黏裂化炉，总是容易产生积垢，因此，这是一个严重的问题。

亚硫酸盐和胺溶液（HSAS）的分解和氧化产物，可能导致苯、甲苯、二甲苯单位（石化厂）和胺处理单元的严重结垢和腐蚀。

为了了解石油炼制和石化行业中结垢问题的重要性，我们在此给出一个令人印象深刻的数字。原油蒸馏装置的污损每年造成全球45 亿美元的损失，并导致在炼油厂加热炉中燃烧过多的燃料[11]。在美国炼油业，这个数值大于直接腐蚀成本（37 亿美元）[12]。结垢成本（经济成本）包括额外的能源消耗、加工量损失、维护成本和阻垢剂的成本。

水侧污垢也可能是多种化学类型。这些沉积物可能仅由碳酸盐硬质盐组成，或者是在冷却水管道内或在换热器中的生物淤泥。此外，硫酸盐、硅酸盐、磷酸盐、氢氧化物、氧化物、硫化物、二氧化硅、泥浆和碎屑也可能存在于沉积物中。石油产品和其他有机介质可泄漏到冷却水中，并在换热器、管道和泵的内部表面沉积。

烟气侧污垢来自在炉子和锅炉中燃烧燃油和柴油，燃烧产物（如污垢）对碳钢有严重的腐蚀作用，并且会发生燃料灰的腐蚀。由浓硫酸（通过 100 ~ 180℃下的水蒸气吸收 SO_2 和 SO_3 气体形成的）引起的炉内碳钢和低合金钢管的酸性露点腐蚀可导致硫酸盐的结垢。在停工期间，这些硫酸盐通过大气中的凝结水发生水解，造成酸性环境（pH 值达到 1），引起炉管外表面严重的点蚀。因此，这些硫酸盐应迅速与碳酸盐（2% ~ 3% Na_2CO_3）中和，并且在停工期间将其清除。

转而使用天然气（甲烷）作为清洁燃料代替燃油和柴油，极大地改善了炉子和锅炉的状况，不会产生污垢。

污垢形成的复杂性和多样性使得对污垢的预测、监测和防污处理变得复杂。因此，我们将首先描述结垢机理。

7.1 结垢机理

可以根据产生的机理进行划分，结垢可被划分为 5 个主要类别[13]：

结晶的污垢——过饱和溶液的凝固或沉淀。

颗粒污垢——悬浮固体颗粒的沉积（污垢、淤泥、黏土、锈）。

化学反应污垢——反应物间的化学反应沉积。

腐蚀污垢——由反应物和金属表面反应生成的沉积物。

生物淤泥——由微生物形成的。

这五种机理在有机物和水溶液中所占比例都是不同的。例如，除了生物淤泥，原油和石油产品在高温下（大于 300℃）的污垢可以通过以上任何一种机理实现；在冷却水系统中，结晶、腐蚀和生物腐蚀可能起主导作用。为了在设计和操作阶段采取补救措施，确定首要的机理是最重要的。在大多数情况下，都存在不同的结垢机理。石油炼制和石化行业长期经验表明，换热器上更有可能发生两种有机污垢的机理：

（1）通过自动氧化机理，腐蚀和化学反应的结合产生结垢。

（2）沥青质沉淀。

附录 J 中给出了这五种污垢机理的详细描述。

在一般情况下，会同时发生几种结垢机理，它们总是相辅相成、不可分割的。五种常见的污垢类型包括五个可区分的步骤：萌生、迁移到表面、附着、移除和老化[11]。结垢是一个复杂的物理化学过程，这些步骤中的许多都可以同时进行。迁移到表面、附着和移除过程已被研究人员掌握，而萌生和老化机理还有待研究。

污垢形成的起始阶段从几秒到几个小时、几天、几周，甚至几个月。例如，某个阶段在温度大于 275℃ 的加氢裂化（HVGO）上的时间是几个小时[14]。随着温度和表面的粗糙度的升高，以及表面初始不干净，诱导期会显著减少[15~17]。像局部腐蚀（点蚀、裂纹、应力腐蚀开裂、细菌腐蚀）的动力学一样，在诱导期之后，污垢累积过程会迅速发展，并会塞满整个换热器及泵的过滤网和管道。结垢速率随着表面温度的增加而增加，即从 260℃ 到 285℃，温度每增加 25℃，导致初始结垢速率增加 1 倍[5]。

在所有反应机理中，污垢的前身必须通过扩散机制，从溶液本体中转移到表面附着，转化为沉积物[1]。在类似的情况下，如果转移足够多，那么这种污垢或沉积物可以被带回到液体溶液中。污垢的转移取决于它们的溶液浓度和它们在附着表面的浓度之间的差异。

当沉积物变得更有凝聚力，其结构变得更硬时，老化现象便随即产生。老化可以通过聚合、再结晶和脱水来增加沉积的强度[17]。例如，在氧化铁微生物参与的过程中，生物淤泥可以通过铁离子（Fe^{3+}）的存在，以及由铁氢氧化物（FeOOH）强力附着于金属表面形成固体外壳而变得硬化（见图 7.3）。每种污垢都注定会老化。

图 7.3　由氧化铁微生物产生的生物淤泥

形成硫铁化合物的腐蚀，在原油结垢的诱导期和后续阶段扮演者重要的角色。硫化铁可以通过不同的方式形成（见附录 D 和第 4.1 节）。硫化铁可以通过增加表面面积和减少界面张力来促进结垢，从而加强对不溶性沥青的黏附性[18]。因此，原油交换器的污垢可以含有 35% 以上的铁硫化物（见附录 J）。硫化铁是黑色的，如果没有化学分析，那么它可能会被误认为是有机的碳质原料（也是黑色的）。如果是铁硫化物，通过附录 D 很容易被确定（见附录 D）。

腐蚀产物增加了热传递的阻力，形成了粗糙表面的区域，从而促进了污垢的积累。此外，腐蚀产物在设备的下游部分也会变成颗粒污垢。

温度升高可促进污垢形成的化学反应、腐蚀速率、缩短诱导期并严重影响沉积物的老化速率。这些污垢可能会变硬，变得难以去除，或者变脆，在温度和时间的影响下逐渐剥落[1]。

7.2 结垢引起的问题

结垢造成问题如下：

（1）垢下腐蚀（见2.4节）。腐蚀产物反过来也会造成污垢，从而形成恶性循环。

（2）降低了物流的换热和出口温度。污垢的导热系数为0.2～2.9W·m^{-1}·K^{-1}，比管壁的导热系数（20～40W·m^{-1}·K^{-1}，取决于使用的金属和温度）低2个数量级[1,17]。因而，热量转移受损，能量回收减少。由于污垢，炼油厂的能源消耗增加了10%～30%。

（3）增加热侧的温度，降低冷侧的温度。例如，当水在锅炉管中加热到250℃时，管壁的平均温度是400℃。然而，当垢层厚度超过50um时，管壁温度应该增加到510℃，这样才能保持管内水温在250℃，这很接近导致碳钢严重热氧化的温度550℃[19]。

（4）必须提供额外的冷却能力，以便降低换热器热侧的产品流温度[20]。

（5）压力降增加，从而降低了流量，能源成本增加。

（6）管道、换热管、换热器、泵和压缩机的内部表面堵塞。

（7）炉子燃烧的燃气增加，以保证所需的温度。

（8）炉中较高的燃烧温度会缩短炉管寿命。

（9）由于温室气体（CO_2）排放的增加而产生环境影响。另一个生态问题是，需要合适的设施处置含硫、氮和金属的碳和碳氢化合物。

（10）当大量的污垢堆积在罐底部，储罐的容量会降低，并且局部垢下腐蚀不受控。

（11）在煤油储罐底部，污垢会导致燃料质量的恶化，因为部分污垢会溶解在产品油中，或者由硫酸盐还原菌（生物淤泥）产生的硫化氢污染物的排放。

（12）定期清理污垢被迫非计划停工。在停工过程中，设备和构筑物的碳钢表面暴露在空气中，形成了铁锈，在重新开工后，锈层剥落，污染下游设备。

（13）安全隐患和环境问题（见第7.6节）。

7.3 在有机介质中污垢的控制方法

在有机物流中（原油、石油、燃料、有机溶剂）可以使用以下的污垢控制方法：

（1）适当的原油预处理。通过沉积、排水、过滤将原油中的水、水溶性污染物（盐、硫化氢）以及沉淀物分离出去。不幸的是，一些微米级的颗粒不能被过滤掉。一些物质（表面活性剂）不能从原油中分离以形成稳定的乳化剂。在炼厂的脱盐装置中，原油中注入破乳剂可分离原油中的盐和水。

（2）为了便于清洗，应将原油及含污油和腐蚀性介质的液体放在管程。管子的内部比外面更容易清洗。

（3）使用旁路或并联管道、备用件、换热器和泵。

（4）注入的碱性溶液浓度不应大于1.5%氢氧化钠，以改善原油中碱性物质的分散性。

（5）保持较高的流体速度可以防止颗粒沉淀到设备表面；消除滞缓和低速区域；换热器、泵、罐、塔器和其他设备应该在停用时排液清洗污垢。

（6）化学处理或使用阻垢剂。阻垢剂是一种化学物质，注入到脱盐原油、重石油产品（常压塔底、焦化原料）以及加氢处理物料中，用于减少或消除污垢。阻垢剂可以包括一种或几种化学物质。例如，胺磷酯洗涤剂、无机磷、酸和盐类等用作原油中的阻垢剂。通常，阻垢剂是一类复杂的混合物，包括分散剂、缓蚀剂、金属钝化剂和聚合抑制剂。每个组分都有其用途。分散剂阻止小颗粒聚集形成更大的颗粒，防止沉积，还能防止小颗粒被现有的沉积物吸附。缓蚀剂可以防止金属表面和腐蚀性流体之间的接触。金属钝化剂通过络合作用“中和”金属，减少金属（铁和铜）引发聚合的催化活性。聚合抑制剂与自由基（R）发生反应，形成稳定的分子（R－R），从而打断导致聚合物形成的链式反应。选择阻垢剂及其用量是不容易的，因为它的效率取决于污染和碳氢化合物的组成、温度、形成条件、流态、装置的运行特点及历史。在选择阻垢剂之前，我们要对原料和沉积物进行仔细的物理化学分析。通过分析，我们可以给出沉积物的组成（有机、无机或组合）和可能的污垢形成机理。结垢经常发生在换热器管束的两侧，但是结垢速率不同。阻垢剂可以延缓污垢的发生，但不能阻止它的发生，在干净的设备上才起作用。结垢的程度随时间而变化。因此，为了达到最好的效果，通常很难一直保持合适的阻垢剂浓度。

7.4 冷却水系统的结垢和控制

冷却水通常会导致换热器管束、管板和管箱的内部或外部结垢（见“结晶垢”），这些垢物是由结晶和沉积引起的，甚至会堵塞管子和管道（见图7.4）。

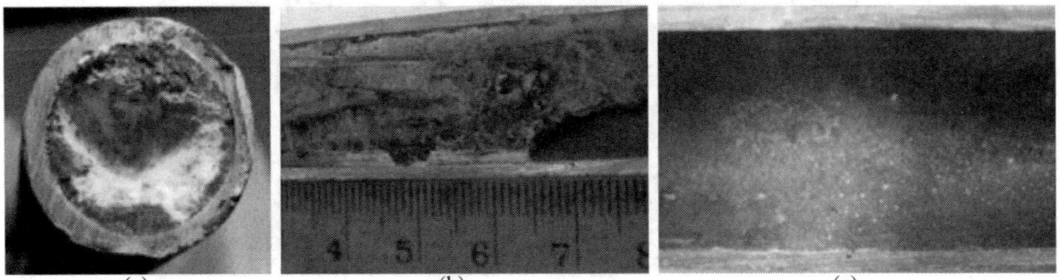

(a)　(b)　(c)

图7.4　冷却水系统的结垢现象

注：（a）（b）为经过3年的服役后，黄铜管的内部空间被完全堵塞（管内侧为冷却水，外侧为柴油，沉积物中含有少量的硅酸盐和氯化物，以及钙和锌的磷酸盐和硫酸盐）；（c）为黄铜上的垢下腐蚀（除去沉积物后）。

碳钢、低合金钢、铸铁、铜合金、铜镍合金、不锈钢、钛合金，总之，在冷却水系统中使用的所有合金钢都容易结垢（见图 7.5、图 7.6）。通常缓慢的流速和高温（高于 80℃）会导致沉积物沉积。用酸洗的方法不能去除换热管内表面的污垢，只能进行机械清洗。

(a) (b) (c)

图 7.5　冷却水系统中的合金钢腐蚀（1）

（a）在原油蒸馏装置中，Ti Gr. 2 管束内部空间堵塞。(管内侧为冷却水，外侧为碳氢化合物（120℃）。沉积物中含有钙和锌的磷酸盐和硫酸盐)；（b）黄铜管内侧—冷却水（30 ~ 35℃），外侧—减一线油（120℃）。（由于减一线油渗透到软化水中，管子被黑色的聚合物堵塞）；（c）碳钢管内部是软化水（~50℃），外部是轻质减压瓦斯油（LVGO）（120℃）。钢管被轻质减压瓦斯油（LVGO）泄漏到软化性形成的黑色聚合物堵塞。

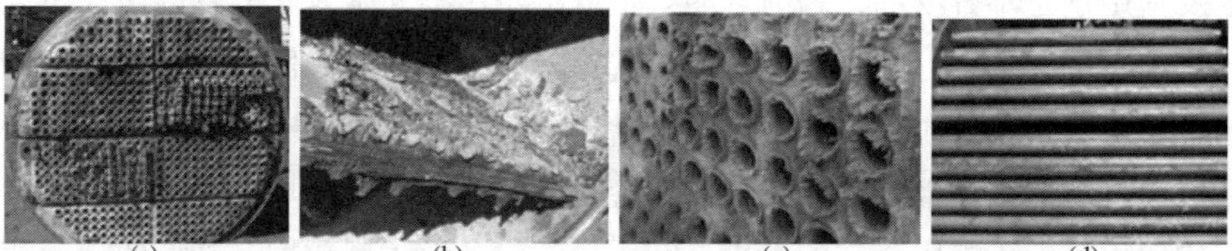

(a) (b) (c) (d)

图 7.6　冷却水系统中的合金钢腐蚀（2）

注：（a）（b）（c）在异构化单元服役 3 年后，90 - 10 铜镍管的内部空间被堵塞。[管道内部为冷却水（经过缓蚀剂处理），外侧为液化石油气（60 ~ 40℃），沉积物中含有锌、钙和铁的磷酸盐和氯化物盐。高温（80℃，如图 7.7 所示）加速沉积物的产生和沉积。在这个案例中设计的不合理之处为：空冷器没有使液化石油气的温度降低到目标值 60℃]；（d）铜-镍管蓝绿色锈蚀表面。

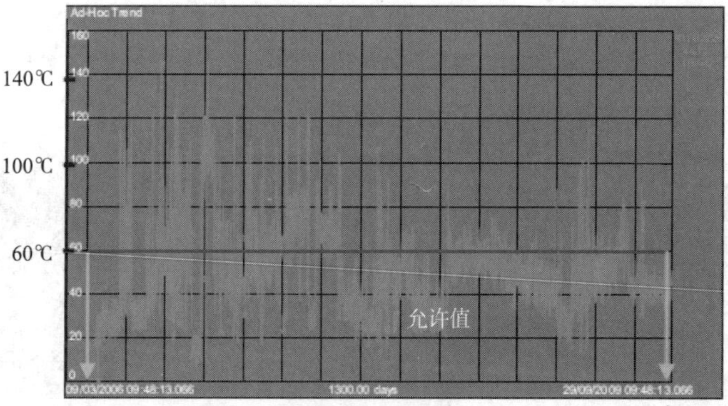

图 7.7　三年期间换热器入口处的液化气温度波动（工厂信息系统数据）

管外的压力（1.2 ~ 2.5MPa，碳氢化合物）通常比管内压力（0.4 ~ 0.5MPa，冷却水）要高。因此，在管道腐蚀和泄漏的情况下，碳氢化合物会渗透到冷却水中，从而形成泡沫，并加剧换热管内部的有机物沉积。这些现象降低了冷却水的流速直到停滞，并会进一步促进腐蚀的发展。

尽管各种合金的热导率不同，但它们的性质对表面上形成的水垢和沉淀物的化学成分没有显著影响。水侧污垢的形成是由以下因素决定的：

（1）冷却水的来源（理化性质）和补给水质，其处理方法：沉淀池用于去除钙和镁离子硬度盐；悬浮固体和微粒的过滤和沉淀不足。

（2）冷却水化学处理：加注阻垢剂，维持推荐的 pH 值和离子组成。例如，不使用阻垢分散剂，碳酸钙垢和碳酸镁垢便会随即产生。有时，在钙和镁离子浓度高于推荐值，pH >8，温度超过 60 ~ 80℃（见图 7.8）的情况下，即使在冷却水中应用阻垢剂也不能阻止水垢的形成。

(a)　　(b)

图 7.8　水侧污垢的形成条件

注：(a) 换热器碳酸钙垢堵塞（服役 9 个月）。冷却水（30 ~ 35℃）流入碳钢管内部，蒸汽（200℃）在管外侧流动。(b) 靠近换热器的管子也堵塞了。这种工况下的设计是错误的。禁止高温（200℃）蒸汽注入含硬度盐的冷却水换热器中。这种换热器是用来冷却真空系统中的蒸汽的。有两种解决办法：用纯净（去离子）水冷却蒸汽（200℃）或通过空气（空气冷却器），而不是通过冷却水。

（3）操作条件：换热器使用过程中的温度、流速、浓缩倍数、正确排污、换热器反冲洗。等操作条件。因此，保持循环冷却水的物理化学参数和温度在最大允许值以下是非常重要的。除了最常见的不溶于冷却水的碳酸盐类，其他化合物（硫酸盐、硅酸盐、氢氧化物和氧化物）也可以形成垢。

（4）冷却水中不受控制的腐蚀会导致腐蚀产物污垢。通常，铁氢氧化物和氧化物，以及铝氢氧化物和氧化物（当铝牺牲阳极用于换热器）可能存在于腐蚀产物中。

（5）注入的缓蚀剂（磷酸锌-磷酸酯），如果不适当控制（错误的剂量和条件，如不合适的 pH 值，离子浓度和温度超限，频繁中断），那么锌和钙的磷酸盐也可能是污垢的重要组成部分。

（6）低流速（通常低于 1.2m/s）可导致有机和无机悬浮固体沉降。推荐用于某些合金和金属的水的流速见附录 J，如果使用“半月”折流板，折流板切除部分不应超过外壳内径的 20%[17]。

（7）杀菌剂和生物分散剂使用不当，可导致微生物的增殖和生物淤泥。附着的微生物吸附悬浮固体、腐蚀产物、淤泥、泥浆、杂物，导致金属表面出现非常复杂的生物和非生物混合物，从而造成垢下腐蚀。

污垢的化学成分取决于上述因素，任何突然的变化都可能导致污垢的形成。为了控制、减少或防止冷却水系统结垢，必须采取下列措施：

(1) 去除冷却水水源中高硬度的离子，并消除其浓缩现象。

(2) 监测冷却水的所有物理化学参数，即维持冷却水的推荐 pH 值、化学成分和温度，以防止水垢形成。

(3) 保持操作条件：水的流速 1.2m/s 以上；设备停用时直接排水；消除“死”区；对换热器的冷却水实施周期性反冲洗。

(4) 通过分析方法监测腐蚀，安装挂片，在线线性极化探针（包括点蚀指数测量）和传热阻力指数检测手段[21]。

换热器大多容易结垢。为了减少污垢，应定期监测和清洗换热器。不同工艺单元的结垢机理各不相同，控制污垢的方法，包括正确设计和化学处理、旁路和清洗，将在下一节描述。

7.5 清洗程序

污垢和合金的物理化学性质影响水垢与金属表面的黏附程度，从而影响清洗和去除的过程。不打开设备（换热器、冷凝器、管道、泵、压缩机）确认污垢的化学成分，不可能确定清洗程序。各种污垢都有具体的清洗方法，有时只用水力喷射便可去除有机垢，或轻质碳酸硫酸盐垢，或铁锈。在大多数情况下，有必要使用适当浓度的酸溶解水垢或沉积物。如果在沉积物中发现了的新化合物，则需要在实验室条件下检验清洗溶液的浓度、温度、时间和流动状态（循环或停滞）。有机物质可形成的生物污染包括微生物代谢产物。碳酸盐、硫酸盐、磷酸盐和氢氧化物在清洗酸溶液中溶解度不同。应考虑到除去垢和沉积物后，裸露的金属表面将暴露在清洗酸溶液中。因此，应确定和估计它们的腐蚀性，对设备造成的可能的腐蚀损失。酸性溶液应与腐蚀抑制剂（通常是有机胺）一起使用。如果沉积物中含有有机物质，那么酸性溶液不能溶解水垢或沉积物。因此，第一步是碱性清洗（脱脂），通过混合碱性溶液与洗涤剂，去除沉积物中的有机物质。如果是污垢，只需要进行机械和化学清洗。操作措施包括控制影响污垢形成的所有参数（流速、温度、流体的化学组成、防污剂和分散剂的注入），并遵循所有推荐值。下面将分别描述机械和化学清洗方法。

7.5.1 机械清洗

机械清洗包括水力清洗、摩擦清洗和热清洗[7]。水力清洗压力为 2～220MPa，包括水清洗、高压和超高压水射流（水力喷射）、蒸汽清洗、超声波清洗、爆破清洗。摩擦清洗包括清管和刮管、涡轮清垢、钻孔、用钢钎捅、喷砂、爆破去除。摩擦清洗是在水力清洗可能不实用的情况下使用的。以下方法用于摩擦清洗：塑料模型清管器（管道猪）和刷子用于清除软沉积物，浮泥和生物污泥（内管）；硬垢金属清洗器（内管），如小圆柱形不锈钢丝刷或弹簧。这些清洁工具结构多样。2MPa 的水压可以高效地将清洗工具推进并通过管子。通常，换热器管束为 500 ~ 1100 根，长度为 6m，直径为 25.4mm。因此，每个管道使用小清洗器是非常费力和费时的操作。

热清洗包括使用蒸汽去除碎屑、轧钢氧化皮垢、焦炭和聚合物。换热器中周期性的循环冷却水反向循环流动也与水的机械清洗有关。特定方法的选用取决于污垢特性、特定设备和介质。例如，对于煤油、轻质常压瓦斯油 LAGO、重质常压瓦斯油 HAGO、轻质减压瓦斯油 LVGO、裂解柴油和软化水泵，用蒸汽足以清洗。对于轻、重石脑油或水冷凝液泵的内表面清洗，需要超高压水射流。

管壳式换热器通常需要拆卸，拆除管束，运输到清洗设备处进行清洗、组装和泄漏测试。机械清洗有很多步骤，比较复杂和危险，特别是当换热器安装在高空较难作业的地方。大多数情况下需要特殊设备来抽出管束。机械清洗可能需要 3 到 14 天，这取决于换热器的大小和重量，以及结垢的严重程度。在高压水射流清洗过程中，有机物和无机物的污垢也会对人和环境造成危害。换热器的机械清洗成本平均为 50000 美元。根据停用时间的不同，还可能发生 10 倍以上的巨额损失。因此，比机械清洗便宜的化学清洗方法应运而生，它可以在短时间内进行，通常为 1 天甚至更少（不包括准备时间，一般为 8h）。

7.5.2 化学清洗

化学清洗是一种利用液体化学物质溶解和除去固体沉淀物的技术。化学清洗是通过溶液在设备中循环或浸湿，在不拆卸设备的情况下进行的。这种方法有几个优点：比机械清洗更快更便宜，无须拆卸设备，去除垢更均匀（化学溶液能够达到机械清洗设备不容易到达的区域），并且清洗时间间隔较长。化学清洗用于去除有机和无机沉淀物，必要时用于钝化。一般来说，化学清洗程序由五个阶段组成，每个阶段在进行下一步之前都要对结果（质量）进行监控。

（1）碱性清洗（脱脂）。其目的是去除污垢的有机沉积物或有机部分（油脂），使无机部分具有亲水性，便于后续酸洗。

（2）漂洗。其目的是去除脱脂过程中形成的软化污垢。

（3）酸洗。其目的是去除污垢中的无机部分（盐、氢氧化物和氧化物）。

（4）中和漂洗。其目的是中和酸清洗过程中的残酸、溶解无机化合物和污泥。

（5）钝化。目的是在金属设备表面形成保护性防腐钝化膜。“钝化”意味着“去活化”。

然而，在化学清洗过程中，并不是都要进行所有的五个阶段。这取决于污垢的类型和清洗所用的设备。附录 K 对这五个阶段进行了描述。

7.5.3 运行前的清洗和钝化

为了确定运行前的清洁程序，我们应考虑到施工的材料、特殊的设备和清洁度要求。首先要检查设备的内表面，确定清洗程序。通常，运行前单独清洗（仅脱脂）用于过程设备（精馏塔、反应器）的投用，蒸汽和冷凝水管道。例如，对于低压蒸汽管道（0.3～1.4MPa，145～225℃），用蒸汽吹扫及脱脂就足够了。对于冷凝水管道，脱脂就足够了。锅炉、蒸汽发生器（高压3.5MPa、250℃）和压缩系统、冷却水系统（管道、换热器）均采用钝化清洗。蒸汽管道和冷却水系统的钝化溶液是不同的（见附件K、附录L、附录I）。碳钢、不锈钢及铜合金运行前的清洁程序是不同的。蒸馏塔、汽提塔和反应器内部清洗流程是：通过填充和浸泡清洗，以去除保护性油脂、有机沉积物、沙子、污垢，甚至铁屑。

锅炉的清洗程序称为蒸煮，目的在于除油、除铁屑，形成 Fe_3O_4 保护膜。这是唯一一种在高温下与蒸汽接触具有防腐性能的铁的氧化物（FeO、Fe_2O_3、Fe_3O_4 三种氧化物）。因此，锅炉和与蒸汽接触的管道清洗过程的最后步骤（钝化）产生 Fe_3O_4（见附录L）。Fe_3O_4 在与大气（冷凝水蒸气）和水接触时没有保护作用。因此，与冷却水接触时，没有必要在设备（换热器、管道和泵）内产生 Fe_3O_4 层。鉴于此，特殊的清洗程序不可或缺，用于形成磷酸盐保护钝化层（见附录Ⅰ）。

管道和换热器（内部，特别是在安装新装置后）可能含有污垢、沙子、砂砾、油污、松散的油漆、焊接飞溅、铁锈和轧钢氧化皮。清水冲洗、蒸汽吹扫或压缩空气可以除去污垢、沙子、沙砾和松散的油漆。润滑脂和其他碳氢化合物污染物（油、脂肪）在50～60℃时，可用含有洗涤剂的碱性水溶液除去，有时需要机械清洗，这取决于焊接飞溅量、铁锈和轧钢氧化皮量。在某些情况下，这些清洗步骤是能够满足要求的（在胺处理单元管道中），但用于冷却水的管道需要通过脱脂和钝化（见附录Ⅰ）。

7.6 安全与环境

频繁的设备故障和打开（通常在加压处理烃时）清洗会增加泄漏风险，特别是在开工和清洗过程中。虽然设备经过蒸汽吹扫，但是易燃气体和自燃物质还可能存在。在有限空间内，起重机提取管束，卡车运输至机械清洗厂，在清洗返回交付后，又要重新安装。高压（约1MPa，可达到2MPa）水射流清洗会产生有巨大的噪声，会形成有毒物质污染大气。

与酸、碱、盐（$NH_4F\cdot HF$）和有机缓蚀剂（用酸溶液）接触对人类健康和环境是有危害的。硫化物清洗过程中应特别注意安全措施，因为硫化物在与酸性溶液反应过程中会产生危险和有毒的 H_2S。用于去除有机黏性沉积物的有机溶剂是易燃的，必须采取特殊的安全措施。

由于作业空间受限，通过临时接管来抽吸酸腐蚀性溶液，会遇到各种困难。有必要中和酸溶液，并处理废液。因此，在碱性和酸洗过程中的运输、储存、搬运、应用和处置化学物质时，我们必须采取适当的安全措施和预防措施。

有些文献推荐铬酸（H_2CrO_4）用于化学清洗铁的硫化物。铬酸像其他铬（VI）化合物（如铬酸盐）一样，被认为是人类的致癌物，任何情况下都不应使用。

在炼油厂和石油化工厂的所有区域，清洗过程都要经过隔离和签批。我们建议在夜间进行清洗工作，因为此时人员较少，危害下降。废弃物的处置应当按照当地规定执行。

7.7 清洗操作的一般性建议

每一个炼油厂都应有专有的标准或程序，适用于特定设备的特定污垢清洗。如果化学清洗外包给承包人，它可以有自己的特别程序。该程序应在炼油厂的下列部门进行书面申报、评估、记录和批准：生产部门、维保部门、材料和腐蚀部门、化验室、环保和安全等部门。工作范围可能因材料的变化、单元的操作条件、污垢的物理化学成分以及清洗目的而不同。

规划阶段。应记录下列措施：需要清洗的设备清单，其容量、结构材料，从操作设备断开、隔离及准备化学清洗的安装配件及连接设备，所有的化学品清单，每个阶段的接触时间，温度、压力、流量，腐蚀控制和监测方法、安全要求和程序、处置要求，临时保护措施（如果设备不能立即使用）。

准备阶段。当系统准备进行清洗时，应采取下列措施：泄漏测试、循环速率、温度和压力、正确选择清洗物质及其浓度的控制。

清洗阶段。循环与监测，包括控制、测量各种参数：温度、溶液中的油浓度（脱脂和清洗步骤）、酸浓度、pH 值、硬度和金属离子浓度（见附件 K 和附录 L）。

当化学清洗结束后，系统还需经过排水、用水冲洗、中和、钝化（如果需要）等步骤。清洗和钝化的有效性可以根据在清洗过程中使用的溶液中的金属部件（如在溶液中）进行评估（见图 7.9）。在设备清洗不满意的情况下，应重复清洗程序。清洗液应排放到适当设施，并得到环保部和地方当局的许可（如有需要）。

(a) (b) (c)

图 7.9 清洗和钝化

注：（a）清洗和钝化前生锈的金属部件；（b）钝化后的同一部件；（c）清洗和钝化后的管（端）内表面的目视检查，形成了良好的四氧化三铁氧化钝化膜。

化学清洗过程中的腐蚀监测。含有酸性溶液的容器中应安装腐蚀挂片和含有沉积物样品的阀芯部件。化学清洗工序结束后应计算腐蚀速率[21]。腐蚀挂片的腐蚀速率通常大于清洗过程中设备的实际腐蚀速率。腐蚀速率可用于评估由清洗液的腐蚀性造成的损害。例如，如果碳钢挂片腐蚀速率测量为10mm/a，这意味着经过6h的循环，设备的壁厚减少了0.007mm。一般来说，化学清洗过程中碳钢挂片的腐蚀速率小于5mm/a。因此，设备壁厚的腐蚀损失0.0035mm是可以忽略的。

关于正确决策的几点意见。对于大管径的碳钢管道（直径100mm以上），当内表面堆积大量腐蚀产物时，做出正确的酸洗决策非常重要（见图7.10）。

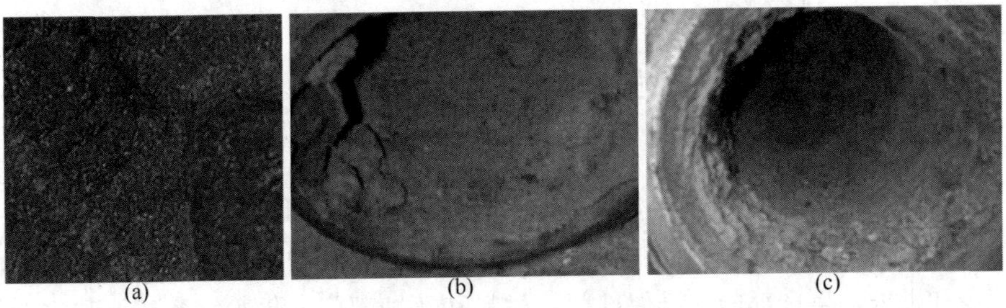

图7.10　大管径的碳钢管道内表面腐蚀产物的处理

注：(a)(b) 生物污垢（黏液和生锈的结节），在冷却水系统经过4年的服役（复杂的生物杀菌剂处理前）；(c) 用NaOCl、生物分散剂和有机杀菌剂进行内表面处理后的内表面。

通常，这些腐蚀产物以生锈的结节出现（由铁细菌活性形成的），斑状垢下面会形成严重的局部腐蚀，甚至可以穿透管的整个壁厚。因此，采用酸性溶液的化学清洗可以溶解生锈的结节，发现腐蚀穿孔的管子。这种情况可能会导致管道穿孔和酸溶液（pH = 2.8）的意外泄漏，并会对工作人员造成危害，以及对附近设备有腐蚀风险。当管子内部有严重腐蚀的生锈结节时，我们不推荐清洗这种管子的内表面，而应该完全更换这些管子。不幸的是，总是有经济理由来延迟更新这种严重腐蚀的管道，炼油厂会继续使用这种管道好几年。例如，炼油厂计划在2~3年内更换冷却塔。在这种情况下，因为存在穿孔的可能性，可不采用酸洗，而混合使用次氯酸钠、生物分散剂和有机杀菌剂。处理后几天，锈变得更致密，这种管道可以继续使用数年［见图7.10(c)］。

检查和文件。在准备、清洗、漂洗和处置废液的所有步骤中，仔细地检查和报告不可或缺。我们应系统地进行理化分析测量，并对结果进行分析，以决定每个阶段的质量并继续下一步。当清洗完成后，我们必须打开设备并用检孔仪从视觉上检查。所有数据必须记录和评估。

7.8　结论

(1) 炼油厂和石油化工厂使用的所有合金都容易受到污染。

(2) 污垢不仅发生在传热表面，而且在环境温度的任何表面都可能发生。结垢率随着温度的升高和流速的降低而增大。

(3) 石油产品、燃料、有机溶剂和含有悬浮固体的冷却水以比过滤产物高得多的速率被污染。

(4) 建议通过良好的设计和操作方法，使石油产品中溶解氧的浓度保持最低限度。真空系统设备应保持密封可靠。

（5）为了确定清洗的最佳程序，炼油厂的经营者、研究人员、化学品供应商和承包商应进行清洗工作之间的协调。每种情况下都要单独处理，因为污垢的物理化学成分不同。因此，每个设备都应采用针对性方案。

参考文献

[1] Coletti F, Hewitt JF (eds) (2015) Crude oil fouling: deposit characterization, measurements, and modeling. Gulf Professional Publishing, Elsevier, USA

[2] Ebert WA, Panchal CB (1995) Analysis of Exxon crude - oil slip stream coking data. In: Panchal CB et al (eds) Fouling mitigation of industrial heat exchange equipment. Begell House, NY, pp 451 - 460

[3] Deshannavar UB, Rafeen MS, Ramasamy M, Subbarao D (2010) Crude oil fouling: a review. J Appl Sci 10: 3167 - 3174

[4] Wilson DI, Polley GT, Pugh SJ (2005) Ten years of Ebert, Panchal and the . threshold fouling. concept. In: Müller - Steinhagen H, Malayeri MR, Watkinson AP (eds) Proceedings of the 6th international conference on heat exchanger fouling and cleaning—challenges and opportunities. Engineering conferences international, Kloster Irsee, Germany, June 5 - 10, 2005, ECI symposium series, vol RP2, pp 25 - 36

[5] Hong E, Watkinson AP (2007) Precipitation and fouling in heavy - oil diluent blends. In: Müller - Steinhagen H, Malayeri MR, Watkinson AP (eds) Proceedings of 7th international conference on heat exchanger fouling and cleaning—challenges and opportunities, Engineering conference international, Tomar, Portugal, July 1 - 6, 2007, ECI symposium series, vol RP5, pp 23 - 31

[6] Refinery Process Fouling Control (2012) Technical paper TP1194EN, General Electric Company

[7] Jones L, Haff JD, Moniz BJ (1987) Chemical cleaning of process equipment. Corrosion, vol 13. ASM Handbook, ASM International, USA, pp 1137 - 1143

[8] ASTM A380 - 13 (2015) Standard practice for cleaning, descaling, and passivation of stainless steel parts, equipment, and systems. ASTM International, West Conshohocken, PA, USA

[9] ASTM A967M - 13 (2013) Standard specification for chemical passivation treatments for stainless steel parts. ASTM International, West Conshohocken, PA, USA

[10] ASTM B600 - 11 (2011) Standard guide for descaling and cleaning titanium and titanium alloy surfaces. ASTM International, West Conshohocken, PA, USA

[11] Epstein N (1983) Thinking about heat transfer fouling: a 55 matrix. Heat Transfer Eng 14 (1): 25 - 36

[12] Flemming HC, Murthy PS, Venkatesan R, Cooksey KE (eds) (2009) Marine and industrial biofouling. Springer, Berlin

[13] Asomaning S, Watkinson AP (1999) Deposit formation by asphaltene - rich heavy oil mixtures on heat transfer surfaces. In: Bott TR (ed) Understanding heat exchanger fouling and its mitigation. Begell House, NY, pp 283 - 290

[14] Watkinson AP, Li YH (2009) Fouling Characteristics of a heavy vacuum gas oil in the presence of dissolved oxygen. In: Müller - Steinhagen H, Malayeri MR, Watkinson AP (eds) Proceedings of international conference on heat exchanger fouling and cleaning VIII - 2009, June 14 - 19, 2009, Schladming, Austria, pp 27 - 32

[15] Yang M, Crittenden B (2012) Fouling thresholds in bare tubes and tubes fitted with inserts. Appl Energy 89: 67 - 73

[16] Yang M, Young A, Niyetkaliyev A, Crittenden B (2012) Modeling fouling induction periods. Int J Thermal

Sci 51: 175 – 183
[17] Müler – Steinhagen H (2000) Heat exchanger fouling: mitigation and cleaning technologies. PUBLICO Publications, Germany
[18] Engineering Sciences Data Unit (ESDU) 3 – 00016 (2005) Heat exchanger fouling in the pre – heat train of a crude oil distillation unit. London, UK.
[19] Port RD, Herro HM (1991) The Nalco Guide to Boiler Failure Analysis. McGraw – Hill, NY
[20] Gutzeit J (2004) Crude unit corrosion guide. PCC Process Corrosion Consultants, USA
[21] Groysman A (2010) Corrosion for everybody. Springer, Dordrecht

推荐参考文献

[22] Joshi MH, Brons G (2003) Chemical cleaning of oil refinery heat exchangers—the need for a joint effort. In: Proceedings heat exchanger fouling and cleaning: fundamentals andapplications.
[23] Speight JG (2015) Fouling in refineries. Gulf Professional Publishing, Elsevier, USA
[24] Putman RE, Optimizing the cleaning of heat exchangers.
[25] TEMA (1988) Standards of the tubular exchanger manufacturers association, 7th edn. Tarrytown, NY
[26] Hewitt GF, Shires GL, Bott TR (1994) Process heat transfer. CRC Press, Boca Raton
[27] Koch GH et al (2002) Corrosion costs and preventive strategies in the United States. FHWA – RD – 01 – 156. Federal Highway Administration (FHWA), Washington
[28] Rafeen MS et al (2007) Crude oil fouling: PETRONAS refineries experience. In: Müller – Steinhagen H, Malayeri MR, Watkinson AP (eds) Proceedings of the 7th international conference heat exchanger fouling and cleaning—challenges and opportunities. Engineering conference international, Tomar, Portugal, July 1 – 6, 2007, ECI symposium series, vol RP5, pp 8 – 12
[29] Melo LF, Bott TR, Bernardo CA (eds) (1988) Fouling Science and Technology. NATO ASI (Advanced Study Institute) Series, Series E: Applied Sciences, vol 145. Kluwer Academic Publishers, Dordrecht
[30] Joshi HM (2013) Crude oil fouling field data and a model for pilot – plant scale data. In: Malayeri MR, Müler – Steinhagen H, Watkinson AP (eds) Proceedings of the international conference heat exchanger fouling and cleaning, June 09 – 14, 2013, Budapest, Hungary, pp 22 – 26
[31] Watkinson AP (2005) Deposition from crude oil. In: Müller – Steinhagen H, Malayeri MR, Watkinson AP (eds) Proceedings of the 6th international conference heat exchanger fouling and cleaning—challenges and opportunities. Engineering conferences international, Kloster Irsee, Germany, June 5 – 10, 2005, ECI symposium series, vol RP2, pp 7 – 16
[32] Klemeš JJ, Arsenyeva OP, Kapustenko PO, Tovazhnyanskyy LL (2016) Compact heat exchangers for energy transfer intensification: low grade heat and fouling mitigation. CRC Press, Taylor & Francis Group, Boca Raton
[33] Bories M, Patureaux T (2003) Preheat train crude distillation fouling propensity evaluation by the Ebert and Panchal model. In: Proceedings of conference heat exchanger fouling and cleaning: fundamentals and applications, engineering conferences international, Art. 27, ECI digital archives
[34] Wilson DI et al (2009) Ageing: looking back and looking forward. In: Müller – Steinhagen H, Malayeri MR, Watkinson AP (eds) Proceedings of international conference heat exchanger fouling and cleaning VIII – 2009, June 14 – 19, 2009, Schladming, Austria, pp 221 – 230
[35] Paikert P (1983) Verschmutzung von Kondensatoren und Kühltürmen. GVC Weihnachtstagung, pp 371 – 390
[36] Process Design (1997) P – 001 Rev. 3, Norsok Standard

8　炼油装置的腐蚀控制

> If a problem can be solved with money, it is not a problem, it is an expense.
>
> Jewish proverb.

摘要　本章论述了炼油厂和石化装置的腐蚀控制方法：选用与腐蚀性介质相适应的材料（详细介绍钛的使用经验），改善腐蚀环境（减少物流中腐蚀性物质的浓度，例如在塔顶中和酸性腐蚀介质，水洗和碱洗，使用缓蚀剂）。本章分析了在蒸馏装置塔顶系统中使用的缓蚀剂和在催化裂化装置中使用的多硫化物缓蚀剂，给出了石化厂原油蒸馏塔顶系统的腐蚀监测实例。

腐蚀控制必须在设备设计阶段开始，并正确使用标准、规程（工程材料指南）、规范和推荐做法。有许多材料选择错误和材料结合错误的例子，以及加工或操作设计中的错误案例（如图7.6和图7.8所示）。但是没有办法将工艺异常对设计的影响考虑完全。换句话说，不能在设计期间预测所有可能的故障（包括停工）。例如，开工或停工过程中会出现许多腐蚀问题。此外，不能考虑人为因素的影响、错误或正确的设计决策，以及包括腐蚀控制措施在内的进一步的炼厂腐蚀管理见第9章。

下列方法用来减少和控制炼油厂和石化装置的腐蚀：采用耐腐蚀合金（材料），改善腐蚀环境（减少在物流中腐蚀性物质的浓度，使用缓蚀剂，注水、注碱），采取技术措施（保持在露点温度以下，消除物流滞留和高流速）；采用防腐涂层和阴极保护。这些腐蚀控制措施也应该在设计阶段进行规划。在制造过程中，我们还应考虑在制造过程中的腐蚀余量和适当的热处理。订购时区分锻造和铸造组件是非常重要的。锻件是通过在炉内加热和反复锤打而成的。铸造指的是将熔化的金属浇铸到模具中然后固化。因此，铸件含有不可预知的缺陷（表面的气孔和裂纹），而锻件则具有更好的结构和较少的缺陷。因此，铸造部件容易疲劳失效。这是铸造钢件不用于关键部件（如与烃类接触的压力部件）的原因。

在设计阶段，我们还必须对材料的腐蚀监测和检测方法以及正确应用防腐措施进行跟踪。容器、管道、反应器、换热器、泵、压缩机、柱、罐、炉、烟囱、阀门、喷射器，总之，所有的设备和结构（大、小）应该从设计阶段开展腐蚀风险的分析。

相关文献曾描述过涂层和阴极保护的使用[1,2]。本章将描述炼制物流中合金的使用和环境的处理。

8.1 与腐蚀性介质适应的材料

我们必须清楚没有理想的材料能在任何条件下抵抗所有的介质。因此，“耐腐蚀材料”这一术语既是问题，又是前提条件。所有材料都有优点和缺点，只能在适当的条件下使用。理化性质多样的介质（有机物、无机物，它们的混合物，各种酸、碱）和条件（从 -196℃到1400℃、从真空到1MPa、从停滞到快速流动的几个阶段）要求使用具有合适性能的相应材料。每种材料的使用都有限制。“材料适应腐蚀性介质”的表述可能更为贴切。我们将讨论用于炼油厂和石油化工厂设备和结构的合金材料。

碳钢是炼油设备和结构在低于230℃下的最主要材料（>80%）。碳钢耐碱性环境（pH=9~13），但在氯化物存在时腐蚀严重。碳钢在强 H_2SO_4（>90%）和 HNO_3（70%）酸中钝化，盛装这些浓酸不需要使用不锈钢容器。特殊镇静钢（>0.1% Si）和耐 HIC 钢（如 A516 Gr. 70 HIC）抗硫化物腐蚀（见第4.1节和附录F）。碳钢不总是耐原油、石油产品和燃料，因为它含有腐蚀性杂质，如 H_2S、H_2O、溶解氧、盐、酸和微生物。碳钢对冷却水、大气、土壤、酸性（pH<4）和碱性溶液（pH>13.5，$T>90$℃）抵抗力低，因此应该使用防腐措施（注缓蚀剂、杀菌剂、中和剂，使用涂层和阴极保护）。炼油厂和石油化工厂的大多数腐蚀性环境可以用其他合金代替碳钢，如低合金钢、不锈钢、铜合金、镍合金和钛合金[3~5]。

低合金铬钼钢（5Cr-0.5Mo 到 9Cr-1Mo 钢）代替碳钢，改善抗硫化物腐蚀（见第4.1节）。

不锈钢包括铁素体钢、马氏体钢、奥氏体钢、双相钢和沉淀硬化钢五种，炼油厂设备常用材质是前四种。与低合金钢比较，它们提高了抗硫化物腐蚀能力。含3% Mo 以上的奥氏体不锈钢抗环烷酸（NAC）腐蚀。不锈钢不耐 HCl、HBr、HF 和含有氯离子、溴离子和氟离子的水溶液腐蚀，也不耐海水（停滞条件下）和有机酸（甲酸、草酸、乙酸、乳酸）腐蚀。在适当的条件下，不锈钢可发生点蚀、缝隙腐蚀、应力腐蚀开裂（包括连多硫酸应力腐蚀开裂）、细菌腐蚀和不锈钢的晶间腐蚀。

铜合金包括黄铜、青铜和铜镍合金三种。

黄铜代替碳钢，可提高抗冷却水腐蚀。但是，如果冷却水用缓蚀剂和杀菌剂处理，则没有必要使用黄铜，碳钢是合适的材料。当铜合金用于冷却水时，应加注铜腐蚀抑制剂（唑类衍生物）。铜管易受 H_2S 和 NH_3 腐蚀、点蚀、应力腐蚀开裂和特定条件下的脱锌。青铜比黄铜强度高，而且大多数环境中仍然具有高的耐腐蚀性。改进的铜镍合金比黄铜更耐应力腐蚀开裂和水的腐蚀。所有铜合金不耐含 H_2S 和 NH_3 的介质。

要基于潜在的腐蚀问题和风险选择特殊的材料，这在炼油厂装置大多数情况下已成为共识。钛合金获得了良好的使用声誉，我们将在下一节中对其展开描述。

8.1.1 在石油炼制和石油化工行业使用钛

当我1990年开始在炼油厂做腐蚀工程师时，首席化学家曾经给我打过电话，给了我一根长约10cm、直径1cm的发亮的细管，并要求我确定这根管子是由什么材料制成的。他还说我不能使用化学分析。我想起来一个故事——阿基米德揭穿了叙古拉国王希罗二世委托鉴定的黄金皇冠造假事件。阿基米德测试了皇冠的体积和质量（密度），从而判断皇冠是纯金的还是混合了金和银。因此，我决定确定闪亮小管的密度。称重并测量其体积，得到密度4.5g/cm^3，这个值几乎是不锈钢的一半。那时还没有互联网，查阅百科全书后，我发现只有一种金属有这种密度（4.5g/cm^3）——钛。于是，我开始熟悉炼油厂的钛金属。在10年中，40多种不同作用的钛换热器在炼油厂装置投用。

钛在不同的行业和生活领域中有着广泛的应用：从太空船、飞机和导弹到笔记本电脑、人体植入物、建筑以及珠宝和装饰品，就像美丽的黄色涂层氮化钛（而不是黄金）。钛合金于20世纪50年代最初应用于航空航天，其高强度密度比特别有吸引力，化学和石化工业第一次开始应用钛是由于其具备耐受多种高腐蚀性介质的特性[6~11]。当20世纪60年代钛管价格下跌时，商业上开始利用这种金属的耐腐蚀性，抵抗炼油厂的微咸水、盐水和冷却水以及其他介质（含有盐酸、H_2S、NH_3和有机酸的碳氢化合物）。自1967年以来，炼油和石化装置中使用了钛换热器、管道、容器、储罐、阀门和其他不同用途的设备[12]。它的高耐蚀性、高强度和低密度的结合导致炼油和石化工业中钛的使用量从1970开始增加。钛不再被认为是一种新的金属或一种不寻常的、只用于航天应用的金属，而是作为设计工程师可用的另一种高性能材料。现在钛作为结构材料，在石油炼制和石油化工行业有近50年的使用历史[12~18]。在此期间，只发生了几起故障。

在外观上，钛是一种美丽的有光泽的白色金属，像钢一样呈银白色。从外观来看，它很容易与不锈钢混淆。钛的一个重要物理性质是质量轻，因此很容易被识别。本节将叙述钛合金在不同介质中的物理化学性质和化学性能、优点、腐蚀现象和局限性，以及在炼油、石化装置中的应用经验、存在的问题及解决办法。

8.1.1.1 钛的特性

钛的密度（4.5g/cm^3）介于轻质铝合金（2.7g/cm^3）、镁（1.74g/cm^3）、钢（7.87g/cm^3）和镍合金（8.4~8.9g/cm^3）之间。合金状态时，在高于传统的轻合金能够安全使用的温度下，钛仍然保持足够的强度；在0℃到250℃的温度范围内要求具有高强度时，钛是比较有吸引力的金属。当钛与铝、锡、锆、铌、钼和硅形成合金时，它可以使用的温度达600℃。钛在300℃加热时失去强度，是在20℃下强度的一半。在高温下使用钛时必须考虑此性能。钛和钢一样坚固，但常温下则比钢轻45%。它的坚固性比铝强两倍，但重量只比铝重60%。钛不像某些牌号的热处理钢那么坚硬，它是非磁性的，是热和电的不良导体。

高温下（600～1000℃），钛从大气中吸收氮、氧、氢和碳，变得易碎，不适于实际应用。要获得纯钛是不可能的，因此它很多年未被使用。钛在20世纪50年代才成为商业现实，所有的高温钛加工（包括焊接）都必须在真空或惰性气体（氩气或氦气）中进行。

钛的另一个重要特性是，它在广泛的化学介质和自然介质中的耐腐蚀性，特别是在一般腐蚀、点蚀、应力腐蚀开裂、微生物腐蚀、磨蚀和空泡腐蚀方面。在许多应用中，尤其是在氯化物存在的情况下，其耐腐蚀性能远远优于不锈钢。在炼油厂使用时，我们应该记住这些钛的特性。钛合金大约有40种不同的等级，在机械性能和耐化学性方面有所不同。其中的五种等级（Gr. 1、Gr. 2、Gr. 7、Gr. 12 和 Gr. 16）用于炼油行业（附录F、表F. 13）。

8.1.1.2 钛耐化学性

钛是一种活性金属。钛在25℃下 $E^0_{Ti^{2+}/Ti} = -1.63V_{SHE}$（SHE指的是标准氢电极）[19]，而铝在25℃下 $E^0_{Al^{3+}/Al} = -1.66V_{SHE}$。然而，钛及其合金的耐化学性取决于快速形成一种坚韧、坚硬、紧密黏附的保护性二氧化钛表面层（TiO_2）。因此，如果钛浸泡在电解质中，表面的电极电位（不是纯钛，而是二氧化钛）更偏正，在 HCl 和 H_2SO_4 中可以达到 $-0.7V_{SCE}$（$-0.383V_{SHE}$）（SCE指的是饱和甘汞电极），在海水中25℃下为 $-0.1V_{SCE}$（$+0.217V_{SHE}$）。二氧化钛白色颜料的应用范围很广，从油漆到高分子材料、防晒霜、牙膏、纸和食品着色。事实上，钛可形成三种氧化物（类似高温下在铁表面形成的三种铁氧化物）：TiO（接近钛表面）、Ti_2O_3（中间层）、二氧化钛（外层接近大气或其他介质）。因此，钛合金在20℃时有自发钝化的倾向，这种行为在氧存在下保持到250℃。氧化条件包括在空气中加热（热氧化）、在电解液中阳极极化，以及暴露于硝酸中。随着时间的推移，钛氧化层的厚度逐渐增加：70天中从1～2nm增加到6nm，再经过1.5年增加到11nm，4年后甚至达到25nm（在自然条件下）。增加表面氧化膜厚度、钛与某些元素的合金化以及向介质中添加抑制剂（氧化物），可以提高钛的耐化学性。阳极氧化增厚氧化层，并呈现出美丽多彩的光谱。

通常，自然形成的二氧化钛薄膜是肉眼看不见的。这种氧化物层具有很高的耐化学腐蚀性，仅受到热浓盐酸、H_2SO_4、NaOH 和 HF 的腐蚀。如果没有二氧化钛保护层，那么钛在大多数溶液中会迅速溶解。

8.1.1.3 钛的腐蚀

钛会发生下列腐蚀现象：均匀腐蚀、点蚀、缝隙腐蚀、应力腐蚀开裂、氢脆、疲劳、磨蚀和电偶腐蚀。

均匀腐蚀。对于一些无机矿物质（HCl、H_2SO_4、H_3PO_4）和有机酸，钛有中等强度耐蚀性。钛氧化物不溶于大多数无机酸。腐蚀速率取决于酸的类型、浓度和温度。胺类缓蚀剂对钛的保护作用不强。钛对直到沸点的硝酸都非常耐蚀。在稀盐酸（高达5%）中，

24℃下钛的腐蚀率是非常低的。Gr. 2. 级别的钛在24℃、大于8%的盐酸中，腐蚀显著（>0.2mm/a），比在浓度1.5%、52～66℃下的腐蚀速率大（见表8.1）。Gr. 12级别的钛，在24℃下，自浓度大于8%的盐酸开始，表现出相当大的腐蚀，大于在52～66℃和4%浓度下的腐蚀（见表8.2）。Gr. 7级别的钛，在24℃，盐酸浓度大于26.5%开始出现严重腐蚀，大于在52℃、浓度15%时，也大于在66℃、11%下的腐蚀速率（见表8.3）。钛对HF溶液没有耐蚀性。

表8.1
Gr. 2等级钛在不同温度下自然充气HCl溶液中的腐蚀[6]

T/℃	24						52					66					
盐酸浓度/%	5	6	8	9	17.3	26	1.4	5.8	6	7	11.5	1	1.5	1.7	2	3	4.7
腐蚀速率/(mm/a)	0	0.007	0.2	0.25	0.51	2.59	0.02	0.51	0.68	1.27	3.07	0.001	0.002	0.13	0.61	1	7.08

表8.2
Gr. 12等级钛在不同温度下自然充气HCl溶液中的腐蚀[6]

T/℃	24					52				66			
盐酸浓度/%	6	8	10	12	28.5	3	4	5.9	7	2.4	3.6	5.9	7
腐蚀速率/(mm/a)	0.008	0.008	1.4	2.54	5.58	0	0.001	0.518	5.30	0.01	0.03	0.51	8.98

表8.3
Gr. 7等级钛在不同温度下自然充气HCl溶液中的腐蚀[6]

T/℃	24					52						66			
盐酸浓度/%	9	18	20	26.5	27	9	11.5	14.7	16.8	19	21.9	6	9.6	11.5	16.8
腐蚀速率/(mm/a)	0	0	0.01	0.02	0.7	0.008	0.02	0.03	0.06	0.08	0.41	0.01	0.03	0.04	0.13

钛对大多数有机酸在很广的浓度范围内有耐蚀性。然而，它在甲酸（>10%）、草酸（即使在稀溶液中）、柠檬酸（浓度50%，在100℃时）中腐蚀严重。加钼和铌合金（Ti Gr. 12）可降低钛阳极溶解的敏感性。后者增加了合金的强度，而牺牲了延展性。添加少量钯（0.04%～0.25%）（Gr. 7、Gr. 16钛，见附录表F. 13），能够提升钛在还原性酸环境中的耐蚀性。钛在中低等浓度和温度下碱性溶液（NaOH、KOH）中表现出低的腐蚀速率。钛在强碱溶液中（pH>12，T>80℃）不耐蚀［见式（8.1）］。

$$2Ti_{(s)}+2NaOH_{(l)}+2H_2O_{(l)}\rightarrow 3H_{2(g)}+2NaTiO_{2(ag)} \quad (8.1)$$

然而，钛耐所有浓度和温度下的氨水（NH_4OH）和无水氨。因此，钛可以被认为是两性金属，这意味着它在浓酸和浓碱中都溶解。钛对醇、醛、酯、酮和碳氢化合物的溶液有耐蚀性。钛需要与氧气接触以维持钝化态。钛合金在空气中，对海水、淡水、蒸汽（400℃）、H_2S、CO_2、中性盐水溶液（100℃，比不锈钢更耐蚀）、稀盐酸（24℃，直至5%）、次氯酸盐［HOCl、NaOCl、$Ca(OCl)_2$］、氯化铵（NH_4Cl）、硫氢化铵（NH_4HS）等具有很高的耐蚀性。它们也耐含硫化物（120g/L）的高浓度NaCl、$CaCl_2$和$MgCl_2$溶液[10]，H_2S 压力 7MPa，温度达 180℃。高于此温度，钛合金容易受到局部腐蚀。

钛容许腐蚀速率。容许腐蚀速率是指设备或构件在规定的时间内（设计寿命）无故障时所能达到的最大值（可接受的、允许的值）。这个值是根据全面（均匀）腐蚀速率的实验数据确定的，取决于金属的类型、特定行业的要求以及设备的类型（材料的类型和厚度）。容许腐蚀速率是炼油厂设计人员和工程人员非常重要的参数。这些值决定了正确和适当的腐蚀控制措施。对于炼油和石化工业中的碳钢换热管，容许腐蚀率为 0.11mm/a[1]。对于钛换热器管，应该定义这个值。炼油和石化行业换热器的设计寿命是 15 年。换热器钛管壁厚普遍为 0.9mm（而不是碳钢的 2.336mm）。在这种情况下，钛管的允许腐蚀速率是

$$\frac{0.9\text{mm}\cdot 0.7}{15\text{a}} = 0.04\text{mm/a} \tag{8.2}$$

这里的 0.7 是安全系数。这意味着，使用的换热器的腐蚀磨损只能达到（从机械角度来看）剩余管材强度的 70%[1]。因此，钛管的容许腐蚀率（0.04mm/a）是碳钢的三分之一（0.11mm/a）。钛在大多数介质中的腐蚀速率远远低于允许值 0.04mm/a，因为钛表面存在二氧化钛保护膜，并且其在服役期间会增长。因此，在炼油和石化工业的不同介质中，在钝化条件下，钛设备设计的腐蚀余量通常是零。

点蚀。钛在氯化物介质中具有很强的抗点蚀能力，失效是非常罕见的。这是因为保护性氧化膜在氯化物溶液中表现出非常高的阳极点蚀电位：+5 ~ +10V（相对于饱和甘汞电极）。

缝隙腐蚀。带有钝化膜的钛易受缝隙腐蚀的影响，类似于其他有钝化膜的金属和合金（不锈钢、铝和镍合金）。在金属接头、非金属垫片或沉积物下，钛缝隙腐蚀均会发生。温度和 pH 值是钛缝隙腐蚀发生的关键因素。在 $pH>10$ 时，缝隙腐蚀不发生。在 $pH<7$ 时，缝隙腐蚀开始迅速发生，形成的 TiCl 在缝隙内水解，生成盐酸（$pH<1$）和钛的氧化物/氢氧化物腐蚀产物。在 $7<pH<10$ 时，缝隙腐蚀也可能发生。在 $pH<7$ 和温度 >80℃ 时，钛合金对缝隙腐蚀的抵抗力取决于加入贵金属合金元素钼、钯和钌的情况。当遭受“干”胺盐环境时，钛合金（Gr. 7、Gr. 16、Gr. 12）易发生缝隙腐蚀。在蒸馏装置塔顶添加液态水（1%）可使钛合金钝化，防止垢下“干”胺盐缝隙腐蚀。Gr. 7 等级 Ti 包含 0.12% ~ 0.25% 的钯，抗缝隙腐蚀性很高。Gr. 16 等级钛包含 0.04% ~ 0.08% 的钯，缝隙腐蚀性能显著低于 Gr. 7 级别的 Ti。

Gr. 12 级别的钛含有 0.3% 的钼和 0.8% 的 Ni，与 Gr. 2 级别的 Ti 相比，合金强度提高了，当常压和减压塔顶预计存在盐垢下的缝隙腐蚀时，适合使用此合金钢（见图 8.1）。即使在 Gr. 12 级别钛管中形成沉积盐，它们也可以在这些沉积物（在水源不足的情况下没有清洗）下服役超过 20 年不失效（目前的经验）。应每 4 年进行一次清除和清洗钛管中的盐。钛管在常压和减压塔顶服役 20 年有良好的外观，碳钢会发生严重腐蚀，见图 8.1（c）。

缝隙腐蚀特例。有一次，Gr. 2 级别的钛管束换热器装配过程中，碳钢焊接在钛管附近。没有人注意到铁粒子附着在钛管上。钛换热器使用冷却水（电解质水溶液）几个月

图 8.1 Gr. 12 级别钛合金的使用实例

注：(a) 在减压塔顶 Gr. 12 级别的钛管冷却器；(b) 含少量盐酸和 H_2O 的碳氢化合物的碳钢入口（$T=50℃$）；(c) 腐蚀 4 年后的碳钢入口（与此相反，钛管具有良好的外观）。

后，检测到钛管泄漏。钛管外观检查发现外表面形成腐蚀孔，这种现象被称为“铁污染点蚀”，因为铁颗粒黏附在钛表面形成电偶腐蚀。由此产生的腐蚀产物为酸性氯化铁（$FeCl_3$）攻击铁颗粒下面的钛表面，破坏了 TiO_2 钝化膜。通常“铁污染点蚀坑”发生在 $T>80℃$，但有时在电解质溶液中较低的温度下也发生。Gr. 7、Gr. 12 和 Gr. 16 级别的 Ti 能抵抗这种腐蚀。一般的规则是，在任何情况下，在钛零件附近施工时，都不应与碳钢和低合金钢（如焊接、工装、切割）一起施工。钛合金加工应使用不锈钢工具。然而，如果钛上有少量铁颗粒，则应在 HNO_3 和 HF 的水溶液中浸泡几分钟以除去铁颗粒。

应力腐蚀开裂（SCC）。大多数钛合金是耐应力腐蚀开裂的，应力腐蚀开裂可发生在纯甲醇和卤素（Cl^-、BR^- 和 I^-）水溶液中。在甲醇中加入 2% 的水可抑制钛的应力腐蚀开裂。

氢损伤（氢化、氢化物氢脆、氢致开裂）。

钛上的氧化膜是氢原子侵入的有效屏障。这种薄膜破坏后容易吸收氢原子。然而，在温度高至 $T=300℃$，$P=5.5MPa$ 时，2% H_2O 和 O_2 会使钛表面钝化，形成了氢原子的有效屏障。在 $T<80℃$ 时，氢原子扩散非常缓慢，留在表面。在 $T>80℃$ 时，原子氢渗透到钛晶格，导致在合金显微组织中形成钛氢化物（TiH_2）。脆性钛氢化物（黑色，针状结构）会导致机械应力（延展性、韧性）的丧失，然后导致应力作用下的脆化（裂纹）。钛处于活化状态时会形成氢化物（当钝化膜不存在或破坏时），或发生钛耦合易腐蚀的金属/合金（如碳钢）。对于氢化反应最有利的条件是：$pH<3$ 或 $pH>12$；在钛表面产生初生态氢（可发生电偶腐蚀；阴极电流；二氧化钛防护层损伤，即磨损或涂铁）；$T>80℃$（氢原子在钛中的扩散率显著）。为了防止氢损伤，必须避免这些情况。因此，必须避免钛管与碳钢管板、折流板和壳体的电偶接触。像砷、锑和氰化物一样，硫化物是氢原子结合的毒化剂（阻止氢原子组合形成氢分子），并能提升钛的吸氢作用。当钛接触完全钝化的合金（不锈钢和镍合金）时，不会发生吸氢和脆化。

应避免外加阴极电位低于析氢电位。应避免高温（80℃）碱性，因为可能导致吸氢（均匀腐蚀产生的）和钛合金的脆化。

需要强调的是，当氢原子渗透时，内部微观结构会形成同样有害的氢化钛（TiH_2）——能引起钛合金环境应力开裂。氢化钛（TiH_2）作为某些有机化合物的加氢催化剂和粉末冶金中的还原剂，起正面作用。

自燃性。当严重腐蚀（氧化）时，钛呈高比表面积状态（类似海绵结构），能够自燃

（见第 4.1.1）。钛燃烧产生的烟雾很少。为了防止这种现象，腐蚀的钛设备应保持润湿。

生物淤泥和微生物腐蚀。由于钛是无毒的，所以它沉浸在海水中容易产生生物垢（约 $0.5kg \cdot m^{-2} \cdot a^{-1}$）[19]。然而，微生物不攻击二氧化钛膜，钛能保持耐局部腐蚀能力。水流速度大于2m/s，可降低结垢程度。臭氧、紫外线（紫外线）和氯化处理可帮助钛表面控制生物污垢。

电偶腐蚀。钛在许多介质中具有耐腐蚀性，通常是电偶中的高等级金属（阴极）。当这些材料与钛接触时，低等级合金（碳钢、铜合金）会发生快速腐蚀（见图 8.2）。因此，必须避免这些接触。

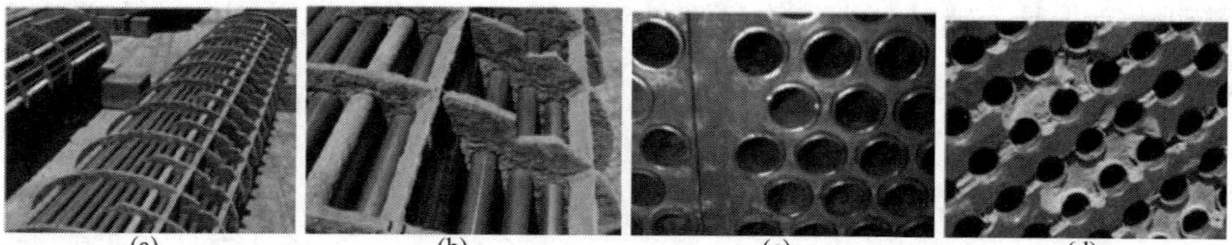

(a) (b) (c) (d)

图 8.2　服役 4 年后电偶腐蚀的例子（$T = 30 \sim 35℃$）

注：（a）（b）为 Gr.2 钛管。折流板和拉杆——碳钢。介质——烃＋原油常压装置分离罐中冷凝水。解决方案——折流板和拉杆必须用 SS 304 制成。（c）管束——Ti Gr.2 管，管板——黄铜（铜锌合金），介质——冷却水。Gr.2 钛电位是 −0.10V，黄铜电位是 −0.29V（见表 8.4）。后者作为阳极发生腐蚀，钛作为阴极。解决方案——管板必须由 Gr.2 钛或碳钢衬 Gr.2 钛。（d）管束—Gr.2Ti 管，管板——碳钢涂有环氧陶瓷涂层，介质——冷却水。解决方案：（1）在任何情况下不能涂覆阳极（碳钢管板）；（2）管板必须为 Gr.2 钛、316 不锈钢或碳钢衬 Gr.2 钛。

钛可以安全地连接具有相似电位的不锈钢（在钝化的状况下）、镍合金（例如哈氏合金 C 276、铬镍铁合金 625）和蒙乃尔合金（见表 8.4）。

表 8.4

在流动海水中的电流系列①[6]

金属/合金	Pt	SS316（钝化状态的奥氏体不锈钢）	SS304（钝化状态的奥氏体不锈钢）	Monel（蒙乃尔合金400，铜镍合金）	Hastelloy（哈氏合金“C 系列”（C－276 合金、C－22 和 C－2000），镍合金）	Ti	SS316（钝化状态的奥氏体不锈钢）	Adm. brass 海军黄铜（铜－锌合金）	碳钢
饱和甘汞电极的电极电位	+0.15	−0.05	−0.08	−0.08	−0.08	−0.1	−0.18	−0.29	−0.61

①只给出部分金属和合金数据（速度 4m/s，$T = 24℃$）。

侵蚀、冲蚀和空泡腐蚀。由于其坚硬的二氧化钛附着层（陶瓷材料），钛对侵蚀和空泡腐蚀有很强的抵抗力。例如 Gr.2 等级 Ti 在海水 25℃、35m/s 的速度下（存在悬浮颗粒情况下）的流动诱导腐蚀速率 0.01mm/a 最小（与不锈钢相比）。严重的局部湍流、冲击和空泡腐蚀等易导致钛的冲刷腐蚀。管壳式换热器入口湍流，导致夹带气泡和雾化蒸气，以及存在腐蚀性介质（即盐酸液滴）可导致极为少见的钛的冲刷腐蚀（见图 8.3）。

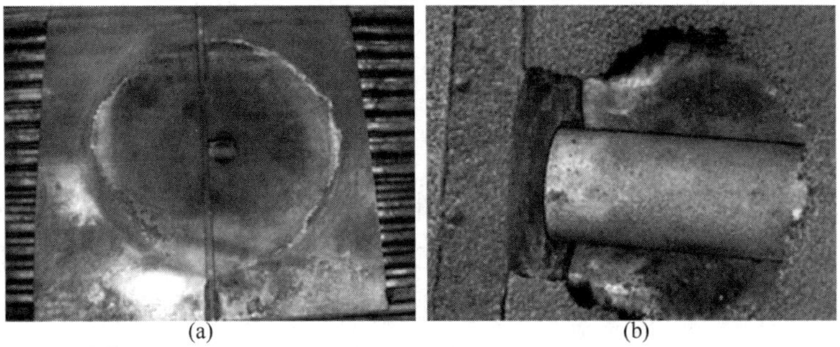

图 8.3 减压装置上的塔顶冷凝器［介质为含盐酸和 H_2O 污染物的碳氢化合物（$T=50℃$，4 年）］
注：(a) 侵蚀：一种冲击板（Ti Gr. 2）的腐蚀。(b) 图（a）的放大图片

硬度高的高强度钛合金（Gr. 4 Ti、Gr. 5 Ti）比 Gr. 2 Ti 更耐侵蚀（见表 8.5）。

表 8.5
某些钛合金钢的硬度

钛级别	2	4	5
布氏硬度（HB）	160	265	379

8.1.1.4 炼油装置钛合金使用经验

在原油蒸馏和催化裂化分馏塔中，原油和蒸馏分馏塔上部形成的烃类、水冷凝物两相混合物对碳钢、铜合金和铜镍合金具有腐蚀性。通常，由这些材料制成的换热器和冷凝器可使用 2～4 年，经济设计寿命为 15 年。该设备经钛取代后，使用寿命延长达 20 年以上。五种钛合金（Ti Gr. 1、Ti Gr. 2、Ti Gr. 12、Ti Gr. 7 和 Ti Gr. 16）常用作炼油和石化工业设备的结构材料。钛换热器和冷凝器（壳、管、折流板、拉杆和垫片）、空气冷却器（换热管和管箱）、管道和压力容器可以使用在以下场合：

（1）在原油蒸馏常压塔顶（介质：烃类和 H_2S、NH_3、HCl、胺中和剂、缓蚀剂和胺水溶液两相混合物）；

（2）催化裂化分馏塔的塔顶；

（3）延迟焦化装置（DCU）；

（4）污水汽提塔（SWS）塔顶冷凝器；

（5）加氢脱硫系统（HDS，170℃和 5MPa）；

（6）冷却水系统。

催化裂化和延迟焦化分馏塔顶的物流除了含有高浓度的 NH_3 和 H_2S 和少量 HCN、HCl、SO_2、CO_2 外，有时注入聚硫铵或专用胺缓蚀剂到这些冷凝系统中，以控制腐蚀。酸性水气体装置通常用以去除 H_2S 和 NH_3。酸性水罐中的塔顶冷凝水含有高达 40% 的 NH_4HS，伴随有氰化物和氯化物（约 100mg/L）。冷却水系统可以在中性 pH 值下含有不同浓度的盐：微咸水、海水和饮用水。

尽管钛作为结构材料在炼油和石化工业中得到了成功应用，但仍存在一些局限性。

8.1.1.5 使用钛合金的局限

当然，没有任何材料只具有期望的属性。钛也有一些缺点，限制了它的使用。钛的误用或设备的操作超出了建设时的设计运行条件可能导致故障。下面将对此进行详细描述。

钛在沉积物下易发生缝隙腐蚀（在121℃下的干胺盐或铁颗粒上）、氢脆和其他合金的电偶腐蚀。在原油常减压蒸馏装置、催化裂化装置、延迟焦化装置和汽提塔装置塔顶使用Gr.2钛的温度上限是121℃。不形成固体干胺盐时，Gr.12钛在塔顶冷凝器温度上限可高达171℃。选择适当的水清洗或胺中和剂是保证钛成功应用的关键。

钛与更多的活性合金（碳钢、铜合金）接触会导致电偶腐蚀。钛可以与奥氏体不锈钢接触，而不必担心电偶腐蚀。影响钛合金钝化层击穿的因素有温度、pH值、金属卤化物（F^-，Cl^-，Br^-，I^-）和元素硫。在环境温度下，钛合金耐稀盐酸（高达5%）腐蚀，在环境温度至100℃以内耐受甲酸和乙酸（最多10%）腐蚀。钛合金不耐浓盐酸腐蚀。缓蚀剂钼酸钠（Na_2MoO_4）加入HCl水溶液，能够显著降低腐蚀速率和氢腐蚀。钛不耐浓NaOH和KOH（pH>12）和含有H_2O_2(1%)的稀释的NaOH（2%）腐蚀。缓蚀剂硅酸钠（1%的Na_2SiO_3）和六偏磷酸钠［0.05%（$NaPO_3$）$_6$］注入到碱性溶液，会显著降低钛腐蚀[20]。

8.1.1.6 钛换热器结垢

一个严重的问题是，换热器冷却水侧的钛管、管板和板上形成积垢（垢和沉积物见图8.4、图8.5），通常类似于在其他材料钝化膜上形成垢和沉积物，如不锈钢和铜合金热交换表面（见7.4节）。

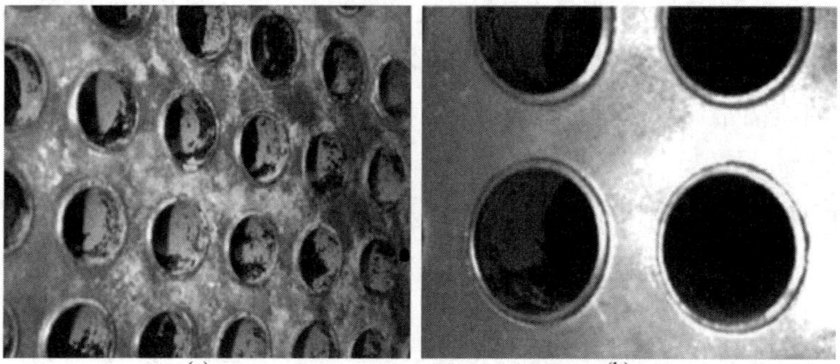

(a) (b)

图8.4 钛管、管板和板上形成的积垢

注：(a) 在钛管（Ti Gr.2）上的垢（$CaCO_3$）（冷却水侧，$T=30\sim35$℃，$P=0.4\sim0.5$MPa，4年）。
(b) 柠檬酸化学清洗垢后钛（Ti Gr.2）管板和管子（5%~8%）。

在大多数情况下，冷却水形成的垢是碳酸钙和碳酸镁。有时也包括$CaSO_4$。

如果冷却水经过了腐蚀抑制剂处理（磷酸锌），那么垢中将包含磷酸钙和锌，以及钙的硫酸盐，经过4年的服役，甚至会阻塞钛管的内表面，见图8.5（a）。甚至服役一年，板式换热器（因为板块闭合的位置）便会发生堵塞，见图 8.5（b）和（c）。有时腐蚀产物（铁氢氧化物/氧化物）可能存在于沉积物中。碳酸盐、硫酸盐、磷酸盐和氢氧化物在酸清洗溶液中的溶解度不同。

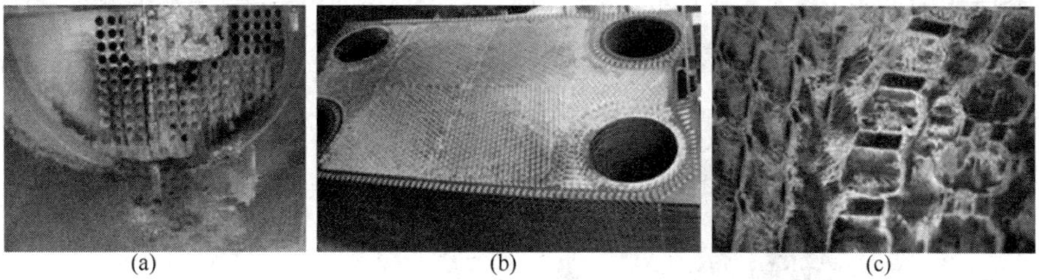

图 8.5 板式换热器的堵塞现象

注：（a）经过 4 年的服役堵塞钛管（Ti Gr. 2）换热器（冷却水侧），服役 1 年后的钛板（Gr. 1Ti）（b）（c）。白色灰色沉积物（磷酸钙、磷酸锌和硫酸钙）。$T=30\sim35$℃。$P=0.4\sim0.5$MPa。

冷却水流速慢，阻垢剂浓度不足，导致沉淀析出。为了减少和防止污垢，应执行下列解决方案和建议：

（1）保持冷却水流速超过 1.2m/s。

（2）优化防垢剂的浓度。

（3）换热器周期性反向流动（反冲洗，3～4 个月一次）。

（4）用柠檬酸（5%～8%）清洗钛管的内表面。钛在柠檬酸（5%～8%）溶液中的腐蚀速率小于 0.01mm/a（允许值为 0.04mm/a），因此不需要在柠檬酸清洗过程中注入腐蚀抑制剂。碳酸盐、硫酸盐和磷酸盐垢可以从钛的表面被除去，也可以用盐酸水溶液（2%～5%）进行清洗。这种稀释的盐酸溶液不需要腐蚀抑制剂，有时是推荐使用的。

在新换热器管板装配过程中，钛管的异常失效描述如下。

8.1.1.7 钛管失效特例

条件：在轧制过程中，在管板上装配钛管时，采用 50～60mm 长度的芯棒。钛管在轧制过程中发生芯棒断裂。

失效前的服役周期：未服役。服役前的管束组装。

结构材料：Gr. 12 Ti

目视检查结果：发现垂直于管子边缘的纵向 30mm 长的裂纹（见图 8.6）。

金相检验。该管的宏观检查（距离边缘 200mm），内表面上纵向裂缝长达 3.5mm，见图 8.6（c）。表面显微镜检查显示，分枝裂纹垂直于管的内表面，深度达到 0.3mm。

压扁试验。根据 ASTM b338[21]，取该管远离边缘的两个样品进行测试，直到加载压板之间的距离为 14mm。压扁试验发现，相对远离膨胀区的内表面有裂纹——芯轴 50～60mm 的长度，见图 8.6（e）。它们是从管子的制造裂缝发展而来的，这是工厂生产管的缺陷。因此，这些原始裂纹是压扁试验失效的原因。

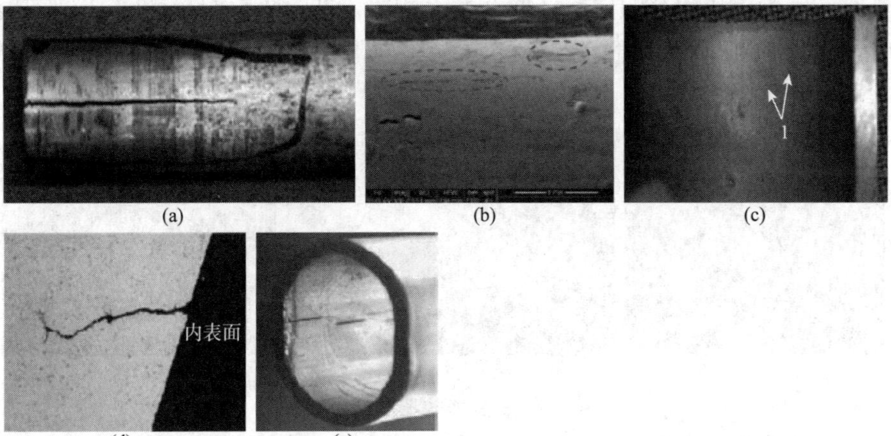

(a) (b) (c) (d) (e)

图 8.6　钛管的目视检查结果

注：(a) 具有裂纹的钛管边缘。(b) 管内裂纹表面的扫描电镜照片（圆形裂纹）。
(c) 裂纹穿过管的宏观部分（200mm 的边缘，内表面），其中 1 为裂缝。(d) 裂纹穿过管的微观截面（从裂纹尖端到 200mm）。(e) 钛管压扁试验（内部裂纹形成）。

失效现象：应力开裂

失效原因及分析。轧制过程中使用芯轴时，过载导致了管内表面存在纵向裂纹。这些裂纹源于管子制造过程，并在安装过程中扩展。压扁试验表明，这些钛管内部表面有细小裂纹。

解决办法和建议：

(1) 根据 ASTM B338 Gr. 12，正确制造钛管[21]。

(2) 对钛管的质量进行检查和控制。

8.1.2　结论

(1) 在炼油厂和石化厂 20~40 年期间，钛合金（五种级别）作为换热器、冷凝器和其他设备的结构材料的使用经验证明，其具有优良的耐久性和经济性。

(2) 在 0.1MPa、121℃和 171℃下，钛合金 Gr. 2 Ti 和 Gr. 12 Ti 可用于接触碳氢化合物、水、盐酸（稀）、H_2S 和 NH_3。在钛换热器中防止固体铵盐或氯化铵盐的形成是必要的（使用水洗和适当的注胺）。Gr. 12 Ti 在某些情况下耐固体硫酸铵或氯化铵盐类。

(3) 在催化裂化分馏塔顶存在 H_2S 和 NH_3腐蚀问题的地方，钛合金 Gr. 2 Ti 可以取代碳钢、铜合金和铜镍合金。铜和镍对 H_2S 和 NH_3均不具有耐久稳定性。

(4) 钛合金 Gr. 2 Ti 及 Gr. 1 Ti 推荐在 pH 值中性，温度 10~40℃和压力 0.5MPa 的条件下，在含有高浓度的氯化物和硫酸盐的冷却水中使用（如海水、苦咸水或饮用水）。

(5) 钛合金易受缝隙腐蚀的影响，因此必须特别注意钛管与管板连接处、垫片与金属法兰和其他密封件的接头以及焊接接头。

(6) 在任何情况下，不应在电解质溶液中使钛与低等级的合金（碳钢、铜合金）接触，否则后者可能发生电偶腐蚀。管板和管束部件（折流板、拉杆、螺栓）应采用合适的材料（通常是 SS 304 不锈钢或 SS 316 不锈钢），而不是碳钢，以防止可能的电偶腐蚀，并延长管束寿命。

（7）使用壁厚较薄的钛管（0.9mm 壁厚代替 2.336mm 的碳管），并采取正确处理管束的措施。这种情况还需要更紧凑的折流板间距，以防止钛管的过多振动而导致过早疲劳失效。折流板之间应安装额外的振动阻尼条，为钛管提供额外的支撑。用钛管替换现有的碳钢换热管效果并不好。

（8）禁止在钛材（Gr. 1Ti、Gr. 2Ti）附近焊接碳钢设备或使用铁制工具制作钛合金零件，因为铁粒涂在钛表面，易造成钛的缝隙腐蚀。可用 HNO_3 和 HF 水溶液去除钛上的铁颗粒。钛材附近应该使用不锈钢工具。

（9）钛在冷却水中服役可形成垢和沉积物。用稀盐酸溶液（不超过 5% 盐酸）清洗，不使用缓蚀剂，可用于除去碳酸盐、硫酸盐和磷酸盐。

8.2 腐蚀环境的改善

除去有害成分，如原油脱盐、除氧、去除 H_2S、中和、使用杀菌剂、干燥介质和使用缓蚀剂——所有这些都与处理和改变环境有关。下面将研究其中一些方法。

8.2.1 降低物料流中腐蚀性物质的浓度

减少常减压蒸馏装置中腐蚀性物质，最常见的手段是脱盐和注碱。碱液的注入能够阻止原油脱盐过程中钙和镁的氯化物水解生成盐酸。完全除去腐蚀性物质是不可能的，无论如何，它们（H_2O、H_2S 和 HCl）都会进入蒸馏塔顶。

在蒸馏塔顶挥发线注水（水洗）时，腐蚀性物质冷凝和溶解到水溶液中，从而达到稀释效果。另外，正确而充分的水洗能够溶解所有水溶性盐（铵和胺的氯化物），从而防止垢下腐蚀。水洗方案必须精心设计与实施。洗涤水的质量（水源）非常重要，锅炉给水是最好的选择。但由于其较高的成本，最常用的洗涤水来自常减压塔的回流罐和酸性水汽提塔。中和是一种比较过时的减少酸性溶液腐蚀性和环境危害性的化学方法。

8.2.1.1 塔顶酸性腐蚀性物质的中和

为了中和塔顶的酸性物质并提高其 pH 值至接近中性（目标是 pH = 5.5 ~ 6.5），需要注入碱性氨水和胺（见附录 E）。酸性物质主要是 HCl 和 H_2S，但也可能存在 H_2SO_3 和 H_2SO_4（在溶解氧存在的情况下）以及轻质有机酸（甲酸和乙酸）。中和胺的用量根据胺的类型、溶剂及有效成分的浓度而变化。一些专用中和剂是由几种胺的混合物组成的，有的含有胺类衍生物。大多数中和剂是水溶性的且能溶解于烃类溶剂（石脑油或煤油）。在选择塔顶用中和胺之前，必须考虑以下理化性质：强度和碱度，沸点，在石脑油和水中的溶解度，其盐酸盐的熔点，这种盐在石脑油和水中的溶解度[3,22]。

酸与注入的碱发生反应，pH 值升高，生成盐（见附录 E）。中和过程中生成的氯化胺盐通常能溶于水而不能溶于烃类。乙二胺，一种常用的中和剂，形成的盐具有最高的热分解温度。这种盐在水中是最不易溶解的（80～90℃下约为 30%）。因此，即使有效的水洗仍不能完全防止积垢及垢下腐蚀的发生。

有时中和胺注入石脑油回流管线，胺直接进入蒸馏塔与氯化氢反应生成盐，并在塔盘沉积形成污垢。这种污垢会堵塞塔盘造成垢下腐蚀。还有另外两种途径会导致蒸馏塔中出现胺盐；一个是脱盐装置中使用的水在常减压塔累积，少量的脱盐用水进入塔内原油中；另一个是胺盐溶于水中并随原油加热至 350℃，这个温度下的胺盐和铵盐可能分解或升华，直至在塔内更高的区域结垢。

单独使用氨或中和胺还是两者都使用以及中和胺的类型都需要慎重决策。氨是塔顶系统中最先使用的中和剂。它具有现成、廉价以及能对塔顶冷凝器提供可接受的保护等优点。氨（尤其是氨气）的使用有时会对进料速度的控制造成困难，因为这可能带来设备压强的改变。

使用氨的另一个缺点在于氨容易蒸发，在热水（约 100℃）中的溶解度很低，所以当水开始凝结时，氨很难溶入水中。相反，氯化氢很易溶于热水且能够明显地降低该区域的 pH 值。因此，氨作为中和剂不能保护水露点的区域。然而，在那些存在少量酸（脱盐有效且充分）和大量水的系统中，氨的使用会很成功。氯化铵盐不溶于石脑油。氨能轻易地将凝结水的 pH 值调到 5.5～6.5。如果向 H_2S 中注入太多氨，会发生二氢硫化物的腐蚀（见 3.1 节和附录 D）。更重要的是，氨被认为是一种有害的成分，能对人体和环境构成威胁。

出于对安全问题考虑，现在有种趋势是单独注入中和胺。胺在运输、贮存和操作上更容易和安全。胺的使用浓度比氨更低，且注射速率通常更易调节和控制。胺的沸点温度为 115～175℃，在注入后仍能保持液态（除了二乙胺会蒸发）[3]。胺容易吸收 HCl，能在酸凝结时中和 HCl 液滴。所有的胺中和剂［除了甲氧基丙胺（MOPA）］倾向于生成盐沉积。它们都易溶于水而不溶于石脑油及其他烃类。有时，这些盐能污染石油产品，在下游运行装置（如石脑油脱硫塔）造成结垢。在塔顶使用氨和胺的另一个可能的问题是，它们对铜合金有害。幸运的是，塔顶系统的铜合金不会被腐蚀，因为氨和胺的浓度低。

回流罐的目标 pH 值的选择很重要，通常建议将 pH 值保持在 5.5～6.5 范围内（见 3.1 节）。如果 $pH<5.5$，会发生腐蚀。如果 $pH>7.0$，氨和铵盐就会生成，这可能造成垢下腐蚀。另一个问题是，当 pH 值较高，硫离子（S^{2-}）和硫氢根离子（HS^-）之间的平衡向后者移动。硫氢根离子形成保护性更低的硫化薄膜，也可能和已经存在的铁硫化物薄膜反应，使其部分转化为保护性更低的硫氢化物薄膜。

通常，我们需要测定常减压塔回流罐凝结水的 pH 值。但这些 pH 值并不一定能反映塔顶和整个冷凝系统的 pH 值。由于氨不溶于热的酸性水，凝结水的 pH 值比回流罐的 pH 值低。大多数中和胺比氨更容易被凝结水吸收，因此中和胺能更有效地控制这个区域 pH 值。单独使用中和胺的第二个原因是，它更容易处理，在水的初凝区提供更好的中和效果，有更多的水溶性盐酸盐，而且对铜合金的危害更小。如果中和剂雾化不够充分，那么大的液滴状或流状的中和剂可能造成管壁的冲刷腐蚀。可用以下方法注入中和剂：直接注入从蒸馏塔顶出来的蒸汽中，注入石脑油回流线路，以及注入洗涤水。

8.2.1.2 塔顶洗涤水的注入

原油蒸馏装置、催化裂化装置、加氢处理装置、加氢裂化装置、加氢脱硫装置、胺处理装置和催化重整装置的塔顶都需要进行水洗。

原油蒸馏装置。如果原油脱盐充分且脱盐后原油中的盐含量低于1ptb（3.5mg/L NaCl），那么预期塔顶氯离子浓度将低于20mg/L HCl，不会形成氯化铵沉积。在这种情况下，塔顶是没必要进行水洗的。然而，这只有在脱盐设备无故障且苛性钠溶液正确注入原油脱盐设备下游的情况下才能实现。脱盐设备和苛性钠注入泵可能发生意外的故障。因此，必须向塔顶间歇或持续地注入洗涤水。需要水洗的重要信号是结垢造成传热能力的退化，这往往意味着原油脱盐不正常。塔顶换热器的结垢往往是由盐和腐蚀产物沉积造成的，为了除去这些沉积物，从而减少甚至防止垢下腐蚀，必须间歇或持续地注入洗涤水。所以，向蒸馏塔塔顶注入洗涤水有以下几个目的：

（1）溶解并除掉氯化铵和盐酸胺盐，松动并除去含氯的腐蚀产物沉积以防止垢下腐蚀。

（2）通过除去盐和腐蚀产物沉积来恢复结垢塔顶冷凝器的传热。

（3）稀释冷凝水中的氯化氢从而降低其腐蚀性。

（4）使中和剂和缓蚀剂与工艺物料流更好地混合。

炼油装置冲洗水有以下几种来源（按照期望值递减和成本递增的顺序排列）[3]：

（1）循环利用的原油塔顶冷凝水。

（2）减压塔塔顶冷凝水。

（3）汽提处理的酸性水。

（4）锅炉给水。

（5）蒸汽冷凝水。

不建议使用以下水源（无论多方便或便宜）：冷却塔排污水，加氢处理装置或催化裂化装置蒸汽回收单元的冷凝水，饮用水，咸淡水或海水。最终洗涤水类型的确定不仅要依据水的质量，还要考虑炼油装置中可利用的水的数量。洗涤水的注入会影响露点，这对可能发生的腐蚀是很重要的[3]。

塔顶洗涤水量不足可能导致适得其反的效果——随着水的蒸发，溶解性盐和悬浊的腐蚀产物会留在金属表面。

间歇注水需要水量较少。因此，有时使用锅炉给水或蒸汽冷凝水比使用塔顶冷凝水更方便，持续注水更常见。应当持续监测水洗效率，同时分析测试从回流罐收集的塔顶冷凝水（pH 值、铁和氯的含量）、开展腐蚀在线监测和腐蚀挂片试验，当然还要检测水的硬度（钙离子和镁离子），及时发现冷却水泄漏。塔顶回流罐中水的总铁含量并不是总能作为腐蚀的指标，因为亚铁离子（Fe^{2+}）和硫离子（S^{2-}）会生成硫化亚铁（FeS）沉淀在碳钢表面。

催化裂化装置主分馏塔。催化裂化装置主分馏塔之后可能发生腐蚀问题。塔顶物料流中含有裂化石脑油、轻烃、氢气以及污染物（水蒸气、H_2S、NH_3、氰化物、氯化物和酚类）。所有这些都是极性物质且溶于水。硫化氢浓度可能达到2%，会造成均匀腐蚀或点蚀以及氢损伤。主分馏塔塔顶中腐蚀性物质是关键因素，尤其是如果进料中硫的浓度超过1%或氮的浓度超过0.1%。

主分馏塔之后的冷凝水含有溶解性腐蚀物质，会具有很强的腐蚀性。所以在催化裂化装置主分馏塔塔顶使用洗涤水，能稀释甚至除去所有的腐蚀性物质。可以加入多硫化氨配合水洗，使氰化物（CN^-）转变为硫氰化物（CNS^-）从而减少腐蚀（见8.2.2节）。注入洗涤水时，pH值可以维持8~9。这样的pH值可以解释为，氨比硫化氢和氢氰酸更易溶于水，通常以更高的浓度存在。如果进料中的烃含有大量氮和少量硫，那么液相的pH值将高于9。在这种情况下，可以通过提高水洗来降低pH值。反之，如果进料中氮含量低，那么冷凝水的pH值会较低，可以通过降低水洗来提高pH值。如果H_2S和HCN的浓度较高，pH值降低到8以下，可以降低水洗来除去更多的酸。

硫化氢能被洗涤水中含有的溶解氧氧化生成单质硫和亚硫酸（见附录D）。如果汽油中的单质硫浓度高于1mg/L，这种汽油是劣质的（有腐蚀性的），无法通过铜片腐蚀测试[2]。铁锈Fe_2O_3和H_2S之间的反应可以解释为什么停工期之后几天打开的汽油罐会有腐蚀性（见附录D，反应D.11）。

除了减少腐蚀和结垢，催化裂化装置中注入洗涤水还能解决氢鼓泡问题、胺处理装置中热稳定性盐的积累、硫化物对汽油品质损害作用。水中的硫化氢会造成塔顶换热器碳钢换热管严重的均匀腐蚀和点蚀（尽管有氨这种碳钢缓蚀剂的存在）。碳钢管道使用四年之后就会完全腐蚀。硫化氢和氨都能腐蚀铜、镍和锌合金。如果管束是铜镍合金（70Cu-30Ni或90Cu-10Ni）或海军铜（70Cu-30Zn）材质的，四年内就会出现腐蚀孔洞。钛合金能抵抗这种环境，所以推荐用作催化裂化装置塔顶管束。有一个炼油厂Ti Gr.2管道成功服役超过25年（见8.1.1节）。

对于洗涤水的来源，与原油蒸馏装置塔顶类似，甚至在水的纯度上有更高的要求，因为催化裂化装置主分馏塔塔顶洗涤水的目的是除去腐蚀性产物（见表8.6）。因此，如果使用了部分酸性水源作为洗涤水，那么至少有一半要是纯水（锅炉给水或蒸汽冷凝水）。

表8.6
酸性洗涤水成分指标的要求

污染物或参数	化学式	浓度
pH值		8~9
氢硫化铵	$(NH)_4HS$	<0.8%
氰化物	CN^-	<30mg/L
酚	ArOH	50~500mg/L
烃	C_nH_m	<0.2%
铁	$Fe^{2+}+Fe^{3+}$	<1mg/L

加氢处理装置、加氢裂化装置、加氢脱硫装置和胺处理装置。洗涤水也被注入加氢处理装置和加氢裂化装置反应流出物系统、加氢脱硫装置、催化重整装置和胺处理装置中的空冷器和换热器，目的是除去氯化铵和氢硫化铵沉淀以及稀释含有这些盐的冷凝水（见3.1.1.1节）。使用高S和N含量的原料会造成腐蚀性物质的浓度升高，从而需要注入洗涤水。冷凝、蒸发和冲击是注入点腐蚀最普遍的原因。蒸发和冷凝可以浓缩腐蚀性介质，可能会发生热疲劳和碱性应力腐蚀（在碱注入点处）。注入点构件会发生由热、压力或振动诱导应力造成的疲劳（见6.3节）。

催化重整装置的水洗。半再生、全再生和连续再生式催化重整之间的操作存在差异，这种差异表现在，为了维持催化剂活性，注入的有机氯化物的量和注入的方式是连续的还是间歇的。在重整装置的预处理部分，连续地或间歇地注入洗涤水以除去氯化铵盐沉积。

关于水洗、腐蚀和其他问题及解决方案的案例，相关文献给予了描述。[3,23]

8.2.2 缓蚀剂的使用

用于炼油装置的缓蚀剂种类有很多，可分为注入工艺物流、水冷系统和锅炉给水的缓蚀剂。在工艺物流（烃类）中，高分子量的胺及其衍生物、环烷酸腐蚀缓蚀剂（见4.2.4节）、减少或阻止金属吸收氢的缓蚀剂（见4.3.1.2节）和多硫化物均有使用。冷却水系统腐蚀控制使用的化学品通常包括缓蚀剂（磷酸亚磷酸锌）、杀菌剂和防垢剂。除氧剂常用于锅炉给水。在冷却泵和压缩机的小冷却水系统（$5\sim30m^3$）中，使用无机缓蚀剂（硝酸钠、硅酸钠或钼酸钠）[1]。冷却水系统和油-水两相混合物使用的缓蚀剂在相关文献中讲述。[1,2,24~26]下文将分析原油蒸馏系统和催化裂化装置塔顶系统使用的缓蚀剂。

8.2.2.1 原油蒸馏塔顶系统使用的缓蚀剂

原油蒸馏装置塔顶系统的腐蚀问题从出现之日起就成为炼油工业的主要问题。酸露点腐蚀、垢下腐蚀和流动加速腐蚀是塔顶系统发生的最重要的局部腐蚀现象。通常，五项措施被用来控制塔顶系统的腐蚀：向脱盐的原油中注入碱液进行中和，向塔顶注入胺/氨进行中和，添加缓蚀剂，塔顶腐蚀沉积物的水洗，以及使用能与腐蚀介质共存的金属。腐蚀性原油与非腐蚀性原油的混合以及脱盐处理可以作为设备防腐处理的高级手段。碳钢是原油蒸馏装置塔顶管道、空冷器、换热器和液体收集器的主要材料。在塔顶系统使用碳钢，需要注入中和剂和缓蚀剂。

伯胺、二胺类、季铵盐、烷基吡啶、酰胺、氨基醯胺类、咪唑啉类和胺与有机酸的合成产物被用作塔顶系统缓蚀剂。缓蚀剂一般是长链（$C_{12}\sim C_{24}$）胺和多胺，它们在室温下是固体且溶于烃类（重质芳香烃油、煤油和循环油）。溶解之后的混合物是黏性液体，通常在注射之前应该进行稀释。

胺类缓蚀剂的防腐蚀机制如下。由于$-NH_2$基团的存在，胺分子（$R-NH_2$）具有极性。这个基团附着在碳钢表面，而烃基一端则在流体内，从而阻止了水和其他腐蚀性分子与金属表面接触。换句话说，胺在金属表面形成了一个或两个分子的保护层，排斥了腐蚀性物质。因此，它们被称为“膜胺”或者“成膜物质”。缓蚀剂在流体中和金属表面存在一个动态平衡，见式（8.3）：

$$R-NH_2(\text{流体中}) \leftrightarrow R-NH_2(\text{金属表面}) \quad (8.3)$$

阻隔膜可能被物料流移除掉。因此，需要持续注入缓蚀剂以保证膜的持续更新。硫铁化物作为腐蚀产物，一旦形成坚固的薄膜（5～10μm），就能紧紧地附着在金属表面，与胺吸附膜整合在一起，从而共同提高保护膜的效果。一些胺类缓蚀剂具有脱垢的特性（如果含有表面活性剂），所以松散的腐蚀产物（铁硫化物）能从金属表面被移除。有时流体中过量的硫化物和氯离子会干涉阻隔膜的形成。

胺缓蚀剂有时会与中和胺会混淆，因为这两种物质都能减少腐蚀，但二者的机理以及在抑制塔顶系统腐蚀中的功能是不同的。两种化学品都涉及胺及其衍生物，但胺缓蚀剂和中和胺之间存在以下不同点（见表8.7）。

表 8.7
原油蒸馏系统塔顶使用的胺缓蚀剂与中和胺的性质

特点	胺缓蚀剂	中和胺
链长及形态	其中大部分是长链（C_{12}～C_{24}）的胺及其衍生物，室温下是固体，需要溶解于适当的溶剂才能注射	大部分是短链（C_2～C_6）胺，室温下是液态
机理	在金属表面形成保护性的吸附膜，使其与腐蚀物质分离	通过将pH值提高到5.5～6.5来中和酸性介质
水溶性	大部分溶于烃而不溶于水。它们可以被表述为一种水基的（铵盐）或水分散的（加入表面活性剂）产品，用于注入冷凝水和洗涤水	大部分是水溶性的。它们可以被表述为一种油基的或油分散的产品，用于注入石脑油物料流

缓蚀剂必须在正确的区域按照正确的浓度使用。它们必须注入管道中间而不是靠近管壁。有些胺缓蚀剂在浓缩的形式下（稀释不够充分）会造成碳钢管道（尤其是在高温下）的腐蚀，还可能在表面形成铵盐而促进垢下腐蚀。所以，缓蚀剂不能被注入任何方便的区域（如阀或者三通管）。这种用法会导致缓蚀剂的错误分布，会造成腐蚀，因此只能使用专用的注入装置（羽毛管或喷嘴）。

选择缓蚀剂的标准在21世纪发生了显著的改变。20世纪80年代的标准是效果，到了20世纪80年代变成了经济，现在其主要的标准则是生态[1,2,24,27]。近来的趋势是使用“绿色”缓蚀剂[24,27]。关于“环境友好型”或“绿色”缓蚀剂，并没有一个明确且被广泛接受的定义。其必须接受健康、安全和环保三个方面的评估。缓蚀剂必须具有低毒性（最好无毒性）、可生物降解、低生物积累性，且不应含有有害元素和物质。换句话说，如今使用的缓蚀剂应当符合所有设备对安全、风险、可靠性评估和质量保障的要求。

8.2.2.2 使用多硫化物作为催化裂化装置缓蚀剂

多硫化物含有多个硫原子，它们彼此连接，如 M—S（—S）$_n$—S—M（其中 M 通常是铵或者钠)。

向催化裂化装置注入多硫化物以防止氢损伤，多硫化物通过两种机制起到保护作用。第一，多硫化物改变金属表面铁硫化物膜的性质，使其更稳定。多硫化物把铁的硫化物转变为铁的多硫化物，比原先的铁硫化物膜更能抵御进一步的腐蚀。第二，多硫化物能与氰根离子（CN^-）反应生成硫氰根离子（SCN^-），见式（8.4）。

$$(NH_4)_2S_{x(aq)} + 2HCN_{(aq)} \rightarrow 2NH_4SCN_{(aq)} + S_{(x-1)(s)} \tag{8.4}$$

为了确定没有未反应的氰化物存在，多硫化物必须时刻保持过量。过量多硫化物可以依据缓冲罐中水溶液的黄颜色来检测[3]。以下是使用多硫化物的缺点：

（1）系统的 pH 值应当始终高于 8。在 pH < 8，$T \approx 120℃$ 时，多硫化物分解为 NH_3、H_2S 和单质硫见式（8.5）。

$$(NH_4)_2S_{x(aq)} \rightarrow 2NH_{3(g)} + H_2S_{(aq)} + yS_{8(s)} \tag{8.5}$$

结果是，H_2S 会促进腐蚀，硫单质将使汽油劣质化并造成设备堵塞。

（2）注入适当浓度的多硫化物是很重要的。多硫化物浓度需要比氰化物多 10～15mg/L。另外，如果多硫化物的浓度超过 30mg/L，过量多硫化物会生成 NH_3、H_2S 和 S_8，这会造成微生物的死亡以及生物净化装置的堵塞。

（3）多硫化物必须在溶液中，否则的话将会堵塞设备。所以对注水操作的要求更高，以确保多硫化物以溶液形式存在。

如果洗涤水效果良好，那么对于催化裂化装置主蒸馏塔塔顶系统来说，多硫化物的注入并不是必需的。

8.3 腐蚀监测

对于水洗、中和以及缓蚀剂注入等效果进行的腐蚀检测，包括分析和腐蚀测量。分析方法包括定量测定以下参数：铁、冷凝水 pH 值和氯离子，氢活度，硫氢化铵和酸性水中残余多硫化铵。腐蚀监测包括通过失重（WL）挂片和电阻探针进行腐蚀速率测量[1,28]。

8.3.1 原油蒸馏系统塔顶的腐蚀监测

常减压原油蒸馏塔塔顶腐蚀监测的案例如图 8.7、图 8.8 和图 8.9 所示。使用几种腐蚀监测的方法，并且测量腐蚀速率时选择了尽量多的点（位置），就会得到可靠的腐蚀状况数据。塔顶空冷器和换热器的每一个阀都能用来安装失重挂片和电阻探针。要记住，腐蚀是一个随机的过程，因为合金和环境都是多样的，而后者还会改变。因此，腐蚀速率可能随着空间和时间而变化。下面介绍一下在空冷器不同位置进行长时间腐蚀监测的情况。即使在同一个空冷器中，两个距离大约 2m 的点的腐蚀速率都可能相差一个数量级（0.03mm/a 和 0.25mm/a）。需要强调的是，失重和电阻探针数据之间良好的关联性。后者能实时在线获得信息。可靠的电阻探针数据可以通过选择正确的感应元件获得，而这个选择可以在前期腐蚀速率失重挂片的基础上做出。失重挂片能给出关于沉积物化学成分和垢下腐蚀的重要信息，以及对点蚀速率的测量（见图 8.9）。有时均匀腐蚀速率在允许值 0.1mm/a 以下，但点蚀速率能达到 0.55mm/a，见图 8.9（e）。所以，对挂片表面沉积物和回流罐中的冷凝水进行化学成分分析是很重要的。

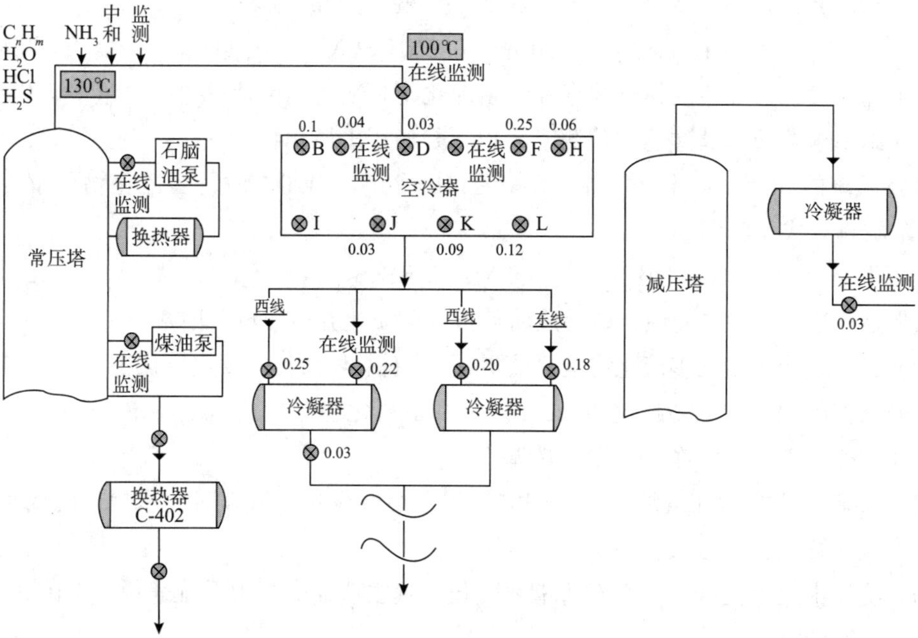

图 8.7 原油蒸馏塔塔顶的腐蚀监测［⊗——失重挂片的位置（B、D、F、H、I、J、K、L）以及电阻探针在挂片读数点和探针区域周围显示的数字是腐蚀速率（mm/a），周期 30 天］

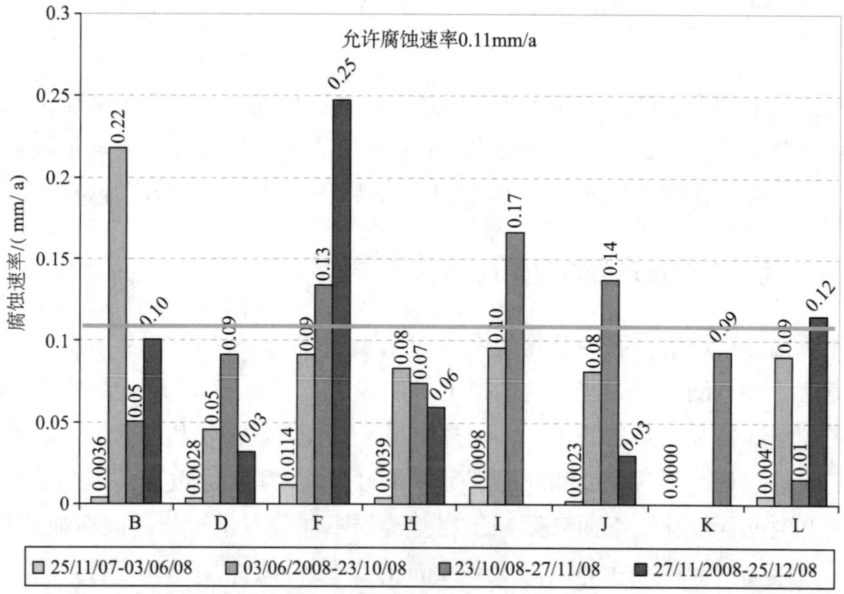

图 8.8 空冷器各位置（见图 8.7）碳钢挂片在 13 个月内不同时期的腐蚀速率

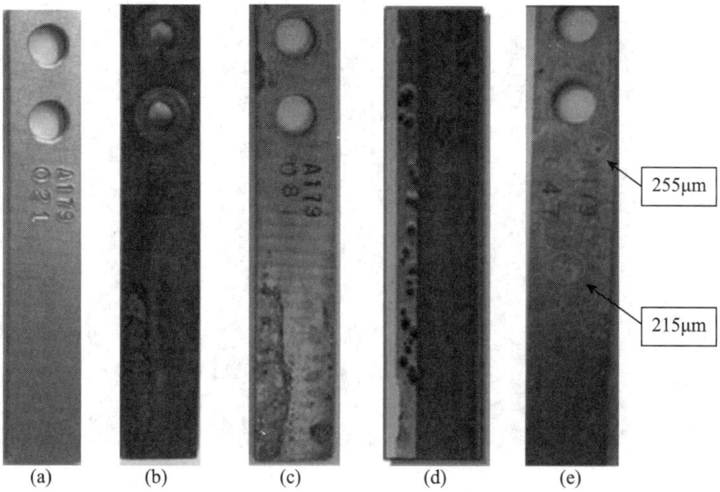

图 8.9　腐蚀失重挂片

注：(a) 原始挂片。(b) 30 天试验后未清洗的挂片。(c) 经过清洗的同一个挂片 (垢下腐蚀)。(d) 垢下点蚀 (铁的硫化物和氯化物高达 25%)。(e) 6 个月中生成的点蚀 (数值是通过显微镜检测到的最大的深度)。

这些数据可以用来确定腐蚀的原因以及防腐处理的效果。例如，在案例 (见图 8.9) 中，挂片表面沉积物含有铁的硫化物 (约 75%) 和氯化铵 (约 25%)。

冷凝水含有氯 (2 ~ 290mg/L，建议值是 <20mg/L)，硫酸盐 (0.5 ~ 155mg/L)，pH 值为 5.4 ~ 7.7 (建议值 5.5 ~ 6.5)。硫酸盐的出现说明系统中存在氧，将 H_2S 氧化了 (见附录 D)。挂片放置的时间可以在 30 天到 6 个月之间。这个周期取决于预期的腐蚀速率。腐蚀速率越大，挂片的放置周期越短。每个周期结束后，关于腐蚀状况的报告、分析和建议应当发送至炼油厂的所有部门。

8.3.2　石化装置的腐蚀监测

石化设备中的两个单元 (苯、甲苯、二甲苯和 TPX) 腐蚀监测的案例如图 8.10 和图 8.11 所示。按照规定，腐蚀速率应低于允许的 0.11mm/a。然而，有时腐蚀速率会超过这个数值。在这些案例中，腐蚀产物包含铁的硫化物 (70% ~ 80%) 和氯化物 (20% ~ 30%)。连续重整单元的重整进料中含有氯化物，腐蚀产物层的厚度能达到 60 ~ 75μm。这种情况指出了降低腐蚀速率的解决办法：通过在连续重整单元使用脱氯剂来净化重整进料。

腐蚀监测应当与其他检查及装置方案匹配。这些内容是下一章讲到的腐蚀管理的一个组成部分。

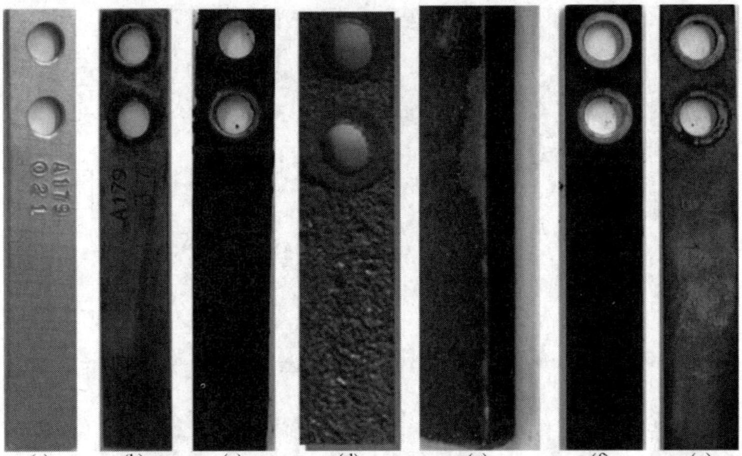

图 8.10　置于石化装置 90 天后的腐蚀失重试样。

注：(a) 原始试样。(b) ~ (e) BTX 单元。(b) 贫胺液（下控制器），0.095mm/a。(c) 富胺液（提取器），0.002mm/a。(d)、(e) 塔顶回流，0.113mm/a。(f)、(g) TPX 装置。(f) 油箱接收器，0.008mm/a。(g) 芳烃塔（回流），0.003mm/a。

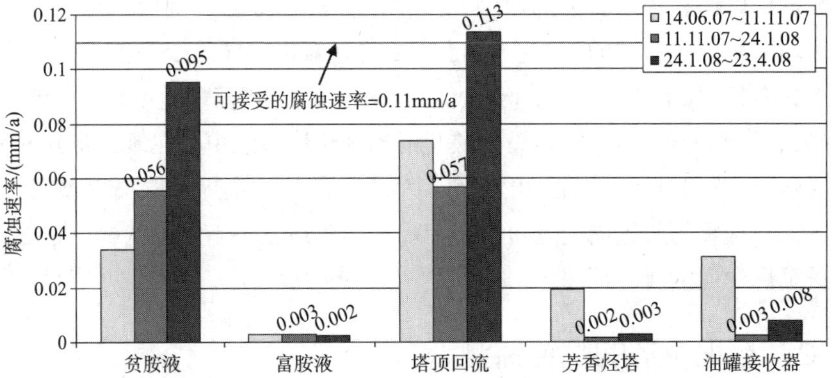

图 8.11　碳钢试样在石化厂三苯、TPX 装置中 10 个月内的不同实验周期的腐蚀速率

参考文献

[1] Groysman A (2010) Corrosion for everybody. Springer, Dordrecht

[2] Groysman A (2014) Corrosion in systems for transportation and storage of petroleum products and biofuels. Springer, Dordrecht

[3] Gutzeit J (2006) Crude unit corrosion guide. PCC Process Corrosion Consultants, USA

[4] Gutzeit J, Merrick RD, Scharfstein LR (1987) Corrosion in petroleum refining and petrochemical operations. Corrosion, vol 13. ASM Handbook, ASM International, USA, pp 1262. 1287

[5] White RA, Ehmke EF (1991) Materials selection for refineries and associated facilities. NACE, USA

[6] Schutz RW (1987) Corrosion of titanium and titanium alloys. Metals Handbook, Corrosion, vol 13. ASM International, USA, pp 669. 706

[7] Been J, Grauman JS (2006) Titanium and titanium alloys. In: Revie RW (ed) Uhlig. s Corrosion Handbook,

2nd edn. Wiley, Hoboken, New Jersey, USA, pp 863. 885

[8] Cotton JB, Hanson BH (1994) Titanium and zirconium. In: Shreir LL, Jarman RA, Burshtein GT (eds) Corrosion, vol 1. Butterworth Heinemann, UK, pp 5: 36. 5: 61

[9] Boyer R, Welsh G, Collins EW (eds) (1994) Materials Properties Handbook: Titanium Alloys. ASM International, USA

[10] Donachie MJ (2000) Titanium: a technical guide, 2nd edn. ASM International, USA

[11] Leyens C, Peters M (eds) (2003) Titanium and titanium alloys: fundamentals and applications. Wiley - VCH Verlag GmbH & Co. KGaA, Weinheim

[12] Fan D, Fort WC, Horvath RJ (2000) Experience with titanium heat exchangers in refinery services. Paper 00691 presented at the CORROSION 2000, NACE International, Houston, TX, USA

[13] Fort WC, Fan D (1999) Titanium experience in refining and chemical processes.

[14] Mendoza - Canales J, Marin - Cruz J (2008) Corrosion behavior of titanium and nickel - based alloys in HCl and HCl + H_2S environments. Int J Electrochem Sci 3: 346 - 355

[15] Klink DR, Schutz RW (1992) Engineering incentives for utilizing Ti - 3Al - 8V - 6Cr - 4Zr - 4Mo alloy tubulars and highly aggressive deep sour wells. Paper 63 presented at the Corrosion 92, NACE, Houston, TX, USA

[16] Blauvelt P, Rowan D, Willey B, McMaster M (2000) Titanium. proven performance in hydrocarbon processing. Paper 00684 presented at the CORROSION 2000, NACE international, Houston, TX, USA

[17] Neill WJ (1980) Experience with titanium tubing in oil refinery heat exchangers. Mater Perform 19 (9): 57 - 63

[18] Bird DB (1976) Titanium exchanger tubing works well in refinery service. Hydrocarbon Process 55 (5): 105. 107

[19] Palraj S, Venkatachari G (2008) Effect of biofouling on corrosion behavior of grade 2 titanium in Mandapam seawaters. Desalination (Elsevier) 230 (1. 3): 92. 99

[20] Sigalovskaya TM et al (1976) Corrosion - electrochemical behavior of titanium and its alloys in alkaline solutions of hydrogen peroxide. Zashchita Metallov (Protection of Metals) 12 (4): 363. 367

[21] ASTM B338 - 14 (2014) Standard specification for seamless and welded titanium and titanium alloy tubes for condensers and heat exchangers. ASTM International, West Conshohocken, PA, USA

[22] Petersen PR (1996) The use of corrosion inhibitors in refining industry. Paper 594 presented at the NACE Corrosion 96 conference, Houston, TX, USA

[23] Refinery injection and process mixing point (2001) NACE International Publication 43101. Houston, TX, USA

[24] Sastri VS (2011) Green corrosion inhibitors: theory and practice. Wiley, Hoboken, NewJersey, USA

[25] Papavinasam S (2006) Corrosion inhibitors. In: Revie RW (ed) Uhlig. s corrosion handbook, 2nd edn. Wiley, Hoboken, New Jersey, USA, pp 1089. 1105

[26] Boffardi BP (1987) Control of environmental variables in water - recirculating systems. Corrosion, vol 13, 9th edn. ASM Handbook, USA, pp 487. 497

[27] Groysman A et al (2012) Examination of a "green" corrosion inhibitor and corrosion resistant alloys for the overhead of the crude oil distillation unit. Paper 2134 presented at the NACE 2013 conference, NACE International, Houston, TX, USA

[28] Groysman A (2009) Corrosion monitoring. Corr Rev 27 (4. 5): 205. 343

9 腐蚀管理

> No one should have to sacrifice their life for their livelihood, because a nation built on the dignity of work must provide safe working conditions for its people.
>
> Thomas Edward Perez (1961 ~), an American politician.

摘要 本章的目的是分析腐蚀管理在预防人员和环境安全相关的腐蚀事故中的作用。腐蚀管理涉及以下内容：防腐蚀控制措施、腐蚀监测、定期检查、各类事故的研究、会议研讨、案例学习、教育和知识传承。本章分析了腐蚀失效的原因和减少腐蚀失效的途径。人为因素是腐蚀管理和减少腐蚀事故的一个关键问题。人为错误的原因有认识不足、教育不够、知识和培训不充分、设计不正确、控制和监督不足、缺乏减少腐蚀风险的激励和错误操作。同时本章介绍了基于风险的检验方法。

炼油和石化行业属于高危险性行业，涉及大量易燃、易爆和有毒物质，对人和环境都是危险的。腐蚀事故恶化了这个行业的形象和技术成就。腐蚀（如果不加以控制或防止）可能导致灾难。因此，炼油厂和石化厂应该对其装置进行安全管理。为此，它们必须努力控制工艺流程，实施腐蚀管理策略，以便将腐蚀事故的风险降到最低限度。

下面介绍两个常用的概念：腐蚀和管理。腐蚀是金属与其环境之间的相互作用，导致金属劣化和环境的恶化[1]。有组织的管理是协调人们有效利用现有资源努力达成目标。管理就是计划、组织、协调、指挥、预测和控制[2]。

腐蚀管理包括确定腐蚀风险的实施计划、标准规定的性能要求、正确选材的推荐做法和规范、腐蚀防护和监测方法。这些应该在设计阶段执行，然后在检查、控制和监测实践中实现。另外，对每一次事故的分析、协作、教育和知识传承，都是腐蚀管理方法的必要组成部分。

因此，腐蚀管理的范围很广，涉及不同服务和不同专业以及相关的措施和程序，如员工、领导、化学工程师、买方人员和律师等。

腐蚀管理不需要建立一个“零腐蚀率”系统，而是建立操作限值、监测（包括腐蚀监测）和检验计划，使其在可接受的腐蚀速率下，进而保证系统的可靠性和安全性。

自1949年初，当人们开始对不同行业和国家的腐蚀成本进行估算后，腐蚀管理便随即诞生。结果表明：不采取上述行动，腐蚀将使各国的经济恶化[3~5]。事实上，腐蚀管理的一些功能很早便已出现，如腐蚀控制措施在腐蚀管理中首先出现：涂料自古代已开始使用，阴极保护自19世纪20年代开始，20世纪20年代急剧发展，30年代开始使用缓蚀剂，1924年出版了腐蚀方面的第一本书[1]。腐蚀管理在许多公司的政策中占据了特别重要的地位，甚至用于一些公司的网站命名[6]。在过去10年中，很多腐蚀管理的出版物相继出版[7~25]，尽管在这一领域有许多出版物，但并不是所有从事炼油和石化工业腐蚀问题的专家都认为腐蚀管理是一个多领域和跨学科的结合（甚至其本身可能也是一门学科）。腐蚀管理包括化学、冶金、仪器仪表、防腐措施、腐蚀监测、教育、知识传承和心理学等。

据证实，在炼油工业中，65%～85%的腐蚀案例是由人为因素造成的[16~19]。本章将讨论腐蚀管理在防止腐蚀失效中的作用。本章分析了腐蚀失效必然性的原因和降低腐蚀失效的方法。人为因素是腐蚀管理和减少腐蚀事故的关键问题。人为错误的原因包括缺乏认识、教育不够、知识培训不足、设计不当、控制和监督不够、缺乏降低腐蚀风险的积极性和激励、错误操作和条件改变。

改进腐蚀管理可以减少炼油、石化行业的腐蚀风险，减少对环境和社会产生的不利影响。州和联邦政府应对腐蚀管理进行立法（如同污染和环境保护立法），以促进教育和知识传承。行政处罚会迫使人们更多地关注腐蚀问题，并使其成为炼油厂和石化厂的优先事项。

9.1 腐蚀失效

> Success is the result of learning from failure.
>
> Colin Powell (1937 –), an American statesman

根据热力学第二定律，腐蚀是不可避免的过程。如何抵御不可避免的自然规律？当下的任务是了解这些规律、机制、内外因素的影响，以维持金属结构在其经济寿命期间的服务功能，通常为10～25年[26]。不幸的是，在某些情况下，设备并没有达到其指定的使用时间，原因是腐蚀失效。失效（故障）是功能的突然丧失或者是预定功能的缺乏或不足。失效往往导致故障、损坏、事故和灾难。当然，腐蚀失效的程度及其后果可能会不同：原油、石油产品、燃料、水、液体和气体危险化学品的泄漏，火灾、爆炸、环境的破坏和恶化，人员伤害甚至死亡。奇怪和不幸的是，大多数腐蚀失效是由熟知的腐蚀现象引发的，且有多次失效案例的记载[27~36]。腐蚀会导致金属减薄、凹坑和裂纹，这反过来又会导致设备或建筑物的功能丧失，或者说失效。

炼油厂设备老化、原油类型差异大、高腐蚀性介质和苛刻的工艺参数导致了其高腐蚀风险。位于意大利的欧盟委员会公民保护和安全研究所对1962～2012年度炼油厂发生的99起与腐蚀有关的事故进行了重要分析[37]，分析表明，自2000年以来，欧洲各国发生的每5个炼油厂事故中，就有一个是由腐蚀失效造成的。因此，炼油设备的腐蚀失效风险特别大，一半事故对环境、炼油厂的经济及其周边社区造成了非常严重的后果。重大腐蚀失效的发生均因为腐蚀危险和风险没有被识别或者被忽视。

尽管腐蚀科学和腐蚀技术取得了许多成就，但许多问题仍然没有得到解决。以下是其中一些：

（1）能预测设备或结构的腐蚀失效时间吗？

（2）不引起不锈钢点蚀的海水最小流速是多少？

（3）如何计算含原油、石油产品和燃料储罐中的微生物腐蚀速率？

为什么会出现腐蚀失效？在大多数情况下，腐蚀现象和腐蚀失效都是随机过程，即偶然过程，它代表了金属－环境体系随时间变化的随机过程。这意味着，在随机过程中有一些不确定性：即使初始条件已知，腐蚀过程也可能有几个方向的演变。在大多数情况下，过去的腐蚀系统无法预测其未来的行为和可能的失效。腐蚀现象取决于许多内部（金属性质）和外部（环境性质和条件）因素。内部因素是金属的物理化学、冶金和机械性能。不均一的合金和环境（包括环境的变化）可以引起不可预知的腐蚀，进而导致意外失效。这说明人们对金属－环境动力学行为的认识还不完善。两者性质的任何变化都可能导致不可预知的金属腐蚀行为。

现有的防腐蚀措施并不能完全保护和防止失效。例如，缓蚀剂的缓蚀率一般会低于100%。保护性能和涂层系统的耐久性取决于许多先决条件因素（包括正确的表面处理和涂装），很少有案例能够提供满足不发生失效所必需的先决条件。大多数炼油厂的技术体制和介质性能都不稳定，其微小变化会极大地影响缓蚀剂、阴极保护或涂层的使用效率。

现有的腐蚀监测方法不能反映金属－环境体系的实际情况和行为。任何腐蚀传感器都显示这个传感器如何与环境发生反应，而不是真实设备的腐蚀行为。即使将腐蚀挂片、ER探头或LPR（线性极化电阻）传感器放入介质中，它们的表面和腐蚀状况也与管道、储罐、反应器或设备内壁的实际情况不同。

在炼油、石化等行业，腐蚀管理并没有得到充分有效的利用。以下是腐蚀管理的主要问题：

（1）专家并不能对现有标准、规范、技术规程、推荐做法、报告（简而言之，所有与腐蚀问题有关的文献）都熟悉。因此，这些文献在设计阶段没有用于正确选材、腐蚀防护和监测措施，也就没有用于设备建造和使用周期内的缓蚀、预防和监测。

（2）检查和控制措施并非总是定期和及时进行。

（3）大约30%腐蚀事故在大多数工厂没有登记[38]，没有进行失效分析。因此，错误和腐蚀失效重复发生。

（4）人为因素在腐蚀管理和防止腐蚀失效中起着至关重要的作用。我们应高度重视教育、信息传播、知识传承、协作、交流、记录、报告及归档、会议研讨、案例公开和分享。基于纯粹的生物学特性和人性心理，人无完人，不可能完全避免错误行为。

因此，得出的结论是，像自然界中的大多数现象一样，例如地震、海啸和台风，腐蚀失效也是不可避免的。深入学习和了解这些过程的发生机理和起源，将能够预测并可能控制它们的发生。腐蚀失效的预防比腐蚀失效的过程更为复杂，因为除了了解腐蚀原理外，还需要将人为因素作为腐蚀管理的重要内容。

下面对腐蚀失效的原因进行深入的描述和分析，并提供消除腐蚀失效的方法。首先，金属－环境体系的物理化学性质引发了腐蚀的热力学可能性。

9.1.1 腐蚀的热力学可能性与必然性

如果把一块纯铁放进含有溶解氧的纯净水中，就会形成铁锈，见式（9.1）。

$$4Fe_{(s)} + 6H_2O_{(l)} + 3O_{2(g)} \leftrightarrow 4Fe(OH)_{3(s)} \quad \Delta G^{o}_{298} = -1397.2\text{kJ/mol} \tag{9.1}$$

吉布斯自由能 ΔG^{o}_{298}变化为负，热力学腐蚀是存在的。把一块纯铁放进不含溶解氧的纯净水，见式（9.2）。

$$Fe_{(s)} + 2H_2O_{(l)} \leftrightarrow Fe(OH)_{2(s)} + H_{2(g)} \quad \Delta G^{o}_{298} = -15.7\text{kJ/mol} \tag{9.2}$$

吉布斯能量的变化也是负的。因此，在水中无溶解氧的情况下也可能发生腐蚀。当然，如果改变条件（反应物浓度、温度或压力），就有可能阻止腐蚀反应式（9.1）和式（9.2）的发生。去除式（9.1）中的溶解氧可显著减少反应的发生，甚至使反应停止。增加氢分压超过57MPa，可以阻止腐蚀反应的发生[1]。因此，我们需要消耗能量来防止腐蚀发生。

当铁表面被涂覆或注入缓蚀剂时，亚稳态薄膜可以保护铁免受腐蚀。“亚稳态”一词是指“准稳态”，不是绝对稳定的，即在当前状态下是稳定的，但是当金属－环境体系的外部条件或内部特性发生变化时，随时可以偏离这种状态（见图9.1）。

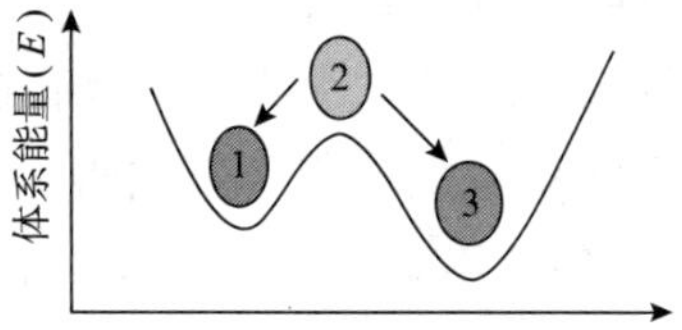

图9.1 稳定状态（1和3）和“亚稳”（2）状态之间的差异

任何改变，如温度变化、流速改变、搅拌、环境中活性物质的出现和浓度变化、缓蚀剂的种类和浓度不同以及金属中应力的出现，都会迫使系统离开“亚稳态状”而转变为主动腐蚀过程。事实上，热力学亚稳态下的金属可能会发生腐蚀，而且可能突然发生（特别是对于失效而言），只是时间问题。点蚀、缝隙腐蚀和晶间腐蚀、应力腐蚀开裂、冲蚀和空泡腐蚀、腐蚀疲劳都是由亚稳态发展而来的。

在一定条件下，某些金属（Fe、Al、Mg、Ti、Cr、Ni）在某些介质中有发生腐蚀的热力学可能性，但由于钝化膜的形成，动力学限制了腐蚀的发生，这意味着动力学控制机理优先于热力学可能性。

9.1.2 腐蚀动力学

热力学中不存在时间问题。热力学不考虑腐蚀动力学——对腐蚀反应速率和机制的研究。人们对其感兴趣的主要是因为它能预测腐蚀失效。只有在某些特殊情况下，即在酸或碱中的两性金属的均匀腐蚀是可以预测的，其腐蚀损失与时间呈严格的线性关系。这里提出了均匀腐蚀和点蚀的经验动力学方程（9.3），浓度和温度对腐蚀速率的影响见式（9.4）[39]：

$$CR = AC^n \tag{9.3}$$

$$\log CR = K \pm n \cdot \log C - A/T \tag{9.4}$$

式中，CR——腐蚀速率；

A、n、K——实验常数；

C——一个活性反应物的浓度；

T——绝对温度。

在炼油厂的大多数介质中（水溶液、碳氢化合物-水的两相混合物、大气和土壤中，见图4.1），腐蚀速率随着时间而降低[26]：

$$CR = 0.5t^{-0.5} \tag{9.5}$$

式中，CR——腐蚀速率，$g \cdot m^{-2} \cdot day^{-1}$；

t——时间，h。冲蚀不遵循此规律。

研究人员提出了不同的方程用于不同合金的腐蚀速率估算，并把原油中硫化合物的浓度影响作为一个函数（高温硫化腐蚀）[40]：

$$CR = a \cdot b \cdot c \cdot d \cdot C_{TRS} \tag{9.6}$$

式中，a、b、c、d——考虑钢材类型、介质的性质（蒸汽、液体或气液两相流）、流体类型（湍流程度）和温度；

C_{TRS}——总活性硫含量（%）。很明显，所有这些系数都不容易定义。

由重量损失、ER探针、线性极化电阻或其他方法得出的腐蚀速率都不太精确，具有一定的局限性，同一装置、同一设备的不同部位，腐蚀速率均也不尽相同（见8.2.3节）。腐蚀图和腐蚀指南中一般会列出各种合金的“可耐蚀性”区域[41~44]，“等腐蚀率”数据可用于腐蚀速率的估算。新介质和新材料层出不穷，例如新的原油、油砂、生物燃料的出现，新的合金、缓蚀剂和油漆的出现。微小的杂质、腐蚀性物质介质控制不力、通风、电偶耦合、拉伸应力、表面状况、密封扰动以及工艺参数改变、结构和工艺方案调整（如增加新泵）等都会对腐蚀动力学产生显著影响。大多数化合物在浓度增加时（如H_2S、盐、溶解氧、过氧化物）对腐蚀速率的影响是非线性的。有时，两种或两种以上物质共存会加速或抑制腐蚀（例如，H_2S能抑制环烷酸腐蚀）。腐蚀反应具有多相性（发生在相界位置），非常复杂，且包含多个步骤。其动力学参数可通过实验来确定，但是几乎不可能在完全相同实验条件下重复实验。所有金属和合金都存在夹杂和缺陷，但是作为整体结构时，一般不从微观（原子）水平对其加以定义。例如，99.99999%纯度的铁，从微观上衡量，一克铁中有 10^{15} 个不纯原子[1]。这种电化学不均一性对腐蚀动力学和腐蚀失效时间的影响非常显著。因此，对于合金中缺陷的预测几乎是不可能的，也就很难预测其腐蚀行为。

金属-环境体系属于动态系统，可以用混沌理论来描述。混沌理论是数学领域研究初始条件高度敏感的动态系统的行为：初始条件的微小差异会产生高度发散的结果，致使总体上看长期预测几乎不可能实现[45]。混沌行为存在于许多自然系统和现象中，如天气、气候、腐蚀，甚至政治和历史[46]。混沌系统有两类。在第一种类型中，混沌对预测没有干扰，天气预测属于此类。尽管有许多影响天气的因素，但人们仍有可能建立数学模型——考虑越来越多的变量，进行更好的天气预报，并能预测更长的周期。数学模型也可用于不同系统中金属结构腐蚀速率的预测和寿命估算[47~52]。腐蚀模型中包含的金属和环境数据越多，腐蚀行为预测就更准确，这需要腐蚀和计算机科学相结合。然而，对于大多数腐蚀现象，目前还没有令人满意的动力学理论和模型，因此不可能以足够高准确率预测腐蚀的发生，腐蚀失效也就几乎是不可预测的。

腐蚀系统是复杂的、非稳定的、非线性的。在大多数情况下，腐蚀现象与第一类混沌系统（如天气）类似，它们对预测没有干扰。与天气预报一样，我们有时可以预测短期内腐蚀系统的行为和状态。然而，长期预测的准确性较低。由于在预测复杂体系的腐蚀行为时，很难考虑所有的初始条件，因此，我们不要寄希望于靠长期预测来确定腐蚀系统的最终情况，而且在测量非稳态腐蚀系统时，即使稍有偏差或者缺失数据，长期腐蚀行为的预测也会变得更加困难。

在第二类混沌系统中，混沌对其预测会产生反应，因此准确的预测便无法实现。市场、政治、历史属于这类系统。

上述讨论的结论是：热力学和动力学只能部分和粗略地回答一些疑问（见9.1节），而且即使建立了精确的数学模型，也不能排除人类在腐蚀事故中的错误。下面将介绍知识管理和人为因素在腐蚀管理和腐蚀失效中的作用。

9.2 炼油行业的知识管理和人为因素

Cadres decide everything.

The motto of communist leaders in the former USSR

人类面临严峻的全球性健康与环境问题，每一个领域均出现了缺乏技能知识专家的问题，受过教育的腐蚀专家在不久的将来也会短缺。可以看到，任何国家都会出现老龄化问题。60岁以上老年专家的人数在增加，而那些必须成为专家的年轻人（25岁至30岁）正在减少[38,53]。为了解决这个问题，我们应该改进知识管理，包括从年长专家到年轻一代的教育和知识传承。知识管理是腐蚀管理的重要组成部分。知识管理开始于20世纪90年代末，在21世纪初流行，成为当时主要流行语。

现今世界的信息和知识，如雪球般呈指数急剧增长，每1.5年翻一番[54]。知识有两种：显性的和隐性的。显性知识包括书籍、百科全书、期刊。隐性知识包含在专家的记忆中，通过经验和学习获得，通常没有文档化，最难发现，最容易丢失，但往往却是最有价值的。隐性知识一般是不容易获得的，因为许多专家不愿意分享。

9.2.1 教育和知识传承

炼油、石化行业的腐蚀教育具有重要意义。在通常情况下，学生只能在化学、化工、炼油、石油工程、石油天然气工程、机械工程、材料科学与工程、冶金等专业学习的过程中，了解一些腐蚀知识。大多数炼油厂也没有腐蚀工程师职位，腐蚀工程师往往是在工厂工作期间逐渐培养成才的。腐蚀工程师需要很长时间才能熟悉所有过程和技术、标准、操作规程、规范、报告、推荐的做法、工厂其他文件，直到可以解决炼油和石化工业中的腐蚀问题。

在美国，腐蚀教育费用估计不到总腐蚀费用的1%[55]。对美国腐蚀专家调查显示，四分之三的受访者年龄为41岁至65岁，年龄在51岁到65岁的有41%[56]，腐蚀专家老龄化也发生在其他国家。因此，腐蚀专家队伍需要年轻人。这是常见的悖论：一方面，我们希望腐蚀问题能够引起新一代学生和工程师的注意，让他们参与到腐蚀科学和工程中；另一方面，腐蚀教学和教育方面的资源缺乏，只有一些处理腐蚀问题的出版物[38,53,57~62]。

知识传承包括识别和评价、验证和存档、发布和共享、转移和应用、学习、捕获和存储知识。知识传承的方法很多，包括正式教育和培训、口头交流、讨论、正式会议、研讨会、辅导、实习、面试、备忘录、案例学习、研究论文、报告、视频、网站发布、内部网、通信、模拟和游戏、游览、即时消息、同事协助、工作调动、维基和博客等。知识是复杂多样的，人们需要不断补充新信息，并选择性地加以吸收。

大多数炼油厂没有知识传承的管理计划。企业应该考虑代沟问题：统计表明，大约50%的员工没有良好的代际关系[63]。对网络的有效利用，是在不同时代人群中获取和传递知识的有效途径[38,53]。员工对腐蚀问题及其解决办法了解越多，防腐情况越好，腐蚀风险就越低。

炼油和石化行业的腐蚀教学和教育可以让四类人群受益：有工作经验的工程师和技术人员、教育工作者、管理人员和学生。经验表明，针对不同人群使用不同的课程可以提高认知，从而减少腐蚀风险和失效。因此，引导教育工作者更加有效地教授知识是很重要的内容。

9.2.2 人为因素

人为错误的原因包括以下方面：

(1) 缺乏认识、知识、教育和培训。

（2）不正确的设计。

（3）错误操作。

（4）监督和控制不足。

（5）缺乏降低腐蚀风险的积极性和激励措施。

（6）某些因素发生变化。

一般，当腐蚀发生或者说存在腐蚀风险时，必须采取相应措施。人为原因导致的腐蚀事故占炼油、石化行业腐蚀事故的85%以上[16,17]。大约75%的腐蚀失效是由于信息、通信、沟通和知识不足造成的，还有30%的腐蚀事故没有被记录或者报告[38]。

奖惩可以让腐蚀失效减少。减少腐蚀失效应重视人为因素，可以通过以下几种途径：第一，在腐蚀管理领域立法；第二，改善教育和知识的传承。

腐蚀届应通过统计不同领域、不同国家的经济损失唤起公众和政府对腐蚀的重视，有必要推进国家和联邦两级的立法，即对缺乏防腐措施和腐蚀监测（类似于对环境污染的惩罚）的企业进行处罚。经济处罚和法律制裁可以迫使管理者重视腐蚀问题，使腐蚀成为优先考虑的安全问题。因为腐蚀失效与人员安全和环境息息相关，腐蚀失效造成的人员伤亡和环境损失要远远超出设备和生产本身的损失。

9.2.2.1 技术文件

炼油厂通常要采购不同材料制造的设备。不幸的是，炼厂并不总是按照相关的技术文件严格要求材料成分、物理和机械性能。有时设备（主要是不同石油产品和燃料的地上储罐）在很长的时间内（10～20年甚至更长时间）并不进行检查和检验，这如同“闭上”眼睛运行，直到失效[30]。

腐蚀管理包括使用标准、操作规范、推荐做法和防腐说明，还包括对标准、操作规范、推荐做法和说明书的获取以及腐蚀领域相关文件［如NACE国际、ASTM、ANSI、API、ISO、EN、SSPC、GOST（俄罗斯）、BS（英国）、DIN（德国）和AFNOR（法国）］的更新。其中一些文件对腐蚀问题提出了通用建议和做法，例如含有原油和燃料的储罐在大气条件下使用时的涂料防护。在这种情况下，炼油厂应制定适用于具体气候和工业条件的防腐指南[30]。

9.2.2.2 变更的因素

作为腐蚀管理的一部分，人为因素的问题之一就是变更。对炼油厂而言，变更包括原油类型、破乳剂、中和剂、缓蚀剂及其用量、注水点及注入速率，添加新泵、阀、换热器，改变功能、流量和流态变化、出现盲端、不明微生物和使用不明化学成分的水等。任何设备的设计、操作、工艺、处理、条件、材料和化学条件的改变、添加或减少设备、运行过程波动等，都应该由腐蚀专家作为一个新的腐蚀风险进行识别。在停车检修期间，偶尔进行的变更没有被记录下来。每个设备应该像人类一样有个人户口，包括生产日期，与设备材料相关的化学数据、物理数据和机械数据以及设备服役期间的所有改动。

9.2.2.3 人为错误的举例

Who is Guilty?

Herzen A. I. （1812～1870），a Russian writer and thinker

虽然相关文献[1,26～36]描述了大量的案例，很多新的腐蚀失效信息散见于各种报告和论文，但是还有一些根本没有报道，只能作为隐性知识存在。本节将介绍了几个人为错误导致的腐蚀案例（见图9.2、图9.3和图9.4）。这些教训得出的结论是，腐蚀管理如果以人为因素为重点，并紧密联系腐蚀实际，就可以防止许多腐蚀失效，从而降低腐蚀风险。基于时间（t）的失效估计（如开裂、小于允许值的设备壁厚减薄、保护性涂层的性能丧失、泄漏）[20]，结合经验，应该按照以下方式对腐蚀风险进行定性分类（没有考虑后果）：极其高的风险，$t<1$ 年；非常高风险，1 年 $<t<3$ 年；高风险 3 年 $<t<5$ 年；中等风险 6 年 $<t<10$ 年；低风险，$t>10$ 年[64]。

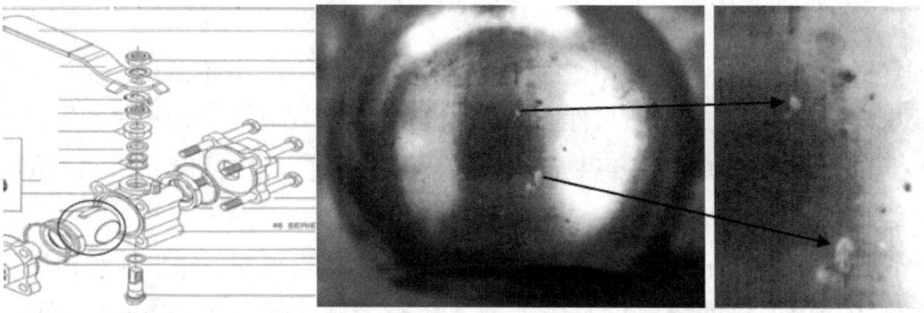

图9.2　接触海水3个月后由氯化物引起的SS316球阀点蚀

（不流动，消防系统，环境温度）。在这种条件下可以选择UNS C46400耐点蚀材料。

原因：设计不正确，缺乏认识和知识。极其高的风险，$t<1$ 年。

(a)　(b)　(c)

图9.3　使用2年后a、b涂层体系失效

注：(a) 炼油厂的大气环境的脱盐水管道（90℃）。(b) 空气冷却器（80℃）下的排气口。

原因：错误的设计－涂层体系（不耐高温）选择错误。(c) 使用2年后SS304管道失效。管道位于距离储罐50m处，储罐每周用盐酸灌装两次。罐内挥发性盐酸气体与水蒸气一起冷凝在管道表面，造成失效。

原因：缺乏意识和知识；错误的设计和操作；控制不足。(a)、(b)、(c) 属于非常高风险，1 年 $<t<3$ 年。

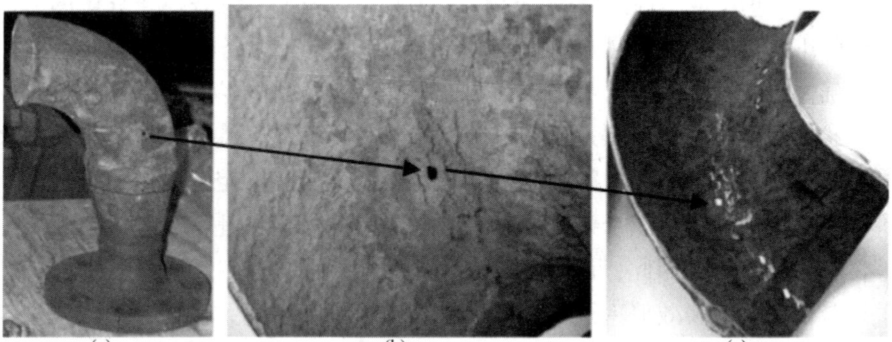

(a) (b) (c)

图9.4 使用16年的大小头（110℃和400~1000kPa石脑油入口管）的氧腐蚀
（原因：缺乏意识和知识，控制不足。低风险，$t>10$年）

9.3 腐蚀是一种危害

通过图9.2（极其高的风险，$t<1$年）和图9.4和图4.16（低风险，$t>10$年）的腐蚀案例分析可以看到，导致腐蚀检查和监测错误的原因是没有考虑到后果。球阀使用3个月后发生点蚀（见图9.2）导致消防系统水的泄漏，如果泄漏发现不及时，那么消防系统在发生火灾时无水可用，会导致大的破坏和灾难。大小头的蚀孔（16年后）导致石脑油泄漏和火灾。碳钢管发生氢脆［16年后，见图4.16（c）］，300℃、4600kPa的氢气流出，导致爆炸和火灾，造成几百万美元的损失。因此，如果使用16年后发生这种腐蚀事故，这并不意味着可以认为其是低风险（$t>10$年）。为了克服这种矛盾，基于风险的检查（RBI）于1993年发展起来，并于20世纪90年代末、21世纪初开始实施[65~67]。显然，RBI的使用有助于减少和防止腐蚀失效。

9.3.1 基于风险的检验

为了解释RBI的原理，我们需要了解一些术语的定义。“危害”是指有潜在的事故或破坏的物质及物质的状态。腐蚀可以看作是炼油和石化行业的一个最大“危害”，因为它具备物质（包括环境）、对象（合金和其他材料制成的设备和构筑物）和发生的合适条件，它们之间相互作用（设备、环境），并产生劣化。“风险”是指事故或危害发生的可能性[68]。风险可以用某一事件在某一时期发生的可能性乘以该事件的负面后果来计算：

$$风险=可能性\times后果 \tag{9.7}$$

与“危害”相比，“风险”是一种较为复杂的数学结构，并不容易被评估。风险分析（也称危害分析、风险评估、概率风险评估、定量或量化风险评估）来自核工业和化学工业[68]，并被标准化[65,66,69~71]，在腐蚀管理中得到广泛应用[20~25,72]。类似于化学工业中的危害识别和评价[68]，腐蚀风险管理（包括腐蚀危险的识别、分析、评估和管理）[20,65,66]应该得到广泛应用。RBI 是一种使用风险分析来确定和管理工厂设备检查程序的方法[65~67]。RBI 的目标是开发一种性价比高的检测方案，以控制炼油厂设备潜在的失效风险。检查和维护程序应确保对腐蚀风险进行可靠性评估并解决腐蚀问题，以确保过程安全。在进行风险分析时，我们需要考虑两个因素：失效的可能性及其后果。风险评估有四个层次：低风险、中等风险、中高风险和高风险。我们可以定性、半定量、定量地对它们进行评价[67]。定性评价用于确定与整个或多个过程单元相关联的风险，半定量和定量评价用于确定与单个设备部件有关的风险。因此，识别出风险较高的设备后，我们就可以集中检查和维护这些设备，以减少风险。失效概率及其后果确定的详细方法参见文献中的相关标准[65,66]。

腐蚀失效的概率取决于腐蚀过程的速率和检验的有效性。检验方法的种类及其频率会影响检验的有效性，从而影响失效概率。

腐蚀失效的后果是 RBI 的第二个重要组成部分［见式（9.7）］，反映了危险介质释放可能产生的影响，包括爆炸、火灾、破坏和有毒物质扩散。评价后果时，起主导作用的有三个因素：介质类型及其可能释放的风险、可供释放的库存量以及释放速率[67]，其中，释放速率是由设备的破口（孔洞和裂纹）尺寸定义的。如果同时形成许多破口，后果评估就会很困难。

相关标准[65,66]提出了三种实现 RBI 的方法：优化监测方案和检验计划、改变材料结构和控制关键工艺参数。

监测和检查计划包括确定可能发生腐蚀的最薄弱部位和检查间隔（见 8.2.3 节）。这涉及在线实时和定期测量腐蚀速率，具体手段包括 ER 探针、线性极化电阻传感器、失重挂片、超声、涡流、声发射和射线测量、测定组成介质的物理化学分析（包括腐蚀性污染物、微生物等）和合金、冶金检验[1,73]。

材料结构的变化。设计阶段应选择合适的材料（见 8.1 节），这项工作通常由化学和机械工程师负责，而腐蚀和材料工程师并不总是参与选材，尽管每个项目都必须由他们签字。但是材料与监测和检查计划息息相关，因为腐蚀和材料专家会考虑材料的易腐蚀部位，并从腐蚀的角度确定检查的位置、方法和频率。正确的防冲板尺寸可以减少流动方向改变而产生的冲刷。经济学家参与在几种可选材质之间的选材决策，而 RBI 程序提供了初始成本和腐蚀风险之间的评估方法，例如，逐步用铜镍合金，甚至用 Ti Gr. 2 替代催化裂化装置主塔塔顶碳钢换热管材料（H_2S、NH_3、H_2O 导致的腐蚀）。在这种情况下，虽然材料成本增加，但是腐蚀风险会减少到零，钛换热器在催化裂化装置使用超过 20 年无失效。经济学家和材料专家证明，材质升级是值得的。

关键工艺参数。许多腐蚀失效，包括露点腐蚀、氢损伤、连多硫酸应力腐蚀开裂等，发生在开工、停工和其他工艺参数变化时（如温度波动）。关键工艺参数包括：温度、压力、流速和流态（单相、二相或三相介质）、介质组成（pH 值、腐蚀性污染物、硬颗粒）。将这些参数保持在推荐范围内，是监控策略和腐蚀控制的重要内容，对于减少腐蚀风险非常重要。RBI 方法可以识别影响腐蚀、腐蚀强度和速率的关键工艺参数。

RBI 已成功地用于炼油厂和石油化工厂[67,74~76]、油气系统[77]和玻璃钢储罐[78]腐蚀风险的量化、排序和管理。

在腐蚀风险定量化的标准方法[65,66]方面，有人提出质疑，认为其在方法的假设部分存在缺陷，其中最主要缺陷是“风险是模糊的，特别是概率部分不好量化”[72,79]。但是，这种批评有助于改进 RBI 方法，进而有助于在炼油和石化工业更广泛地实施 RBI 来预防腐蚀事故。

为了有效开展 RBI，我们需要组建多学科小组，人员包括：腐蚀和材料工程师、检验员，维修、工艺、操作、设备、环境（生态）部门的相关人员，以及财务人员、管理人员。

RBI 强调的不是检验，最好的叫法应该是基于风险的管理（RBM），是腐蚀管理的一部分。

9.4 结论

What is to be done?

Chernyshevsky N. (1828 ~ 1889), a Russian philosopher

炼油厂的主要任务是如何防止腐蚀失效，或者至少是减少腐蚀失效的发生和减少腐蚀风险。为寻找答案，我们分析了原因，得出了以下结论和建议：

（1）腐蚀失效的主要原因是腐蚀管理不当，即不能确定可能的腐蚀风险。腐蚀管理文化需要努力保持和持续改善。

（2）分析了腐蚀失效的原因，可以从以下几个方面采取措施减少失效：

①查找腐蚀过程如何导致失效，这需要计算机领域的人员参与。需要注意的是，即使数学模型可 100% 准确地确定腐蚀失效的时间，但是模型中的数据还需要人工输入，在这种情况下，腐蚀失效时间的确定也将取决于人为因素。

②迫使管理人员对炼油和石化行业的员工制定奖惩措施。更进一层，必须在州或联邦的层面上对腐蚀管理立法，这将迫使管理者采取行动预防腐蚀失效。

③就像改变社会与生态的关系一样，改变社会与腐蚀的关系。腐蚀失效也会对安全、健康、污染和人民幸福产生重大影响。

（3）在设计、制造、实施防腐措施及操作、监测、检查、维护、教育、知识传承、培训和研究的每个阶段，都需要制订带有投资计划的腐蚀管理方案。

参考文献

[1] Groysman A (2010) Corrosion for everybody. Springer, Dordrecht

[2] Prasad L, Gulshan SS (2011) Management principles and practices. Excel Books, New Delhi

[3] Uhlig HH (1949) The cost of corrosion in the United States. Chem Eng News 27: 2764

[4] Corrosion Costs and Preventive Strategies in the United States (2002) Report FHWA - RD - 01 - 156 (Federal Highway Administration), USA

[5] Sastri VS (2011) Green corrosion inhibitors. Wiley, Hoboken, New Jersey, USA

[6] http://www.cosasco.com/index.php

[7] Morshed A (2013) The evolution of the corrosion management concept. Mater Perform 52 (8): 66.69

[8] Morshed A (2011) Case history: results of corrosion management applications. Mater Perform 50 (5): 66.69

[9] Morshed A (2008) Case history: enhancing asset value through corrosion management. Mater Perform 47 (12): 66.71

[10] Morshed A (2011) An introduction to asset corrosion management in the oil and gas industry. NACE International, Houston, TX, USA

[11] Morshed A (2015) Corrosion management and the significance of regular reporting. Mater Perform 54 (1): 68.71

[12] Morshed A, Mousavi MS (2013) Corrosion management applications for seawater injection systems. Mater Perform 52 (12): 70.75

[13] Morshed A (2011) Asset corrosion management contracts: issues and improvements. Mater Perform 50 (1): 56.59

[14] Morshed A (2010) Creating an asset corrosion management strategy document. Mater Perform 49 (6): 56.60

[15] Morshed A (2009) Asset corrosion management and the existing training gap. Mater Perform 48 (4): 56.58

[16] Groysman A, Brodsky N (2006) Corrosion and quality, accreditation and quality assurance. J Qual Comp Reliab Chem Meas 10 (10): 537.542

[17] Groysman A (2005) Anti – Corrosion Management and Environment at the Oil Refining Industry. In: Proceedings of international conference on corrosion CORCON2005, 28.30 November, Chennai, India

[18] Groysman A, Brodsky N (2006) Corrosion and quality in the oil refining industry. In: Proceedings of EUROCORR 2006, 25.28 September, Maastricht, the Netherlands

[19] Groysman A (2004) Corrosion problems and their solutions in the refining industry. In: Proceedings of EUROCORR 2004, 12.16 September, Nice, France

[20] Singh B, Britton J, Poblete B, Smith G (2005) The 3 R.s. risk rust reliability. Paper 05553 presented at the CORROSION 2005, NACE International, Houston, TX, USA

[21] Wilson P, Susic O (2010) Corrosion management in a safety case regulatory regime. Paper 10190 presented at the CORROSION 2010, NACE International, Houston, TX, USA

[22] Kermani B, Chevrot T (2014) Pipeline corrosion management; a compendium. Paper 3723 presented at the CORROSION 2014, NACE International, Houston, TX, USA

[23] Morshed A (2014) Corrosion management and the widening competency gap. Paper 3740 presented at the CORROSION 2014, NACE International, Houston, TX, USA

[24] Ogosi E, McKenny S (2014) Indexing model for pipeline risk assessment and corrosion management. Paper 3781 presented at the CORROSION 2014, NACE International, Houston, TX, USA

[25] Whittaker J, Liu Q (2014) Corrosion management and mechanism study on SAGD Brackish water system. Paper 3809 presented at the CORROSION 2014, NACE International, Houston, TX, USA

[26] White RA, Ehmke EF (1991) Materials selection for refineries and associated facilities. NACE, Houston, TX, USA

[27] Corrosion (1987) ASM handbook, vol 13, 9th edn. ASM International, USA

[28] Linda Garverick (ed) (1994) Corrosion in the petrochemical industry. ASM International, USA

[29] API RP 571 (2011) Damage mechanisms affecting fixed equipment in the refining and petrochemical industries, 2nd edn. American Petroleum Institute, Washington, D. C., USA

[30] Groysman A (2014) Corrosion in systems for transportation and storage of petroleum products. Springer, Dordrecht

[31] Heidersbach R (2011) Metallurgy and corrosion control on oil and gas production. Wiley, Hoboken, New Jersey, USA

[32] Revie RW (ed) (2006) Uhlig.s corrosion handbook, 2nd edn. Wiley, Hoboken, New Jersey, USA

[33] Fontana MG (1986) Corrosion engineering, 3rd edn. McGraw – Hill, New York

[34] Mattsson E (1996) Basic corrosion technology for scientists and engineers, 2nd edn. The Institute of Materials, London

[35] Shreir LL, Jarman RA, Burstein GT (eds) (1994) Corrosion, vol 1 and 2, 2nd edn. Butterworth – Heinemann Ltd, Oxford

[36] Esaklul KA (ed) (1992) Handbook of case histories in failure analysis, vol 1 and 2. ASM International, USA

[37] Wood MH, Vetere Arellano AL, Van Wijk L (2013) Corrosion – related accidents in petroleum refineries. JRC Scientific and Policy Reports, European Commission EUR 26331 EN, Institute for the Protection and Security of the Citizen, Italy

[38] Groysman A (2014) Corrosion education: present and future. Paper presented at the 19th international corrosion congress, Jeju, Korea, 2. 6 November, 2014

[39] Boden PJ (1994) Chemicals. In: Shreir LL, Jarman RA, Burstein GT (eds) Corrosion, vol 1, 3rd edn. Butterworth – Heinemann Ltd, Oxford, pp 2. 99. 2. 113

[40] Gutzeit J (2006) Crude unit corrosion guide. PCC Process Corrosion Consultants, USA

[41] Rabald E (2012) Corrosion guide. Elsevier, London

[42] Berg FF (1965) Corrosion diagrams. V. D. I. – Verlag, G. m. b. H. , Dusseldorf

[43] DECHEMA Corrosion Handbook. Wiley VCH, 1988. 2007, vol 1. 11

[44] Nelson GA (1960) Corrosion data survey. Shell Development Co, Emeryville, California, USA

[45] Kellert SH (1993) In the wake of chaos: unpredictable order in dynamical systems. University of Chicago Press, USA

[46] Harari YN (2011) Sapiens. A brief history of humankind. Vintage Books, London

[47] STP 1154 (1992) Computer modeling in corrosion. Munn RS (ed) ASTM International, USA

[48] Addis K, Singer M, Ne. i. (2014) A corrosion model for oil and gas mild steel production tubing. Corrosion 70 (12): 1175. 1176

[49] Nouri M, Mesbah J, Shaibani S (2008) A verified computer model for corrosion rate prediction in a di – ethanol amine system using field data. Paper 08417 presented at the CORROSION 2008, NACE International, Houston, TX, USA

[50] Pidaparti RM (2009) Corrosion modeling, simulations and assessment through intelligent computations. US Army Corrosion Summit 2009, February 3. 5, 2009, Clearwater Beach Resort, FL, USA. file: ///C: /Users/Alec/Downloads/ADA508789. pdf

[51] Garber JD et al (2004) Internal corrosion rate prediction in pipelines and flowlines using a computer model. Paper 04155 presented at the CORROSION 2004, NACE International, Houston, TX, USA

[52] Rafiee A (2012) Computer modeling and investigation on the steel corrosion in cracked ultra high performance concrete. Kassel University Press, Germany

[53] Groysman A (2014) Corrosion education in oil and gas industry: experience and insight into the future. Corr Mater Prot, Moscow, Russia 4: 1. 13

[54] Tritton TT (2011) From the 18th century until today: great names, great steps. Launch of the International Year of Chemistry 2011, 27. 28 January, UNESCO and IUPAC, Paris, France

[55] http: //www. corrosioncost. com/pdf/main. pdf

[56] Assessment of Corrosion Education, Committee on Assessing Corrosion Education (2008) National Research Council. The National Academies Press, Washington, D. C. , USA

[57] Landolt D (2004) The role of corrosion science in engineering education. In: Trends in electrochemistry and corrosion at the beginning of the 21st century, Dedicated to Professor Dr. Josep M. Costa on the occasion of his 70th birthday, Universitat de Barcelona, Barcelona, Spain, pp 1195. 1201

[58] Roberge PR, Ghali E (2000) A corrosion engineering training model. Paper 00478 presented at the CORROSION 2000, NACE International, Houston, TX, USA

[59] Cottis RA, McAllister AM, Wendy D (2004) Online delivery and tutor support of an introductory corrosion course. Paper 04069 presented at the CORROSION 2004, NACE International, Houston, TX, USA

[60] Klassen RD, Roberge PR (2004) Early experiences with a web – based distance course on corrosion. Paper 04070 presented at the CORROSION 2004, NACE International, Houston, TX, USA

[61] Faidi SE, Fay M, Cottis RA (1996) A computer aided learning package for teaching corrosion to engineering students. Paper 96377 presented at the CORROSION 1996, NACE International, Houston, TX, USA

[62] Groysman A (2010) Interdisciplinary relationships in corrosion teaching and education at school, college and university. In: Proceedings of EUROCORR 2010, Moscow, Russia, 13. 17 September, 2010

[63] Piktialis D, Greenes KA (2008) Bridging the gaps. How to transfer knowledge in today. s multigenerational workplace? Research Report R – 1428 – 08 – RR. The Conference Board, Inc, USA

[64] Groysman A (2016) The role of corrosion management in prevention of corrosion failures. Paper 7252 presented at the NACE international 2016 conference, 6. 10 March 2016, Vancouver, Canada

[65] API RP 580 (2002) Risk – based inspection. American Petroleum Institute, Washington, D. C. , USA

[66] API RP 581 (2008) Risk – based inspection technology. American Petroleum Institute, Washington, D. C. , USA

[67] Horvath RJ (1998) The role of the corrosion engineer in the development and application of risk – based inspection for plant equipment. Mater Perform 39 (7): 70. 75

[68] Kletz TA (1992) Hazop and hazan: identifying and assessing process industry, 3rd edn. Institution of Chemical Engineers, UK

[69] ISO 31000 (2009) Risk management. principles and guidelines

[70] ISO/IEC 31010 (2009) Risk management. risk assessment technique

[71] ISO Guide 73 (2009) Risk management. vocabulary

[72] Helle HPE (2012) Integrity management beyond RBI. Paper presented at the ICPVT – 13 (The 13th international conference on pressure vessel technology), 20. 23 May 2012, London, UK

[73] Groysman A (2009) Corrosion monitoring. Corr Rev 27 (4. 5): 205. 343

[74] Krynicki JW, Bagnoli KE, McLaughlin JE (2006) Probabilistic risk based approach for performing on onstream high temperature hydrogen attack inspection. Paper 06580 presented at the Corrosion 2006, NACE International, Houston, TX, USA

[75] McLaughlin JE (2007) A qualitative risk – based assessment procedure for high temperature hydrogen attack of C – 1/2Mo steel. In: Proceedings of ASME Pressure Vessels and Piping Conference (PVP2007), and the Eighth International Conference on Creep and Fatigue at Elevated Temperatures (CREEP8), PVP2007 – 26129, 22. 26 July 2007

[76] Canale G, De Marco M, Pinca S (2009) The role of welded joint vulnerability and various damage mechanisms active in process and petrochemical plants in reliability analysis with risk based inspection (RBI) approach, Eurojoin 7. In: Proceedings of 7th European congress on joining technology; incorporating GNS 5, 5th edition of Italian welding days, technical session 2: reliability of welded components and structures

[77] Hodges S et al (2010) High level corrosion risk assessment methodology for oil and gas systems. Paper 10367 presented at the NACE international 2010 conference, Houston, TX, USA

[78] Chant E, Sims JR (2010) Risk – based inspection for polymers. Paper 10040 presented at the NACE International 2010 Conference, Houston, TX, USA

[79] Helle HPE (2012) Five fatal flaws in API RP 581. Paper presented at the 14th Middle East corrosion conference and exhibition, February 12 – 15, 2012, Manama, Kingdom of Bahrain

附 录

Reading makes a person knowledgeable, conversation – resourceful, and the habit of recording – accurate.

——Francis Bacon (1561 ~ 1626), an English philosopher

这 12 个附录含有多类信息，包括：原油和石油产品的物理化学性质；炼油厂使用的硫化合物、酸、碱和氢的理化性质；合金的化学成分；金相复制；结垢机制；结垢的化学清洗；用于冷却水系统钝化的推荐程序；试验程序（锅炉和蒸汽管道内表面的化学清洗和钝化）。

附录 A 典型的炼油示意图

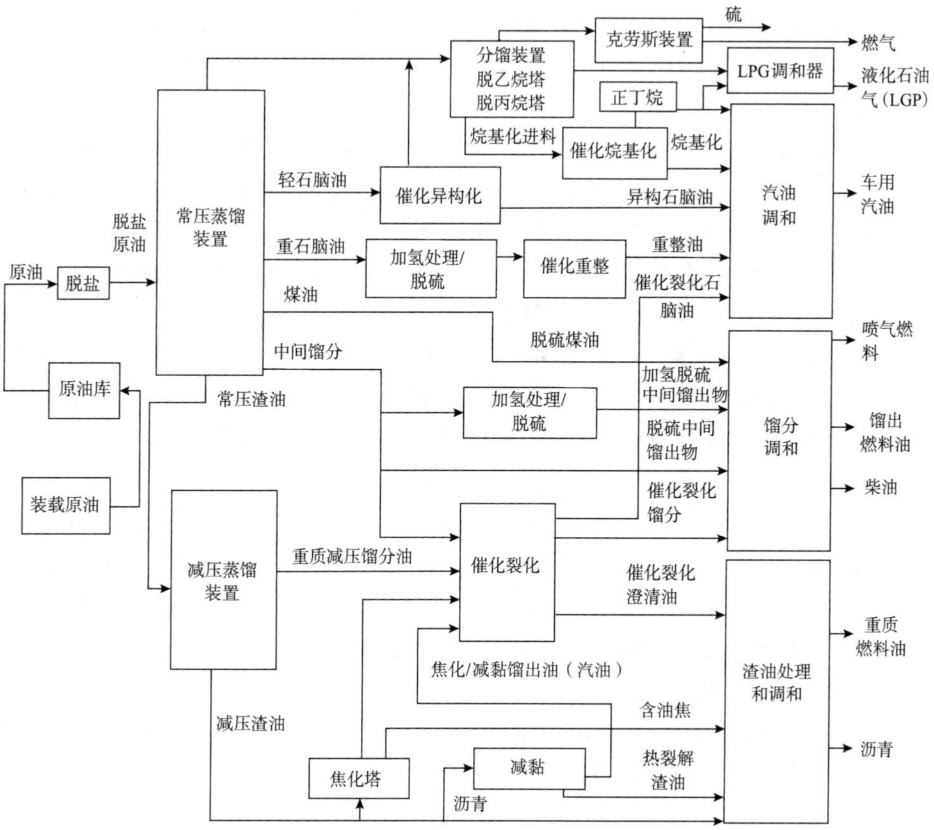

附录B　原油和石油产品的理化性质

原油是许多不同化学化合物的混合物，主要是碳氢化合物。

原油的分类。原油是用密度（°API）和蒸馏曲线（沸点范围）来描述的。原油的分类通常是根据密度（API度）、原油成分、硫含量和地理来源而定的。

API度：原油的比重范围可能从小于10到超过50，但大多数原油API度为20~45[1]。原油被分为轻质型（°API>30；密度<870kg/m^3）；中间型或中等型（20<°API<30；870<密度<920kg/m^3）；重质型原油（°API<20；920<密度<1000kg/m^3）。API度小于10的原油被称为超稠油或沥青。例如，来自艾伯塔省（加拿大）油砂矿床的沥青，其API度约为8。

原油成分：石蜡、环烷烃和芳烃（见表2.1）。

硫含量："甜原油"和"酸原油"。"酸原油"一词最初只与溶解硫化氢原油有关，不包括硫的总含量。"甜原油"和"酸原油"之间没有明确的划分界线。总硫含量在0.5%~1.0%或者更高时，通常称原油为"酸性油"，小于0.5%时称之为"甜性油"。

产地：由于区域不同，原油的种类也有500多种。例如，得克萨斯西部（美国）、玛雅（墨西哥）、拉斯加里卜（埃及）、乌拉尔（俄罗斯）、阿塞拜疆（阿塞拜疆）等。如果炼油厂混合使用不同类型的原油，可能导致设备性能劣化大于使用一种原油时的劣化性能。

常规原油包括原油（来自油井）和凝析油（来自天然气）。

机会原油指的是含硫量、含盐量和金属含量都比较高的原油，总酸值高（TAN>0.5mg KOH/g）、密度高。机会原油引起了与腐蚀、污染、燃料质量、催化剂中毒和环境保护等问题。因此，机会原油被认为是"低质"腐蚀原油，其价格约为常规原油价格的80%。原油成本约占炼油厂总运行成本的90%~95%，因此机会原油特别是高TAN原油对于炼油厂具有很大的吸引力。预计到2025年，机会原油的使用量将增长到20%。

非常规石油包括油砂、合成原油、重质原油和超稠油、煤制油、基液供应、天然气液体（天然气化学加工产生的液态烃），是利用常规方法（油井）以外的技术生产或提取的原油。由于传统石油储备日益稀缺，全球的石油工业和政府正在投资非传统石油来源。传统的石油比非常规石油容易生产，成本也更低。然而，"常规"和"非常规"的类别不是一成不变的，随着时间的推移，以及经济和技术条件的发展，迄今认为非常规的资源均可转入常规类别。

油砂（也称为沥青砂或重油砂）是由疏松的砂岩中的天然沥青或超稠油组成的。这些碳氢化合物是原油的一种形式，非常致密和黏稠，其稠度范围可从糖蜜似的超稠油到某环境温度下的固体花生酱似的沥青，给萃取造成了困难。这种重质原油通常含有高浓度的环烷酸、硫和重金属（特别是镍和钒），从而干扰精炼过程，而且较轻的原油也会受到这些污染物的影响。

合成原油（合成原油或升级原油）是在非常规石油（通常是油砂）升级为可运输形式时生产的中间产物。合成原油也可指页岩油（油页岩热解的产物），其性质取决于升级过程中使用的工艺，通常其含硫量少，API度约为30°。合成原油输可被送到炼油厂并加工成成品，也可以作为稀释剂与重质油混合制造混合物。这种混合物比合成原油黏性更大，但是可作为重质油运送到常规炼油厂的平价替代品。切忌将合成原油与合成油、合成燃料或生物原油混为一谈。

致密油是指低渗透原油地层（通常为页岩或致密砂岩）中的原油；油页岩是一种富含有机质的沉积岩，富含干酪根（有机化合物的固体混合物），两者不应混淆。油页岩中的干酪根可以通过高温分解、氢化或热溶的化学过程转化为页岩油。

烃。原油和石化产品的化学组成如表 B. 1 和 B. 2 所示[4,5]。烃（HC）主要由三个类型构成：烷烃（脂肪烃或石蜡）、饱和环（环烷烃）以及芳香环。原油的大多数成分都是由这三种单独或共同组成的。

表 B. 1
一种基准原油中的主要烃类[4]

类型		在原油中的比例
烷烃	正烷烃	14
	异构体（分枝的）	18
环烷烃（环烃）	烷基环戊烷	10
	烷基环己烷	6
	二环烷烃	5
芳烃	烷基苯	18
	芳香环烷烃	5
	芴	3
	双环芳烃	17
	多环芳烃	4

表 B. 2
通过常压蒸馏法从原油中提取的石油产品

石油产品	烃①	沸点范围/℃
液化石油气②	$C_1 \sim C_4$	
石脑油③	$C_5 \sim C_{12}$	20～210
汽油	$C_5 \sim C_{12}$	20～210
煤油④	$C_9 \sim C_{16}$	150～290
轻瓦斯油⑤	$C_{12} \sim C_{20}$	180～320
重瓦斯油⑥	$C_{12} \sim C_{24}$	190～370
柴油	$>C_{20}$	>340
沥青	$>C_{40}$	>540

①一种列举烃的简便方法，可用于通过分子中碳原子数量来表征化合物。如 $C_1 \sim C_4$ 表示甲烷（CH_4）和丁烷（C_4H_{10}）。

②液化石油气（LPG，丙烷、丁烷）是从这种气体混合物中制得的。

③全馏分石脑油。直接从常压精馏塔中获得的石脑油称为直馏石脑油。石脑油也能在重油加工的过程中获得，如催化裂化石脑油，减黏裂化石脑油，焦化石脑油。与直馏石脑油不同的是，这些石脑油含有烯烃。其中馏程在 30～90℃的馏分叫轻石脑油，包含 C_5 和 C_6；其中馏程在 90～200℃的馏分叫重石脑油，包含 C_7 至 C_{12}；而中石脑油是指重石脑油中馏程低于 150℃的馏分，包含 C_7 至 C_9。

④喷气燃料和航空燃料是从这种煤油中制得的。

⑤柴油机燃料是从这种馏分中制得的。

烃有大量的同分异构体。烃中碳原子数量越多，同分异构体的总量也越大（见表 B.3）。如此巨大的数量解释了为什么原油含有成百上千种独立的组分。

表 B.3

烷烃同分异构体可能的数目[6]

碳原子数	同分异构体数量	碳原子数	同分异构体数量
1、2、3	1	9	35
4	2	12	355
5	3	15	4347
6	5	18	60523
7	9	25	36797588
8	18	40	62×10^{12}

油田和炼油厂之间通常距离遥远。通常从油井采出来的原油在卖出和使用管道、轮船或卡车运输出去之前进行加工（也叫调节或处理）。油田操作包括分离、脱水、脱盐、脱硫和稳定[7]。分离是将蒸汽、油和液相分开。脱水是将原油中的水或者连同沉淀一起除去。脱盐是通过稀释夹带水或乳化水并脱水的方式将原油中的盐除去。脱硫是除去 H_2S 及其他硫化物。稳定是除去原油中的大多数挥发性物质。所以，对原油的现场处理范围始于井口，终于管线、储罐或油轮。换句话说，油田对原油的贮存、运输和售卖有三个加工目标：

（1）分离原油与自由水、乳化水或盐水以及固体夹杂物（主要是沙和土）。

（2）原油的稳定：除去溶解性天然气，提供能够安全贮存和运输的原油。

（3）除去原油中的杂质以满足环保、安全和健康的运输规范。

在现场处理之后，原油不能直接使用。它们还必须在炼油厂进一步处理以生产本身或经过化学处理和混合后具有一定功能的石化产品[8~10]。这些产品中的某些是石油化工业原材料，用于生产大量化工产品，例如聚乙烯、聚丙烯、有机溶剂等。

附录 C　精炼装置中的盐酸

盐酸（HCl）是氯化氢气体（HCl）的水溶液。盐酸在水中的溶解性很好（在 20℃、0.1MPa 压力下，60g 水中能溶解 40g HCl）。盐酸是酸性很强的无机酸（C.1），很容易电离（C.2），其酸性（pH 值）取决于水中 HCl 的浓度。

$$HCl_{(g)} + H_2O_{(l)} \rightarrow HCl\cdot H_2O_{(aq)} \tag{C.1}$$

$$HCl\cdot H_2O_{(aq)} \rightarrow H_3O^+_{(aq)} + Cl^-_{(aq)} \tag{C.2}$$

盐酸具有强烈的刺激性气味，并存在于人类的胃中。盐酸在消化、除垢（结垢的溶解，如 $CaCO_3$）和酸洗（浸酸除锈）中起着积极作用，而其负面影响则表现在对金属的腐蚀上。

精炼装置中盐酸产生于金属氯化物的水解（C.3 ~ C.5）。

$$CaCl_{2(aq)} + H_2O_{(l)} \rightarrow HCl_{(aq)} + Ca(OH)Cl_{(aq)} \tag{C.3}$$

$$MgCl_{2(aq)} + H_2O_{(l)} \rightarrow HCl_{(aq)} + Mg(OH)Cl_{(aq)} \tag{C.4}$$

$$AlCl_{3(s)} + H_2O_{(l)} \rightarrow HCl_{(aq)} + Al(OH)Cl_{2(aq)} \tag{C.5}$$

有机氯化物的水解（C.6）以及固态氯化铵和氯胺盐的水解（C.7 和 C.8）如下所示：

$$RCl_{(aq)} + H_2O_{(l)} \rightarrow HCl_{(aq)} + ROH_{(aq)} \tag{C.6}$$

$$NH_4Cl_{(s)} + H_2O_{(l)} \rightarrow HCl_{(aq)} + NH_4OH_{(aq)} \tag{C.7}$$

$$(RNH_3)Cl_{(s)} + H_2O_{(l)} \rightarrow HCl_{(aq)} + RNH_2OH_{(aq)} \tag{C.8}$$

盐酸与铁反应（见3.5节）能生成氯化亚铁。随后氯化亚铁能和硫化铵反应生成硫化铁和氯化铵（C.9）：

$$FeCl_{2(aq)} + (NH_4)_2S_{(aq)} \rightarrow FeS_{(s)} + 2NH_4Cl_{(aq)} \tag{C.9}$$

这个体系中存在一个恶性循环：一方面，在沉积物下发生腐蚀；另一方面，反应（C.9）生成的氯化铵盐通过反应（C.7）水解生成 HCl 又继续发生腐蚀。

附录 D 硫化物的理化性质

硫（S_8）、硫化氢（H_2S）和硫酸（H_2SO_4）在精炼工业中占据着重要地位，尤其是在腐蚀问题上，因此需要介绍其理化性质与危险性。另外，硫化氢铵和连多硫酸的生成也会造成腐蚀问题。

硫

单质硫在自然条件下以含有八个原子的环状形式存在。硫黄存在两种晶体类型：斜方硫（$T<95.4℃$）和单斜硫（$95.4℃<T<119.3℃$）。如果在0.1MPa压力下升温到119.3℃，硫黄会成为液体并在444.7℃下沸腾。

纯硫黄是无毒的，一些护肤和治疗皮肤病的药品中甚至含有硫黄粉。

硫在低温下是惰性的，但是通过加热，硫的性质变得活跃并与氧气、氢气和金属反应（D.1，D.2）。

$$8Fe_{(s)} + S_{8(s)} \rightarrow 8FeS_{(s)} \tag{D.1}$$

$$8H_{2(g)} + S_{8(s)} \leftrightarrow 8H_2S_{(g)} \tag{D.2}$$

当 $T<350℃$ 时，反应平衡向右进行，当 $T>350℃$ 时，反应平衡向左进行。

硫化氢在 $T>350℃$ 时开始分解，在1700℃时分解完全。

硫化氢

硫化氢（H_2S）也称为氢硫酸，其理化性质有：$T_{溶解} = -85.49℃$；$T_{沸腾} = -60.33℃$[11]。硫化氢在空气中的燃点约300℃，与空气混合的爆炸极限是4.3v%～46v% H_2S[11]。硫化氢是无色剧毒气体，在空气中，十万分之一含量的 H_2S 气体就能检测到特殊的臭鸡蛋气味。硫化氢的识别阈值浓度是4.7μg/L，在这个浓度下有50%的人能够感觉到它的特殊气味[12]。职业安全与保健管理总署（OSHA）确定，硫化氢的允许暴露极限（8小时加权平均值）是10mg/L，可接受的上限浓度是20mg/L[11]。许多精炼和石化装置使用的人身安全气体探测器都把报警浓度设定在5～10mg/L。在100～150mg/L浓度下，吸入少量硫化氢就会导致嗅觉神经瘫痪、嗅觉消失，且经常伴随着危机意识的丧失，所以受害者可能意识不到硫化氢的存在，直到酿成大祸[13,14]。320～530mg/L 硫化氢能导致肺水肿，且可能致死[15]。530～1000mg/L 硫化氢则会对中枢神经系统造成强烈刺激，使呼吸紧促并最终导致呼吸停止。在800mg/L 硫化氢下暴露5min 致死率为50%（LC50）。超过1000mg/L，即使只吸入一口硫化氢也会导致呼吸功能立即崩溃。

人们经常会低估硫化氢的毒性，所以偶尔在没有任何防护措施的情况下暴露在硫化氢中工作。硫化氢比空气重，因而会在沥青或其他通风不好的地面低处积累。硫化氢能与呼吸酶中的 Fe^{2+} 组成复杂的化学键。在约300mg/L 的极限浓度下，氧化酶会失效。这里有几个不幸的案例。1975年，美国得克萨斯州一次石油钻井作业中发生硫化氢泄漏，导致9人死亡。2010年，两个炼油工人因接触含有硫化氢的空气而死亡。2014年，大量硫化氢笼罩在俄罗斯莫斯科的一些地区，其事故责任归于一家莫斯科精炼厂。

硫化氢是具有腐蚀性的物质。有趣的是，受害者口袋中含有铜币和银币的腐蚀，有助于判断硫化氢中毒现象。铜和银与硫化氢接触会发生腐蚀，生成黑的硫化物（D.3，D.4）：

$$Cu_{(s)} + H_2S_{(g)} + 1/2O_{2(g)} \rightarrow CuS_{(s)} + H_2O_{(l)} \quad (D.3)$$

$$2Ag_{(s)} + H_2S_{(g)} + 1/2O_{2(g)} \rightarrow Ag_2S_{(s)} + H_2O_{(l)} \quad (D.4)$$

这是一个均匀腐蚀的例子。所以，在做含有硫化氢的水浴时，我们应摘掉银质首饰。在高温且缺少氧气环境下，硫化氢气体与金属反应生成黑色硫化物（D.5，D.6）：

$$Fe_{(s)} + H_2S_{(g)} \rightarrow FeS_{(s)} + H_{2(g)} \quad (D.5)$$

$$Cu_{(s)} + H_2S_{(g)} \rightarrow CuS_{(s)} + H_{2(g)} \quad (D.6)$$

周围的许多细菌都能产生硫化氢[16]，这也是银质首饰变黑的原因，所以银质首饰应该定期清洗[5]。

硫化氢能燃烧，这也是硫黄回收装置中获得硫的克劳斯法的原理（D.7，D.8）：

$$2H_2S_{(g)} + 3O_{2(g)} \leftrightarrow 2H_2O_{(g)} + 2SO_{2(g)} \text{（氧气过量）} \quad (D.7)$$

$$2H_2S_{(g)} + O_{2(g)} \leftrightarrow 2H_2O_{(g)} + 1/4S_{8(s)} \text{（缺乏氧气）} \quad (D.8)$$

硫化氢的氧化不仅发生在克劳斯法中，溶于水中的硫化氢也很容易按照反应（D.7）和（D.8）被溶解氧氧化。例如，即使置于空气中，溶液也会逐渐变得浑浊，因为按照反应（D.8），有硫单质生成。所以，硫化氢是一种强的还原剂。二氧化硫（SO_2）溶于水中（见D.7）能与水反应生成亚硫酸 H_2SO_3（D.9）：

$$SO_{2(g)} + H_2O_{(l)} \leftrightarrow H_2SO_{3(aq)} \quad (D.9)$$

单质硫（S_8）可以由 H_2SO_3 和 H_2S 反应制得（D.10）：

$$16H_2S_{(g)} + 8H_2SO_{3(aq)} \rightarrow 3S_{8(s)} + 24H_2O_{(l)} \quad (D.10)$$

此外，S_8 还能通过 H_2S 和金属表面的 Fe_2O_3 反应制得（D.11）：

$$8Fe_2O_{3(s)} + 24H_2S_{(g)} \rightarrow 16FeS_{(s)} + S_{8(s)} + 24H_2O_{(l)} \quad (D.11)$$

在标准状态下，一体积水能溶解三体积的硫化氢，从而形成0.1mol/L溶液，pH = 4.3[17]。30℃，0.1MPa下，硫化氢在水中的溶解度约为3000mg/L[18]。温度的升高导致硫化氢溶解度的降低，80℃下硫化氢的溶解度比20℃下小3倍。硫化氢在液态烃及其他有机液体中的溶解度比在水中高[5]。例如，其在液态烷烃和芳香烃中的溶解度比水中高25～35倍。此外，烷烃的分子质量越大，硫化氢的溶解度也越大。

硫化氢的水溶液是弱酸，比碳酸稍弱一些。硫化氢能形成两种阴离子的盐：S^{2-}（硫化物）和 HS^-（硫氢化物）。尽管 S^{2-} 和 HS^- 离子都是无色的，但它们大多数的盐都有特殊颜色。大部分硫化物不溶于水，而大部分硫氢化物在水中的溶解性很好。S^{2-} 离子只溶于强碱的水溶液中。

硫化氢与金属离子反应能生成硫化物，它们往往颜色发暗。一些硫化物（Na_2S、K_2S、BaS）能溶于水，一些硫化物（FeS、ZnS、MnS）不溶于水，但能溶于盐酸（5%～15%）。其他硫化物（CuS、PbS、HgS）既不溶于水也不溶于稀释酸。

金属硫化物与酸反应，会释放硫化氢气体（D.12）：

$$FeS_{(s)} + 2HCl_{(aq)} \rightarrow H_2S_{(g)} + FeCl_{2(aq)} \quad (D.12)$$

乙酸铅试纸可以用来检测硫化氢，试纸会变成灰黑色。

铁的硫化物会被氧化生成硫酸铁和亚硫酸铁：

$$8FeS_{(s)} + 17O_{2(g)} \rightarrow 2FeSO_{4(s)} + 2Fe_2(SO_4)_{3(s)} + 2FeO_{(s)} \quad (D.13)$$

酸和氰化物（约4mg/L，甚至在≤1mg/L的浓度下）能溶解铁硫化物保护层，或使其变得多孔、失去黏附性，从而失去保护性（D.14）：

$$FeS_{(s)} + 6NH_4CN_{(aq)} \rightarrow (NH_4)_4Fe(CN)_{6(aq)} + (NH_4)_2S_{(aq)} \quad (D.14)$$

含硫的化合物（H_2S、硫醇、二硫化物和多硫化物）能与氧气反应形成含有硫的无机或有机酸。这些酸，尤其是硫酸（H_2SO_4）和亚硫酸（H_2SO_3），在精炼装置中可能造成严重的腐蚀（类似于HCl）。

铁的硫化物沉积能在pH>5.5时提供一定的抗腐蚀保护。在pH值较低时，溶解的氢氰酸（HCN）和氰化铵（NH_4CN）能破坏保护性的铁硫化物膜，使其转化为可溶性的氰亚铁酸盐络合物（D.15、D.16）：

$$FeS_{(s)} + 6HCN_{(aq)} \rightarrow H_4[Fe(CN)_6]_{(aq)} + H_2S_{(aq)} \quad (D.15)$$

$$FeS_{(s)} + 6NH_{4\,(aq)}^+ + 6CN_{(aq)}^- \rightarrow (NH_4)_4[Fe(CN)_6]_{(aq)} + (NH_4)_2S_{(aq)} \quad (D.16)$$

反应过程中的硫离子（D.15和D.16）造成铁的进一步腐蚀，而且这些过程是自催化的。由于氰亚铁酸离子［$Fe(CN)_6^{4-}$］的存在，我们可以将水样烘干后通过其特有的蓝色（别称为铁蓝色或普鲁士蓝）来加以识别。氰化物和硫化氢都能促进钢中氢的吸附和氢鼓泡。在维修期间，当装置第一次打开时，维修人员一定要寻找蓝色区域。这象征着此处很有可能已经发生腐蚀和氢鼓泡现象。为了防止氰化铵的损害，可以注射多硫化物（见8.2.2节）。

硫酸和其他酸

浓硫酸是一种强氧化剂，能腐蚀很多金属（如铜，不包括铁）（D.17）：

$$Cu_{(s)} + 2H_2SO_{4(aq)} \rightarrow CuSO_{4(aq)} + SO_{2(g)} + 2H_2O_{(l)} \quad (D.17)$$

稀硫酸（<75%）能溶解铁（D.18）：

$$Fe_{(s)} + 2H_2SO_{4(aq)} \rightarrow FeSO_{4(aq)} + SO_{2(g)} + 2H_2O_{(l)} \quad (D.18)$$

然而有些金属（Au、Pt）是耐硫酸的。除了pH值，阴离子也能明显地影响金属的腐蚀。铁被稀酸（HCl、H_2SO_4、H_2SO_3、HNO_3、HCOOH、CH_3COOH）腐蚀能生成水溶性亚铁（Fe^{2+}）盐。在氧的参与下，亚铁离子被氧化成铁离子（Fe^{3+}）。铁表面仍会保持清洁，并处于可能发生进一步腐蚀的“活跃”的状态。相反地，当铁与H_2S、H_3PO_4和H_2CO_3的水溶液接触时，表面会产生不溶性（或溶解性有限）的铁盐。这些不溶性铁盐能形成亚稳态保护层，如果没有任何缺陷，即使很薄，也能起到阻止腐蚀的作用。“亚稳态”意味着这些薄膜不是很稳定，任何条件的改变（温度、流速、酸或其他组分的浓度变化）都可能破坏这些膜的韧性而造成局部腐蚀。

硫化氢铵

硫化氢铵（氢硫化铵）——（NH_4）SH。氨（NH_3）或其氢氧化物（NH_4OH）常用来注射到蒸馏塔的塔顶蒸汽管线里以中和轻质烃中的酸性气体（HCl和H_2S）。在催化裂化、加氢处理和加氢裂化装置中，含氮有机物的裂化可能会产生氨气。氢氧化铵（NH_4OH）能与H_2S反应生成两种盐——（NH_4）SH和$(NH_4)_2S$。这些盐的水溶液程弱碱性，pH值为9～9.3[17]。

两种气体反应会生成硫化氢铵（D.19）：

$$NH_{3(g)} + H_2S_{(g)} \leftrightarrow (NH_4)SH_{(s)} \quad (D.19)$$

NH_3和H_2S气体有强烈的难闻气味。氢硫化铵在轻微加热和稀盐酸的作用下会分解（D.20）：

$$(NH_4)SH_{(aq)} + HCl_{(aq)} \rightarrow NH_4Cl_{(aq)} + H_2S_{(g)} \quad (D.20)$$

这是“臭蛋”（一种能产生难闻气味的装置）的原理。臭蛋中会发生（D.19）的逆反应。

硫氢根离子（HS^-）能由H_2S分解产生，其数量取决于pH值、温度和H_2S分压（D.21、D.22、

D. 23)。

$$H_2S_{(aq)} \leftrightarrow H^+_{(aq)} + HS^-_{(aq)} \quad (D.21)$$

$$HS^-_{(aq)} \leftrightarrow H^+_{(aq)} + HS^-_{(aq)} \quad (D.22)$$

$$H_2S_{(aq)} + NH_{3(aq)} \leftrightarrow (NH_4)HS_{(aq)} \leftrightarrow NH^+_{4\ (aq)} + HS^-_{(aq)} \quad (D.23)$$

碳钢与硫氢根离子接触发生腐蚀（D. 24）：

$$Fe_{(s)} + 2HS^-_{(aq)} \rightarrow FeS_{(s)} + S^{2-}_{(aq)} + 2H_{ads} \quad (D.24)$$

硫化氢铵被空气氧化能生成 S_8、$(NH_4)_2S_n$ 和 $(NH_4)_2SO_3S$。因此，氧含量是冲洗水一个至关重要的变量，取决于生产用水的 pH 值。氧气是一种强氧化剂，与硫氢根离子反应能生成单质硫（D. 25）：

$$9(NH_4)SH_{(aq)} + 4O_{2(g)} \rightarrow S_{8(s)} + 9NH_{3(g)} + H_2S_{(g)} + 8H_2O_{(l)} \quad (D.25)$$

在某些低 pH 值和温度的条件下，单质硫性质稳定，并会在湿法制酸系统中产生积垢和腐蚀。然而，当 $pH > 8$、氨过剩时，单质硫会与 $(NH_4)SH$ 反应生成多硫化氨 $(NH_4)_2S_n$（D. 26），它在湿法制酸系统下游中起到缓蚀剂的作用（见 8. 2. 2 节）。

$$(NH_4)SH_{(aq)} + NH_{3(g)} + (n-1)S_{8(s)} \rightarrow (NH_4)_2S_{n(aq)} \quad (D.26)$$

连多硫酸

连多硫酸是含氧酸 $H_2S_xO_6$（$x > 2$），含有一个硫原子直链（—S—S—）与 SO_3H – 基团连接（见表 D. 1）。连多硫酸不稳定，具有强还原性。S—S 键比过氧化物中的 O—O 键更强。$x = 3 \sim 6$ 的连多硫酸是最稳定的。

表 D. 1
连多硫酸

连多硫酸的化学式	连多硫酸的名称①	连多硫酸的化学式	连多硫酸的名称①
$H_2S_2O_6$	连二硫酸	$H_2S_5O_6$	连五硫酸
$H_2S_3O_6$	连三硫酸	$H_2S_6O_6$	连六硫酸
$H_2S_4O_6$	连四硫酸		

①连多硫酸的名称取决于链上硫原子的数量。

连多硫酸仅存在于溶液中。连多硫酸分解成硫酸（H_2SO_4）、二氧化硫（SO_2）和硫单质（S_8）（D. 27）[17,19]：

$$H_2S_3O_{6(aq)} \rightarrow H_2SO_{4(aq)} + SO_{2(g)} + 1/8S_{8(s)} \quad (D.27)$$

在精炼生产装置停工时，有硫化物沉积（主要是 FeS，也有高温硫腐蚀生成的 Cr_2S_3 和 NiS）的设备（管道及其他设备的内外表面）打开、冷却和暴露在潮湿空气的过程中，容易发生连多硫酸腐蚀（D. 28）。水和氧气也可能出现在蒸汽和洗涤水中，它们是在装置停工和检查时从烃类释放到管道或其他设备中的。

$$2FeS_{(s)} + 4O_{2(g)} + H_2O_{(l)} \rightarrow H_2S_2O_{6(aq)} + Fe_2O_{3(s)} \quad (D.28)$$

值得注意的是，反应（D. 28）在中世纪被用于通过中间盐制得硫酸（D. 29、D. 30）：

$$4FeS_{(s)} + 9O_{2(g)} + 2H_2O_{(l)} \rightarrow 4Fe(OH)SO_{4(aq)} \quad (D.29)$$

$$2Fe(OH)SO_{4(aq)} \rightarrow H_2SO_{4(aq)} + Fe_2O_{3(s)} + SO_{3(g)} \quad (D.30)$$

所以，硫酸往往掺杂着连多硫酸。

连多硫酸也能通过水和氧气与易氧化的硫（S_8 或 H_2S）反应制得，即精炼装置火炬中硫化氢的燃烧。

硫化氢也能和亚硫酸反应生成连多硫酸。通常，火炬尖部的材质是奥氏体不锈钢或高镍合金，更容易受到连多硫酸的腐蚀。连多硫酸很容易被阴极消耗，所以它可作为阴极去极化剂，有利于促进晶界贫铬金属的溶解。

下面，我们将解释一下合金的敏化[20]。当奥氏体不锈钢被加热到400～815℃时（生产、加工、热处理、缓冷至这个温度范围，以及精炼装置的加工操作），铬和碳反应生成碳化物 $Cr_{23}C_6$ 和 Cr_7C_3。这些碳化物在更容易成核的晶界析出，从而使得晶界变得贫铬，即晶界变成了缺少铬元素的区域，而铬元素之前是能为合金提供抗腐蚀性的，以至晶界失去了对环境中腐蚀性物质（如连多硫酸）的保护。金属对晶间腐蚀和应力腐蚀敏感性变强，这种状态就叫作敏化。温度越高（在表 D.2 给的范围内），敏化需要的时间越短。碳化物析出的最大温度是675℃。连多硫酸应力腐蚀是敏化的不锈钢或其他奥氏体合金在拉应力和连多硫酸腐蚀共同作用下产生的断裂，而连多硫酸通常是硫化物沉积、水和氧气生成的。

表 D.2
一些奥氏体合金的敏化温度范围[21]

合金牌号①	奥氏体合金的名称	敏化温度范围/℃
SS 304L	低碳不锈钢（碳含量≤0.03%）	400～815
SS 316L		
SS 317L		
SS 304	中碳不锈钢（碳含量≤0.08%）	370～815
SS 316		
SS 317		
SS 304H	高碳不锈钢（碳含量≤0.1%）	
SS 316H		
SS 321	化学稳定不锈钢	400～815
SS 347		
Incoloy 800	镍基合金	370～815
Incoloy 825		650～760
Incoloy 625		

①合金的化学成分在附录 F 中给出。

附录 E 碱的理化性质

（1）氢氧化钠。与铁类似，四氧化三铁（Fe_3O_4）具有两性性质，这意味着它既能溶于酸也能溶于浓的 NaOH 溶液（E.1）[22]：

$$Fe_3O_{4(s)} + 4NaOH_{(aq)} \rightarrow 2NaFeO_{2(aq)} + Na_2FeO_{2(aq)} + 2H_2O_{(l)} \quad (E.1)$$

当四氧化三铁被除去时，NaOH 会直接与铁反应（E.2）：

$$Fe_{(s)} + 2NaOH_{(aq)} \rightarrow Na_2FeO_{2(aq)} + H_{2(g)} \quad (E.2)$$

氢氧化钠和铝合金反应会造成严重且迅速的腐蚀并产生可燃氢气（E.3）：

$$Al_{(s)} + NaOH_{(aq)} + H_2O_{(l)} \rightarrow NaAlO_{2(aq)} + 3/2H_{2(g)} \quad (E.3)$$

（2）碳酸钠。碳酸钠（Na_2CO_3、纯碱、洗涤碱）溶于水能形成强碱性水溶液至 pH≈13（E.4）：

$$Na_2CO_{3(s)} + H_2O_{(l)} \rightarrow NaOH_{(aq)} + NaHCO_{3(aq)} \quad (E.4)$$

纯碱是古代从生长在富含钠的土壤上的植物的灰烬中生产出来的，所以又叫作“苏打灰”。

（3）氨与氢氧化铵。氨（NH_3）在通常情况下是一种无色有刺鼻气味的气体。氨具有碱性，高浓度下有害：能造成严重皮肤灼伤，伤害眼睛，对水生生物毒性很大。氨具有良好的溶解性能，溶于水能生成氢氧化铵（NH_4OH，20℃下最大溶解度为30%）（E.5）：

$$NH_{3(g)} + H_2O_{(l)} \leftrightarrow NH_3 \cdot H_2O_{(aq)} \leftrightarrow NH_4OH_{(aq)} \leftrightarrow NH^+_{4\,(aq)} + OH^-_{(aq)} \quad (E.5)$$

（4）胺。胺是一种有机物，是氨（NH_3）的衍生物，其中一个或多个氢原子被烃基（R基，如 CH_3）或芳香基（Ar基，如 C_6H_5）取代。胺可以分为三类：

①伯胺——氨的三个氢原子中的一个被烃基或芳香基取代。例如：甲胺（CH_3NH_2），苯胺（$C_6H_5NH_2$，也称阿尼林）。

②仲胺——氨的三个氢原子中的两个被烃基或芳香基取代。例如：二甲胺 $(CH_3)_2NH$，二苯胺 $(C_6H_5)_2NH$。

③叔胺——氨的三个氢原子全部被烃基或芳香基取代。例如：三甲胺 $(CH_3)_3N$，二甲基乙醇胺 $(CH_3)_2NC_2H_4OH$。

与氨类似，胺溶于水中产生 OH^- 从而具有碱性（E.6～E.8）：

$$CH_3NH_{2(g)} + H_2O_{(l)} \leftrightarrow CH_3NH_2 \cdot H_2O_{(aq)} \leftrightarrow CH_3NH_3OH_{(aq)} \leftrightarrow CH_3NH^+_{3\,(aq)} + OH^-_{(aq)} \quad (E.6)$$

$$(CH_3)_2NH + H_2O_{(l)} \leftrightarrow (CH_3)_2NH_2OH_{(aq)} \leftrightarrow (CH_3)_2NH^+_{2\,(aq)} + OH^-_{(aq)} \quad (E.7)$$

$$(CH_3)_2NC_2H_4OH + H_2O_{(l)} \leftrightarrow [(CH_3)_2NHC_2H_4OH]\ OH_{(aq)} \leftrightarrow [(CH_3)_2NHC_2H_4OH]^+_{(aq)} + OH^-_{(aq)} \quad (E.8)$$

碱性的强弱取决于自由基的尺寸和结构。烃基胺比氨的碱性更强，而芳香胺则比氨的碱性更弱。胺既可以溶于水又可以溶于烃。自由基的摩尔质量越大，胺在烃中的溶解性就越好。胺可以作为酸的中和剂（见反应E.9）和缓蚀剂，在气体处理、硫黄回收和胺处理装置中还能作为酸性气体（H_2S 和 CO_2）的吸附－中和剂（见反应E.10、表E.1、表E.2）。

$$C_2H_5NH_{2(g)} + HCl_{(g)} \rightarrow C_2H_5NH_3Cl_{(s)} \quad (E.9)$$

$$NH_2C_2H_4OH_{(aq)} + H_2S_{(g)} \leftrightarrow (NH_3C_2H_4OH)\ HS_{(aq)} \leftrightarrow (NH_3C_2H_4OH)^+_{(aq)} + HS^-_{(aq)} \quad (E.10)$$

然后在再生塔中，H_2S 从胺液里脱附（E.11）：

$$(HS)^-_{(aq)} + (NH_3C_2H_4OH)^+_{(aq)} \rightarrow H_2S_{(g)} + NH_2C_2H_4OH_{(aq)} \quad (E.11)$$

表E.1
胺中和剂

名称	化学式
氨	NH_3
乙胺	$CH_3CH_2NH_2$
二乙胺	$CH_3CH_2NHCH_2CH_3$
三丙胺	$(CH_3CH_2CH_2)_3N$
单乙醇胺（MEA）	$NH_2CH_2CH_2OH$

表 E.1 续表

名称	化学式
二甲基乙醇胺（DMEA）	$(CH_3)_2NCH_2CH_2OH$
乙二胺（EDA）	$C_2H_4(NH_2)_2$
甲氧基丙胺（MOPA）	$CH_3OCH_2CH_2CH_2NH_2$
吗啉	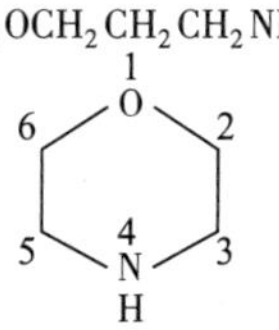
二乙氨基乙醇（DEAE）	$(C_2H_5)_2NCH_2CH_2OH$
二甲基异丙醇胺（DMIA）	$(CH_3)_2NCH(CH_3)CH_2OH$
N－甲基吗啉	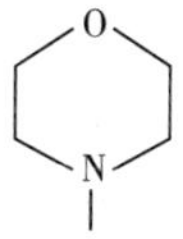
碳酸环己胺	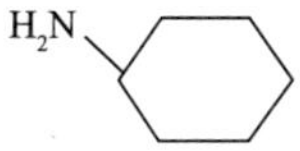
苄胺	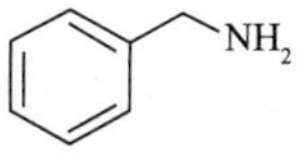

表 E.2
吸附 H_2S 和 CO_2 的胺

名称	化学式
单乙醇胺（MEA）	$NH_2CH_2CH_2OH$
二乙醇胺（DEA）	$HN(C_2H_4OH)_2$
甲基二乙醇胺（MDEA）	$CH_3N(C_2H_4OH)_2$ 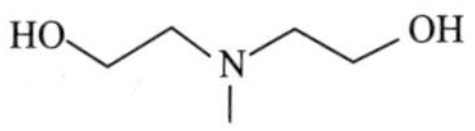
二异丙醇胺（DIPA）	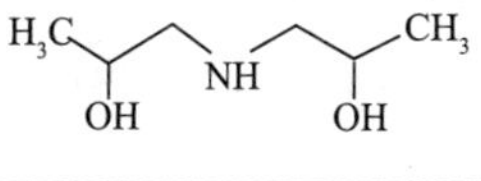

除了 H_2S 以外，其他各种污染物（甲酸、乙酸等）也能和胺反应（E.12）。

$$RCOOH_{(aq)} + NH_2C_2H_4OH_{(aq)} \rightarrow (RCOO)^-_{(aq)} + (NH_3C_2H_4OH)^+_{(aq)} \quad (E.12)$$

反应产生热稳定性胺盐（HSAS）（见 4.4 节）。

附录 F　合金的化学组成

表 F.1～表 F.13 列出了炼化及石油化工行业的设备、管道和零件所使用合金的化学成分。这些合金按照铁基、镍基和有色金属合金（铝基、铜基和钛基）分类。表 F.1～表 F.13 还给出了氧和硫对钢的性能的影响、优质钢种的详细说明以及不锈钢中关于铌元素作用的解释。耐磨材料（见表 F.9）和耐黏着磨损材料也被列举了出来。

表 F.1
碳钢的化学成分（%）

国际标准	合金牌号 AISI/ASTM/ASME	欧洲标准	C	Mn	P	S	Si	Cu	Fe
G10100	C1010		0.10	0.3 ~ 0.5	≤0.04	≤0.05	0.1	—	余量
K02801	A285 Gr. C		≤0.28	≤0.90	≤0.035	≤0.035	—	—	余量
K03101	A515 Gr. 70		≤0.35	≤0.90	≤0.035	≤0.040	0.15 ~ 0.30	—	余量
K02700	A516 Gr. 70		0.27 ~ 0.31	0.79 ~ 1.30	≤0.035	≤0.035	0.13 ~ 0.45	—	余量
	A516 Gr. 70 HIC①		0.27 ~ 0.31	0.79 ~ 1.30	≤0.001	≤0.001	0.13 ~ 0.45	—	余量
K01200	A 179	(DIN 1629; St 35.4)	0.06 ~ 0.18	0.27 ~ 0.63	≤0.035	≤0.035	≤0.25	—	余量
K03504	A 105②		≤0.35	0.60 ~ 1.05	≤0.035	≤0.040	0.1 ~ 0.35	≤0.040	余量
K03006	A 106③ Gr. B		≤0.30	0.27 ~ 0.93	≤0.035	≤0.035	≥0.10	≤0.040	余量
K01807	SA 214		≤0.18	0.27 ~ 0.63	≤0.035	≤0.035	≤0.5		

①HIC——氢致开裂（酸性环境）。抗氢致开裂钢在炼制过程中使用电弧炉进行脱硫、脱磷、钢包精炼和真空脱气以得到超洁净和均质的钢件。抗氢致开裂钢是一种碳钢，具有超低的硫含量（低于 0.001%，普通钢为低于 0.035%），真空脱气、正火处理并加入钙来控制硫化物形态，以及完全脱氧（氧含量低于 0.002%）；最高碳含量 0.18%，最大碳当量 0.43；最高硬度 22HRC（洛氏硬度）。其中，碳当量：$C_{eq} = [C + Mn/6 + (Cr + Mo + V)/5 + (Ni + Cu)/15]\%$。

氢致开裂（HIC）NACE TM－0284（2003）/NACE MR－0175/ISO 15156－2；SSCC Tested（硫化物应力腐蚀开裂）NACE TM－0177（2005）/NACE MR－0103（2007），SOHIC（应力诱导氢致开裂）

②Ni（≤0.40），Cr（≤0.30），Mo（≤0.12），V（≤0.08）。这四种元素和铜元素的总含量不得超过 1%。

③Ni（≤0.40），Cr（≤0.40），Mo（≤0.15），V（≤0.08）。这四种元素和铜元素的总含量不得超过 1%。

不同元素对钢性能的影响

（1）氧。在钢的冶炼过程中，氧可能溶解在液态金属中。这种溶解氧能够与碳（作为一种合金元素添加到钢中）结合形成碳氧化物气泡，或与铁结合形成铁氧化物沉淀。在铸造过程中，它们被困而形成气泡，并成为失效发生的起点。换句话说，这些夹杂在钢中的氧化物降低了钢的力学性能，尤其是韧性。碳氧化物气泡和其他有害氧化物能通过加入脱氧元素（Si、Ca、Al、Mn）除去——在凝固过程中将氧从熔体中除去。这种钢叫作镇静钢。

（2）镇静钢。镇静钢是指，在铸造和锻造之前，通过加入硅、钙、铝、硅铁（一种硅和铁的合金）、锰从而达到完全脱氧的一种钢。为什么称之为镇静钢呢？如果将一个新的未脱氧的钢板和一个镇静钢钢板相比，那么前者会有气泡冒出（就像活的）而后者不会，所以后者叫作镇静钢。镇静钢通常在模具中安静地凝固，没有气泡冒出。所以，镇静钢具有致密的结构，均匀的成分（高度的化学均质性），不存在气孔（缩孔），也不像其他类型的钢一样容易分离。如果钢中硅含量超过 0.10%（通常 0.15% ~ 0.30%），它就被认为其是镇静钢。通常硅镇静钢中的硅含量为 0.15%，碳含量超过 0.24%。镇静钢通常也被称为脱氧钢或硅镇静碳钢。

（3）硫。硫能影响钢的韧性，原因是它能与钢中的锰生成条状硫化锰（MnS）杂质和其他硫化物夹杂。现代的钢（20 世纪 80 年代之后）所含的硫含量明显减小（0.010% 相比于 0.025%）。这解释了为何现代的管线和容器被认为对所有脆性行为有更低的敏感性（见表 F.2）[23]。

表 F.2
管线用碳钢的化学成分（%）

合金牌号	Fe	C①	Si	Mn①	P①	S①	Nb + V①	Ti①	Cr①	Mo①	Ni①
API 5L X65	余量	0.16	0.45	1.65	0.02	0.01	0.05	0.04			
API 5L Gr. B	余量	0.26	0.45	1.20	0.03	0.03	0.04	0.04			
ASTM A234 WPB②	余量	0.30	0.10③	0.29 ~ 1.06	0.05	0.058	0.10		0.4	0.15	0.4
ASTM A216 Gr. WCB④	余量	0.16	0.10d	1.0	0.04	0.045	0.03		0.5	0.20	0.5
ASTM A209 - 03⑤	余量	0.10 ~ 0.20		0.30 ~ 0.80	0.025	0.10 ~ 0.50	0.01			0.44 ~ 0.65	

①最大含量。

②ASTM A234 WPB；还含有 Cu（≤0.4）和 V（≤0.08）。[24]

③最小值

④UNS J03002，还含有 Cu（≤0.30）和 V（≤0.03）。

⑤0.5Mo 无缝碳钼合金钢锅炉和过热器管。[25]

表 F.3
双头螺栓①用碳钢的化学成分

ASTM	Fe	C	Mo	Cr	Si	Mn	P_{max}	S_{max}	洛氏硬度
A 193 Grade B7	余量	0.38 ~ 0.48	0.15 ~ 0.25	0.8 ~ 1.1	0.2 ~ 0.35	0.75 ~ 1	0.04	0.04	35
A 193 Grade B7M	余量	0.38 ~ 0.48	0.15 ~ 0.25	0.8 ~ 1.1	0.2 ~ 0.35	0.75 ~ 1	0.04	0.04	21.7

①双头螺栓（AISI 4140/4142）——经过淬火和回火的低碳合金钢（一种经过热处理的铬钼钢，广泛应用于中高温条件）。

表 F.4
低合金 Cr – Mo 钢的化学成分（%）

ASTM	UNS	合金牌号	Cr	Mo	C_{max}	Si_{max}	Mn	P_{max}	S_{max}
A213 Grade T22	K21590	2.25Cr – 1Mo	1.9 – 2.6	0.87 ~ 1.13	0.05 ~ 0.15	0.5	0.3 ~ 0.6	0.025	0.025
A199 Grade T5	K41545	5Cr – 0.5Mo	4.0 ~ 6.0	0.45 ~ 0.65	0.15	0.5	0.3 ~ 0.6	0.025	0.025
A213 Grade T5	K41545	5Cr – 0.5Mo	4.0 ~ 6.0	0.45 ~ 0.65	0.15	0.5	0.3 ~ 0.6	0.035	0.030
A213 Grade T9	K90941	9Cr – 1Mo	8.0 ~ 10.0	0.90 ~ 1.10	0.15	0.25 ~ 1.00	0.3 ~ 0.6	0.025	0.025

不锈钢中的铌和钶

我们应该声明，相同元素的不同名称的使用，如铌（Nb）和钶（Cb）。在化学上，一种物质或元素有着不同的名字（同义名）是很普遍的现象。例如，tungsten 和 wolfram（钨），hydrochloric acid 和 muriatic acid（盐酸），ammonia 和 hydrogen nitride（或 tri – hydrogen nitride）（氨），water 和 dihydrogen monoxide（水）。

1801 年，英国科学家查理斯·哈契特（Charles Hatchett）在从美国寄来的矿物样本中发现了新的元素钶（Cb）（取自哥伦比亚，在美国具有诗意的名字）[27]。1846 年，德国化学家海因里希·罗斯（Heinrich Rose）在钽矿石中发现了新的元素并将其命名为铌（Nd）（希腊神话中坦塔罗斯的一个女儿）。因此 100 多年来，美国使用“钶”，而欧洲则使用“铌”。为了终结这种混乱现象，1950 年，国际纯粹与应用化学联合会（IUPAC）接受了铌这一名称[28]。美国的一些冶金学家、金属学会和商业生产者仍然使用钶来代替铌。但是这二者其实是相同的元素（见表 F.5、表 F.6 和表 F.8）。

耐磨材料

以下镀膜材料可供使用：氟涂料（如特氟龙）；金属陶瓷涂层，如碳化钨或碳化钴；碳化铬或镍铬涂层；氧化物陶瓷，如氧化铬和氧化铝；熔融的自熔合金（NiCrSiB）；各种硬质的铁、镍、铬或钴的合金（见表 F.9）。这些材料的硬度与耐磨性成正比，且必须大于 50HRC。

表 F.5
不锈钢的化学成分（%）

合金牌号		Cr	Ni	C①	Mo	Mn①	P①	S①	Si①	N①	Fe
UNS	AISI										
S30400②	304	18 ~ 20	8 ~ 12	0.08		2.0	0.045	0.03	0.75	0.1	余量
S30403③	304L	18 ~ 20	8 ~ 12	0.03		2.0	0.045	0.03	0.75	0.1	余量
S30409④	304H	18 ~ 20	8 ~ 11	0.04 ~ 0.10		2.0	0.4	0.03	1.0		余量
S30900	309	22 ~ 24	12 ~ 15	0.20		2.0	0.045	0.03	1.0		余量
S31600②	316	16 ~ 18	10 ~ 14	0.08	2 ~ 3	2.0	0.045	0.03	0.75	0.1	余量

表 F.5 续表

合金牌号 UNS	AISI	Cr	Ni	C①	Mo	Mn①	P①	S①	Si①	N①	Fe
S31603③	316L	16 ~ 18	10 ~ 14	0.03	2 ~ 3	2.0	0.045	0.03	0.75	0.1	余量
S31609④	316H	16.5 ~ 18.5	11 ~ 14	0.04 ~ 0.10	2.0 ~ 2.5	2.0	0.05	0.02	0.75		余量
S31640⑤	316Cb	16 ~ 18	10 ~ 14	0.08	2 ~ 3	2.0	0.045	0.015	1.0		余量
S31700②	317	18 ~ 20	11 ~ 15	0.08	3 ~ 4	2.0	0.045	0.03	0.75	0.1	余量
S31703③	317L	18 ~ 20	11 ~ 15	0.03	3 ~ 4	2.0	0.045	0.03	0.75	0.1	余量
S32100⑥	321	17 ~ 19	9 ~ 12	0.08		2.0	0.045	0.03	0.75		余量
S34700⑦	347	17 ~ 19	9 ~ 12	0.08		2.0	0.045	0.03	1.0		余量
S44400⑧	444	17.5 ~ 19.5	≤1	0.025	1.75 ~ 2.5	1.0	0.04	0.03	1.0	0.035	余量
S41000⑨	410	11.5 ~ 13.5		0.015		1.0	0.04	0.03	1.0		余量
S42000⑩	420	12.0 ~ 14.0		0.015		1.0	0.04	0.03	1.0		余量
	UN 316 ELC⑪	18	11.5	0.025	2.8	0.8	0.04	0.03	0.8	0.035	余量
	A217 Gr. CA15⑫	11.5 ~ 14.0	1	0.015	0.5	1.0	0.04	0.04	1.5		余量

①最大含量。

②中碳不锈钢（≤0.08%）。

③低碳不锈钢（<0.03%）。

④高碳不锈钢（≤0.1%）。

⑤Cb（Nb）10×C。

⑥化学稳定性的不锈钢：Ti 含量满足 5×C（≤0.70）。

⑦化学稳定性的不锈钢：Nb + Ta 含量满足 10×C（≤0.80）。

⑧铁素体不锈钢。同样含有 Ti + Cb [0.20 + 4×（C + N）] −0.8%。

⑨马氏体不锈钢 SS410（ASTM A268 TP410）。

⑩马氏体不锈钢 SS420（13Cr）。

⑪电极奥氏体不锈钢，有金红石涂料，与焊接奥氏体（16、316L、317、317L）不锈钢相比碳含量更低：UN 316 ELC（Z−316L）（EN 1600；BS 2926；DIN 8556；AWS A5.4）。

⑫马氏体不锈钢。[26]

表 F.6
特殊奥氏体不锈钢的化学成分（%）

合金牌号 特殊奥氏体不锈钢	UNS	Cr	Ni	C①	Mo	Mn①	P①	S①	Si①	N①	Fe
AL−6XN	N08367	20 ~ 22	23.5 ~ 25.5	0.03	6 ~ 7	2.0	0.04	0.03	1.0	0.18 ~ 0.25	余量
20Mo−6②	N08026	22 ~ 26	33 ~ 37	0.06	5 ~ 6.7	1.0	0.03	0.03	0.5	0.17 ~ 0.40	余量
20Cb−3③	N08020	19 ~ 21	32.5 ~ 35	0.06	2 ~ 3	2.0	0.035	0.035	1.0	0.18 ~ 0.25	余量

①最大含量。

②还含有 1% ~3% 的铜。

③也叫 Alloy20，还含有 Cu（%）3 ~4，Nb + Ta（%）8×C_{min}（≤1），是卡朋特公司生产的一种特殊合金钢。

表 F.7
双相不锈钢的化学成分（%）

合金牌号 UNS	合金牌号 所有人称号	Cr	Ni	C①	Mo	Mn①	P①	S①	Si①	N	Cu	Fe
S31803	SAF2205	21～23	4.5～6.5	0.3	2.5～3.5	2.0	0.03	0.02	1	0.08～0.2		余量
S32205	SAF2205	22～23	4.5～6.5	0.3	3～3.5	2.0	0.03	0.02	1	0.14～0.2		余量
S32003	2003	19.5～22.5	3～4	0.03	1.5～2.0	2.0	0.03	0.02	1	0.14～0.2		余量
S32101	2101	21～22	1.35～1.7	0.04	0.1～0.8	4～6			1	0.2～0.25	0.1～0.8	余量
S32304	2304	23	4	0.02	0.2			0.001		0.1		余量
S32550	Ferralium 合金 255	24～27	4.5～6.5	0.04	2.9～3.9	1.5		0.02	1			余量
S32520	255+	24～26	5.5～8	0.03	3～4	1.5	0.035	0.02	0.8	0.02～0.35	0.5～2	余量
S32750	SAF2507	24～26	6～8	0.03		1.2	0.035	0.02	0.8	0.24～0.32	0.5	余量
S32760②	Zeron100②	24～26	6～8	0.03	3～4	1.0	0.03	0.02	1	0.2～0.3	0.5～1	余量
S32950	7Mo－PLUS	26～29	3.5～5.2	0.03	1～2.5	2.0	0.035	0.01	0.6	0.15～0.35		余量

①最大含量。

②含有 W（0.5%～1%）。

表 F.8
镍基合金的化学成分（%）

合金牌号 所有人称号	合金牌号 UNS	Ni	Fe	Cr	Mo	W	Co_{max}	Cu_{max}	Ti	Al	C_{max}	Mn_{max}	S_{max}	Si_{max}
Incoloy 800H (Alloy 800H)	N08810①	30～35	≥39.5	19～23				0.75	0.15～0.60	0.15～0.60	0.05～0.10	1.5	0.015	1.0
Incoloy 800 (Alloy 800)	N08800	30～35	≥39.5	19～23				0.75	0.15～0.60	0.15～0.60	0.10	1.5	0.015	1.0
Inconel 600 (Alloy 600)	N06600	72	8	15.5				0.50			0.15	1.0	0.015	0.5
Inconel 625 (Alloy 625)	N06625②	余量	2.5	21.5	9.0						0.10			
Incoloy 825 (Alloy 825)	N08825	余量	30.0	21.5	3.0			2.2			0.03			
Hastelloy③C 276	N10276④	余量	4～7	14.5～16.5	15～17	3.0～4.5	2.5				0.01	1.5	0.03	0.08
Hastelloy B－2 (Alloy B－2)	N10665	余量	≤2.0	≤1.0	26～30		1.0				0.02	1.0	0.03	0.1

①ASTM B408－06（2011）——Ni－Fe－Cr 合金。

②还含有 Nb（3.6%）。

③Hastelloy“C－型”。

④还含有 V（≤0.35）和 P（≤0.04）。

表 F. 9
耐磨合金（%）

合金牌号	Ni	Co	Cr	W	Fe	Mo	Si	B	C	硬度，HRC
Colmonoy① 6	余量		14		4. 5		4. 2	3	0. 7	56 ~ 62
Colmonoy① 88	余量		15	16. 5	3. 5		4. 0	3	0. 8	59 ~ 64
Stellite② 190	<3	余量	26	14	<3				3. 2	55 ~ 62
Stellite② 720	<3	余量	33		<3	18			2. 4	65
HC – 250③	0. 92		30. 5		Rem.		0. 97			

①Colmonoy 是 Wall Colmonoy 公司的注册商标。

②Stellite 是 Deloro Stellite 公司的注册商标。

③耐磨铸铁（UNS F45009）。

表 F. 10
耐黏着磨损的合金的化学成分①（%）

合金牌号 所有人称号	 UNS	Fe	Cr	Mn	Ni	Si	N	Mo_{max}	C_{max}
Nitronic 60② (Alloy 218)	S21800	余量	16 ~ 18	7 ~ 9	8 ~ 9	3. 5 ~ 4. 5	0. 018 ~ 0. 08	0. 75	0. 10
Gall – Tough Stainless③	S20161	余量	15 ~ 18	4 ~ 6	4 ~ 6	3. 0 ~ 4. 0	0. 08 ~ 0. 20	0. 75	0. 15
Gall – Tough Plus Stainless③	S21800/S20162	余量	16. 5 ~ 21	4 ~ 8	3. 0 ~ 4. 0	2. 5 ~ 4. 5	0. 05 ~ 0. 25	0. 5 ~ 2. 5	0. 15

①Mn 和 Si 的加入使合金耐黏着磨损、摩擦磨损和微动磨损。

②Nitronic 是 AK 钢铁公司的注册商标。

③由卡彭特公司制造。[29]

有色合金

铝基、铜基和钛基合金的化学成分分别在表 F. 11、表 F. 12 和表 F. 13 中给出。

表 F. 11
铝合金的化学成分（%）

合金牌号 ASTM	 UNS	Mg	Cu	Mn	Si	Fe	Cr	其他金属元素	Al
Al1050①	A91050	≤0. 05	≤0. 05	≤0. 05	≤0. 25	≤0. 40	≤0. 05	Ti <0. 03 Zn <0. 05 V <0. 05	余量
Al1100	A91100		0. 06						余量
AlSi9Mg②		0. 25 ~ 0. 45	≤0. 05	≤0. 1	9 ~ 10	≤0. 19		Ti <0. 15 Zn <0. 07	余量

①铝 EN AW – 1050A（Al99. 5）——工业纯铝。

②铝 EN AC – 43300。

表 F.12
铜合金的化学成分（%）

合金牌号 名称	UNS	Cu	Zn	Fe	Ni	Pb	Sn	As
海军铜①	C44300	70~73	27~30	≤0.06		0.07	0.9~1.2	0.02~0.06
海军铜②	C46400	59.5~63.5	39.2				0.5~1.5	
铝青铜③	C95800							
90-10 铜-镍④	C70600	余量	≤1	1~1.8	9~11	0.05		
70-30 铜-镍	C71500	余量	≤1	0.04~1	29~33	0.05		
Monel 合金⑤	N04400	28~34		≤2.5	≥63			

①CDA 443（70Cu-30Zn）[30]。

②CDA 464（CuZn38Sn1）[30]。

③铝青铜[31]。

④CDA 706；Mg 含量≤1%[30]。

⑤镍-铜合金 400。除了 Ni、Cu 和 Fe，还含有以下元素（%）：Mn（≤2）、Si（≤0.5）、S（≤0.024）和 C（≤0.3）。

表 F.13
钛合金的化学成分（%）[32,33]

合金牌号 等级	UNS	C_{max}	N_{max}	O_{max}	H_{max}	Fe_{max}	Mo	Ni	Pb	Ti
1	R50250	0.1	0.03	0.18	0.015	0.2				余量
2	R50400	0.080	0.03	0.25	0.015	0.3				余量
4	R50700	0.1	0.05	0.4	0.015	0.5				余量
5①	R56400			0.2		0.25				90
7	R52400								0.12~0.25	余量
12	R53400	0.080	0.03	0.25	0.015	0.3	0.2~0.4	0.6~0.9		余量
16	R52402								0.004~0.008	余量

①Gr. 5—Ti-6Al-4V（6% Al；4% V）。

附录G 氢

为了便于理解氢对金属的损伤是如何发生的，我将介绍氢的物理化学性质和氢在金属表面出现的机理及其行为特征。

氢（H）是唯一一种可以不含中子而存在的元素。通常，地球上的氢是以双原子气体形式存在的。氢是宇宙中是最轻、最小和含量最多的元素。然而，氢气在地球大气中含量极稀少（0.55mg/L），因为它最轻，所以比其他气体更容易逃离地球。尽管如此，氢仍是地表含量第三多的元素，主要是以烃类和水的形式存在的。

最早关于氢对酸性溶液中铁和钢的力学性能有害（降低韧性和强度）的报道，大概是由约翰逊（Johnson W. H.）在1873年到1875年做的[34,35]。至今对于氢损伤机理、预防对策和监测措施等方面都已取得进展。另外，人们发明了具有更好的耐氢损伤性能的合金（具有高抗拉强度和断裂韧性）并制定了它们在氢环境下的使用标准[36~40]。

下文将介绍在电解质溶液（$T<100℃$）和高温（$T>230℃$）高压下含有氢气的烃类非电解质相中，氢原子是如何在金属表面形成的。

在液相中，氢在金属表面的形成是电化学反应的结果。在酸溶液中的电化学反应如下：

$$H_3O^+_{(aq)} + e^- \rightarrow H_{ads} + H_2O_{(l)} \tag{G.1}$$

在碱溶液中的电化学反应如下：

$$H_2O_{(l)} + e^- \rightarrow H_{ads} + OH^-_{(aq)} \tag{G.2}$$

在金属表面阴极极化过程中（如外加阴极保护电流），吸附氢原子形成，其中一部分重新结合成氢气溢出，另外一部分则进入钢中。氢进入钢的速率取决于表面氢原子浓度、吸附能与氢脱附的能量。

大部分氢原子按照以下两种形式在金属表面重新结合形成氢气分子溢出：

（1）在金属表面重新结合：

$$H_{ads} + H_{ads} \rightarrow H_{2(g)} \tag{G.3}$$

（2）电化学脱附：

$$H_3O^+_{(aq)} + H_{ads} + e^- \rightarrow H_{2(g)} + H_2O_{(l)} \tag{G.4}$$

$$H_2O_{(l)} + H_{ads} + e^- \rightarrow H_{2(g)} + OH^-_{(aq)} \tag{G.5}$$

氢从气相溶入金属的机理包括氢气分子（或H_2S等含氢气体）的吸附，分解为吸附氢原子H_{ads}以及进入金属晶格（扩散、渗透）。首先，氢分子在一定条件下分解并在金属表面形成氢自由基（H·）：

$$H_{2(g)} \leftrightarrow H\cdot + H\cdot \tag{G.6}$$

在化学方程式中，原子符号右边带一个是自由基的表示形式。“基”在化学中是指具有配对价电子的原子。这使自由基具有高的化学活性。反应（G.6）是可逆的，其逆反应是重新组合的过程（见G.3）。

在金属内部，氢原子也可以重新组合：

$$H_{abs} + H_{abs} \rightarrow H_{2(g)} \tag{G.7}$$

氢和铁的一些重要理化参数，以及氢在铁中的溶解度和扩散系数如表G.1、表G.2和表G.3所示。

在20℃、$P_{H_2}=0.0981MPa$条件下，氢在铁中的溶解度为3×10^{-8}mol H/mol Fe[18]。随着温度和环境中氢气分压的升高，氢的溶解度也增加（见表G.2）。

表 G.1
各种形式的氢和铁原子的尺寸

物质种类		直径（D）$/\times10^{12}$m	$D_{物质种类}/D_{H^+}$	键长 $/\times10^{12}$m
名称	符号			
质子①	H^+	0.0016	1	—
原子（自由基）	H^o（H·）	13	8125	—
氢化物	H^-	50	31，250	—
氢分子	H_2	120	77500	74②
铁	Fe	248	155000	248③

①不区分氢同位素氕、氘和氚。

②H—H 键长度。

③铁晶体中 Fe—Fe 键的长度。

表 G.2
在不同温度下，铁中氢的溶解度[17]

温度/℃	500	700	900	1100	1200	1350	1450	1550
溶解度，1 体积铁中氢的体积	0.05	0.14	0.37	0.55	0.65	0.80	0.87	2.05

注：在 1450℃和 1550℃之前，氢的溶解度明显升高是因为铁的聚集状态发生变化（$T_{熔点}$ = 1536℃）。液态铁中的氢以原子（H）形式存在。

表 G.3
氢在铁和钢中的扩散系数

铁或钢	氢的扩散系数/(cm^2/s)	参考文献
纯铁	1500×10^{-8}	[44]
12% Cr 钢（铁素体钢）	100×10^{-8}	[45]
奥氏体钢	2.3×10^{-8}	[46]

附录 H 换热器表面的金相复制（案例研究 4.3.4.3）

金相检验（微观）多参照标准 ASTM E 1351 执行[47]。复制过程是一个无损取样过程：通过形成一个与原金相形状相反的塑料薄膜（复膜），以记录并保存金相表面的形貌。我们可以通过光学显微镜和扫描电镜对副本进行金相分析。表面无损检验（液体浸透探伤、湿性荧光磁粉检测和超声波检测）可以用来探测氢鼓泡和氢致开裂[48]。重要的是，与传统的无损检测方法（如声发射、渗透检测和超声探伤）不同，现场金相分析（金相复膜）能够预测危险的失效，如应力腐蚀开裂和氢脆（脱碳、裂缝和裂纹的长度或深度）。这些手段对于火灾之后的金属结构至关重要。现场金相检验能找到哪些已经损坏且必须进行替换的金属零件，而哪些可以重新运行而不会有风险。这些无损检测技术已经使用了数十年，而且已经规范化了[47]。原位表面复制有助于确定金属建筑、结构和设备的剩余寿命[49]。

我们还使用醋酸纤维副本和奥林巴斯BX60M光学显微镜进行金相分析。为了检测相同的氢环境下工作的设备是否发生了类似的损伤（脱碳），我们对换热器焊缝不同区域的16个位置进行现场复膜无损检测，该换热器已经在加氢脱硫装置上服役16年（见图H.1）。复膜检测结果总结见表H.1。

（1）换热器表面发现有裂纹，将1号管外焊缝（内部）和法兰与壳体之间的焊缝（见图H.2和图H.3）表面抛去3mm后，发现裂纹。

图H.1 换热器全貌及副本检测选取的位置

注：1，2—管外焊缝；3—紧固件；4—壳体表面；5—法兰；6—纵向焊缝。

表H.1
换热器副本检验的结果[50]

复膜编号	复膜检验的位置（见图H.1）	裂纹情况	图示编号
1	2号管外焊缝，外侧1	无裂纹	
2	2号管外焊缝，外侧2	无裂纹	
3	1号管外焊缝，紧固件方向截面，内侧	有裂纹	
4	1号管外焊缝，紧固件方向截面，内侧，表面抛去3mm后	有裂纹	H.2（a）
5	1号管外焊缝，紧固件方向截面，内侧，表面抛去8mm后	无裂纹	H.2（b）
6	1号管外焊缝，法兰方向截面，内侧	有裂纹	H.2（c）
7	1号管外焊缝，法兰方向截面，内侧，表面抛去3mm后	有裂纹	
8	1号管外焊缝，法兰方向截面，内侧，表面抛去8mm后	无裂纹	
9	法兰与壳体之间焊缝，内侧	有裂纹	H.3（a）
10	法兰与壳体之间焊缝，内侧，表面抛去3mm后	有裂纹	H.3（b）
11	靠近1号管外焊缝的纵向焊缝，内侧	无裂纹	
12	靠近2号管外焊缝的纵向焊缝，内侧	无裂纹	
13	2号管外焊缝，内侧1	无裂纹	
14	2号管外焊缝，内侧2	无裂纹	
15	纵向焊缝与1号管外焊缝之间的截面，内侧，表面抛去8mm后	无裂纹	
16		无裂纹	

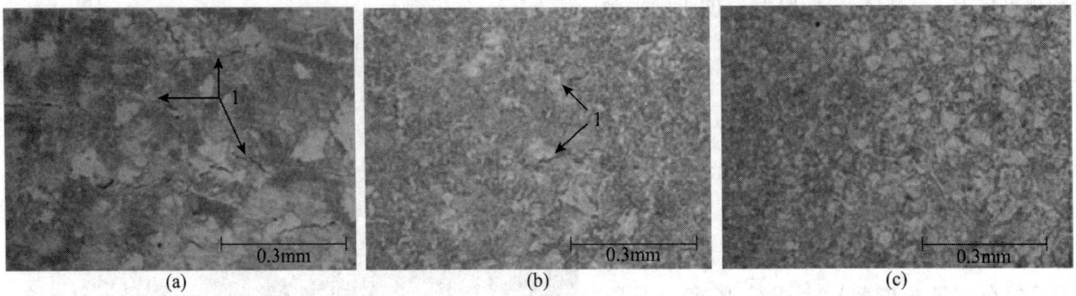

图 H. 2　复膜照片：1 号管外焊缝，穿过紧固件的截面，内侧 1 号（热影响区，见图 H. 1）

注：(a) 表面；(b) 表面抛去 3mm 后，其中 1 为裂纹；(c) 表面抛去 8mm 后（无裂纹）。

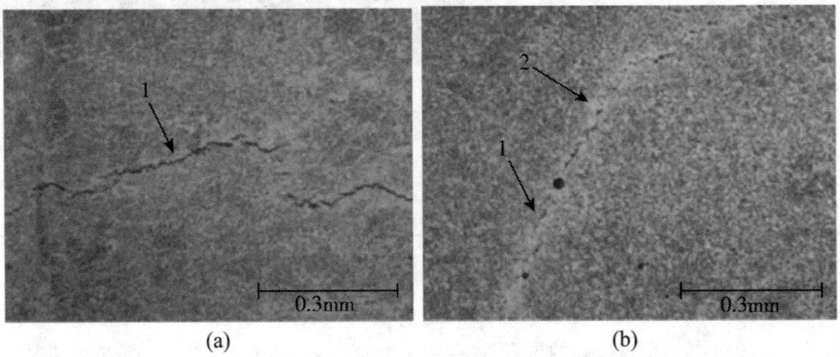

图 H. 3　复膜照片：法兰与壳体之间的焊缝（热影响区），内侧（见图 H. 1）

注：(a) 表面；(b) 从表面抛去 3mm 后（1 为裂纹；2 为脱碳结构特征）。

(2) 在 2 号管外焊缝的内外表面和纵向焊缝的表面均未发现裂纹。

(3) 1 号管外焊缝和法兰与壳体之间的焊缝表面抛去 8mm 后未发现有裂纹。

结果讨论。

复膜检验提供了关于高温氢损伤性质的重要信息、损伤的深度，以及服役 16 年和火灾之后继续使用此碳钢换热器的可能性。图 H. 3 (b) 显示了碳钢结构的脱碳现象。这种现象是高温氢损伤结果很好的佐证[18,39,51~53]。高温氢损伤的结果是珠光体组织中碳的损失（脱碳），及其带来机械性能（抗拉强度和韧性）的损失，从而导致裂缝和裂纹的产生，见图 H. 2 和图 H. 3。因此，任何碰撞或应力都可能产生裂纹，这是在检测换热器周围管道时发现的。用锤子敲击管道热影响区，立刻产生了裂纹。

氢原子进入表面大概 3mm [因为表面抛去 3mm 后发现了裂纹——见图 H. 2 (b)] 或更深，但不到 8mm [因为表面抛去 8mm 后未发现裂纹——见图 H. 2 (c)]。基于此现象可得到结论：在加氢脱硫装置中继续使用这个换热器及其周围管道是很危险的。

通常，高温氢损伤最先在应力较高（应力集中）的区域出现，因为氢原子会扩散到这些区域。因此，热影响区（存在很高的应力）对氢损伤非常敏感[54]。

附录 I　对冷却水系统钝化处理的建议程序

这个程序是基于一些炼油厂专利标准的。任何翻修或新管道与换热器的连接之前必须进行适当的清洗和对冷却水系统的钝化（预处理），以防止其腐蚀与结垢。具体程序如下：

1. 检查管道内表面：通过目测及内窥镜进行检查。

2. 碱液清洗，去除油和脂类污染物。

（1）碱液之纯碱（1.8% ~2.2%）。

（2）碱液之磷酸钠（0.15%）。

（3）碱液之液体洗涤剂（0.15%）。

用新鲜自来水制备溶液。使用碱液进行24h循环常温清洗。

（4）排空并冲洗整个系统。

3. 钝化。

（1）重新用自来水充满整个系统，并加入缓蚀剂，对钢铁采用磷酸锌，250~300mg/L，对金属铜采用苯并三唑，5~10mg/L。

（2）调节pH至6.8~7.2，并开始钝化。

（3）加入有机杀菌剂和生物分散剂（30~50mg/L）并循环三天。

（4）加入磷酸锌缓蚀剂以维持其浓度在250~300mg/L（正磷酸盐19~24mg/L，总磷酸盐23~27mg/L）。

4. 钝化期间的分析程序。

循环水的电导率、总硬度、钙硬度、氯化物、硫酸盐、总磷酸盐、铁和铜的浓度都需要每天测量；正磷酸含量和pH值需要每天测三次。

5. 如果最终冷却水系统启动推迟了，那么在正常运转开始之前，每周要进行8h的水循环，同时维持水中缓蚀剂的浓度。

6. 系统正常运转之前，必须清空并重新填满新鲜冷却水，同时注入所需的药品（缓蚀剂、防垢剂和杀菌剂）。

附录J　结垢与腐蚀

本附录给出了结垢形成的机理，以及炼油厂和石化厂不同设备装置结垢的理化成分（见表J.1）。

表J.1
炼油厂和石化厂不同设备及装置中结垢的理化成分

设备	装置	介质及其状态	110℃下挥发性物质①/%	550℃下燃烧物质②/%	灰③/%	灰的化学成分
压缩机	常压蒸馏装置	酸性气体（H_2S）④，60℃	32	19	49	FeS，$FeSO_4$
压缩机	真空蒸馏装置	HC⑤，H_2O，H_2S	54.2	34.2	11.6	FeS
空冷器	催化裂化装置	HC⑤，H_2O，H_2S，NH_3	23	21	56	FeS（少量FeOOH）
压缩机，换热器	异构化装置	HC⑤，H_2O，H_2S，78℃	0	0	100	FeS
换热器	真空蒸馏装置	加氢裂化尾油，200~250℃	0.5	87.5（高分子量烃）	12	FeS，氯化物
油罐	真空蒸馏装置		0.4	56.8（高分子量烃）	42.8	FeS，Ca，Si，Cl，Al

表 J.1 续表

设备	装置	介质及其状态	110℃下挥发性物质①/%	550℃下燃烧物质②/%	灰③/%	灰的化学成分
水泵	甲苯－对二甲苯装置	HC⑤（C_7～C_9），160℃	26.2	70.5	3.3	FeS，Cl，Cu
水泵⑥	甲苯－对二甲苯装置	HC⑤（C_5～C_7），100℃	7.3	42.4	50.4	
水泵	甲苯－对二甲苯装置	HC⑤C_9，310℃	3	88（焦炭）	9	锈
油罐	油罐区	芳香烃C_{9+}，16℃	33	6	61	锈，氯化物
水泵⑥	甲苯－对二甲苯装置	HC⑤（C_6～C_9），20℃	0	8	92	锈
换热器	甲苯－对二甲苯装置	HC⑤（C_5～C_9），60～90℃	41.1	48.5	10.4	锈
炉	甲苯－对二甲苯装置	HC⑤（C_8～C_9），310℃	1.2	17.0	81.8	Fe，O，Si，S，Ni，Ca
水泵	苯－甲苯－二甲苯装置	HC⑤（C_5～C_6），70℃	1.6	0.6	97.8	FeS
水泵	甲苯－对二甲苯装置	HC⑤（C_7～C_9），160℃	17.1	56.9	26.0	FeS，Cl
水泵（闪蒸罐后）	常压蒸馏装置	HC⑤（H_2O，H_2S）	3.1	84.8	12.1	FeS
管线⑦		重整油	4	40.6	55.4	

①水和轻质烃。

②大部分有机物和一些550℃以下分解的无机物。

③无机物。

④酸性气体也含有水蒸气。

⑤HC——烃。

⑥每三个月过滤器都会堵塞。

⑦从连续重整装置到石化厂的管线。

结垢的五种机理

（1）析晶污垢。析晶污垢的形成是凝固和沉积的结果。析晶结垢是由于溶解组分的冷却温度低于凝固温度而产生的（如石蜡从原油中凝固析出）。溶解性盐的沉积则是由水溶液过饱和引起的。过饱和产生的原因可能包含以下几个过程[55]：

①水的受热：生成$CaCO_3$、$MgCO_3$、$CaSO_4$、$MgSO_4$、$Ca_3(PO_4)_2$、$CaSiO_3$、$FeSiO$、$Fe_2(SiO_3)_3$、Fe_3

$(PO_4)_2$和$FePO_4$等垢物。

②降温到溶解度极限以下。

③pH 值的变化。

④不同化学成分的混合。

⑤溶剂的蒸发。

（2）颗粒污垢。颗粒污垢产生的原因是在重力沉降作用下微小悬浮颗粒物的沉积。

（3）化学反应污垢。化学反应污垢在流体中生成，而没有表面材料的参与。该过程取决于原油的组成和工艺条件。储存罐中石油制品的氧含量即使很低（几毫克/升），也能通过自氧化机制（包括聚合作用）形成不溶性胶和沉积[56]。这种机制通过有机自由基（R·）和过氧化物（$R_1—O—O—R_2$）的形成而实现，同时这也会提高石油制品的腐蚀性。

有机化合物单体的聚合可能发生在向原油中加入破碎给料时。烯烃不存在于原始的原油中，而会在破碎过程中与炼油装置内产生，并很容易聚合。由于聚合的作用，高分子量有机物产生并沉积。聚合的机理与自氧化相似，而且涉及自由基的形成（链的形成）、反应的扩展和链的终止。与自氧化类似，溶解氧、卤化物、硫化物、含氮有机物、某些金属和金属化合物等都能发生聚合。在某些情况下，硫醇（R—SH）和硫化物（R—S—R）可能参与腐蚀反应，产生可以启动聚合作用自由基（R·）[56]：

$$Fe_{(s)} + R-SH_{(l)} \rightarrow FeSH_{(s)} + R\cdot \tag{J.1}$$

聚合物变得不溶于溶液时，就会在金属表面沉淀。

原油和石油产品中的化合物在高温下（>340℃）会发生热分解（破裂）而最终形成焦炭。这些高温更可能发生在炉内而不是在换热器中。热裂解过程的机理涉及高分子量烃分解为烷烃和烯烃的过程。前者可能发生在自氧化和聚合过程中。

沥青是高分子量极性分子，通常以胶体状态（乳浊液）存在于重油中。当周围液体的溶解性能由于原油的混合或温度和压力的变化而变化时，沥青就可能沉淀。一旦重油产品与脂肪稀释剂混合，沥青就会沉淀，从而产生严重的污垢。所以，如果不相溶的原油混合，那么沥青会凝聚（分散的小液滴凝聚在一起）而从溶液析出，从而产生严重的污垢。如果稀释剂含有大量芳香烃（如苯－甲苯－二甲苯混合物），就会产生更少的沉淀，污垢也会减少。胶体不稳定指数（C. I. I）被用来定义原油对沥青稳定性的兼容性[57]：

$$\text{C. I. I.} = \frac{\text{沥青质}+\text{饱和烃}}{\text{芳香烃}+\text{树脂}} \tag{J.2}$$

当 C. I. I. <1 时，芳香烃和树脂总量足以保持沥青溶解在溶液中。当 C. I. I. >1 时，沥青将可能沉淀出来。介质（液体和气体）的物理化学成分和污染物在污垢形成中发挥主导作用。

氧。除了溶解氧分子，含氧、氮、硫的有机物和微量的金属元素也会影响胶的形成。溶解氧（或空气）强烈的排他性能够大幅地减少甚至消除从烃相中的沉积。然而，其程度取决于硫化物的种类和浓度。

硫和氮。游离硫、二硫化物、多硫化物、苯硫酚能促进储罐中沉积物的形成，而噻吩类、脂肪醇和脂肪硫化物对储罐的影响较小[58]。硫醇、硫化物、二硫化物和一些聚噻吩能够裂解并形成自由基，这可能会造成结垢问题，但是二苯硫醚和二本噻吩则不会。少量的含氮有机物（吡啶和吡咯）会对烃类稳定性有害。

盐和金属。原油中的水里含有的$CaCl_2$、$MgCl_2$和$FeCl_2$等盐能够水解生成酸（见附录 C），这会促进结垢。铜和钒元素也是有害的。

（4）腐蚀污垢。腐蚀污垢发生在所有的三种液体中：有机物、水和气相。任何污垢都会造成垢下腐蚀，而腐蚀污垢与金属能够引发并加剧化学反应污垢、颗粒污垢、析晶污垢和生物污垢。

(5) 生物淤积。生物淤积（生物污垢）在有机流体和冷却水中都可能发生。有机流体包括原油（大部分在油罐中，有时也在管线中）、燃油（如柴油和煤油）和生物燃料。微生物并不“喜欢”轻质烃类，因此它们在汽油和石脑油中不会扩散。如果采用不恰当的处理方法，那么冷却水系统也会被各种微生物污染形成污垢。要记住的是，除了原油、燃油和水，大气也有可能成为渗入细菌的来源。20～50℃是微生物生长和繁殖的最理想温度，几十甚至上百种种细菌能够友好地共存。其中一些的代谢产物和排泄物能为其他微生物提供养分（食物）。大量死去的和更多活的微生物在金属表面形成一层厚而不均匀的淤积，从而导致严重的微生物腐蚀[5,20]。对于有些金属和合金，悬浮颗粒（有机物及其中的微生物）不在表面沉积的最小水流速度和建议水流速度如表 J.2 所示。

表 J.2
对于某些金属或合金的建议流速[59]

合金/金属	最小流速①/(m/s)	建议流速②/(m/s)
碳钢	1.2	2.0～4.0
铜	1.2	1.5～2.0
海军铜	1.2	1.4～2.0
铜铝合金	1.2	1.8～2.2
铜砷合金	1.2	<1.5
铜镍合金 90/10	1.5	1.8～2.5
铜镍合金 70/30	1.8	2.4～3.5
钛	1.2	7.0～9.2
不锈钢	1.2	7.0～9.2

①最小流速即悬浮颗粒不在金属表面沉积时的流速数值。

②建议流速范围中的最大值即冲蚀不会发生时的流速值。

附录 K　污垢的化学清洗

化学清洗过程包括五步：

(1) 碱洗（除油）。

(2) 水洗。

(3) 酸洗。

(4) 中和与冲洗。

(5) 钝化。

碱洗

为了只除去有机污垢（原油蒸馏装置、催化裂化装置、减黏裂化炉），第一步进行简单的除油，使用的溶剂如下：石脑油、重质芳香烃油、煤油、瓦斯油、轻质循环油和芳香烃类有机溶剂。在大部分情况下，有机沉积物是由降解的有机物、聚合物、焦炭、沥青和焦油组成的。有机污垢的一部分可溶于极性溶液中，而另一部分可溶于非极性溶液中。因此，有机溶剂应含有碱和芳香烃。有效的溶剂是芳香烃

（10v% ~90v%）、煤油（10v% ~90v%）和甜橙油贴（10v% ~30v%，D－柠檬烯和表面活性剂）。腐蚀产物（硫化铁、氧化铁和氢氧化铁）和无机盐经常出现在有机污垢中。没有溶剂能溶解焦油，只能通过机械手段清除焦油。当焦油与浓稠的有机污垢混合，后者能被溶解，而焦油则被液体溶液冲走。

有机物通常黏稠，会严重地附着在金属表面。换热器中存在静水区，常见的溶剂很难到达这些“死角”。因此，对于黏稠的有机污垢，化学清洗的效果明显不如机械清洗。由于有机溶剂是可燃的，其中某些还有毒，挥发性的有机物（VOC）对人体和环境都是有害的，所以人们在使用有机溶剂时必须采取特殊的安全措施。

需要牢记的是，炼油装置各种设备上使用的橡胶、其他一些聚合物材料以及有机涂层是不耐有机溶剂的。所以我们在使用有机溶剂之前，必须核查这些可能的接触以防止聚合物材料被破坏。最理想方法是在清洗期间，将垫片和软管换成耐有机溶剂的材料。通常经过室温下几小时（5～6h）的循环清洗，就能除去有机污垢了。在这些系统内不需要冲洗。

在冷却水系统、锅炉、压缩机装置中，以及在预清洗过程中，冲洗必不可少。否则下一个步骤“酸洗”将不会有效果。

冷却水系统（换热器和管线）、锅炉和压缩机需要进行完整的五步清洗，清除油污的过程涉及碱液的使用（见附录 I 和附录 L）。所有金属（除了铝）表面使用的除污液（碱液）大致相同，包括碳酸钠、磷酸钠和低泡洗涤剂。向清水中加入这些成分至浓度为 1.8% ~2.2%，在 20～60℃温度下循环 6～24h，（见附录 I 和附录 L）。不建议使用 NaOH，因为碳钢有发生碱脆的可能。每半小时都要检测溶液中增加的油浓度。当这个浓度到达一个不变的最大值时，意味着所有的油污已经从设备内表面被清洗了。然后需要使用自来水对设备进行两次冲洗，随后再用纯水冲洗一次，这是为了除去溶有有机物（油脂等）的碱液。放出来的水可以排进炼油厂的分离器中（生态设施）。

酸洗（浸酸）

第三步（酸洗，也称为浸酸）是为了除去含有不同盐类及腐蚀产物的无机沉淀物。为此，我们需要使用无机酸（盐酸或氨基磺酸）或有机酸（柠檬酸，见附录 L）。如果沉淀物中存在二氧化硅或硅酸盐，我们需要使用氟化氢铵（$NH_4F \cdot HF$ 或 NH_4HF_2，1%）与盐酸将其溶解（K.1）：

$$SiO_{2(s)} + 4NH_4F \cdot HF_{(aq)} \rightarrow SiF_{4(aq)} + 4NH_4F_{(aq)} + 2H_2O_{(l)} \quad (K.1)$$

钛金属不能暴露在含有氟化氢铵的酸中，后者能很好地溶解钛。时刻谨记氟化氢铵是最危险的物质（相比于清洗中使用的其他成分），所以我们必须采取适当的防护措施——使用酸液在 50℃下对冷却水系统换热器及管线循环清洗 6h（见图 K.1）。

(a) (b)

图 K.1 用酸液清洗冷却水系统换热器及管线（50℃下）

注：（a）使用柠檬酸清洗之前，海军铜管板和管道中存在碳酸钙；（b）酸洗与冲洗之后的管板及管道。

此步骤中清除了结垢（$CaCO_3$,、$MgCO_3$和 $CaSO_4$）和腐蚀产物（FeS、FeOOH，和Fe_2O_3）。使用的清洗液及其浓度必须依据污垢类型（结垢）、结垢程度和结构材料来选择。

与有机酸相比，盐酸对钙的溶解性明显更强。磺酸比盐酸腐蚀性弱，可以用来清洗碳钢、不锈钢和铜合金，但不能用于镀锌钢和铝。磺酸（8% ~10%）在60℃下能同时除去碳酸钙和铁锈，但其除锈效果不如盐酸明显。而柠檬酸的优点在于能够通过焚烧处理废酸。

酸液和碱液中都要加入表面活性剂来提高润湿性（充当洗涤剂）。

对冷却水系统碳钢和铸铁设备进行化学清洗所使用的成分中，盐酸是最经济、最广泛使用的。使用过程中必须向盐酸中加入胺缓蚀剂（0.2%）以保护裸露的碳钢表面。盐酸（不超过5%！）也能用来清洗铜和钛合金。但是在任何情况下都不能用盐酸清洗不锈钢、镀锌钢、铝、Incoloy 800 和 Inconel 600 等材料的设备。

详细程序在附录 L 中进行描述。对清洗液温度（50℃）、酸浓度（pH≈2.8）、硬性离子（Ca^{2+}，Mg^{2+}）浓度和总铁量的控制是很重要的。这些参数应当每半小时测量一次。在以下两种情况下，必须补充酸液以维持其效果：盐酸浓度降到低于5%或溶液总铁量升高到超过1%。酸洗时间取决于结垢的范围，通常持续6h。当硬性离子浓度保持三次读数（每半小时一次）为恒定值时，我们就认为酸洗完成了，这意味着内表面全部的结垢已被溶解掉。另外，我们可以考虑安装腐蚀挂片来测定清洗液对设备材料的腐蚀作用。

清洗之后，我们需对设备进行排液、洗涤、中和或用水冲洗（直到 pH≈7）和钝化（如果需要的话）。大多数使用酸液的化学清洗程序存在以下问题：

（1）安全和环境问题。

（2）酸溶液会给设备带来一定程度上的金属损失（即使使用了缓蚀剂）。所以，化学清洗使用的酸液必须对清洗过程中可能接触的所有材料进行腐蚀性评价，同时必须选择适当的缓蚀剂类型及浓度。

钝化

在清洗和冲洗步骤之后，纯金属表面处于活跃的状态。如果任其暴露在空气中或者直接投入使用，金属会被氧化产生不可控制的铁锈。为了防止这种情况，就要进行钝化处理。钝化是在金属表面人工生成钝化膜（防腐）的过程。钝化膜是由紧密结合的铁氧化物（Fe_3O_4）或不溶于水和烃类的盐［$Fe_3(PO_4)_2$、$FePO_4$］构成的。“钝化”这个术语也用于不锈钢设备清除杂质（铁屑、油脂、污垢）和生成Cr_2O_3氧化膜的过程[60,61]。为此，在脱脂和冲洗之后需要使用20% ~25%的硝酸溶液。碳钢钝化液使用的是碱（NH_4OH，pH =9.5），并含有 H_2O_2氧化剂。如果设备在清洗之后不立即使用，需要填充惰性气体（通常使用干燥的氮气），直到设备重新启动。锅炉和蒸汽管线的钝化程序及使用的溶液与冷却水系统不同。详细程序见附录 L 和附录 I。

附录L　试验程序（锅炉内表面和蒸汽管线的化学清洗与钝化）

这个程序是基于几个炼油厂的专利标准的。在某案例中，需要清洗的系统由新的蒸汽管道、烟道冷却器和两个碳钢材质的蒸发器组成。为了决定出该程序各步骤的实施方案，我们对系统内表面进行检测。程序描述如下：

1. 通过目测和使用内窥镜两种方式，对蒸汽管线、烟气冷却器和蒸发器的内表面进行检测。
2. 表面如果相对纯净（油和脂类物质），没有氧化皮和锈，那么只需要进行碱洗即可。
3. 如果内表面出现氧化皮和锈，那么化学清洗与钝化步骤如下：

(1) 使用悬浮颗粒物不高于5mg/L且溶解性总固体不高于500mg/L的自来水清洗。

(2) 碱洗以去除油污:

①碱液之纯碱(1.8%~2.2%)。

②碱液之磷酸钠(0.15%~0.5%)。

③碱液之液体洗涤剂(0.15%)。

溶液使用硬度不超过1mg/L $CaCO_3$的锅炉给水配制,采用循环的方式在50~60℃下碱洗6h。

(3) 先后用自来水(两次)和锅炉给水(2h)冲洗。当排放水达到如下指标时可认为冲洗步骤结束:电导率低于50μS/cm,0.5mg/L PO_4^{3-},1mg/L SiO_2,5mg/L悬浮颗粒物和2mg/L油。排出的水可以排进炼油厂的分离器中(生态设施),设施操作人员应熟知排水操作流程。

4. 酸洗(浸酸)所用溶液配方如下:

(1) 盐酸5%。

(2) Rodine 213缓蚀剂(0.2%)。这是一种由胺、非离子表面活性剂、异丙醇、炔丙醇、丙酮和盐酸混合而成的专用缓蚀剂。

(3) 氟化氢铵(0.5% $NH_4F \cdot HF$)。

酸洗采用酸溶液循环的方式,在50℃下进行6h。

5. 使用如下试剂预处理(预钝化):

(1) 柠檬酸(1.2%~1.5%)。

(2) 氨液(直至pH=9.5)。

时长——1.5h,直到溶液中铁浓度保持不变。

6. 使用如下试剂钝化:

(1) 柠檬酸(1.5%),40℃。

(2) 氨液(直至pH=9.5)。

(3) 过氧化氢(体积分数30%)至氧化还原电位为正(+30mV)。

时长——2h,40℃。

7. 用氮气排水并在干燥氮气气氛下储存(过压30~50kPa)。

8. 内表面检查——化学清洗和钝化的质量(目测和内窥镜)。

参考文献

[1] Gary JH and Handwerk GE (2001) Petroleum Refining, 4th edn, Marcel Dekker, Inc., New York

[2] Wu Q (2010) Processing high TAN crude: part1, PTQ Q4.

[3] Lu T (2012) Challenges in opportunity crude processing. NALCO, An Ecolab Company

[4] Hatch LF and Matar S (1977) From Hydrocarbons to Petrochemicals. Part 2. Hydrocarbon Process 56 (6): 189 - 194

[5] Groysman A (2014) Corrosion in systems for transportation and storage of petroleum products and biofuels. Springer, Dordrecht

[6] Nelson WL (1958) Petroleum Refinery Engineering, 4th edn. McGraw - Hill Book Co., New York

[7] Manning FS, Thompson RE (1995) Oilfield processing of petroleum. Volume two: crude oil. Penn Well Publ Company, Tulsa, Oklahoma, USA

[8] Matar S, Hatch LF (1994) Chemistry of petrochemical processes. Gulf Publishing Company, Houston, Texas, USA

[9] Dowd WT, Kuuskraa VA (1988) A technical and economic assessment of domestic heavy oil. Final Report. DOE Report, DOE/BC/10840 - 1

[10] Rossini F (1960) Hydrocarbons in Petroleum. J Chem Educ 37 (11): 554 - 561

[11] Toxicological Profile for Hydrogen Sulfide and Carbonyl Sulfide (2014) U. S. Department of Health and Human Services, Public Health Service, Agency for Toxic Substances and Disease Registry, USA

[12] The Science of Smell Part: Odor perception and physiological response (May 2004) Iowa State University Extension

[13] USEPA Health and Environmental Effects Profile for Hydrogen Sulfide (1980)

[14] Zenz C, Dickerson OB, Horvath EP (1994) Occupational medicine. St. Louis, MO, USA

[15] Lindenmann J et al (2010) Severe hydrogen sulfide poisoning treated with 4 - dimethylaminophenol and hyperbaric oxygen. Diving and Hyperbaric Medicine: J South PacificUnderwater Medicine Soc 40 (4): 213 - 217

[16] Clarke PH (1953) Hydrogen Sulfide Production by Bacteria. J Gen Microbiol 8: 397 - 407

[17] Nekrasov BV (1973) Fundamentals of General Chemistry, vol 1. Khimiya, Moscow

[18] Shreider AV, Shparber IS, Archakov YI (1976) Vliyanie vodoroda na khimicheskoye I neftyanoye oborudovaniye (Influence of hydrogen on oil and chemical equipment). Mashinostroyeniye, Moscow

[19] Volinski NP (1971) Thiosulfur acid. Polythionates. Wackenroder Reaction. Nauka, Moscow

[20] Groysman A (2010) Corrosion for everybody. Springer - Verlag, Dordrecht, pp 97 - 98

[21] NACE Standard SP0170 - 2012 (2012) Protection of austenitic stainless steels and other austenitic alloys from polythionic acid stress corrosion cracking during a shutdown of refinery equipment. NACE International, Houston, Texas, USA

[22] Port RD, Herro HM (1991) The Nalco Guide to Boiler Failure Analysis. McGraw - Hill, Inc., New York

[23] Heidersbach R (2011) Metallurgy and corrosion control in oil and gas production. John Wiley & Sons Inc., Hoboken, New Jersey, USA

[24] ASTM A234 WPB (2015) Standard specification for piping fittings of wrought carbon steel and alloy steel for moderate and high temperature service. ASTM International, West Conshohocken, PA, USA

[25] ASTM A209 - 03 (2012) Standard specification for seamless carbon - molybdenum alloy - steel boiler and

superheater tubes. ASTM International, West Conshohocken, PA, USA

[26] ASTM A217/A217M – 14 (2014) Standard Specification for Steel Casting, Martensitic Stainless and Alloy, for Pressure – Containing Parts, Suitable for High – Pressure Service. ASTM International, West Conshohocken, PA, USA

[27] Griffith WP, Morris PJT (2003) Charles Hatchett FRS (1765 ~ 1847), Chemist and Discoverer of Niobium. Notes and Records of the Royal Society of London 57 (3): 299

[28] Rayner – Canham G, Zheng Z (2008) Naming elements after scientists: an account of a controversy. Foundations of Chemistry 10 (1): 13 – 18

[29] Magee JH (1996) Two Galling Resistant Stainless Steels used for bridge Hinge Pins.

[30] ASTM B111 (2011) Standard specification for copper and copper – alloy seamless condenser tubes and ferrule stock. ASTM International, West Conshohocken, PA, USA

[31] ASTM B148 – 14 (2014) Standard specification for aluminum – bronze sand casting. ASTM International, West Conshohocken, PA, USA

[32] ASTM B338 – 14 (2014) Standard specification for seamless and welded titanium and titanium alloy tubes for condensers and heat exchangers. ASTM International, West Conshohocken, PA, USA

[33] ASTM B348 – 13 (2013) Standard specification for titanium and titanium alloy bars and billets. ASTM International, West Conshohocken, PA, USA

[34] Johnson WH (1873) On some remarkable changes produced in iron and steel by the action of hydrogen in acids. Iron 1: 291, 452 – 453.

[35] Jones RH (Ed) (1992) Stress – corrosion cracking. ASM International, USA

[36] NACE International Publication 8X194 (2006) Materials and fabrication practices for new pressure vessels used in wet H_2S refinery service. Houston, TX, USA

[37] NACE Standard MR0103 – 2007 (2007) Materials resistant to sulfide stress cracking in corrosive petroleum refining environments. NACE International, Houston, TX, USA

[38] ANSI/NACE Standard TM 0284 – 2003 (2003) Standard test method evaluation of pipeline and pressure vessel steels for resistance to hydrogen – induced cracking. NACE International, Houston, TX, USA

[39] API RP 941 (2008) Steels for hydrogen service at elevated temperatures and pressures in petroleum refineries and petrochemical plants. 7th edn. American Petroleum Institute, Washington, DC., USA

[40] ANSI/NACE MR0175/ISO 15156 (2009) Petroleum and natural gas industries—materials for use in H_2S – containing environments in oil and gas production. NACE International, Houston, TX, USA

[41] Messer B et al (2008) Role of nascent hydrogen in refinery corrosion. Paper no. 08549 presented at the NACE Corrosion Conference, NACE International, Houston, TX, USA

[42] Compendium of Chemical Terminology (1997) IUPAC recommendations. In: MaNaught AD, Wilkinson A (eds) 2nd edn. Blackwell Scientific Publications, Oxford, Great Britain

[43] Bunnett JF, Jones RAY (1988) Names for hydrogen atoms, ions, and groups, and for reactions involving them. Pure Appl Chem IUPAC, Great Britain 60 (7): 1115 – 1116

[44] Wach S, Miodownik A, Mackowiak J (1966) The diffusion of hydrogen through pure iron membranes. Corr Sci 6 (6): 271 – 278

[45] Lasocka M, Raczynski W (1967) Bull de l' Acad Polonaise des Sci, Serie de Sci Chim 15 (1): 31 – 36

[46] Shively JH, Hehemann RF, Troiano AR (1966) Hydrogen permeability in a stable austenitic steel. Corrosion 22 (9): 253 – 256

[47] ASTM E1351 – 01 (2006) Standard practice for production and evaluation of field metallographic replicas. ASTM International, West Conshohocken, PA, USA

[48] API 570 (2003) Piping inspection code: inspection, repair, alteration, and rerating of in - service piping systems. American Petroleum Institute, Washington, DC., USA

[49] Nondestructive Evaluation and Quality Control (1989) Vol 17, Metals Handbook, Ninth Edition, ASM International, USA, pp 52 - 56

[50] Groysman A, Kaufman A, Feldman B, Balali R (2011) Hydrogen damage and prevention in the oil refinery. Paper no. 11295 presented at the NACE Conference CORROSION 2011, NACE International, Houston, TX, USA

[51] Korb LJ, Olson DL (eds) (1987) Metals Handbook, vol 13: Corrosion. ASM International, USA, pp 1277 - 1280

[52] White RA, Ehmke EF (1991) Materials selection for refineries and associated facilities. NACE, USA

[53] Failure Analysis and Prevention (1986) Vol 11, Metals Handbook. 9th edn. ASM International, USA, pp 469, 645

[54] Parthasarathy TA, Shewmon PG (1987) Hydrogen attack behavior of the heat affected zone of a 2. 25Cr - 1Mo steel weldment. Metall Mater Trans A, Springer 18 (7): 1309 - 1312

[55] Müller - Steinhagen H (2000) Heat exchanger fouling: mitigation and cleaning technologies. PUBLICO Publications, Germany

[56] Watkinson AP, Li YH (2009) Fouling characteristics of a heavy vacuum gas oil in the presence of dissolved oxygen. In: Müller - Steinhagen H, Malayeri MR, Watkinson AP (eds) Proceedings of International Conference on Heat Exchanger Fouling and Cleaning VIII - 2009. June 14 - 19, 2009, Schladming, Austria, pp 27 - 32

[57] Asomaning S, Watkinson AP (1999) Deposit formation by asphaltene - rich heavy oil mixtures on heat transfer surfaces. In: Bott TR (ed) Understanding heat exchanger fouling and its mitigation. Begell House Inc., NY, pp 283 - 290

[58] Coletti F, Hewitt JF (eds) (2015) Crude oil fouling: deposit characterization, measurements, and modeling. Gulf Professional Publishing, Elsevier, USA

[59] Paikert P (1983) Verschmutzung von Kondensatoren und Kühltürmen. GVC Weihnachtstagung, pp 371 - 390

[60] ASTM A380 (2013) Standard practice for cleaning, descaling, and passivation of stainless steel parts, equipment, and systems. ASTM International, West Conshohocken, PA, USA

[61] ASTM A967 (2013) Standard Specification for Chemical Passivation Treatments for Stainless Steel Parts. ASTM International, West Conshohocken, PA, USA

推荐参考文献

[62] ASTM G35 - 98 (2010) Standard Practice for Determining the Susceptibility of Stainless Steels and Related Nickel - Chromium - Iron Alloys to Stress - Corrosion Cracking in Polythionic Acids. ASTM International, West Conshohocken, PA, USA

[63] Garveric L (ed) (1994) Corrosion in the petrochemical industry. ASM International, USA

[64] Nagashima E, Matsumoto K, Shibata K (1998) Effects of sensitization and service fluid chemistry on polythionic stress corrosion cracking of 18 - 8 stainless steel. Paper no. 592 presented at the NACE CORROSION conference, Houston, TX, USA

[65] NACE 6A192/SSPC - TR3 (2000) Dehumidification and temperature control during surface preparation, application, and curing for coatings/linings of steel tanks, vessels, and other enclosed spaces. Joint Techni-

cal Committee Report
[66] Tamaki K, Nakano S, Kimura M (1987) Application of CrNi stainless steel weld metals to polythionic acid environments. Mater Perform 26 (8): 9 – 13
[67] Dove D, Messer B, Phillips T (2001) An austenitic stainless steel, resistant to high temperature creep and naphthenic acid attack. Paper no. 01523 presented at the NACE CORROSION conference, Houston, TX, USA
[68] Brophy AJ (1974) Stress Corrosion Cracking of Austenitic Stainless Steels in Refinery Environments. Mater Perform 13 (5): 9 – 15
[69] Nishida H, Nakamura K, Takahashi H (1984) Intergranular Stress Corrosion Cracking of Sensitized 321 SS Tube Exposed to Polythionic Acid. Mater Perform 23 (4): 38 – 41

结语与展望

至此，我们已经到达炼油与石油化工腐蚀问题和解决方案这一漫长旅途的终点。我尝试将腐蚀问题作为炼油厂存在的巨大风险做了介绍。用一本书来包括所有腐蚀问题是不可能的，我们必须在众多腐蚀问题中寻找更优先的情况。

由腐蚀现象引起的火灾或破坏扭曲了炼油厂的形象。可能没有哪个炼油厂不存在腐蚀导致的或大或小的事故。腐蚀是一种迫在眉睫的危险，既可能明显地呈现，又可能暗中萌生。腐蚀速率可以被减小，但永远不会降低到零。这种情况造成了一种错觉：如果腐蚀得到控制，就不需要进行腐蚀监测了。实际上，在任何腐蚀控制方法中都必须进行监测。人的任务是预测金属设备的行为，从而在失效之前及时停工检修，并修复或替换。在腐蚀问题的解决方案中扮演关键角色的是人。

目前，公布的信息和新知识的数量已经到达了一个“奇点”。腐蚀专家不可能跟进所有的出版物。只有通过电脑处理，我们才能做到检索、发现和分析所有这些消息。然而最终做出评估和决定的还应该是专家。

一些预言家预测原油的时代将会在 10 ~ 30 年内结束，到 21 世纪 50 年代，人们将只使用核能、太阳能和风能。然而不能忘记的是，除了作为燃油，原油也是大量材料的来源，它们与人类相伴而行，并发挥着重要的作用。就此来说，在未来的 50 年里，我们仍然离不开炼油厂和石化厂。所以我认为，在可预见的将来，这个话题仍然重要且有远景。我希望每位读者都能发现本书的重要与新颖之处，并从中获益。